心力资源管理丛书

中国人力资源开发研究会优秀教材

第3版

情绪管理

3rd Edition

Emotion Management

李中斌 等 编著

新形态教材

东北财经大学出版社
Dongbei University of Finance & Economics Press
大连

图书在版编目（CIP）数据

情绪管理 / 李中斌等编著．—3版．—大连：东北财经大学出版社，2022.11（2024.8重印）
（心力资源管理丛书）
ISBN 978-7-5654-4642-9

Ⅰ.情… Ⅱ.李… Ⅲ.情绪-自我控制 Ⅳ.B842.6

中国版本图书馆CIP数据核字（2022）第183725号

东北财经大学出版社出版
（大连市黑石礁尖山街217号　邮政编码　116025）
网　址：http://www.dufep.cn
读者信箱：dufep@dufe.edu.cn
大连永盛印业有限公司印刷　东北财经大学出版社发行

幅面尺寸：185mm×260mm　字数：388千字　印张：18.5
2022年11月第3版　2024年8月第4次印刷

责任编辑：石真珍　责任校对：伊　心
封面设计：冀贵收　版式设计：原　皓

定价：52.00元

教学支持　售后服务　联系电话：（0411）84710309

如有印装质量问题，请联系营销部：（0411）84710711

总序

当今世界处于一个竞争与合作的时代，一个创新、创业、创意的时代，也是一个让人身心疲惫、内心焦虑、工作生活压力倍增的时代，一个需要心理按摩、身心平衡、人际关系和谐的时代。但是，很多人既自我、自大、安于现状、得过且过、顾影自怜，又孤独、彷徨、焦虑、痛苦、无助、疯狂乃至精神分裂和崩溃，迫切需要尊重、关爱、鼓励、认同和欣赏，迫切需要丰富的精神世界、信念的滋养和强大的内心。

心力资源管理是人力资源管理的最高阶段，主要针对人的内心需要进行有针对性的管理，注重人的身心平衡、工作和生活平衡，以及塑造和谐、安定、强大的内心世界，最终使人自尊、自信、自重、自爱、自强和自我管理。心力管理主要包括情绪管理、压力管理、幸福管理、健康管理、愤怒管理等。

古人云，“水能载舟，亦能覆舟”“公道自在人心”“得人心者得天下”。而天下兴亡和组织成败的根本就在人心，不安人心不足以安天下，不聚人心不足以聚人才，不开发人心不足以开发优质的产品和服务，没有人心就没有组织的成长和进步。无论是什么类型的组织都需要关注员工的内心世界，关心员工的内在需要，关注员工工作和生活的平衡，抓住人心、开发人心、凝聚人心，以心力资源管理促进组织的成长和竞争力的提升。

组织经营的根本在于经营人心，得人心的组织必定有一个强大的人才团队，具有强烈的使命感，向伟大的目标不断迈进。未来组织的人力资源管理必将聚焦到心力资源管理上，因此组织不仅要关注员工基本需求层面，还应该上升到人心管理层面，这才是人力资源管理为组织创造利润的最高境界。一个组织是否有良好的心力资源，关键要看两个要素：一是能否吸引人才、留住人才；二是是否有良好的组织氛围和模式。

“心力资源管理丛书”紧密围绕组织的现实需要，以发现问题和解决问题为目的，系统研究和分析使员工身心平衡、提升组织心力资源管理的程序和对策，并且辅以大量鲜活的案例和测评工具，力争做到理论与实际相结合，突出实操性和应用价值。

本丛书的出版将为各类组织人力资源管理带来有价值的启示和帮助，也可为各类组织管理者和研究者提供新的思路和相关借鉴，这是我们打造本丛书的初衷。相信本丛书必将为我国人力资源管理理论和实践的发展做出有价值的探索和贡献，并起到积极的推动作用。

李中斌

第三版前言

党的二十大报告提出："重视心理健康和精神卫生。"这对新时代做好心理健康和精神卫生工作提出了明确要求。心理健康和精神卫生是公共卫生的重要组成部分，也是重大的民生问题和突出的社会问题。近年来，国家已经将心理健康和精神卫生工作纳入全面深化改革和社会综合治理范畴，设立了国家心理健康和精神卫生防治中心，开展社会心理服务体系建设试点，探索覆盖全人群的社会心理服务模式和工作机制。

随着我国经济社会快速发展，生活节奏明显加快，心理应激因素日益增加，焦虑症、抑郁症等常见精神障碍及心理行为问题逐年增多，心理应激事件及精神障碍患者肇事肇祸案（事）件偶有发生，老年痴呆症、儿童孤独症等特定人群疾病受到社会各界广泛关注。世界卫生组织指出，心理行为问题在世界范围内还将持续增多，应当引起各国政府的高度重视。心理健康和精神卫生问题多数可以通过自我调适、家庭支持等方式缓解，也有一些需要得到社会心理支持、疏导等帮助，严重的需要接受专业治疗。相比一些精神卫生工作成熟的国家和地区，我国社会精神卫生意识和知识普遍缺乏，偏见和歧视广泛存在，讳疾忌医多、科学就诊少，尤其是对焦虑症、抑郁症等常见精神障碍和心理行为问题的认知率低、就诊治疗率低，纠正率不到10%。①

我国心理健康和精神卫生服务亟待优化，除了需要加强心理健康知识、心理危机干预技能，形成健全的心理健康服务网络、基层心理健康服务平台和相关政策支持外，加强工作中的情绪管理、生活中的情绪管理和自我情绪管理也是必不可少的。

情绪是人类社会生活和工作中不可缺少的一个重要环节，情绪可透过表情或动作让人们互相了解，产生共鸣。情绪以微妙的表情或者动作来传递个人的内心讯息，为人们建立相互交流的基础，它可以成为人们工作的润滑剂，也可能是工作中的致命杀手。情绪管理是人力资源管理工作的一个重要环节，它的实质是一种资本管理。情绪管理的目的不是消除或是压抑情绪，而是调整情绪的表达方式。随着现代企业管理理论的不断发展，越来越多的企业管理者认识到情绪作为资本，与知识、技能、财富一样重要，情绪管理工作已经渗透到企业管理中。本书系统地介绍情绪管理的全过程，即从情绪管理的基础理论出发，阐释自我情绪管理、生活中的情绪管理、工作中的情绪管理、员工压力管理的方法和策略以及人才赋能系统与情绪管理应用实操等内容，帮助读者系统学习、理解情绪管理并进行实操体验。

本书不仅希望从技术角度为读者进行情绪管理提供帮助，更希望能够帮助读者理清情绪管理的理念，真正建立系统有效的情绪管理体系。在情绪管理体系中，个人和组织是最重要的组成部分。首先，个人是情绪管理的主体，需要认识情绪、定位情绪、寻找信心、处理情绪、转换情绪。其中，自我情绪处理阶段是个人情绪管理的关键。其次，组织要加强情绪管理，建立员工情绪管理机制与通道。个人和组织也要保持互动，这样情绪管理体系才能正常运作。本书根据相关资料研究、整理

① 本书编写组. 党的二十大报告学习辅导百问 [M]. 北京：学习出版社，2022.

并设计了情绪管理体系，融入了研究团队的最新研究成果，阐述了新时代人才赋能系统以及合不合云端人才评鉴系统，解析了情绪与压力调适报表，并描述了人格14心座中的各项人格典型，为读者提供了精准了解自己的人格特质、体验并进行自身情绪与压力调适的智能化精准测评的机会。

基于以上宗旨，本书着重从实际操作的角度来展开介绍，在各章运用大量的篇幅介绍情绪管理中的实际操作案例，提出了具体的解决办法和实操样表，立足于在实际工作中如何去做，具有良好的借鉴作用。第三版的内容共分为七章：第一章为情绪管理导论，包括情绪概述、情绪理论、情绪管理概述、压力管理与员工援助计划概述等内容。第二章是情绪类型的具体表现，介绍幸福、快乐、好奇心、兴趣四种正面情绪和愤怒、抑郁、焦虑、恐惧、悲伤、嫉妒、羞耻、内疚、挫折九种负面情绪等内容。第三章为自我情绪管理，介绍影响自我情绪管理的因素、自我情绪管理的方法和对策等内容。第四章是生活中的情绪管理，阐述生活中情绪管理的价值、生活中情绪管理的对策等内容。第五章为工作中的情绪管理，包括工作中情绪管理存在的问题、工作中情绪管理的对策等内容。第六章是员工压力管理，包括员工压力管理存在的问题与解决措施、员工压力管理的具体方法和对策等内容。第七章是人才赋能系统与情绪管理应用实操，包括人才赋能系统概述、合不合云端人才评鉴系统解析与四大管理技能、情绪与压力调适报表举例、人格14心座各项性格描述等内容。

在写作安排上，第三版每章开篇设置了中外经典格言和学习要求，在正文中加入了很多有价值的“经典文摘”与“精选案例”，同时设置“思政链接”栏目（二维码），充分融入课程思政元素，力争做到知识传授与价值引领相统一；每章结尾设置了“复习要点”，包括“主要概念”、“复习思考题”和“案例分析题”，以帮助读者加深对相关章节学习内容的理解；同时，融入“互联网+”教学方式，在各章最后以二维码的形式呈现一些实用的测试文件和量表，读者扫码即可阅读、测试，便于教师开展互动教学，激发学生的学习兴趣。

本书是为普通高等学校经济管理类专业编写的，主要作为大学本科、专科层次授课教材，也可作为相关专业研究生阅读用书，亦适合从事各类组织管理和人力资源管理理论与实践研究的人士及相关实务工作者阅读。

本书是集体劳动的结晶，参加编写的人员有李中斌、张启明、邓伟翔、涂满章、于赛冰、石娇、谭霖、李杨、李赫鹏、李莉、丁宇、王倩、杨建梅、彭琳、曹瑞阳、杨敏、杜兴艳、陈博楠、余杨阳、黄诗琦、李文霞、徐思冰、郑荣、杨俊宇、陈航、季玉川、李梓铭、兰亭卉等，最后由李中斌完成统稿工作。在写作过程中，我们参考和借鉴了许多学者的著作及相关文献资料，并得到东北财经大学出版社的大力协助，在此一并表示衷心感谢。由于不具备广泛且深入地查询馆藏资料的条件，以及电子数据资源的覆盖范围有限，书中注明的资料来源可能不全或者有失准确，欢迎相关原创作者联系我们予以更正。书中还有许多不足之处，望有关人士多多指正。

编　者

2022年9月

（2023年7月修订）

目录

第一章

情绪管理导论

人的情感，人的理智，这两重灵性的发达与天赋，不一定是平均的。有些人，是理智胜于情感，有些人是情感溢于理智。

——［中国］郁达夫

情感就是对自己的爱，对痛苦的忧虑，对死亡的恐惧和对幸福的向往。

——［法国］卢梭

学习要求

1. 理解情绪的内涵和特征
2. 掌握情绪与情感的关系
3. 理解情绪的基本理论
4. 掌握情绪的类别
5. 理解情绪的功能和影响情绪的因素
6. 理解情绪管理的内涵
7. 理解情绪管理与情绪智力的关系
8. 掌握情绪管理基础理论和具体策略
9. 理解压力的内涵和相关理论
10. 理解并掌握压力管理的内涵和类型
11. 理解并掌握员工援助计划的内涵与应用模式
12. 掌握员工援助计划方案的内容与实施

第一节 情绪概述

一、情绪的内涵和特征

（一）情绪的内涵

情绪（emotion）这一术语来源于拉丁文“e”（外）和“movere”（动），意思指从一个地方向外移动到另一个地方。可见，情绪最初是用来描述一个运动过程的，如今已经被限定运用在表示精神活动这一范围之内。关于情绪的定义，目前有很多说法：

《新华字典》把情绪定义为：外界事物所引起的爱、憎、愉快、不愉快、惧怕等的心理状态。

《牛津英语大词典》对情绪的解释是：心灵、感觉或情感的激动或骚动，泛指任何激动或兴奋的心理状态。

心理学认为：情绪是指伴随着认知和意识过程产生的对外界事物的态度，是对客观事物和主观需求之间的关系的反应，包括情绪体验、情绪行为、情绪唤醒和对刺激物的认知等成分。①

美国心理学家利珀（R. W. Leeper）把情绪定义为：一种具有动机和知觉的积极力量，它组织、维持和指导行为。②

美国另一位心理学家拉扎勒斯（Richard S. Lazarus）则把情绪定义为：对来自正在进行着的环境中好的或不好的信息的生理心理反应的组织，它依赖于短时的或持续的评价。③

功能主义把情绪定义为：个体与环境之间某种关系的维持或改变（Campos，1970）。④

刘文硕（2012）认为：情绪以人的内在体验为载体而成为驱使人如何行动的动力，它是基于人的需要而产生的，是一种主观的状态，是人们自我意识的核心。⑤

本书认为，情绪是我们日常生活中常见的一种心理活动，它是基于人们对外界事物的刺激而产生的不同生理和心理反应。

（二）情绪的特征

情绪有许多明显的特征：①情绪具有积极的或消极的体验性质；②情绪的积极特征或消极特征有程度上的不同；③情绪可以有特定的脸部表情和身体姿势相伴随；④情绪是特定行为类型的信号，例如一个人感到愤怒就会想要击打，以“消除”愤怒的对象；⑤情绪常跟随于特定的思想之后，即一个人的情感部分地取决于

---

① 高非．情绪控制术［M］．北京：北京理工大学出版社，2010：10.
② 何茂荣．给情绪找个好去处［J］．企业研究，2005（1）：12.
③ 格里格，等．心理学与生活［M］．王垒，等译．北京：人民邮电出版社，2003：12.
④ 彭聃龄．普通心理学［M］．5版．北京：北京师范大学出版社，2019：368.
⑤ 刘文硕．刍议高校学生干部的情绪管理［J］．新余学院学报，2012（3）：107.

他的思想，所以情绪的决定因素是主观解释，而非客观事实。[①]

二、情绪与情感的关系

（一）区别

第一，从产生的时间来看。情绪出现较早，多与人的生理性需要相联系，是人类和动物所共有的；情感出现较晚，它是社会化到一定的阶段才有的，多与人的社会性需要相联系。

第二，从稳定性来看。情绪具有短暂性和易变性，往往随着情境的改变和需求的满足而变化；而情感具有长期性和稳定性，例如对一个人的喜爱或尊重之情可能是一生不变的。

第三，从表现形式来看。情绪有明显的外部表现，当心情变化时面部表情、身体动作会发生变化，例如开心时就会大笑、手舞足蹈，伤心时就会哭泣；情感更多的时候是隐藏在内心的，不会轻易表现出来。

（二）联系

在现实生活中，情绪和情感有时候会被混淆使用，这可能是因为两者之间有密切的联系而被误用。情绪是情感的基础，情感是在多次情绪体验的基础上形成的。情绪也离不开情感，情绪需要通过情感表现出来，情感的强度决定了情绪表现的强弱。它们之间相互影响、相互制约。例如，某位同学上某一门课感到开心快乐并能学到知识，于是非常喜欢这门课，如果某天任课老师未能来上课，该同学会为此感到伤心。

三、情绪的类别

情绪本身是非常复杂的，因此要对情绪进行准确的分类就显得尤为困难。本书主要介绍以下三种情绪分类：

（一）按情绪性质分类

最早的情绪分类思想源于《礼记》，其中记载人的情绪有“七情”分法，即喜、怒、哀、惧、爱、恶、欲。

在《白虎通义》中，情绪被分为“六情”，即喜、怒、哀、乐、爱、恶。

美国心理学家罗伯特·普拉切克（Robert Plutchik）提出了八种基本情绪：愤怒、悲伤、恐惧、快乐、爱意、惊讶、厌恶、羞耻。[②]

现代心理学把人类的情绪分为快乐、愤怒、恐惧和悲哀。快乐是指人们努力追求某一目标，随着目标的实现，伴随着心理紧张状态的消除而出现的一种体验。愤怒是人们追求某一目标，屡遭挫折，因而紧张状态不断积累造成的感受。恐惧是人们企图回避某一不利事物但又无能为力时的感受。悲哀是人们失去了所追求的目标

---

① 廖祥云．基于情绪管理的当代大学生思想政治教育方式研究［D］．武汉：华中师范大学，2012：9.

② GROSS J J. Antecedent-and response-focused emotion regulation：divergent consequences for experience，expression and physiology［J］．Journal of Personality and Social Psychology，1998，74（1）：224-237.

或者有价值的事物时所产生的感受。①

（二）按情绪存在形式分类

1.心境

心境是一种持续的、微弱的、平静的情绪状态。心境具有弥散性和长期性。心境的弥散性是指当人具有了某种心境时，这种心境表现出的态度体验会朝向周围的一切事物，例如，人伤感时，会见花落泪，对月伤怀。心境的长期性是指心境产生后会在相当长的时间内主导人的情绪表现，它可以持续几天、几周、几个月，甚至几年。工作情况、健康程度、睡眠状况等都影响人的心境，还有一些影响心境的原因人们不一定能认识到。

心境对人们的生活会造成深刻影响，人们往往长时间处于一种心境中学习、工作。积极乐观的心境会提高学习和工作效率；反之，消极悲观的心境会让人意志消沉，降低学习和工作效率。因此，学会保持一种积极乐观、健康向上的心境对每个人的人生具有重要意义。

2.激情

激情是一种强烈的、爆发性的、为时短促的情绪状态。激情比心境强度更大，但是维持时间更短。暴怒、悲痛、绝望、狂喜都是激情的表现。由于激情具有爆发性和冲动性，同时伴随明显的生理变化和行为表现，所以当激情到来的时候，大量心理能量会在短时间内积聚而出，使得当事人失去对自己行为的控制力。因此，在激情状态下，我们要注意调控自己的情绪，避免做出冲动行为。

在实际生活中，激情有积极和消极之分。积极的激情可以激发内在的正能量，成为行为的巨大动力，提高工作效率并有所创造。例如，运动员在奥运比赛中受到国民支持与鼓励而勇夺奖牌。消极的激情具有危害性，很多犯罪分子都是在一时冲动之下犯罪的，等激情过后，又对当初所作所为后悔不已。因此，在生活中我们要学会控制自己的行为，让激情发挥积极作用。

3.应激

应激是出乎意料的紧张状态所引起的情绪状态。个体在突如其来的或十分危险的情况下必须迅速做出决定的时刻，易出现应激状态。例如，在日常生活中，突遇地震、火灾等灾难事件时，人们的身心会处于高度紧张状态，出现肌肉紧张、心率加快等生理反应。加拿大著名生理学家汉斯·塞利（Hans Selye）把人在应激状态下引起的一系列生物性反应称为“一般适应综合征”，它分为警戒期、抵抗期和衰竭期三个阶段。②

人在应激状态下可能产生积极表现或消极表现。积极的应激反应表现为沉着冷静、不怕困难、急中生智，全力以赴地去面对危险；消极的应激反应表现为惊慌失措、目瞪口呆，陷入一片混乱中且做出错误的行为，加剧事态的严重性。人如果长

---

① 李江雪．社区居民情绪管理与调节［M］．北京：高等教育出版社，2012：1-2.
② 李江雪．大学生情绪管理与辅导［M］．北京：北京师范大学出版社，2010：3.

时间处于应激状态下，极可能患上适应性疾病。

（三）按情绪发生阶段分类

1.预期情绪

预期情绪是人们预计会发生的、与自己采取某种行动所导致的结果相关的情绪。例如，某人可能做出一个是否购买某种股票的决策。如果该投资者决定购买该股票，并且该股票价格下跌，那么他一定会感到失望；如果该投资者购买该股票后其价格上涨，那么他一定会感到高兴。相应地，即使该投资者没有购买该股票，以后该股票价格上涨或下跌，他也会有遗憾或者庆幸的感觉。预期情绪的特点就是，只有当决策所导致的结果实现时，人们才能经历整个情绪过程，而并非在决策时就能经历；在决策时，预期情绪仅仅是人们对于未来情绪的一种认知。

2.即时情绪

即时情绪是一种在做决策的同时就能经历的情绪，可分为整合情绪和伴随情绪。整合情绪和预期情绪类似，是在考虑到该决策所导致的结果时出现的情绪，但是二者的不同之处在于，整合情绪在决策的同时就感受得到。例如，某投资者在做一个是否购买某种股票的决策时可能会产生害怕该股票价格下跌的恐惧情绪。伴随情绪也是在决策的同时所经历的，但是客观地说，这种情绪未必和决策有因果关系。[①]

四、情绪的功能

（一）适应功能

情绪是有机体适应、生存和发展的一种重要方式。个人能够通过情绪产生针对不同环境或者事件的适应性反应，进而适应外界。情绪可以使人的精神处于唤醒的状态，有利于人类生存、发展。例如，动物在遇到危险并感到害怕时，情绪会促使它发出呼救信号，邻近的动物听到后就会过来援助，这是动物的一种有效生存手段。人们可通过各种情绪了解自身或他人的处境与状况，这有利于个人和他人适应社会需要，共同发展。

（二）驱动功能

情绪是动机的源泉之一，是动机系统的一个基本成分，它可以驱使人进行活动，提高人的活动热情和活动效率。适度的情绪兴奋可以促使人的身心处于活动的最佳状态，进一步推动人们高效地完成学习或工作任务。例如，人在高强度的工作状态下，身体情况本来就不是很好，想到再继续工作下去可能会生病，于是开始紧张和害怕，这种紧张害怕的情绪就会产生动力，让自己赶紧脱离工作，休息或者运动一会儿。

（三）组织功能

情绪是一个独立的心理过程，它有自己的发生机制，对其他心理活动具有组织

---

① 孙娟，费方域，刘明．情绪理论在风险决策中的应用研究综述［J］．现代管理科学，2011（9）：19.

作用。这种作用主要表现为积极情绪的协调作用和消极情绪的破坏作用。一般而言，中等强度的愉快情绪有利于提高工作效率，而消极情绪如抑郁、焦虑等会对工作产生负面影响。当人们处在积极、乐观的情绪状态时，更易看到事物美好的一面，行为也比较开放；当人们处在消极的情绪状态时，则会产生失望、放弃自己的想法，有些甚至会做出攻击行为。情绪对人的心理活动的组织作用有一定的规律性，情绪很低或者很高时工作效率都会偏低，只有在情绪适中的情况下，工作效率才能达到最高。

（四）信号功能

情绪在人与人之间具有传递信息、沟通思想的功能。这种功能是通过情绪的外部表现，即身体动作、面部表情及音调来表现的，如用点头表示同意，用摇头表示反对。人们在交往过程中总强调要看他人脸色行事等，就是希望通过了解对方的情绪来了解他释放的信息。情绪这一信号功能在人际交往过程中使用非常频繁。①

（五）感染功能

情绪的感染功能指一个人的自身情绪对他人情绪的影响作用。情绪是可以相互影响、相互作用的，一方在影响对方情绪的时候也会被对方的情绪影响，而这种影响可能发生在无意识的交流过程中。例如，在一项团队竞赛中，团队的某个成员充满热情和斗志，其他成员受他感染后也会努力竞争，力求在比赛中获得好名次。②

五、影响情绪的因素

（一）主观因素

每个人因成长环境、受教育条件等不同而形成不同的性格。对于同样的事情，不同性格的人会产生不同的情绪，也会采取不同的调节方式。我们常会界定别人为外向型性格或内向型性格，这两种性格的情绪表现方式不同，面对相同问题时的反应也是截然不同的。外向型性格的人多是活泼、情感丰富的，他们待人接物乐观，但情绪易波动，面对多变的情境时利用外界条件的调节能力也比较强。内向型性格的人多是比较安静的，情绪兴奋点偏低，情绪不会大起大落，情感不容易表露出来，调节情绪多是依靠自己的内心，注重自我调节能力。

（二）客观因素

客观因素大多是不以人的意志为转移的，它是指外在环境，如饮食、色彩、衣着、睡眠、家庭、社会等。例如，红色能给人力量，粉红色使人感到温暖，橙色让人有好心情，黑色和深蓝色会令人觉得情绪低落。我们想要减轻紧张焦虑感时，可选择一些具有缓解及镇静作用的清淡颜色，如淡绿色、浅蓝色。面对客观因素的变化，个人在情绪调节中主要依靠主观调节，以合理的方式纾解情绪。

---

① 朱佳欣. 人力资源中的员工情绪管理［J］. 企业改革与管理，2011（12）：62.
② 李江雪. 大学生情绪管理与辅导［M］. 北京：北京师范大学出版社，2010：3.

第二节　情绪理论

早期的情绪理论源于达尔文的进化观点，他指出感情、智慧等心理功能是通过进化阶梯获得的。在此观点的基础上，其他学者对情绪理论进行了更加广泛的研究。本书通过对国外情绪理论进行分析整理，将情绪理论分为早期情绪理论、经典情绪理论、认知情绪理论、功能情绪理论等，见表1-1。

表1-1　　国外情绪相关理论比较表

理论	年份	学　者	主要观点
早期情绪理论	1858	达尔文（Darwin）	情绪作为人类种族进化的依据，可能是人类行为得到延续的机制，一切肉体和精神禀赋都将经进化而趋于完善
经典情绪理论	1884	詹姆斯和朗格（James & Lange）	情绪只是一种对身体状态的感觉；产生它的原因完全在于身体自身，特别是与血管变化有关
	1927	坎农和巴德（Canon & Bard）	情绪产生的神经生理机制是：外部特殊环境刺激丘脑神经细胞释放，进而产生情绪
认知情绪理论	1950	阿诺德（Arnold）	情绪产生的基本过程是刺激情境—评估—情绪，刺激情境并不直接决定情绪的性质
	1960	沙赫特和辛格（Schachter & Singer）	情绪体验是生理唤醒和认知评价相结合的状态，二者对情绪的产生同样重要
	1977	林赛和诺尔曼（Lindsay & Norman）	情绪唤醒过程转化为一个内部工作系统，即情绪唤醒模型，它包括三个动力系统
	1984	拉扎勒斯（Lazarus）	情绪概念在心理学中是重要的、独立存在的领域，对行为的分类和描述是十分重要的
功能情绪理论	1874	冯特（Wundt）	“简单的”意志起源于原始感情，可以引起冲动行为，如好奇；“复杂的”意志可以引起有意行为和选择行为
	1952	赫尔（Hull）	情绪产生的过程是内驱力激起有机体习惯行为的强度，使之成为反应势能
	1970	汤姆金斯（Tomkins）	反对把动力与内驱力等同，认为内驱力在强度和紧迫性上作为动机是不够的
	1972	伊扎德（Izzard）	认为一切情绪行为都是适应和调节行为，从中引出情绪是行为的驱动力的观点，阐述了情绪本身及其驱动作用的机制
理性情绪理论	1961	埃利斯（Ellis）	阐述了认知、情绪、行为三者之间的交互作用及因果关系，特别是认知在其中的作用

以下对情绪相关理论的具体内容进行阐释。

一、早期情绪理论

达尔文的进化观点认为，情绪作为人类种族进化的依据，可能是人类行为得到延续的机制。他在阐述物种起源和人类进化是适应和遗传相互作用的结果时指出，感情、智慧等心理功能是通过进化阶梯获得的。他在《人类的由来及性选择》一书中指出：“尽管人类和高等动物之间的心理差异是巨大的，然而这种差异只是程度上的，并非种族上的。人类所夸耀的感觉和直觉、感情和心理能力，如爱、记忆、注意、好奇、模仿、推理等，在低于人类的动物中都有其萌芽状态，有时还处于一种相当发达的状态。”他在《人类和动物的表情》一书中描述了表情在生物生存和进化中的适应价值和有用性，指出情绪是进化的高级阶段的适应工具。他在《物种起源》一书中指出：“一切肉体和精神禀赋都将经进化而趋于完善。”在该书的最后，他说：“我看到了将来更为重要的广阔的研究领域。心理学将稳固地建立在斯宾塞先生已充分奠定的基础上，即每一智力和智能必由梯级途径获得。”

情绪心理学发展到今天，已经证明达尔文的见解是正确的。然而，多年以来，达尔文的观点在心理学中被忽视。特别在詹姆斯以后，情绪研究集中在外周神经反馈和中枢神经定位的路线上，达尔文的进化观被遗忘了近一个世纪之久，直到20世纪70年代又被人们所记起，情绪的适应功能和信号传递作用才得到了进一步的研究。①

二、经典情绪理论

（一）詹姆斯-朗格理论

基于达尔文进化论的影响和生物科学的发展，美国心理学家威廉·詹姆斯和丹麦生物学家卡尔·朗格分别于1884年和1885年提出相同的情绪理论，该理论后来被称为詹姆斯-朗格情绪外周学说。詹姆斯指出，“对外部事物的知觉使人产生情感，随着情感的产生而引起一系列的身体变化”这种陈述是不正确的。他坚持主张，使人激动的外部事物所引起的身体变化是情绪产生的直接原因，情绪是对身体变化的感觉。

詹姆斯认为，人的头脑不会像胃分泌胃酸、胆分泌胆汁一样“分泌”出情绪，因而花费大力气去研究人脑产生情绪的生理机制是徒劳的，没有任何意义。他认为，情绪就是人对自己身体变化的感觉。也就是说，在人的身体对外部事物的刺激做出反应的同时，这种反应会引起人对身体变化的感觉，这个“副产品”就是情绪。他举例子说，我们因为哭所以伤心，因为动手打人所以生气，因为发抖所以怕，并不是我们伤心了才哭，生气了才打人，怕了才发抖。在他看来，我

① 孟昭兰．情绪心理学［M］．北京：北京大学出版社，2005：17．

们的眼睛首先看到了一个物体，这个物体反映到人的头脑中，引起了身体的变化——哭泣，而在哭泣这一变化发生的同时，伴随它而来的是人的情绪——伤心。詹姆斯得出的结论是："情绪只是一种对身体状态的感觉；产生它的原因完全在于身体自身。"①

朗格认为，情绪是内脏活动的结果，特别是与血管变化有关。例如，酒和某些药物之所以引起情绪变化，原因在于它们引起了血管的活动。

按照人们的常识，情绪发生于人的机体变化和行为之前：人哭是因为伤心；人笑是因为快乐；人发抖是因为恐惧。詹姆斯-朗格理论则对情绪做了完全反常识的解释。图1-1描述了詹姆斯-朗格理论如何解释情绪的产生，以及在情绪产生中情境刺激、生理唤醒、情绪体验三者的关系。

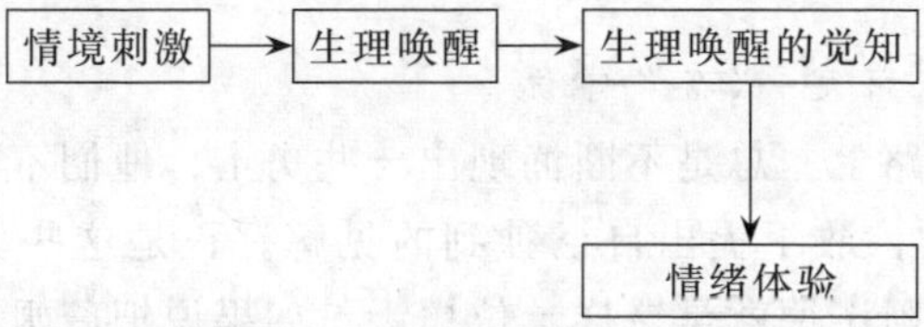

图1-1　詹姆斯-朗格理论图解

根据詹姆斯-朗格理论，情绪产生的过程是这样的：首先你遭遇到特殊的环境事件（如路遇歹徒），接着你体验到身体的变化（如心跳加速），随后是大脑对身体变化的觉知，从而你感受到某种情绪（如恐惧）。②

（二）坎农-巴德理论

美国生理心理学家坎农是最早关注詹姆斯-朗格理论的人，也是对该理论批评最为激烈的人，并于1927年提出一种取而代之的理论，后来他的学生巴德通过大量的实验工作证实了该理论，最终建立了以师生二人命名的坎农-巴德理论。

坎农-巴德理论认为，情绪产生于对身体变化的觉知这种观点是错误的。举个简单的例子，恐惧时人会心跳加速，兴奋时人也会心跳加速，愤怒时也是如此。这说明，多种情绪可能表现为同一身体反应，因而单纯靠对身体变化的觉知并不能确定自己产生了什么样的情绪。事实上，情绪并不是产生在生理唤醒和身体反应之后的，而是与其同时发生的。例如，当某人对你大发雷霆时，你在心跳加快的同时会想"太可气了"，但既不是你的身体也不是你的心理导致了这种反应。

坎农-巴德理论的核心是强调情绪产生的神经生理机制。坎农认为情绪产生的生理基础是丘脑。图1-2阐述了此理论如何解释情绪的产生，以及在情绪产生中情境刺激、生理唤醒、情绪表达三者的关系。

根据坎农-巴德理论，情绪产生的过程是这样的：首先你遇到某种特殊的环境事件（如路遇歹徒），接着刺激事件激发了丘脑的活动过程，最后丘脑的神经细胞得到释放，当细胞释放时我们体验到了情绪，同时产生了身体变化。③

① 田宝，郭德俊．情绪心理与调节［M］．北京：人民武警出版社，2003.
② 李江雪．大学生情绪管理与辅导［M］．北京：北京师范大学出版社，2010：26.
③ 李江雪．大学生情绪管理与辅导［M］．北京：北京师范大学出版社，2010：27.

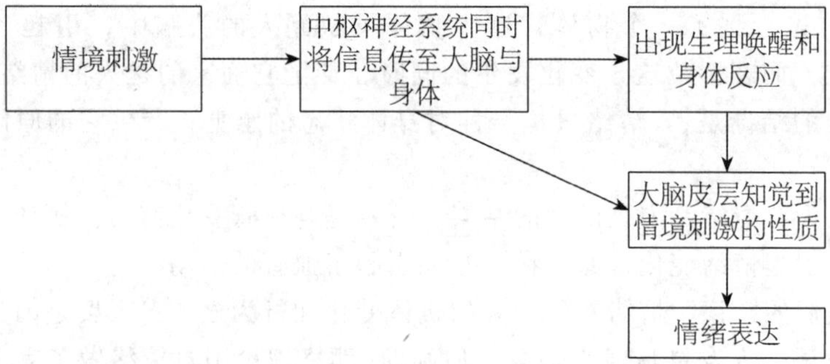

图1-2 坎农-巴德理论图解

三、认知情绪理论

（一）阿诺德的“评定-兴奋”学说

在科学探索的道路上，总是不断涌现出一些勇士，他们不被已存在的理论所束缚，而是不断地探索，敢于提出自己独到的见解。正是这些勇士们在推动科学发展。美国女心理学家阿诺德就是这样一位勇士。如果说把詹姆斯的理论看作情绪的第一代学说，那么阿诺德的情绪理论则应被看作第二代情绪学说的代表，她把情绪研究导向更为理性的方向。

阿诺德在20世纪50年代提出了情绪的“评定-兴奋”学说。这种理论认为，刺激情境并不直接决定情绪的性质，从刺激出现到情绪产生，要经过对刺激的估量和评价，情绪产生的基本过程是：刺激情境—评估—情绪。同一刺激情境，由于个体对它的评估不同，会产生不同的情绪反应。评估的结果可能是对个体“有利”、“有害”或“无关”。如果“有利”，就会引起肯定的情绪体验，并企图接近刺激物；如果“有害”，就会引起否定的情绪体验，并企图躲避刺激物；至于“无关”刺激物，人们就予以忽视。①

阿诺德的情绪理论以她1960年出版的《情绪与人格》一书为代表。在该书中，阿诺德情绪理论与经典情绪理论的首要区别在于，对情绪感受（feelings，亦即情感）与感知在情绪产生中的作用的认识。阿诺德不赞同詹姆斯等早期情绪理论家关于引发情绪反应的事物的解释，认为个体在与事物相互作用时所直接感知到的身体改变并不足以解释情绪的产生。尽管她也强调情绪产生的必要条件是个体对特定刺激事件的感知，但是她更为强调的是，刺激事件一旦被感知，个体就会自动生成“此时此地它对于我来说是好的或坏的”这样一种评价，而这种评价又使个体产生一种有关刺激事件与自身利害关系的情绪感受，并产生接近或远离该事件的各种需要和行为。换句话说，阿诺德认为，情绪产生的充分条件是主观上感受到的刺激事件评价。为此，她特别指出，在情绪感受与感知之间存在真正的不同，感知仅告诉我们有什么，而情绪感受会对有的东西进行评价（assess）；感知仅能提供刺激事件本身的信息，情绪感受则能提供刺激事件如何影响我们的信息，因而能促使我们产

① 田宝，郭德俊．情绪心理与调节［M］．北京：人民武警出版社，2003：23.

生相应的经验（experiences），进而促使我们按照适当的方式去做出反应。据此，阿诺德强调，情绪的实质是一种感受到的经验。①

（二）沙赫特和辛格的情绪双因素理论

20世纪六七十年代，美国心理学家沙赫特和辛格提出了一种同时强调生理唤醒和认知评价的情绪理论。该理论认为，特定的情绪体验是生理唤醒和认知评价相结合的状态，二者对情绪的产生同样重要。个体对其生理变化和情境刺激性质两个方面的认知是形成情绪体验的原因，因而他们的理论被称为情绪双因素理论。②

为了检验情绪双因素理论，沙赫特和辛格进行了实验研究。他们将自愿当被试的若干名大学生分为三组，给三组被试注射同一种药物，并告诉被试注射的是一种维生素，目的是研究这种维生素对视觉可能发挥的作用，但实际上注射的是肾上腺素（一种对情绪具有广泛影响的激素），因此三组被试都处于一种典型的生理激活状态。然后，针对可能发生的反应，主试面向三组被试的做法不同：告知第一组被试，注射药物后会出现心悸、手颤抖、脸发热等反应（这是注射肾上腺素的反应）；告知第二组被试，注射药物后，除了身体发抖、手脚有点发麻，无其他反应；对第三组被试不做任何说明。接下来，主试把注射药物以后的三组被试各分一半，让其分别进入预先设计好的两种实验环境里休息：一种是惹人发笑的愉快环境（让人做滑稽表演）；另外一种是惹人发怒的情境（强迫被试回答烦琐的问题，并强词夺理、横加指责）。根据主试的观察和被试的自我报告结果，第二组和第三组被试在愉快的环境中显示出愉快的情绪，在愤怒的环境中显示出愤怒的情绪，而第一组被试则没有愉快或者愤怒的表现和体验。如果情绪体验是由内部刺激引起的生理激活状态决定的，那么三组被试注射的都是肾上腺素，引起的生理状态应该是相同的，情绪表现和体验也应相同；如果情绪是由环境因素决定的，那么不论哪组被试到愉快环境中都应表现出愉快情绪，到愤怒环境中都应表现出愤怒情绪。因此，这个实验证明，人对生理反应的认知和了解决定了最后的情绪体验。这个结论并不否认生理变化和环境因素与情绪产生的联系。事实上，情绪状态是由认知过程、生理状态和环境因素在大脑皮层中整合的结果。③图1-3阐释了情绪双因素理论的精要。

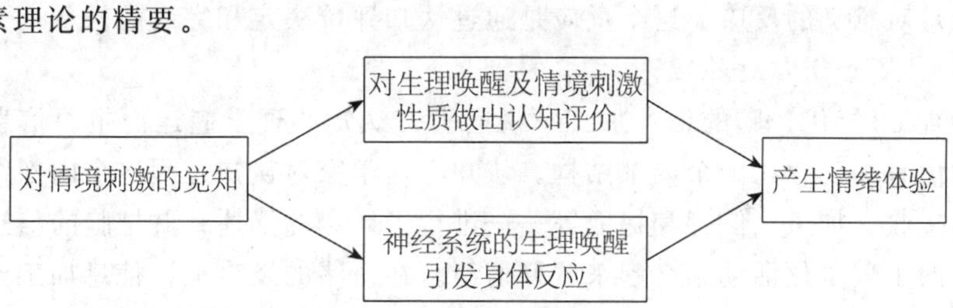

图1-3　情绪双因素理论图解

① 乔建中．当今情绪研究视角中的阿诺德情绪理论［J］．心理科学进展，2008（2）：302.
② 李江雪．大学生情绪管理与辅导［M］．北京：北京师范大学出版社，2010：29-30.
③ 田宝，郭德俊．情绪心理与调节［M］．北京：人民武警出版社，2003：26.

根据这一理论，情绪产生的过程是这样的：首先是外在的情境刺激引发一般的身体反应（如路遇歹徒使我们因恐惧而心跳加快），接着是根据过去习得的有关这一情境刺激的经验做出认知评价。具体到路遇歹徒的例子，我们知道歹徒手持利刃，有可能伤及我们的性命，因而会做出存在危险的认知评价。最后的步骤是根据对生理唤醒的认知评价来决定感觉什么，哪个情绪“标签”最为合适，以及我们的反应意味着哪些特定的体验。我们对路遇歹徒的认知评价是存在危险，自然而然就导致了恐惧的情绪体验。[①]

（三）拉扎勒斯的理论

美国心理学家拉扎勒斯宣称：“情绪概念在心理学中是重要的、独立存在的领域，对行为的分类和描述是十分重要的。”拉扎勒斯的观点是针对激活理论和动机论的“取消论”而言的。首先，他反对把情绪单纯地归结为生理激活这个单一变量。他主张情绪是综合反应，包括环境的、生理的、认知的和行为的成分，每种情绪都有它自身所具备的反应模式。其次，他也不同意把情绪归结为动机或驱力。他认为，如果把情绪归结为动机，将只会引导人们从动机去推测行为的适应或不适应的情绪模式，而不去注意情绪反应的独特性质。拉扎勒斯这两个出发点无疑是十分正确的，但他又认为：“情绪概念在心理学中起重要作用。但是，在心理学体系中，它不是基本的理论构成物。”这种把情绪排斥在心理学理论体系之外的论断是错误的。

拉扎勒斯认为情绪是一种“反应综合征”。他提出，对情绪之所以难下定义，主要是因为它不是单一变量。他认为，导致放弃情绪概念的某些建议，既非由于情绪生理记录仪器不够灵敏，也并非由于人们的内省缺乏准确性，而是由于“范畴的错误”；情绪一词不能归属为一个物，而应归属为一个综合征，像一种病是一个症候群一样。拉扎勒斯还认为，就像只靠症状学而不了解病原学就无法完全了解疾病一样，为了了解情绪症候群，需要对它的反应成分进行分析，为了了解情绪的来源，需要把人和环境之间的相互关系纳入情绪的综合分析之中。他强调提出：人与所处的具体环境的关系所形成的对他本人的利害性质，决定他的具体情绪；同一种环境对不同的人产生不同的情绪结果，是因为它对不同人具有不同意义，而种种不同的意义是通过不同人的认知评价来解释的。拉扎勒斯在此提出了他全部理论的主题：情绪是对意义的反应，这个反应是通过认知评价决定和完成的。[②]

（四）林赛和诺尔曼的理论

20世纪60年代，脑的信息加工学说问世，认知心理学应运而生。信息加工论认为脑的信息加工存在一个内部结构。认知心理学家对认知过程这个内部结构——对信息的接收、加工、储存和提取等——进行了详尽的描述，并把脑的信息加工过程和机体的生理生化活动结合起来解释情绪。在情绪的发生上，信息加工论既强调脑的信息加工，又强调生理激活。因此，可以说信息加工论既吸收了拉扎勒斯的认知评价情绪理论，又吸收了扬（P. T. Young）和普里布拉姆（K. Pribram）的生理干

① 李江雪．大学生情绪管理与辅导［M］．北京：北京师范大学出版社，2010：29-30.
② 孟昭兰．情绪心理学［M］．北京：北京大学出版社，2005：28.

扰论，解释了扬和普里布拉姆提出的“干扰”机制。

美国心理学家林赛和诺尔曼把情绪唤醒过程转化为一个内部工作系统即情绪唤醒模型。它包括几个动力系统：①对外界输入的知觉信息进行“知觉分析”。②对知觉分析与已建立的内部模式（包括对现在和将来的需要、意向或期待的认知）进行比较与初步加工，即“认知比较器”。认知比较器附带着庞大的神经系统和生化系统的激活机构，它们与效应器官联系着。③对认知比较进行系统加工。当前的知觉分析引起过去储存的信息的再编码，导致新的判断和预期。如果知觉分析与其判断相一致，事情即将平稳地进行而没有情绪发生；若二者出现一定程度的不一致，如出乎意料、违背意愿或无力应付，认知比较器就会迅速发出信息，动员神经过程，释放化学物质，改变脑的激活状态，这时情绪就发生了。认知心理学在情绪发生问题上，既强调了认知加工，又在认知加工中纳入了神经激活的干预。可以说，信息加工论丰富了拉扎勒斯的认知评价情绪理论。①

四、功能情绪理论

（一）伊扎德的动机-分化理论

美国心理学家伊扎德明确地表述一切情绪行为都是适应和调节行为，从中引出情绪是行为的驱动力的观点，阐述了情绪本身及其驱动作用的机制。他把情绪过程分解为表情和体验及其在神经生理上行动的轨迹。伊扎德的理论包括下列三个集中点：①动机-分化理论同认知评价理论相对立，明确提出情绪的作用问题，向情绪的副现象论提出了挑战。它提出关于情绪适应性功能的论点，提出情绪是基本动机的醒目命题。②继承和发展了达尔文关于表情的学说，认真对待表情特别是面部表情的通信作用和面部反馈对情绪体验发生的机制问题。③从进化的观点引申出情绪的分化观，深化了各种情绪具有不同性质和功能的观点。

（二）赫尔的动机观点

从赫尔到弗洛伊德，其动机观点都是一致的，即生物体内驱力是动机的基本来源。日常生活中像饥饿、口渴、缺氧等所引起的紧迫感，都成为理论家们所捕捉的基本例证。赫尔认为，生理需要驱策有机体行动的过程是：内驱力激起有机体习惯行为的强度，使之成为反应势能。在生理需要迫切的情况下，产生行为反应的势能增强，从而驱策有机体去行动；在生理需要得到满足以后，内驱力的作用消失，行为反应的势能随之消失。赫尔基于动物实验得出的理论，哪怕仅就动物来说，也是有缺陷的，因为驱策有机体去活动以满足需要的动机，不仅出自生物本能，而且出自心理功能。②

（三）汤姆金斯的情绪动机论

美国心理学家汤姆金斯强烈反对把动力与内驱力等同的观点，特别强调情绪的动机作用。他认为，内驱力在强度和紧迫性上作为动机是不够的，无论是弗洛伊德

---

① 孟昭兰．情绪心理学［M］．北京：北京大学出版社，2005：30.
② 孟昭兰．情绪心理学［M］．北京：北京大学出版社，2005：31-33.

还是赫尔，都把内驱力本身的信号同它的放大器混淆了。例如，有机体在缺水或者缺氧的情况下，生理需要提供的信息确实是内驱力，但是在这个过程中，感受必然附加到内驱力中，并使内驱力得到加强，对内驱力起到放大的作用。人体在缺氧时产生恐慌感，在缺水时产生急迫感，这些感受和内驱力一样，也是人体需要的反应。口渴本身并不包含“急迫感”这一心理内容，急迫感是情绪。想要喝水的需要和动机驱使人去寻找水的行为，是体液成分变化所提供的驱动力信号和急迫感的情绪二者结合的结果。当体液成分有所变化并感觉口渴时并不立即导致机体衰竭，但口渴的急迫程度却使人无法忍耐，这是因为感受放大了内驱力，从而成为动机力量。

（四）冯特的意志论

冯特的心理学观点重视感情在意志行为中的作用。人的目的行为包含十分重要的情绪因素；情绪的动机作用还体现在人类的高级目的行为中。冯特的一个杰出思想是，“简单的”意志行为起源于原始感情，可以引起冲动，如好奇；“复杂的”意志可以引起有意行为和选择行为。有意行为中表现出有意的感情，如愿望或期待；选择行为中包含着对立的动机斗争，形成意志过程中的决断感情。冯特所指出的有意行为和选择行为，是人类的高级心理活动。然而，其中所谓的有意感情和决断感情已经不是单纯的情绪，而是情绪和认知的复杂结合。冯特虽然没有做出这样的概括，但是他曾经强调过感情与认知的联系。

严格地说，认知和目的本身并不包含行为的驱动性，促使人去行动的是兴趣和好奇心，驱策人去实现目标的是强烈的愿望和期待。兴趣和好奇心属于基本的单一情绪，愿望和期待则是感情与认知的结合。实现目标的愿望越强烈，它所激活的驱动力越大。意志行为是由人的高级心理活动所整合的社会行为。实现目标的行动，包含人的认知、决策、感情和动机的整合。认知和情绪的相互作用，使人的决策生动有力和使人付诸行动。感情也依赖认知和目标的支撑，二者互相结合才使人在必要时坚忍不拔和克服困难。①

五、理性情绪理论

理性情绪理论又称ABC情绪理论，是美国临床心理学家阿尔伯特·埃利斯（Albert Ellis）在20世纪50年代提出的人格理论及心理治疗方法。它强调认知、情绪、行为三者之间的交互作用及因果关系，特别强调认知在其中的作用。

A（activating events）指诱发性事件，即引起情绪变化的事情；B（beliefs）指个体在遇到诱发性事件后相应而生的信念，即他对这一事件的看法、解释和评价；C（consequences）指在特定情景下，个体的情绪及行为的结果。让我们分析如下实例：甲乙两人一起走在路上，迎面碰到一个认识他俩的人，但对方没有与他们打招呼就走了过去。对此，甲想：“他可能正在想事情，没有注意到我们，就算是看见我们而没理我们，也可能有什么特殊的原因。”乙的想法则是：“他可能是故意这

① 孟昭兰．情绪心理学［M］．北京：北京大学出版社，2005：31.

样做的，就是不想理我，就是看不起我，他凭什么这么对待我?”这样他们两个人的情绪及行为反应就有所不同，前者可能觉得无所谓，继续干自己的事，而后者则可能怒气冲冲，以至于无法平静下来做自己该做的事情了。[①]

第三节 情绪管理概述

经典文摘 1-1 情绪管理：人力资源管理的新方向

1560年，瑞士钟表匠塔·布克在埃及的金字塔游历时曾做出这样一个判断：金字塔的建造者不是奴隶，而是一批欢快的自由人。那么，他是如何得出这个结论的呢？基于他对钟表制作的认识！作为一名钟表大师，布克1536年被捕入狱，被安排做钟表。在那些失去自由的日子里，他发现无论狱方采取什么高压手段，都不能使其制作出日误差低于1/10秒的钟表。而入狱前，他的误差都低于1/100秒。后来，他越狱逃往日内瓦，才发现真正影响钟表准确度的不是制造的环境，而是心情。现代企业的管理也是这样。只有当员工发自内心地工作时，才能发挥最佳水平。因此，情绪管理必将成为人力资源管理的下一个热点。

情绪是一种由客观事物与人的需要相互作用而产生的包含体验、生理和表情的整合性心理过程。随着知识型员工的增加，80后员工在企业中起着越来越重要的作用。企业管理者必须更加关心员工的心理感受和工作情绪。美国内布拉斯加大学林肯分校（University of Nebraska-Lincoln）的学者琼斯（J. R. Jones）把情绪工作定义为：在与外部或者内部利益相关者进行个人交往时，努力调控情绪，使之与组织需要表现的情绪相一致。

2006年10月8日，国庆长假结束，中国移动广州分公司员工收到这样一封邮件：“EAP项目将于10月14、15日启动第二次面询服务，如果您有什么困扰或问题需要和咨询师进行沟通，欢迎积极参与。”EAP，即员工援助计划（Employee Assistance Program），是组织为员工设置的一套系统的、长期的福利与支持项目，也是帮助组织成员克服压力和心理困难的一种有效工具。它旨在帮助解决员工及其家庭成员的各种心理和行为问题，从而提高员工在组织中的工作绩效，改善组织气氛和管理。目前，中国大多数企业对EAP项目还比较陌生，然而，在《财富》世界500强企业排行榜中，有90%的企业实施了EAP项目。

随着企业竞争的加剧，“过劳死”现象时有发生，员工的情绪和压力问题不容忽视。情绪管理不应仅是帮助员工调节几次压力，企业应该把EAP当作长期的计划来实施，伴随员工的职业生涯规划始终。要做好员工情绪管理，需要采取一系列措施，了解并满足员工的合理需求，进一步优化并提升人力资源管理工作。

资料来源 中国人民大学吴春波教授在“2006年中国十大管理实践”论坛上的主题发言。

① 邬荣平. 运用合理情绪理论 促进教师心理健康 [J]. 小学教学参考（综合版），2007（6）：15.

一、情绪管理的内涵

（一）情绪管理概念的解析

1.情绪管理概念的内涵界定

情绪管理（emotion management）是指通过对自己和他人情绪的认知，培养个体和群体驾驭情绪的能力，从而确保个体和群体保持良好的情绪状态，产生良好的管理效果。情绪管理能力是一种心理特征，是使人顺利实现情绪和情感活动所需的心理条件。这样的定义表述既揭示了情绪管理的本质特征，又符合国内心理学界对能力定义的表述，易于纳入能力的总体框架之中，与传统心理学体系相吻合，也为日后学者对情绪管理能力的测量手段等问题进行研究留下充分的余地。

情绪管理这个名词最先由因《情绪智商》一书而成名的丹尼尔·戈尔曼（Daniel Goleman）提出。他认为这是一种善于掌握自我、调节自己的情绪，能够对生活中出现的不快情绪进行正向调节，能以乐观积极的人生态度及时舒缓紧张的心理状态的行为。情绪管理不是使人没有负向情绪，而是对不良情绪进行调节，使其影响最小化，并且对良好情绪和不良情绪这两种情绪状态做到恰到好处的协调和处理，避免不良情绪的出现，并使积极情绪充分发挥它的作用。情绪智力不同于其他智力因素，情绪管理在很大程度上需要对人的情绪变化进行及时的观察，需要管理者运用心理学知识来了解员工的工作情绪及生理心理状态，做到预防为主、防治结合，做好情绪控制与管理。

2.情绪管理概念的外延界定

从内容维度上分析：情绪的分类方式多种多样，这里，我们把情绪管理的内容统一界定为所有正性和负性的具体情绪——愤怒、悲伤、恐惧、喜悦、喜爱、惊讶、厌恶、羞耻等。

从对象维度上分析：情绪管理的对象主要包括个体自己的情绪、他人的情绪、自己与他人之间的情绪以及个体对物的情绪等。

从操作维度上分析：用以操作正性和负性情绪的心理活动主要包括对情绪的识别、理解、处理等。

从产品维度上分析：情绪管理得到的结果或者效果，也是通过主观体验、外显行为和生理唤醒的改变得以体现的。

（二）情绪管理相关概念的国内外研究综述

以下是国内外学者对情绪管理相关概念研究的初步述评：

1.国外学者

（1）情绪管理

阿莉·拉塞尔·霍赫希尔德（Arlie Russell Hochschild，1979）在她的《情绪工作、情感规则和社会结构》一文中提出了情绪管理的概念，认为情绪管理就是一种需要遵循情感规则的工作，是个人“试图去改变情绪或感觉之程度或质量所采取的行动，并且情绪是可以根据环境的要求来进行管理的”，即她将情绪管理看作一种努力而不是结果。[①]

沙洛维和梅尔（Salovey & Mayer，1990）从情绪管理在人的智能结构中的地位入手，认为情绪管理是情绪智能的主要成分之一，是加德纳（Gardner）的社会智能结构中的一个亚成分。[②]梅尔和沙洛维在他们2000年提出的情绪智力模型中将情绪管理（managing emotions）的内涵阐释为"思维促进情绪的、智力的和个人的成长，管理激励，对情感开放的能力"。[③]

马斯特（Master，1991）指出，情绪管理是一种服务于个人目的、有利于自身生存与发展的活动。人们在进行情绪管理前，会对社会情景与自身关系的主观意义以及自身应付能力进行认知评价，最终决定如何对自身情绪进行管理。

汤普森（Thompson，1994）指出，情绪管理是一种适应社会现实的活动过程，它要求人们的情绪反应具有灵活性、应变性和适度性，以使人们能以有组织的、建设性的方式，迅速而有效地适应变化的社会情景。[④]

在Hochschild研究的基础上，波尔顿和伯伊德（Bolton & Boyd，2003）对职场中的情绪管理进行了分类研究，他们认为情绪表达有三个不同类型的规则：商业、专业或社会的情感规则。根据不同规则可以进行多样化情绪管理，如利益化情绪管理、规范化情绪管理等。他们认为情绪管理是工作场所中个体在多重规则管辖下，出于不同目的使用不同情绪技能的过程。[⑤]

（2）情绪智力

梅尔和沙洛维是最早提出情绪智力概念的学者之一，他们认为情绪智力是指一个人认识、处理和利用情绪信息的真实能力。梅尔和沙洛维的情绪智力模型把情绪智力看作个体准确、有效地加工情绪信息的能力集合，认为"情绪智力是觉知和表达情绪、情绪促进思维、理解和分析情绪以及调控自己与他人情绪的能力"，因此概括出了情绪智力所包括的四级能力，它们在发展与成熟过程中有一定的先后次序和级别之分。一级能力最基本和最先发展，四级能力比较成熟而且要到后期才能发展。这四方面能力的具体内容为：①情绪的知觉、鉴赏和表达能力（一级能力）：从自己的生理状态、情感体验和思想中辨认和表达情绪的能力；从他人、艺术活动、语言中辨认和表达情绪的能力。②情绪对思维的促进能力（二级能力）：情绪对思维的引导能力，情绪影响注意信息的方向；与情绪有关的体验（如味觉和色觉等）对情绪有关的判断和记忆过程产生作用的能力；心境的起伏影响思考的能力；情绪状态影响问题解决的能力等。③对情绪的理解、分析能力（三级能力）：认识情绪本身与语言表达之间关系的能力，例如对"爱"与"喜欢"之间区别的认识；

① HOCHSCHILD A. Emotion work，feeling rules and social structure［J］. American Journal of Sociology，1979，85（3）：551-561.

② UNDERWOOD M K. Top ten pressing questions about the development of emotion regulation［J］. Motivation and Emotion，1997，21（1）：127-146.

③ MAYER J D，CARUSO D R，SALOVEY P. Measuring emotional intelligence with the MSCEIT V2.0［J］. Emotion，2003，3（1）：97-105.

④ WALDEN T A，SMITH M C. Emotion regulation［J］. Motivation and Emotion，1997，21（1）：7-25.

⑤ BOLTON S，BOYD C. Trolley dolly or skilled emotion manager? Moving on from Hochschild's managed heart［J］. Work，Employment and Society，2003，17（2）：292；297-299.

理解情绪所传送的意义的能力；理解复杂心情的能力；认识情绪转换可能性的能力等。④对情绪的成熟调控能力（四级能力）：根据所获得的信息判断并成熟地进入或离开某种情绪的能力；觉察与自己和他人有关的情绪的能力，调节与别人的情绪之间的关系的能力等。在总结了所有关于情绪智力的文献的基础上，梅尔和沙洛维（1997）将情绪智力（EI）定义为：准确感受、评价和表达感情，在表达思想的时候产生并控制感情，理解感情和与感情有关的信息，通过控制感情推进感情和智商成熟的相关综合能力。

情绪智力的四个维度包括：①自我情感评价（self-emotion appraisal，SEA）：一个人理解并自然表达自身情感的能力。这部分能力比较突出的人比一般人更能够准确认识到自己的情绪能力。②对他人的情感认识及评价（other's emotion appraisal，OEA）：一个人意识并理解自己身边人的情感的能力。这部分能力比较突出的人不仅能够理解自己的情感，对于他人的情感也比较敏感。③情绪控制（regulation of emotion，ROE）：一个人控制自身情感，从心理挫折中迅速恢复的能力。这部分能力比较突出的人大部分时间能够保持积极的心态。因此，这部分的能力有时候也被称作面对生活压力"自我激励"的能力。④情绪运用（use of emotion，UOE）：一个人通过运用情绪从事具有建设性的个人表现活动的能力。这部分能力比较突出的人能够在面对极端心理状况时控制自己的行为，或者是运用情感提升自己的工作表现。①

戈尔曼在《情绪智商》一书中提出了具有革命性的概念——情绪智商（EQ）。他将情绪智商界定为五个方面：①自我意识能力：了解自身情绪的能力。②自我管理能力：处理自我情绪及冲动的能力。③自我激励能力：面对挫折和失败时的坚持能力。④同理心能力：能体会和理解他人情绪的能力。⑤人际关系的管理能力：善于对待和处理他人情绪的能力。②

2.国内学者

（1）情绪管理

章大庆（2012）认为情绪管理是对个体和群体的情绪感知、控制、调节的过程，其核心是必须将人本原理作为最重要的管理原理，使人性、人的情绪得到充分发展，人的价值得到充分体现；从尊重人、依靠人、发展人、完善人出发，提高对情绪的自觉意识，控制情绪低潮，保持乐观心态，不断进行自我激励、自我完善。③

曾艳（2012）认为情绪管理是对个体和群体的情绪进行控制和调节的过程，是研究人们对自身情绪和他人情绪的认识、协调、引导、互动和控制，对情绪智商进行挖掘和培植，培养驾驭情绪的能力，建立和维护良好的情绪状态的一种现代管理

---

① MAYER J D，SALOVEY P. What is emotional intelligence?［M］// SALOVEY P，STUYTER D. Emotional development emotional intelligence：implications for educators. New York：Basic books Inc，1997：3-31.

② GOLEMAN D. Emotional intelligence［M］. New York：Bantam Books，1995.

③ 章大庆. 关于员工情绪管理的思考［J］. 中国集体经济，2012（6）：115.

方法。①

王亚伟（2012）认为情绪管理就是用正确的方法、方式探索自己的情绪，然后调整自己的情绪，理解自己的情绪，放松自己的情绪。情绪管理的目的不是去除或压制情绪，而是要调整情绪的表达方式。②

（2）情绪智力

许远理（2004）从对象和操作两个维度分析情绪智力的内涵，构建了情绪智力的理论框架，提出3类、9种情绪能力：①内省情绪智力：感知和体验自我情绪的能力、表达和评价自我情绪的能力、调节和控制自我情绪的能力。②人际情绪智力：感知和体验他人情绪的能力、描述和评价他人情绪的能力、调节和控制他人情绪的能力。③生态情绪智力：感知和体验环境情绪的能力、描述和评价环境情绪的能力、调节和控制环境情绪的能力。③

卢家嵋（2005）将情绪智力在对象和操作这两个维度上的变量结合起来，总结出情绪智力的外延包括：①观察情绪的能力：观察自己情绪的能力、观察他人情绪的能力、观察自己与他人之间的情绪的能力、观察他人与他人之间的情绪的能力等。②理解情绪的能力：理解自己情绪的能力、理解他人情绪的能力、理解自己与他人之间的情绪的能力、理解他人与他人之间的情绪的能力等。③评价情绪的能力：评价自己情绪的能力、评价他人情绪的能力、评价自己与他人之间的情绪的能力、评价他人与他人之间的情绪的能力等。④预见情绪的能力：预见自己情绪的能力、预见他人情绪的能力、预见自己与他人之间的情绪的能力、预见他人与他人之间的情绪的能力等。⑤体验情绪的能力：体验自己情绪的能力、体验他人情绪的能力、体验自己与他人之间情绪的能力、体验他人与他人之间情绪的能力等。⑥表达情绪的能力：表达自己情绪的能力、表达他人情绪的能力、表达自己与他人之间情绪的能力、表达他人与他人之间情绪的能力等。⑦调控情绪的能力：调控自己情绪的能力、调控他人情绪的能力、调控自己与他人之间情绪的能力、调控他人与他人之间情绪的能力等。④

（三）情绪管理与情绪智力的区别与联系

情绪管理与情绪智力都与个体对情绪的加工和处理有关，但是它们的出发点是不同的。情绪管理的概念是从组织行为学的角度提出来的，其本质是对社会现象的一种描述，而情绪智力属于心理学领域中能力的范畴，因此情绪管理和情绪智力是两个截然不同的概念。⑤

情绪管理和情绪智力之间也是有联系的，情绪管理能力可以作为情绪智力的一个维度来探讨，并且情绪智力水平高的个体善于进行情绪管理，能够使个体的情绪发挥有利于智力活动的作用。同时，进行情绪管理训练对提高情绪智力有良好的

---

① 曾艳．从“富士康事件”看员工情绪管理［J］．人力资源管理，2012（2）：55.
② 王亚伟．公务员的情绪管理探析［J］．政治与公共管理，2012（5）：62.
③ 许远理．情绪智力组合理论的建构与实证研究［D］．北京：首都师范大学，2004：93-98.
④ 卢家嵋．对情绪智力概念的探讨［J］．心理科学，2005（5）：1246-1249.
⑤ 王丽霞．“情绪管理”内涵的探讨［J］．社会心理科学，2010（6）：29.

作用。[①]

（四）情绪与情绪管理的简要比较

在情绪管理的概念提出以后，相关的研究逐渐深入。关于情绪与情绪管理的定义，国内外学者有很多说法，本书研究总结了部分内容，见表1-2。

表1-2 情绪与情绪管理的简要比较

国内外		年份	学者	主要观点
国外	情绪	1973	利珀（Leeper）	情绪是一种具有动机和知觉的积极力量，它组织、维持和指导行为
		1984	拉扎勒斯（Lazarus）	情绪是对正在进行着的环境中好的或不好的信息的生理心理反应的组织
	情绪管理	1979	霍赫希尔德（Hochschild）	情绪管理是个人试图去改变情绪或感觉之程度或质量所采取的行动
		1990	沙洛维和梅尔（Salovey & Mayer）	情绪管理是情绪智力的主要成分之一，是加德纳的社会智能结构中的一个亚成分
		1994	汤普森（Thompson）	情绪管理是一种适应社会现实的活动过程，它要求人们的情绪反应具有灵活性、应变性和适度性
		2003	波尔顿和伯伊德（Bolton & Boyd）	情绪管理是工作场所中个体在多重规则管辖下，出于不同目的使用不同情绪技能的过程
国内	情绪	2010	高非	情绪是伴随着认知和意识过程产生的对外界事物的态度，是对客观事物和主观需求之间的关系的反应
		2010	黄冰瑜	情绪是反应个体与环境意义事件之间关系的心理现象
		2012	刘文硕	情绪是基于人的需要而产生的，是一种主观的状态，是人们自我意识的核心
	情绪管理	2012	章大庆	情绪管理是对个体和群体的情绪感知、控制、调节的过程
		2012	曾艳	情绪管理是对个体和群体的情绪进行控制和调节的过程
		2012	王亚伟	情绪管理就是用正确的方法、方式探索自己的情绪，然后调整自己的情绪，理解自己的情绪，放松自己的情绪

通过上述的比较分析，本书认为，情绪是我们日常生活中常见的一种心理活动，它是人们基于外界事物的刺激而产生的不同的生理和心理反应。情绪管理的内涵包含以下三部分：①能够掌握、适应并准确地表达自己的内心反应。②能适时、适地、适量地做出情绪选择。③能适当、适宜地表现情绪。在实际分析和运用中，我们要注意情绪与情感的区别和联系。

① 马向真，王章莹．论情绪管理的概念界定［J］．东南大学学报（哲学社会科学版），2012（4）：58-61.

二、情绪管理的策略

（一）情绪管理之三部曲

1.what：我们现在有什么情绪

情绪管理第一步就是要先察觉（aware）我们的情绪，并且接纳（accept）我们的情绪。情绪没有好坏之分，只要是我们真实的感受，我们就要学习正视并接受它。只有认清自己的情绪，知道自己现在的感受，才有机会掌握情绪，也才能对自己的情绪负责，而不会被情绪左右。

2.why：我们为什么会有这种感觉

我们为什么生气？我们为什么难过？我们为什么觉得无助？我们为什么……找出原因我们才能知道这样的反应是否正常。找出引发情绪的原因，我们才能对症下药。

3.how：我们如何处理当下的情绪

可以用什么方法来纾解自己的情绪呢？当你心情不好的时候，你会怎么做？什么方法对你是比较有效的呢？具体有以下几种方法：

（1）让心情平静的方法

深呼吸、肌肉松弛法、静坐冥想、运动、到郊外走走、听音乐。

（2）让情绪宣泄的方法

大哭一场、找人聊聊、涂鸦、用笔抒情。[①]

（3）改变内在的自我对话

我们怎么想就会怎么感觉然后就会怎么做，影响我们的常常不是事件本身，而是我们对事件的看法。曾经有两位市场调查人员到非洲调查皮鞋市场，结果一人回来后愁眉苦脸，非常沮丧地说："哎呀，非洲根本没有市场可以开发，因为那边的人都不穿鞋子。"另外一个人回来后却眉开眼笑，高兴得不得了："太好了，我们有大生意要做了，非洲那边的人都没有鞋子可以穿呢。"同样一件事情，若能从正面、乐观的方向来思考，就会使自己充满喜悦与希望。检查一下你自己，是不是常常有一些不合理的想法或者持悲观的态度呢？你是不是常常告诉自己"糟透了""完蛋了""我是不好的""我每件事都做不好"……有时，让我们心情不好的不是别人，也不是不顺遂的环境，而是我们自己，是我们内在负面的自我对话让我们陷入了愁云惨雾中，所以培养积极乐观的想法可以让我们经常拥有灿烂的阳光。

（4）直接向对方表达情绪

不要发脾气，而是冷静地将情绪说出来。当我们一味地指责他人，将自己的情绪归咎于他人时，常会让自己感觉更糟，所以比较有效的方式就是告诉对方你的感受，好好地沟通。

---

① 李江雪．社区居民情绪管理与调节［M］．北京：高等教育出版社，2012：21.

（二）情绪管理的具体对策

1.构建情绪管理体系

在情绪管理体系中，个人和组织是最重要的组成部分。首先，个人是情绪管理的主体，需要学习情绪管理的五个步骤，即认识情绪、定位情绪、树立信心、处理情绪、转换情绪。其中，处理情绪阶段是个人情绪管理的关键。其次，组织认识到情绪管理的重要性，加强员工情绪管理，提供员工情绪疏导通道。组织的部门管理层负责制订方案并将方案下发至人力资源部的情绪管理专员，人力资源部开通情绪管理通道，情绪管理专员执行方案，并定期将结果反馈给管理层。个人和组织也要保持互动，这样情绪管理体系才能正常运作。本书根据相关资料研究、整理并设计了情绪管理体系，如图1-4所示。

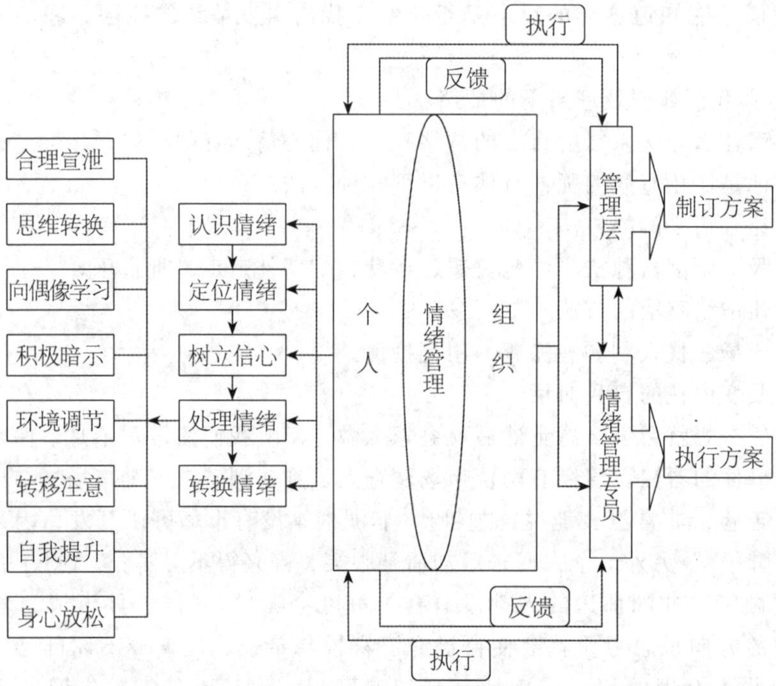

图1-4　情绪管理体系图

2.个人情绪管理的策略

（1）个人情绪管理的步骤

无论情绪强度有多大、情绪发生多突然，我们都可以按照一定的步骤进行情绪管理，最终消除消极情绪，成为情绪管理的主人。具体步骤如下：

① 认识自己的情绪。情绪本身无所谓对错，它是对外在环境的自然且真实的反应。如果能正确地认识情绪并接纳它，我们就不会产生对情绪的负面评价。例如，从原本专注在“心烦意乱，心情糟透了”的情绪中，转移到“心烦意乱体现出自己的焦虑，它是一种正常的反应”。我们可以尝试问自己：我到底想做什么？想达到自己的期望应该怎么做？对目前所处的情境我感觉开心吗？通过自问自答的方

式来了解、认识自己的情绪。

② 有效定位情绪并承认情绪。自我情绪定位是朝向自我成长的第一步，它是指体察自己当下的状况与感受，并能发现自己正处于何种情绪中，如悲伤、快乐、愤怒、焦虑，或是平静、自在等。如果能感受到自己情绪的状态，就不至于陷入混乱、不知所措的情境。定位自己的情绪并承认情绪的存在，并不是一件容易的事。比如，明明就是在生某个人的气，却还不承认，这种心口不一的现象经常出现在日常生活中。承认情绪意味着“感受是自己的”。当个人能够承认所处的情绪状态时，就能表现出真诚的一面。

③ 回顾过往，树立信心。如果你正处于某种情绪之中，那么可以回想一下过去是怎么解决类似问题的，利用过去的处理经验来调节当前的情绪。要相信自己、肯定自己，带着自信去处理情绪问题，相信自己这次一定会处理得更好。做一个自信的人，直视情绪问题并信任自己。

④ 付诸行动，处理情绪。每个人处理情绪的方式不同，有些人靠运动、散步、旅游释放情绪；有些人则用睡觉、聊天、阅读、暂时离开现场等方式，使自己的情绪保持平静安定。处理情绪的方式有很多，在不伤害自己、不伤害他人的前提下找到适合自己的方式，才是最重要的。[①]

⑤ 转换情绪，展望未来。转换情绪的关键在于不抗拒、不压抑，能充分体察情绪的存在，为自己负责任，同时愿意做出改变。如果只是停留于接纳、处理情绪的阶段，并不能有效解决问题，所以，最重要的是将负向情绪转化为正向能量，所谓“化悲愤为力量”“在绝望中生信心”，都是经过深层次的接纳、突破、转化的个人历程。我们要成为情绪管理的高手，就要学会去思考、感受情绪调整的过程，积累经验，为未来的情绪处理奠定基础。[②]

（2）个人情绪处理的方法

个人情绪处理的方法主要有以下几种：合理宣泄法、思维转化法、向偶像学习法、积极自我暗示法、环境调节法、转移注意法、自我提升法、身心放松法。具体如下：

①合理宣泄法。合理宣泄法主要是释放自己的情绪，心情不好的时候不要把怒气压在心里、自己生闷气，也不能一味地发泄在别人身上，更不要伤害自己，而应当选择合理方法宣泄出负能量。

首先，倾诉。人生旅途中总会有几个志趣相投的朋友，心情不愉快时，大家聚一聚，一盏清茶、一杯咖啡，或是两杯淡酒，就事论事地倾诉一番，听听朋友的见解，把心中的不快、郁闷、愤怒、困惑等消极情绪都说出来，或避而不提不愉快的事件，闲聊人生，这些都能让你心里感到轻松起来。

其次，哭泣。当你感到特别痛苦的时候，不妨痛痛快快地大哭一场，不要压抑自己。哭能有效地释放积累的不良情绪，调节心理平衡。眼泪对身体的最大益处在

① 王庄林. 情绪管理五步骤 [J]. 心理与健康，2009（6）：51.
② 王庄林. 情绪管理五步骤 [J]. 心理与健康，2009（6）：51.

于，它有助于排出人体的某些毒素，把心中的痛苦发泄出来，并改善情绪。

最后，利用自己的爱好来发泄情绪。如果你喜欢运动，可以在生气和郁闷的时候拼命跑步，使劲打球，或者打沙袋；如果你喜欢音乐，心情不好时可以听听令人愉快的音乐，音乐会把你带入另一个时空，你会发现让你不快的事情已经没有那么严重了；如果你喜欢旅游，就去感受大自然，让心情变得舒畅；如果你喜欢安静，可以写写日记、博客，把自己当下的心情记录下来。

②思维转化法。首先，改变对事物的看法。对事物的不同认识可以导致情绪的极大不同。例如，不同的学生受到老师的批评时，往往会有不同的反应。有些人认为老师是在和他作对，故意刁难他；而有些人认为老师是在教育他，帮助他认识到自身的不足。正是因为这些认识上的不同，人们才会产生不同的情绪。前者会对老师产生厌恶甚至对立的情绪，而后者会觉得和老师的关系更为亲密。所以，情绪的变化有时取决于人对事物的看法。要想改变自己的情绪，可以先改变自己对事物的看法和态度。遇事时，放弃那些让你感到不愉快的、不合理的观念和想法，不苛求别人和自己，就会从那些不愉快的情绪中解放出来，达到减轻心理压力、健康生活的目的。

其次，改变对己问话。也许你有这样的体会：当他人说你好，但你认为不好时，结果真的不好；当他人说你不好，但你认为好时，结果真的是好。你的问话能够决定你的人生品质，所以无论发生任何事，问自己两个问题：第一是这件事带给我什么样的经验及教训？第二是我该如何做才能将这件事处理得更圆满？积极的问话会造就积极的人生。

最后，进行换位思考。换位思考是人对人的一种心理体验过程，将心比心、设身处地，是达成理解不可缺少的心理机制。它客观上要求我们将自己的内心世界、情感体验、思维方式等与对方联系起来，站在对方的立场体验和思考问题，从而与对方在情感上进行沟通，为增进理解奠定基础。有这样一则故事：一头猪、一只绵羊和一头奶牛被牧人关在同一个畜栏里。有一天，牧人将猪从畜栏里捉了出去，只听猪大声号叫，强烈地反抗。绵羊和奶牛讨厌它的号叫，于是抱怨道："我们经常被牧人捉去，都没像你这样大呼小叫的。"猪听了回应道："捉你们和捉我完全是两回事，他捉你们，只是要你们的毛和乳汁，但是捉住我，却是要我的命啊。"由此可以联想到，立场不同、所处环境不同，是很难了解对方的感受的。

因此，对他人的失意、挫折和伤痛，我们应进行换位思考，以一颗宽容的心去理解、关心他人。

③向偶像学习法。想想那些让你崇拜的人，那些对你有所启发的人，他们身上的何种品质，是你希望自己能拥有的呢？你又将如何习得这些品质呢？"物以类聚，人以群分"，这是大家耳熟能详的一句话，它的意义是：你是什么人，你的生活如何，由你交往的朋友即可看出。悲观的人身边大部分都是悲观者，而乐观的人身边亦多为乐观者。因此，要想改变命运，你必须摆脱现状，向乐观者学习。要想快乐，请和快乐者为伍。

你的偶像最好是成功人士，因为成功人士的能量磁场比较大，这种能量源于他们拥有积极乐观的心态、站得高看得远，你不能影响别人就会被别人影响，在大多数情况下，成功人士能给我们带来积极的影响。

④积极自我暗示法。在心理学上，自我暗示指通过主观想象某种特殊的人与事物的存在来进行自我刺激，达到改变行为和主观经验的目的。积极的自我暗示又称自我肯定，是对某种事物有力的、积极的叙述，这是一种使我们正在想象的事物坚定和持久的表达方式。进行肯定的练习，能让我们学会用一些更积极的思想和概念来替代我们过去陈旧的、否定的思维模式。这是一种强有力的技巧，一种能在短时间内改变我们对生活的态度和期望的技巧。在日常生活中我们可以多使用正面语言来改变自己的思想，如告诉自己：我是一个具有积极心态的人，我是一个自信的人；我做任何具体的事情之前都会认真地准备；我是个有能力的人，我能做好上级交给我的任何工作；我具有良好的记忆力，我能记住任何我想记住的信息；我有非凡的理解力，我能理解我所学到的任何知识和道理；我具有良好的判断力，我能正确地理解发生在我身上的事情，我能为自己做最好的决定。

⑤环境调节法。美好的环境虽然不能直接将人引入积极的情绪状态，但它能调节人的情绪。一般而言，较空旷的空间对于人总是有利的，它能让人感到心旷神怡；而太过拥挤的地方通常会让人产生消极情绪，导致或增加人的烦恼和压抑感。由此可见，改变环境对于情绪的调节有一定的帮助。例如，在情绪不佳时可以给自己放个小假，出去旅游，去看看大海、草原，感受大自然的美景，放松身心。

⑥转移注意法。转移注意法就是通过做其他事情来转移目前的专注点。当你感觉到你要发怒时，转移一下注意力，如站起来给自己倒一杯水，喝上几口，或把头伸出窗外，看一看风景，或去一趟卫生间，返回来时，你的心态也许就平和多了。通过短暂转移注意力来缓解自己的情绪，也是一种有效的“冷处理”的方法。

⑦自我提升法。培养自信，提高自己的综合能力能帮助自己成为更好的情绪管理者。可以通过以下方式来提高自己：首先，坚持每个月读一本新书。书是智慧的源泉，书读得越多，你获得的知识就越多。其次，培养一种新的爱好。在你的日常爱好之外，还能发展哪些新爱好呢？新爱好可以是运动类的，比如，击剑、高尔夫球、攀岩、足球、皮划艇、滑冰等；也可以是休闲娱乐类的，比如诗歌朗诵、美食烹饪、唱歌跳舞、红酒鉴赏等。学习新东西会让你在各方面都得到锻炼，包括体能、脑力和心理。最后，定期进行体育锻炼。定期运动能够增强记忆力，消除郁闷心情，保持良好的体形。还可以将各种锻炼方式综合起来，比如慢跑、健身操、游泳等。

⑧身心放松法。身心放松法主要是通过放松身体和心理，使肌肉放松、心情平静。首先，可以通过数数来放松。当你要发怒时，可以在心里默默数数字，慢慢数，一直数到不发火为止，一般来说，数到60的时候，有火也发不起来了。

其次，通过听音乐来放松自己。音乐可以让人快速进入一种放松状态。当人体进入放松状态时，人的交感神经活动功能会降低，表现为肌肉放松，呼吸频率和心率减慢，血压下降，伴有四肢温暖、头脑清醒、心情轻松愉快、全身舒适的感觉。

最后，通过肌肉放松训练来放松。肌肉放松的长远目标是使身体能够即时监督大量的控制信号，从而自动地缓解不需要的紧张情绪。肌肉放松法通过让人有意识地去感觉主要肌肉群的紧张和放松状态来达到放松的目的。你试一下这种感觉：将你的右手握成拳，攥紧些，再紧一些，然后感觉一下手和前臂的紧张状态，让这种感觉进到手指、手掌和前臂，然后放松你的手，注意紧张和放松之间的感觉的差异。你可以闭上你的眼睛再做一次，意识到那种紧张的状态，然后放松，让紧张感流走。

3.组织进行情绪管理的策略

（1）提高对情绪管理重要性的认识

情绪管理不仅能提高员工的健康和生活质量从而有利于和谐社会、和谐企业的建设，也能提高员工的工作效率从而降低成本、提高企业生产效率和效益。有关资料显示，美国每年有约100万名员工由于心理压力而缺勤，1名员工的缺勤会造成668美元的损失；40%的员工“跳槽”或转行是由心理压力所致，更换1名员工要花费1万～3万美元；压力及其所导致的疾病每年会耗费美国企业界3 000多亿美元。一项对IT行业2 000多名员工所做的调查表明，有20%的员工压力过高，至少有5%的员工面临较严重的心理问题，有75%的员工认为他们需要心理帮助。

据世界卫生组织统计，2017年全世界大约有78.6万人自杀，平均每10万人中有10.7人自杀，这意味着每隔40秒就有人自杀。一些西方国家在员工情绪管理中引进员工援助计划（EAP），取得了很好的成效：在美国，对EAP每投资1美元，有5～7美元的回报；一项对50家企业的调查表明，引进EAP之后，员工缺勤率降低了21%，工作事故率降低了17%，而生产率提高了14%。可见，情绪管理在改善员工精神健康、提高企业效益方面的潜力是很大的。

（2）明确情绪管理的目标

组织要明确每个部门、每个岗位上的员工应体现的情绪和达到的情绪管理效果。例如，管理部门的人员应该有通情达理，关心、肯定员工的情绪表现；服务部门的人员应该有耐心服务、工作细心的情绪表现。只有明确不同员工的情绪倾向，才能更好地设置情绪管理目标，执行情绪管理方案。

（3）把关组织员工招聘

虽然招聘并不属于员工情绪管理的基本步骤，但是能直接缓解管理者在企业中进行情绪管理的压力。企业在聘用员工时，不仅要注重员工的业务素质，还要注重员工的思想素质和其他综合素质，从源头上避免员工在工作过程中产生消极情绪。

在企业招聘的面试环节，面试官可以从应聘者的表情、站姿或坐姿以及态度等方面观察他的意志、毅力以及品性等，通过应聘者对问题的回答或自我介绍对其个性、心态和情绪控制力进行判断。企业还可以进行情商测试，例如通过设计模拟测试程序来进行人际关系技能的测评：让被测试者身处所设定的人际关系环境里，面对一些现实性的冲突和问题，从他的情绪变化、语言、表情等方面初步评估其情绪管理能力。

（4）加强对员工进行情绪控制的培训

对员工进行科学的情绪控制培训，不仅可以使员工学会控制和缓解自身情绪，以弥补管理者不能面面俱到的缺陷，而且能够使员工懂得感知他人情绪，帮助他人缓解情绪。

在对员工培训时，不能只将专业技能作为唯一的内容，还应把情绪管理的拓展训练作为员工素质教育的一项内容，通过对员工进行情绪管理相关知识的教育，使其提高感知和控制情绪的能力，掌握维系良好人际关系及自我激励的技巧。例如，开设“心理学”“心理健康知识教育”等相关课程，有条件的企业可以设置员工心理健康辅导机构或心理健康辅导员来帮助员工认识自己的情绪，培训他们掌握人际关系中的沟通、参与、激励、表扬和批评等技巧。在培训过程中管理者与被管理者之间情绪的交流和互动，有利于营造一种心情愉快、关系和谐、宽松平等的工作氛围，最大限度地发挥每个员工的主观能动性和创造力。

（5）注意人力资源的合理配置，营造和谐的人际环境

首先，要根据员工的性格和特点组建团队。一般而言，外向型性格的员工开朗、乐观、自信，善于表达，喜欢与他人沟通交流，正向情绪多一些；内向型性格的员工封闭、悲观、自卑，沉默寡言，把情感压抑在内心而得不到释放，负向情绪多一些。这两种类型的员工存在互补特点，可以合理搭配。不过，更多的员工在气质和性格上具有多面性和综合性。在一个正向情绪为主的人际环境中，员工之间发生情绪冲突的可能性小一些，正向情绪会感染负向情绪使之向正向情绪转化。其次，要考虑管理者本身的气质和性格类型。在能力相同的管理者中，应该优先选择偏多血质和外向型的，这类管理者情商偏高，具有更强的情绪影响力、引导力和控制力。最后，要考虑员工性别的合理搭配。俗话说，“男女搭配，干活不累”，这是性别给人带来的情绪影响。

（6）改善硬件设施，营造良好的工作环境

在企业经济条件允许的前提下，要尽可能改善办公条件、设备质量，让员工有一个比较舒适的工作环境，使用先进的劳动工具，从而减轻工作强度，降低工作压力，提高工作效率。

企业也可通过美化工作环境、改善工作条件，增强员工热爱工作的情感，让他们愉快地参加工作。

（7）体察员工情绪，提供员工情绪疏导通道

心理学家雷曼德·诺瓦科说：“一个健全的关系依赖于双方表达愤怒和互相给予负反馈的能力。”组织也一样，能将分歧和不满摆在桌面上的组织往往比将其隐藏和压抑起来的组织更具活力。其深层原因是：人的积极情绪和消极情绪是一枚硬币的两面，如果不让消极者露面，积极者也就难以“浮出水面”。事实上，那些隐藏着的负面情绪并没有消失，而是在悄悄地、慢慢地侵蚀组织的肌体。组

织有意无意地压抑或回避这个问题，反而会使得不满情绪一旦爆发就具有很大的破坏力。对付负面情绪的良方就是：及时找出原因，积极沟通，采取有效措施进行化解。只要正视，就能发现隐藏在组织制度或管理方式中的弊病，使组织不断改进，并防患于未然。[①]在体察员工情绪之外，企业还应提供合适的渠道为他们化解负面情绪。例如，给员工创造一个宽松的情感交流环境，定期组织员工聚会，通过健康的娱乐活动增进情感交流；配备疏导不良情绪的必要设施，例如情绪发泄室，来减少员工在现实生活中的情绪过激行为；提供消除不安情绪的有效指导和咨询服务，如设立专职的情绪指导专家或者心理医生，帮助员工放松在紧张工作中积累起来的紧张情绪。以上这些措施都能起到控制不良情绪蔓延并提高企业的情绪管理水平的作用。此外，健康的业余爱好也可以起到放松紧张情绪、融洽人际关系、增强组织凝聚力和向心力的作用。因此，企业可从实际出发，经常组织员工开展多种形式的学习活动以及丰富多彩的业余文体活动，让员工生活更加充实，以积极的方式增强体质，并且有宣泄不良情绪的环境，进而避免心理上滋生负面情绪。

(8) 在反复跟踪反馈过程中逐步完善情绪管理体系

情绪管理体系要不断完善才能达到管理目标，相关的管理部门在对员工进行情绪测评的过程中要不断对管理方案进行优化和改善，及时反馈方案实施效果，保持信息沟通；对于在执行过程中发现的问题要及时上报，确保情绪管理融入组织管理体系并发挥应有的效用；逐步完善情绪管理体系，为企业营造良好的工作环境奠定基础。

三、情绪管理的基础理论

(一) ABC理论

1.主要观点

ABC理论认为，激发事件（A）只是引发情绪和行为后果（C）的间接原因，而引起C的直接原因是个体对激发事件的认知和评价所产生的信念（B），也就是说，人的消极情绪和行为障碍结果（C），不是由某一激发事件（A）直接引发的，而是由经受这一事件的个体对它不正确的认知和评价所产生的错误信念（B）直接引起的。错误信念也可称为非理性信念。

人的认知可分为理性认知和非理性认知两种。理性认知是人们对客观世界的正确认识；反过来，非理性认知是人们对客观世界的不正确的想法和信念。根据ABC理论的假设，人在事件与情绪行为反应中的重要变量是人的认知。我们对环境状况做出的反应并不完全决定我们的情绪，与此同时，我们对这个环境的看法、解释、态度和信念深深地影响着我们的情绪。

① 朱佳欣. 人力资源中的员工情绪管理［J］. 企业改革与管理，2011（12）：62-63.

2.非理性认知的特征

(1) 绝对化的要求

绝对化的要求是指人们常常以自己的意愿为出发点，认为某事物必定发生或不发生的想法。它常常表现为将“希望”“想要”等绝对化为“必须”“一定要”等。例如，“我必须成功”“别人一定要对我好”等。这种绝对化的要求之所以不合理，是因为每一客观事物都有其自身的发展规律，不可能以个人的意志为转移。对于某个人来说，他不可能在每件事上都获得成功，他周围的人或事物的表现及发展也不会依他的意愿来改变。因此，当某些事物的发展与其对事物的绝对化要求相悖时，他就会感到难以接受和适应，从而极易陷入情绪困扰之中。

(2) 过分概括化

过分概括化指人们将某一方面事件的结果推论到不同类的事件或环境中。这是一种以偏概全的不合理思维方式的表现，它常常把“有时”“某些”过分概括化为“总是”“所有”等。用ABC理论的创立者埃利斯的话来说，这就好像凭一本书的封面来判定它的好坏一样。它具体体现在人们对自己或他人的不合理评价上，典型特征是以某一件或某几件事来评价自身或他人的整体价值。例如，有些人遭受一些失败后，就会认为自己“一无是处、毫无价值”，这种片面的自我否定往往导致自卑自弃、自罪自责等不良情绪。这种评价一旦指向他人，就会一味地指责他人，产生怨愤、敌意等消极情绪。我们应该认识到，“金无足赤，人无完人”，每个人都有犯错误的可能性。①

(3) 糟糕至极

这种观念认为如果一件不好的事情发生，那将是非常可怕和糟糕的。例如，“我没考上大学，一切都完了”“我没当上处长，不会有前途了”。这种想法是非理性的，因为对任何一件事情来说，都会有比之更坏的情况发生，所以没有一件事情可被定义为糟糕至极。如果一个人坚持这种“糟糕”观，那么当他遇到他所谓的百分之百糟糕的事时，就会陷入不良的情绪体验之中而一蹶不振。

3.ABC理论对情绪管理的启示

理性情绪心理学认为，情绪宣泄可能会使我们一时感觉好一点，但长期来看，并不能使我们在面对同样的情形时产生的情绪有所改善，反而可能因此产生所谓的“副情绪”，即人往往对自己情绪加以解释而产生的第二种情绪。例如，因为自己生气而产生的罪恶感——“我发脾气实在是没有修养”；因为自己愤怒而产生的生气情绪——“我气自己为什么这么气”；因为无法控制自己的怒气而产生的挫折感——“我为什么控制不了我的脾气呢”。

所以，我们要想从根本上管理好情绪，就需要反思自己的想法，与不合理的信念进行辩论，进而调整不合理的信念，使之变成合理的。辩论的基本步骤如下：

① 李江雪. 大学生情绪管理与辅导［M］. 北京：北京师范大学出版社，2010：48.

（1）接受你已经产生的情绪

允许自己拥有负面情绪，不需要否认自己的情绪。你可以告诉自己："我实在不喜欢自己失控的行为。如果可以的话，我宁愿不生气，但是我又是一个免不了有情绪的人。"

（2）接受拥有这些负面情绪的你

有这些负面情绪并不表示自己就是一个很糟糕的人，这只是证明自己是一个平凡的人。有了负面情绪，只要不十分在意，它就不会影响你。

（3）确定你需要改变的认知，进行辩论

举例如下：

不合理的认知：舍友不应该用这种态度对我，他不尊重我。

辩论一：舍友是因为不尊重我，才有这种态度的吗？舍友的态度的确不好，但是他不一定是因为不尊重我才如此表现的，他对其他人都是如此。

辩论二：为什么我希望舍友改变态度，他就一定能够改变呢？他用什么样的态度是他自己的选择，他不一定会考虑我的感受，或者他并没有意识到他的态度伤害到我了。

辩论三：如果我认为话多说几遍就一定有效，那么有什么证据显示频繁的建议就能使舍友改变呢？

辩论四：如果我继续坚持认为我的舍友一定要尊重我，结果会怎样？我一定能使舍友改变吗？我这样坚持对我有帮助吗？

（4）改变你的认知——转换为合理的信念

在经过上述几个步骤后，我们可以将上例中的认知转变为：舍友不一定就是不尊重我；舍友不会因为我生气就尊重我；舍友不一定会因我啰唆而改变；我继续生气对自己没有好处。

由此可见，我们的想法依ABC理论的思路处理分析后，负面情绪的强度可以大大降低。ABC理论强调用"认知"来管理情绪，这是情绪管理的重要方面。我们要学习运用这套理论来改变我们对事实的解释并且了解我们受挫的原因，以增强管理情绪的能力。[①]

（二）归因理论

归因是指人们对他人或者自己行为的原因进行解释和推测的认知活动。本质上，它是一种社会判断过程，指的是根据所获取的各种信息对他人或者自己的外在行为表现进行分析，从而推论其原因的过程。怀疑主义哲学家休谟说过，原因是知觉为了使环境更易于理解、更有意义而构造出来的。

如果某个特殊原因总是与某种特殊结果相伴而生，基本不变，则意味着两者之间有因果关系。归因就是寻找这种因果关系。生活当中，人与人之间对同一事情的看法往往不一致，这就是因为对同一问题做了不同的归因。归因现象涉及工作、学

① 李江雪．大学生情绪管理与辅导［M］．北京：北京师范大学出版社，2010：49．

习、生活的各个方面，对个人的人生发展和情绪管理有重要的影响。

1.海德的朴素心理学（恒常原则说）

对归因理论的探讨始于20世纪40年代，它最早是由美国心理学家海德提出的。海德认为，人们都有一种理解、预测和控制周围环境的需要，如果这种需要不能被满足，就会感到无所适从。人的行为后果主要受两个因素的影响：个人的因素（内部因素）和环境的因素（外部因素）。其中，个人的因素主要包括个人的能力和动机等，而环境的因素主要包括工作本身的难易程度和运气等。

2.韦纳的成败归因理论

美国心理学家韦纳认为，对于成功和失败的归因应包括两个维度：观察者必须分析成败是由内在的因素还是外在的因素导致的；观察者还必须分析成败是经常发生（稳定）的还是偶然发生（不稳定）的。两个维度相结合才能做出总结性的归因。稳定的内在因素是指个人的能力；稳定的外在因素是指任务的难度；不稳定的内在因素是指个人的努力；不稳定的外在因素是指个人的运气。1979年，韦纳又提出了另一个重要的维度，即控制。他认为，努力、注意、他人的帮助等因素是受个人意志控制的，是可控因素，而能力、运气、心境等因素是不受个人意志控制的，是不可控因素。

韦纳重点探讨了成就情境中的归因问题。他通过大量的实验调查发现，大多数人在进行成败归因时，最可能有四种归因：一是个人的努力程度；二是个人的能力大小；三是任务的难度大小；四是机遇状况的好坏。这四个因素可以按照内在与外在、稳定与不稳定、可控与不可控三个维度来划分。然后，他用实验方法验证了人们在不同归因风格下的情绪反应和动机状态，如把成功归于内在、稳定、可控因素（能力、努力），人会感到自豪和满意；把成功归于外在、不稳定、不可控因素（难度、运气），人会感到惊喜和感激；把失败归于内在、稳定、可控因素，人会感到内疚和无助；把失败归于外在、不稳定、不可控因素，人会感到气愤和充满敌意。

3.归因与情绪的关系

归因与情绪是相互影响的。同一行为结果会引起两类情绪反应：一类是依赖结果的情绪，对行为结果的价值分析不同，会引起不同的情绪变化；另一类是依赖归因的情绪，对原因的分析不同，也会引起不同的情绪变化。比如，两个女孩与各自的男友约会，可是两个男孩都失约了。A女孩对此进行了内部归因，认为男孩失约是因为不爱自己了，于是情绪很差，以至于影响到双方今后的关系。B女孩对此进行了外部归因，认为男孩失约是因为塞车或者工作忙，于是她虽然感到有些遗憾，但情绪并没有受到很大影响。两个女孩不同角度的归因，带来的内心感受是完全不同的，从而产生了不同的情绪，导致了不同的结果。

另外，情绪对归因也有重要影响。例如，高焦虑者在为失败承担一定责任的同时，又感到有更多的客观理由去抱怨。情绪不好的人，更倾向于将失败归因于他人。我们在情绪不好的时候，看很多事情都会扭曲，这就是情绪对归因的影响。

4.归因理论对情绪管理的启示

现实中，我们的确是按照归因获得的信息来调整我们的情绪和行为的。人们总有一种要弄明白自己为什么会成功或者失败的倾向，这种归因未必都是对的，但这种未必正确的归因通过自信心、自尊心及情绪态度的变化影响人的后继行为。归因对于每个人来说都十分重要，没有归因，我们就无法很好地管理自己的情绪，无法建立良好的人际关系。归因理论主要是告诉我们要从认知上改变态度和情绪。

韦纳的研究表明，稳定性归因会影响人们对成败的期望。在此基础上还可做出三条推论：第一，如果将一个事件的结果归因于稳定的原因，那么这一结果将来还可能会出现。第二，如果将一个事件的结果归因于不稳定的原因，那么这种结果可能会变，也可能不会变。第三，将结果归因于稳定的原因与将其归因于不稳定的原因相比，前者在将来重复出现这种结果的可能性更大。

所以，我们受到情绪困扰的时候，要反省自己的归因方式是不是出了问题，是不是可以改善，通过改变自己的归因方式来改变情绪，管理好情绪。[①]

（三）视网膜效应

视网膜效应是指我们眼里所看到的事物与心里所想的东西往往密切相关。你在想什么，你就更容易看到相同的结果。我们心里的想法，往往决定了我们看到的是什么。

1.视网膜效应及其表现

在学习中，如果某个同学是一个爱嫉妒的人，那么他的眼里可能只有竞争和冲突；如果他是一个自卑的人，那么他的眼里可能只有别人的优点和自己的缺点。如果我们觉得某个人跟我们不合作，那么在他做的很多事情中都能找到不合作的影子，因为在这个时候，我们关注的焦点就是不合作，事情一发生，我们就会下意识地去寻找他不合作的证据，时间久了，他在我们眼里就是一个不合作的人。

《列子·说符》里有一则故事：一位农夫丢了自己的斧子，怀疑是邻居的儿子所偷，于是看他走路的样子、脸上的神色、一言一行、一举一动，都像是偷了自己斧子一样做贼心虚。后来农夫在翻动谷堆时找到了斧子，便不再怀疑邻居家的儿子偷了斧子，怎么看他都顺眼。其实邻居的儿子还是邻居的儿子，说话、神色和举动一点都没有变，变化的只是看他的人的心态。

正如这个故事中的情况，我们也常常会这样看待身边的人，觉得他好，他就哪儿都好，尽管他在别人眼里没那么好；觉得他不好了，他又变得一无是处。心情好的时候，看什么都神清气爽；心情不好的时候，又觉得事事不顺。

2.视网膜效应对情绪管理的启示

世界上从来就没有过完美的事情，也没有过完美的人，关键是把自己的注意力放在哪里，是去注意优点，还是去注意缺点。我们的眼睛就像照相机的镜头，你想看什么，你就能够看到什么。如果你把镜头对准垃圾，那么你会得到一大堆关于垃

① 李江雪．大学生情绪管理与辅导［M］．北京：北京师范大学出版社，2010：50-51．

圾的照片；如果你把镜头对准鲜花，那么你将看到无数鲜艳的花朵。我们的耳朵和收音机也是一样的，你想听到什么，你就能听到什么。如果你调到播放《苏武牧羊》的频道，你听到的是低沉哀婉的音乐；如果你调到播放《百鸟朝凤》的频道，你听到的则是清新欢快的音乐。

情绪也是如此：看问题的积极方面，容易产生乐观的情绪；看问题的消极方面，容易产生悲观的情绪。问题相当多的人不由自主地会选择悲观。所以，我们必须学会控制自己的注意力，调控自己的情绪。发明家爱迪生为从植物中找出天然橡胶的新原料，做了无数次的实验。在第5万次实验失败后，他的助手垂头丧气地对他说："先生，我们已经做了5万次实验了，都毫无结果。""有结果！"爱迪生热切地叫出声来，"怎么会没有结果呢？我们有了了不起的发现呀，我们现在已经知道5万种东西是不行的！"你看，对同一个问题，从不同的角度去看，得出的结论就不同，心情自然也不同。

所以，我们得出这样的结论：第一，美好是世界存在的基本形式，我们要有一双善于发现美好事物的眼睛；第二，如果我们心中有佛，那么我们看到的都是佛，如果我们心中有魔鬼，那么我们看到的都是魔鬼。你的心态是乐观还是悲观，完全由你决定，一点都怨不得别人。学会看积极面，可以产生好的情绪和心态，从而豁达地看问题。[①]

(四) 钟摆效应

情绪处理的钟摆效应是指，当一个人在某一种情绪上降低了反应的强度时，其他的情绪强度也会同样降低。负面情绪的强度降低了，正面情绪的强度也会同样降低，就像"钟摆"一样，左右两边的摆动幅度总是一样的。

1.钟摆效应及其表现

有人因为压力大，受不了情绪上的折磨，学会了"感觉麻木"，这是对自身的一种保护。也就是说，不再对相同的事情有相同的情绪反应或反应程度降低。这是一种保护机制，在短时间内这样做是没有问题的，但如果长时间如此，是会有损害的——不好的事不会伤害到你，好的事同样也不会使你感到欢欣、喜悦和满意了。这种情况就像钟摆一样，左边摆得高右边也高，左边低右边也低，如果长期发展，那么最后钟摆就会永远停在中间。而这堵心理上的护墙一旦倒塌，就会出现强烈的混乱情绪。

我们每个人都希望避开痛苦的情绪，然而如果矫枉过正，连那些想得到的情绪也会失去。例如，有人害怕失望，因此极力想避开会导致失望的情况，如畏缩于拓展人际关系、不敢接受具有挑战性的任务等。就短期来看，他是避开了会使他失望的事情，可是同时也失去了能使他得到关怀和信心的机会。一心想要逃避负面情绪并不是好办法，积极的做法是从这些负面情绪中挖掘出正面的意义及功能，让负面情绪为我们所用。

① 李江雪. 大学生情绪管理与辅导 [M]. 北京：北京师范大学出版社，2010：52.

2.钟摆效应对情绪管理的启示

与逃避的做法相反，我们应该尽量提高自己的情绪强度，重回较大的摆动幅度，这样每天中的每件事带给我们的喜悦、满足、自豪、自信等情绪，我们就可以完全得到，进而达到左边摆动的最高点，让心中充满人生的意义和乐趣，因为左边摆动的正面情绪给了我们积极的影响，即使右边摆动的负面情绪也达到了最高幅度，我们也能承受。①

（五）认知协调理论

当个体的行为与观念不一致时，就会出现认知不协调。我们总是为自己的某个行为寻找内心平衡，即认知协调。认知协调理论告诉我们：一旦我们做出一个决定或选择一个立场，就会有发自内心的以及来自外部的压力来迫使我们与此保持一致。现实世界中，没有哪个人能完全避免不协调的情况，这种不协调会直接或间接影响员工情绪，发生在工作场合的认知不协调会使员工的内心产生冲突。②

（六）交换理论

沟通心理学中的交换理论认为，人际关系是相互交换、互惠、互馈的，我们在获得别人给予的正面帮助和正面酬赏后，也会给对方对应的正面回馈，来增进双方的情谊。尊重交换原理并学会使用它，有助于我们建立良好的人际关系，保持良好的情绪。微妙的交换原理在企业中是影响员工情绪的重要因素。③

四、情绪管理问题解析与案例

有人曾对几百名成功者的经历做过统计，总结出了一个成功的公式：成功=80%×情商+20%×智商。也有人认为，在决定成功的要素中，80%来自态度（价值取向），13%来自技巧，7%是客观因素。哈佛大学一项研究显示，成功、成就、升迁等，85%是因为我们的正确情绪，而仅有15%是由于我们的专门技术。换句话说，我们花85%的时间和金钱来学习15%的成功机会，而只将15%的时间和金钱用于获得成功的85%的机会。这就是我们大多数人和家庭一直在犯的“投资”错误！因而，美国心理学之父威廉·詹姆斯认为，这一划时代的重大发现使我们可以通过控制情绪来改变生活、改变命运，从而获得成功的人生。

（一）为什么要认识自己和他人的情绪

精选案例 1-1

认识自己的情绪

日本有一则古老的传说。一个好勇斗狠的武士向一个老禅师询问天堂与地狱的意义，老禅师轻蔑地说：“你不过是个粗鄙的人，我没有时间跟你论道。”武士

① 李江雪．大学生情绪管理与辅导［M］．北京：北京师范大学出版社，2010：52-53.
② 顾玉婷，罗瑾琏．员工情绪管理研究综述［J］．人才开发，2011：52-53.
③ 顾玉婷，罗瑾琏．员工情绪管理研究综述［J］．人才开发，2011（3）：53.

恼羞成怒，拔剑大吼："老头无礼，看我一剑杀死你。"禅师缓缓道："这就是地狱。"武士恍然大悟，心平气和地纳剑入鞘，鞠躬感谢禅师的指点。禅师道："这就是天堂。"

资料来源　熊华堂．老年心理保健200题［M］．上海：上海远东出版社，2003：317-318.

武士的顿悟说明了人在情绪激昂时往往并不自知，苏格拉底的名言"认识自己"所指的便是在激昂的时刻要掌握自己的情感，而这也是最重要的一种情商。有时人往往对自己真正的感受一片茫然，或是事过境迁才了悟当时的感受。

精选案例 1-2

认识他人的情绪

春秋时，齐国有一个智者叫隰（xí）斯弥。当时当权的大夫是田成子，颇有窃国之志。一次，田成子邀他谈话，两人一起登临高台浏览景色，东西北三面平野广阔，风光尽收眼底，唯南面有一片隰斯弥家的树林蓊蓊郁郁，挡住了他们的视线。隰斯弥在谈话结束后回到家里，立即叫家仆带上斧锯去砍树林。可是刚砍了几棵，他又叫仆人停手，赶快回家。家人望着他感到莫名其妙，问他为什么颠三倒四的。隰斯弥说："国之野唯我家一片树林突兀而列，从田成子的表情看，他是不会高兴的，所以我回家来急急忙忙地想要砍掉。可是后来一转念，当时田成子并没有说过任何表示不满的话，相反倒十分地笼络我。田成子是一个非常有心计的人，他正野心勃勃要谋取国位，很怕有比他高明的人看穿他的心思。在这种情况下，我如果把树砍了，就表明了我有察微知著的能力，那就会使他对我产生戒心。所以，不砍树，表明我不知道他的心思，尚算不上有罪而可避害；而砍了树，表明我能知人所不言，这个祸，闯得可就太大啦！"

资料来源　张玉芬．传统修养处世学与佛教的现代启示［M］．西安：陕西旅游出版社，1994：64-65.

隰斯弥这种"知人所不言"的能力，就是认识他人情绪的能力。我们作为人类社会的一个个体，必然要与他人打交道，不理解他人的人不可能被他人理解。研究表明，我们越是善于体察他人的交际信号背后的情绪，也就越善于控制他人发出的信号，因此要学会认识他人的情绪。①

（二）为什么要管理好自己的情绪

人的自控能力大小跟人生成功与否有着密切的关系。心理学家经过长期研究认为，人与人之间的智商并没有明显的差别，但有的人之所以成功，有的人之所以未能成功，与各自的情商有密切关系。情商的要素之一就是人的自控能力，从某种意义上讲，情商表现的是人们通过控制自己的情绪来提高生活品质的能力，

① 田宝，郭德俊．情绪心理与调节［M］．北京：人民武警出版社，2003：26.

即如何激活自己的潜能，如何克制自己的冲动情绪，如何使自己始终对未来充满希望等。

精选案例 1-3

关于钉子的游戏

有一个男孩脾气很坏，于是他的父亲就给了他一袋钉子，并且告诉他，当他想发脾气的时候，就钉一根钉子在后院的围篱上。第一天，这个男孩钉下了40根钉子。慢慢地，男孩可以控制他的情绪，不再乱发脾气，所以每天钉下的钉子也跟着减少了，他发现控制自己的脾气比钉下那些钉子更容易一些。有一天，父亲告诉他，现在开始每当他能控制自己的脾气的时候，就拔出一根钉子。一天天过去了，最后男孩告诉他的父亲，他终于把所有的钉子都拔出来了。于是，父亲牵着他的手来到后院，告诉他说："孩子，你做得很好。但看看那些围篱上的坑坑洞洞，这些围篱将永远不能回到从前的样子了。你生气时所说的话就像这些钉子一样，会留下很难弥补的疤痕，有些是难以磨灭的呀！"从此，男孩懂得了管理情绪的重要性。

资料来源　广东省教学教材研究室. 高中生心理健康教育［M］. 2版. 广州：广东教育出版社，2004：48.

你现在的心情如何？是愉快、烦恼、生气、担心、害怕、难过、失望，还是平静无常呢？还是你根本不懂自己的心情？一早起来，也许你看到阳光普照而心情愉快，也可能因为细雨绵绵而心情低落；你也许因为逃课没被点到名而高兴，然而考试快到了又让你担心；谈恋爱的你心花怒放，失恋的你又垂头丧气……我们拥有许多不同的情绪，而它们似乎也为我们的生活增添了许多色彩。然而，有情绪好不好呢？一个成功的人应不应该流露情绪？害怕别人说你太情绪化，所以宁愿不要有情绪？……其实真正的问题并不在于情绪本身，而在于情绪的表达方式，能以适当的方式在适当的情境表达适度的情绪，就是健康的情绪管理之道。

精选案例 1-4

没有打招呼的后果

两个人一起在街上闲逛，迎面碰到他们的领导，但对方没有与他们打招呼，径直走过去了。这两个人中的一个对此是这样想的："他可能正在想别的事情，没有注意到我们。即便是看到了我们而没理睬，也可能有什么特殊的原因。"另一个人却有不同的想法："是不是上次顶撞了他一句，他就故意不理我了，下一步可能就要故意找我的碴儿了。"两种不同的想法会导致两种不同的情绪和行为反应。前者可能觉得无所谓，该干什么仍继续干什么；而后者可能忧心忡忡，以至于无法冷静下来干好自己的工作。

资料来源　陈桂玲. 情感管理［M］. 北京：中国纺织出版社，2002：87.

这个案例用情绪管理中的ABC理论来解释最恰当。在ABC理论中，A是诱发事件，B是人们对诱发事件形成的信念，C是由信念所引发的情绪和行为。因此，上面的案例可以用图1-5表示。

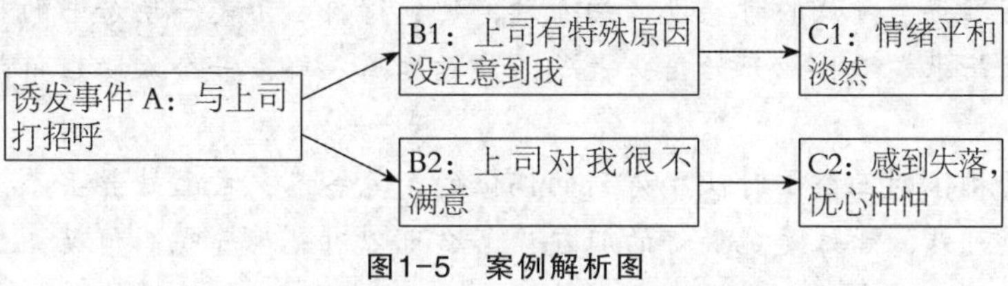

图1-5　案例解析图

古希腊哲学家曾经说过，如果你被外界的事物所困扰，那么困扰你的是你自己对该事物的判断，而不是事物本身。不同的人对同一件事情会产生不同的情绪，学会认知自己的情绪并管理情绪是非常重要的。

精选案例1-5

曾国藩的情绪管理

曾国藩率湘军出湖南入江西作战的时期，是他人生中极其郁闷的一段时间：一方面，"江西长毛气焰仍旧嚣张，军事毫无进展，银钱陷于困境"；另一方面，江西官场百般不配合，京城政敌百般掣肘，曾国藩孤立无援，心力交瘁。偏偏此时又传来父亲去世的噩耗，曾国藩不待朝廷批准，就负气回到湘乡老家。

恰逢此时太平天国内乱，湘军打了几次胜仗，咸丰皇帝开了他兵部侍郎的缺，命他在籍守制。曾国藩的情绪彻底失控了，他感觉自己已被抛弃，过往功绩悉数归零，他因此狂躁不安，彻夜失眠，染上重病。一位名叫曹镜初的名医，给曾国藩开方子："岐黄可医身病，黄老可医心病。"于是，曾国藩读《道德经》悟出了"以柔克刚"的真谛，意识到此前自己锋芒毕露、过于刚烈之缺点，也因此由儒入道，学会了宁静谦退，"知天之长，而吾所历者短，则遇忧患横逆之来，当少忍以待其定；知地之大，而吾所居者小，则遇荣利争夺之境，当退让以守其雌"。

曾国藩再度出山时，"心病"已经医好，走出了人生的黑暗阶段，像变了一个人。即使戎马倥偬，他也每日静坐，反思己过。后人还总结出了"曾国藩修身十二法"：持神敬肃、静坐养性、起床要早、读书要专一、攻读史书、说话谨慎、培养自己的真气、保持身体健康、每天都能知道所未知的、每月都能复习知识、习练书法、夜晚不出家门。

资料来源　关山远. 苏东坡、范仲淹、曾国藩，谁更能控制情绪？［Z］. 微信公众号"新华每日电讯"，2018-11-24.

（三）怎样对待自己的情绪

精选案例 1-6

糟糕的情绪

阿强前两天因为考试没考好，心理有挫折感。他一直责怪自己平时不够用功，考前没好好准备，考试的时候没仔细看题，他觉得自己不是一块念书的料，自己比别人差，因而很灰心！他开始垂头丧气，故意远离人群，一个人躲在角落，心情很沮丧。

小顽子排了两三个小时队才得到的偶像的亲笔签名，被酷妹弄丢了，小顽子真的很生气。可是，酷妹是她最好的朋友，怎么可以对她生气呢。何况，生气是不好的，万一失控，不晓得会不会伤害到其他人呢。而且，酷妹也许就不再跟她做朋友了。所以，她告诉自己："算了！丢了就丢了，生气也无济于事。"虽然这样，她还是心有疙瘩，无法再像以前一样对待酷妹。

小东的学习成绩不好，不喜欢上课，经常逃课去网吧玩游戏。父母经常教育他，希望他专心读书，将来能凭自己的本领自食其力。但是，小东总是嫌父母啰唆，与他们争吵。有一次他跟父母吵架，一气之下把电视机给砸了，令父母很伤心。

资料来源　蔡秀玲，杨智馨. 情绪管理［M］. 合肥：安徽人民出版社，2001.

上面三个故事中呈现出来的是某些同学对情绪的态度与处理方式，比较有代表性。如果主角换成你，你会有什么感受？你会怎么处理你的情绪呢？有些人在面对情绪时，完全被情绪所控制，当负面情绪产生时，就任由情绪牵制他们的一切思想、感受和行为。这种做法，影响小一点的包括个人心情不愉快、生活功能受到限制等；影响大一点的包括人际关系出现问题、身体不适等；更严重的是他们可能因一时冲动，做出危险的举动，造成生命、财产的损失，后悔莫及。

还有一些人则是对负面情绪感到害怕、恐惧，担心自己若感受到生气、愤怒、悲伤、沮丧、紧张、焦虑等情绪，情况会更加糟糕，甚至会发生无法预测的后果，因而就极力压抑、控制自己的情绪，但是，没有表现出情绪并不表示没有情绪，所以原本被引发的情绪仍会间接地影响自己或者人际关系等。

也有些人不满足于对负面情绪的控制和预防，他们认为情绪是非理性的，所以一个理性成熟的人不应该表现出自己的情绪。他们不允许自己处在负面的情绪中，拼命告诫自己"要理性""要控制情绪""我不应该焦虑，焦虑只会让我表现得更糟""我不应该沮丧，沮丧只会侵蚀我的斗志""我不能生气，生气代表我是一个不能把情绪管理好的人"。因此，他们把自己塑造成为有修养的人，避免可能引出负面情绪的情境。然而，如果我们一味地否认、压抑或控制负面情绪，我们将失去适当地表达真实情绪的能力，也将无法真实感受到快乐等正面情绪，而变成一个单调无情绪的人。

其实，当我们失去感受负面情绪的能力时，也就失去了感受正面情绪的能力，许多人很排斥负面情绪的发生或存在，对它敬而远之，除了因为它带给人们不愉快的感受之外，也因为它会使我们其他方面的行为和表现受到影响。然而，排斥并不能防止这些负面情绪的出现，只是徒增自己适应上的困难而已。所以，有效管理情绪的方法，绝不是压抑或控制，而是学会接纳情绪，允许自己有情绪，然后通过适当的方法加以表达或纾解。

（四）如何有效管理情绪

精选案例 1–7

小江

小江，男，21岁，大专学历，机电一体化专业，曾就职于某机械制造公司的产品质量管理员岗位。小江工作两个月后，有一次因为未对产品质量严格把关，而受到质检部领导的批评，当月月奖也被予以一定比例的扣除。小江觉得自己很委屈，也很愤怒：工作上勤勤恳恳，肯学肯做，积极努力，凭什么只因一次小小的差错就扣除自己的奖金？一怒之下，小江就辞职了。

资料来源　武亭. 培养情绪管理能力　提高职场幸福指数［N］. 中国劳动保障报，2012–03–29.

小江辞职的情况在职场新人当中比较常见。他们行事较冲动，受不得“委屈”，觉得自己不被理解，甚至对上司稍严厉一些的措辞也无法接受。这种心理状态其实是自我情绪调节失衡，自我掌控、自我排解不成熟的典型表现，所反映出的是情绪管理能力的欠缺。

那么，怎样控制自我情绪，培养良好的情绪管理能力呢？具体对策如下：

1. 体察自我情绪变化

情绪时刻都会发生变化，要管理情绪，首先要学会体察情绪。案例中，如果小江能在受到部门领导批评后，客观冷静地体察自身的情绪，及时把握自己产生情绪的缘由，慎重思考情绪激动将产生的后果，多问问自己“我现在是什么情绪”“我为什么有这样的情绪”，那么小江应该会对离职有更多的思考。

2. 在合适的时间和地点用适当的方式表达情绪

情绪在职场中直接影响个人的工作绩效和人际沟通。要解开心结，就需要将情绪适时适地表达出来。这样一方面有助于缓解压力，另一方面还能增进团队间的了解。案例中，倘若小江能在自身情绪稳定的时候，找机会与部门领导沟通，适当表达自己被批评后的感受，那么他的心结就容易在沟通中逐渐解开。

3. 学会合理释放和排解情绪

积极的心态带来积极的情绪，从而促发积极的行动。纾解情绪的目的在于给自己一个理清想法的机会。纾解情绪的方式有很多，如倾诉、痛哭、运动等。如果小江能多想想，并根据自己的情况选择适合自己且能有效舒缓情绪的方式，相信小江一定可以控制好情绪，而不是让情绪控制自己的行为。

精选案例 1–8

小王和小张

小王是办事处职员，已经工作三年。他性格温和，办事认真负责，与同事的关系也很融洽，但是在大型活动的组织上推进力度似乎不够。在办事处工作人员较少的情况下，独当一面的能力又是非常重要的。

小张是活泼型的客服人员，热情、开朗，在沟通等方面工作表现不错，但是在工作质量方面不是特别突出，至少没有完全发挥出她的能力。经过分析发现，她可能是在细节方面做得不够。

资料来源 朱永新. 管理心理学［M］. 北京：高等教育出版社，2011.

小王属于和平型员工，对于这类员工，既要帮助他做决定，又要让他觉得是自己的决定。要敢于给和平型的人委以重任，让和平型的人有表现的机会。和平型的人不喜欢被人强迫，不喜欢做决定，不喜欢发表看法，但是，一旦他们自愿做出决定，就会有持之以恒的态度。和平型的人是最好的倾听者，又很容易跟不同的人相处，他们的沟通协调能力其实是很强的。办事处的主任既要让小王发挥能力，又不能给他很大的压力和强迫感，这样他会干得更好。

对于和平型员工，不要用批评和责备的方式，更不要用命令的方式。和平型的人不会顶撞你，但是有时候你会发现他们迟迟不动，根本没有执行你的命令。要用商量的口气，表示你对他的信任和重视：“小王，咱们办事处里你做事最踏实，要组织这样大的活动，让别人去我还真的不太放心。这几个部门你帮我去跟他们沟通一下，看看他们对这次活动有什么想法和建议，然后，你归拢一下，做个方案给我。”

小张属于活泼型员工，对于这类员工，首先要大力表扬。告诉她，由于有了她，小组内生气勃勃，气氛很好。要郑重其事地说：“小张，你真是难得的人才。我们组有了你真的很幸运。”活泼型的人喜欢被表扬，而且积极乐观，不会深究。然后，你可以问她：“如果你的工作质量能够再提高点就更完美了。”小张马上会神色凝重起来，说：“是啊，为什么我的质量上不去呢?”这时候，你就可以把自己的建议告诉她。比如，在工作细节方面，对群里发布的消息或者论坛更新的知识，都要及时关注。

精选案例 1–9

戴维·伯恩斯的经历

戴维·伯恩斯，美国斯坦福大学医学博士，著名心理学家，认知疗法最重要的发展者之一。伯恩斯博士讲述了为高中生苏珊做心理咨询的经历。苏珊因为不能决定读两所大学中的哪一所而变得歇斯底里。苏珊虽然来求助，却这样表示：“如果我不能做出决定，就证明你的治疗对我不起作用。”伯恩斯博士只用了15分钟，就帮助她做出了满意的选择，但苏珊说：“你的治疗没帮上我什么。”伯恩斯面对苏珊不合逻辑的话语怎么调节自己的内心？

资料来源 伯恩斯. 好心情［M］. 李安龙，译. 海口：海南出版社，2003.

面对这件事，伯恩斯博士的第一反应是感到被羞辱了，后来他决定用心理学的方法来解决问题。他先在左边一栏写出三个下意识反应：①这个女孩说话怎么能如此不合逻辑。②她打败我的决心已定，根本不会给我成就感。③她应该承认我帮助了她，并对我表示感谢。

随后，他又在右边一栏平行地列出三个理智想法：①她的不合逻辑的想法正是引起抑郁的原因，帮她解决问题是我的工作。②我不该指望她有任何表示，我只管指导她做出决定，我可以在帮助别人的过程中找到乐趣。③她不承认得到我的帮助，可能是一种心理畏惧的表现，我相信她迟早会想通的。

这样想来，3分钟就能平息怒气了。其实，生不生气是由你自己决定的。

（五）有趣的情绪小故事

1.笑声护士

据美国芝加哥《医学生活周报》报道，美国一些大型医院和心理诊所雇用了“幽默护士”。她们陪同重病患者看幽默漫画并谈笑风生，以此作为心理治疗的方法之一。幽默与笑声，帮助不少重病患者或情绪障碍者解除了烦恼与痛苦。

笑声一般都是人们所喜欢的，每个人都不愿意看到朋友愁眉苦脸。医学研究发现，笑口常开可以防治传染病、头痛、高血压，可以减轻精神压力，因为欢笑可以增加血液中的氧分，并刺激体内免疫物质的分泌，对抵御病菌的侵袭大有帮助。美国医学界将欢笑称为“静态的慢跑”。笑能使肌肉松弛，对心脏和肝脏都有好处。如果生活中没有时间去慢跑，我们可以每天多笑一笑，甚至哈哈大笑，以调节身体状态，增进健康。

耶鲁大学心理学教授列文博士说：“笑表达了人类征服忧虑的能力。”笑又往往是人欢乐的一种表达，之所以欢乐，是人体在生理上产生了某种愉悦的缘故。

赶紧笑起来吧！别等到生病以后才咧开嘴。

2.笑的妙用

名医张子和曾采用使人发笑疏导法治愈了一个人的怪病。当时有个官员的妻子，精神失常，不吃不喝，只是胡乱叫骂，不少医生使用各种药物治疗了半年也无效。张子和叫来两个老妇人，让她们在病人面前涂脂抹粉，故意做出各种滑稽的样子，这个病人看了不禁大笑起来。第二天，张子和又让那两个老妇人做摔跤表演，病人看了又大笑不止。后来张子和又让两个食欲旺盛的妇人在她身边进餐，一边吃一边对食物的鲜美味道赞不绝口，这个病人看见她俩吃得津津有味便要求尝一尝。从此，她开始正常进食，怒气平息，病全好了。

著名科学家法拉第年轻时，工作十分紧张，导致心理失调、身体非常虚弱，虽然长期接受药物治疗却毫无起色。后来一位名医为他做了仔细的检查，但未开药方，临走时只说了一句话："一个小丑进城胜过一打医生！"法拉第仔细琢磨这句话，明白了其中的奥秘。从此以后，他经常抽空去看马戏、滑稽戏与喜剧，经常高兴得开怀大笑，愉快的心情使他恢复了健康。

3.欢笑诊所

据说每天早上，在印度孟买的大小公园里，可以看见男女老少站成一圈，一遍又一遍地哈哈大笑，这是在进行"欢笑晨练"。印度的马丹·卡塔里亚医生开设了150家"欢笑诊所"，人们可以在诊所里学到各种各样的笑："哈哈"地开怀大笑；"吃吃"地抿嘴偷笑；抱着胳膊会心微笑……以此来治疗心情压抑等心理疾病。

4.笑能拯救生命

加利福尼亚大学的诺曼教授，40多岁时患上了胶原病，医生说，这种病康复的可能性是五百分之一。他按照医生的吩咐，经常看滑稽有趣的文体节目，有的节目使他捧腹大笑，有的节目使他从心底发出微笑。他除了看有趣的节目，平时还有意识地和家人开开玩笑。一年后医生对他进行血沉检查，发现指标开始好转了。两年以后，他身上的胶原病竟然痊愈了。为此，他撰写了《五百分之一的奇迹》，书中提出："……如果消极情绪能引起肉体的消极化学反应的话，那么积极向上的情绪就可以引起积极的化学反应……爱、希望、信仰、笑、信赖、对生的渴望等，也具有医疗价值。"中外许多心理学家、运动学家认为，一般性的笑，能使横膈膜、咽喉、腹部、心脏、双肺，甚至肝脏都获得一次短暂的运动。捧腹大笑，还能牵动脸部、手臂和腿部肌肉的运动。笑过之后，脉搏的跳动会低于正常的频率，骨骼肌也会变得非常松弛。

5.装笑也管用

美国一家广告公司的部门经理弗雷德工作一向很出色。有一天，他感到心情很差，但由于这天他要和客户见面谈话，所以不能有情绪低落、萎靡不振的神情表现，于是，他在会场笑容可掬、谈笑风生，装成心情愉快而又和蔼可亲的样子。令人惊奇的是，他的这种心情"装扮"带来了意想不到的结果——随后不久，他就发现自己不再抑郁不振了。

美国心理学家霍特指出，弗雷德在无意中采用了心理学的一条重要规律：装着有某种心情，模仿着某种心情，往往能帮助我们真的获得这种心情。

有些人通常在情绪低落的时候避不见人，直到这种情绪消散为止。这么做果真是好办法吗？多年来，心理学家都认为，除非人们能改变自己的情绪，否则通常不会改变行为。当然，情绪、行为的改变也不是说变就变、想变就变的"瞬间"现象，而是有一个心理变化的内在过程。心理学家艾克曼的实验表明，一个人老是想象自己进入了某种情境，并感受某种情绪时，这种情绪十之八九果真会到来。需要注意的是：随着年龄、性别、职业、性格等因素的不同，情绪变化的程度和时间也不一样。情绪有了变化之后，伴随每一种情绪的外在表现，生理反应也会出现变化。华东师范大学一位心理学教授研究后认为，一个故意装作愤怒的实验者，由于“角色”行为的潜移默化的影响，他真的会愤怒起来，这表现在待人接物、言谈举止等方面；同时，他的心率和体温（心率和体温都是愤怒的生理反应指标）也会上升。所以，为了调控好情绪，不妨偶尔对自己的心情进行一番“乔装打扮”。

思政链接1-1　中国青年健康心态的形成与培育

第四节　压力管理与员工援助计划概述

一、压力管理概述

（一）压力的内涵和相关理论

随着社会竞争的日趋激烈，压力已成为影响员工健康的主要因素。在当今企业的人力资源管理中，越来越多的管理者深刻认识到压力过大对企业绩效和员工健康的负面影响。企业开始探索研究帮助员工保持适度压力的有效方法，以期能够提高个人和组织的绩效，减少企业的人才流失现象。

1.压力的内涵

“压力”的英文是stress，来自拉丁文strictus，最早是物理学术语，本意是指施加在物体上的力量，如公路、桥梁承受的压力。在心理学领域，不同的研究者从不同的角度出发，提出了各种关于压力的定义。

郜启扬（2006）认为，压力是指个体对某一没有足够能力应对的重要情景的情绪与生理紧张反应。

汉斯·塞利（1936）认为，压力就是身体为满足需要所产生的一种非特定性反应或生活环境不能满足个人需要，个人学习、经验无法与现实生活的要求相互配合所导致的生理或心理失去平衡的一种紧张状态。

拉扎勒斯（1984）认为，压力是个体和环境交互作用的产物，它是个体由于受到压力源的长期威胁，并在若干调节变量影响下，产生一系列生理、心理和行为反应的过程。

西华德（B. L. Seaward，2008）认为，压力是个体对知觉到的对自身的心理、生理、情绪及精神构成威胁时的体验所导致的一系列生理性反应及适应。

斯蒂芬·帕尔默和卡里·库珀（Stephen Palmer，Cary Cooper，2007）认为，压力是指人们对于施加在他们身上的过度的压迫感或其他类型的要求所产生的逆反应。

《美国陆军野战手册》是这样界定压力的：心理、情绪、身体的紧张和疲劳过度，身处战争或者与战争相关的环境造成的情绪低落。

综上所述，在为压力下定义时，不同学者有不同的侧重点。有些学者侧重工作压力的来源，有些学者侧重工作情景对个体的影响，有些学者侧重个体对压力的反应和应对措施。总的来看，压力的定义可分为三类：刺激式、反应式、交互式。刺激式认为压力是外界对个体的影响。反应式认为压力是个体对外界刺激的反应。交互式强调人与环境的互动关系。

本书认为，压力是描述个体在面对工作、人际关系、环境和个人责任等要求时，由于不能满足外界环境要求或者由于外界环境施加在个体身上的过度压迫感而产生的一种心理和生理层面的紧张状况。

2.压力的相关理论

（1）压力的主体特征学说

压力的主体特征学说认为，压力的产生与个体自身的需求和能力有关，当个体需求较高，但是自身能力不及的时候，就产生了压力。该学说的代表人物有魁克（Quick）、麦克格兰斯（McGrath）等人。在这一学说的影响下，有关学者进一步进行了分析与测量。例如，库珀和马瑟尔（Marshall）提出了压力生成模型，认为当个人的主观意愿和环境产生矛盾时，就会产生压力。

（2）压力的个体-环境交互学说

压力的个体-环境交互学说认为，压力不是个人特点的产物，也不是环境的产物，压力的产生是某一种环境与某一种人所做的对环境可能产生威胁的评价相结合的结果。个体首先要评价外界事件是否具有挑战性或威胁，然后对自己所能获得的应对资源如个人能力和社会支持等进行评价，当个体认为后者不足以应对外界的威胁性事件时，压力便产生了。同时，压力是一个过程，这一过程随着时间和任务的改变而发生变化。个体和环境的变化，以及个体和环境的匹配程度，无论在时间、工作任务或活动上，都是动态关联的。该学说的代表人物是拉扎勒斯。弗伦奇和卡普兰（French & Caplan）在1972年也提出了相似的理论。压力的个体-环境交互学说在工作压力研究中运用得最多，是被最广泛接受的理论之一。弗伦奇、卡普兰和哈里森（ Harrison）认为引起压力的因素不是单独的环境或个人因素，而是环境和个人相联系的结果。

（3）压力的刺激-反应学说

压力的刺激-反应学说认为，压力是个体在面对环境刺激时产生的一系列身心反应。该学说认为压力是一种消极的刺激，其产生是源于外界环境的刺激，并导致个人的反应。这是早期压力理论的研究，主要代表人物是魏斯（Weiss）、贾尼斯（Janis）、曼（Mann）等人。另外，美国学者坎农在该学说方面也有比较著名的开创性研究，他指出，面对环境的刺激，个体的压力反应是使机体处于戒备状态，并表现为恐惧、焦虑等紧张情绪。面对压力，个体反应的模式基本相同，但是程度不同。

(4) 工作要求-控制学说

卡拉塞克(Karasek)提出的工作要求-控制学说(简称JD-C模式),是工作压力理论中较有影响力的一种学说。Karasek认为,工作活动包括工作要求和工作控制两个关键特征,它们共同影响着工作压力。工作要求即压力源,工作控制指的是技能和决策力,工作压力取决于这两个关键特征的相互作用。JD-C模式的新发展是在原有的模型结构中又增添了一个新的维度,即社会支持维度,使这个模式发展成为工作要求-控制-支持模式(简称JDCS模式)。

(5) 其他压力理论

罗宾斯(Robbins,1997)认为,压力是一个由环境、组织和个体组成的动态情景,这几个因素中的个体差异是导致显性压力感的原因,相应的结果包括生理症状、心理症状和行为症状三个方面。纽斯特罗姆(Newstrom)等人认为,造成员工压力的主要原因可分为工作因素和非工作因素,并特别指出了压力的类型,即积极性压力和消极性压力,以及它们可能导致的不同后果。

分析了上述各家理论,本书比较认同压力主体特征学说。压力是描述个体在面对工作、人际关系、环境和个人责任等要求时,由于不能满足外界环境要求或者由于外界环境施加在个体身上的过度压迫感而产生的一种心理和生理层面的紧张状况。压力的产生本身就是由于个体因各方面的能力和条件限制,无法满足工作的要求,不能很好地处理人际关系,不能适应环境对个体提出的各方面要求,不能很好地履行个体角色责任。对这种压力,我们可以采用一定的手段来进行定量测量,也可以采用其他手段分析得出压力产生的具体原因。

(二) 压力源和压力的类型

1.压力源

压力源是指对个体的适应能力进行挑战,促使个体产生压力反应的因素。

库珀(2003)将组织压力的主要来源分为组织结构、角色压力、人际关系、职业发展、家庭工作相互影响、工作条件等几方面。

任文举(2004)认为,压力源从形式上可以分为三个主要类别:社会压力源、组织压力源和个人压力源。

耿祥礼(2011)认为,压力源包括三个部分:环境压力源、组织压力源、个体差异压力源。

张喜凤(2012)认为,压力源从形式上可分为:没有工作安全感或失业;工作中的角色冲突、角色模糊、工作负担过重或过轻问题;恶劣的工作环境;生活方面的压力。

西华德(2008)认为,压力源分为三类:生理影响、心理人际影响、社会影响。

杨国林(2013)认为,压力源包括环境压力源、个体压力源、遭遇性压力源和预期性压力源。

田野等人(2008)认为,压力源主要有三个方面:个体因素、组织因素、环境因素。

董亚娟（2013）认为，压力源大体上可以分为两类：一类是与工作组织有关的因素；另一类是与工作者个人有关的因素。

不同的人对压力源的认知有所不同，本书认为，压力源主要可分为以下几种：

（1）角色压力

角色压力指员工由于工作中的角色模糊、角色冲突而产生的压力。角色模糊是由于组织缺乏明确分工而使得员工因职责不明而产生的烦躁感，以及面对多头领导时产生的无所适从的挫败感。角色冲突是指当一个人的角色行为与角色认知或角色期待产生不协调状态时的内心体验。角色冲突多来源于家庭角色和工作角色之间的冲突。

（2）人际关系压力

人际关系处理不好，不仅会导致事业发展受挫、家庭幸福指数低等问题，严重的甚至会使人形成心理障碍。我们每个人在工作和生活中都需要处理好人际关系。

（3）工作环境压力

脏乱差的环境会影响员工心情，导致员工产生烦躁情绪，进而会降低工作效率。舒适温馨的工作环境能够使员工身心放松，不仅能够提高工作效率，还能最大限度地激发员工的创造性思维。

（4）生理压力

工伤、职业病等不仅会损害员工的身体健康，还会给员工带来沉重的心理压力。这种心理压力不但会损害他们自身的身心健康，而且会伤害到他们身边的人。

（5）职业发展压力

员工都有职业晋升的愿望，期待更高的职业薪酬和更好的职业发展。一旦现有工作不能给他们带来安全感和良好的发展前景，员工就会产生强烈的职业不安定感和较大的心理压力。

（6）工作超载，信息泛滥

当员工所承担工作的难度超过其自身能力水平，或者规定在一定期限内完成的任务过多，而同时自身的能力和时间难以达成限定目标时，就会出现任务超载的情况。在信息大爆炸的时代，我们被淹没在信息的海洋中。有数据显示，员工的上班时间中有60%是用来处理信息的。过量的信息干扰着我们的注意力，导致我们难以专心做事，加重我们的心理压力。

2.压力的类型

沃特·谢弗尔（Walt Schafer，2009）认为，压力分为三种类型：中性压力、不良压力、积极压力。他认为，在大部分时间里，人们的压力是中性的，无所谓有利或有害。当中性压力被唤醒，且过高或过低，并经常导致生理上和心理上的障碍时，就会发展为不良压力。适度的、偶尔的压力上升可使个体突破极限、实现成长，这种压力被称为积极压力。

西华德（2008）认为，压力可以分为三种类型：正性压力、中性压力、负性压力。正性压力产生于个体被激发和鼓舞的情境中，它会激发个体朝向成就或健康的理想水平，是令人愉快的、好的压力。中性压力是一些引发后续效应的无关紧要或无所谓的信息或感官刺激，是无所谓好坏的压力。负性压力是真实的或想象中的威胁性事件，个体对它的解释是厌倦或消极的，它会导致恐惧或愤怒的情绪，通常人们所说的压力就是负性压力。

本书认为，压力主要包括三类：积极压力、消极压力、中性压力。积极压力是指当个体感受到一定程度的压力时，个体是受到激发和鼓舞的，这种压力能够激发个体潜能，引导个体获得成就，对个体释放生命活力和维持机体健康有重要作用。这是一种良性的压力。消极压力是指过高的压力水平，它会使个体感到目标无力实现，心情烦躁，抑制个体潜力和创造性思维的发挥，不利于个体目标的实现，妨害个体释放生命活力和维持机体健康。中性压力是指这种压力对个体是无所谓的感官刺激，不会对个体产生任何积极的或消极的作用。

（三）压力管理的内涵和类型

1.压力管理的内涵

裴华（2010）认为，压力管理是指企业组织或行为个体对来自社会、工作、家庭生活等各个层面产生的压力所实施的有效疏导和控制，使压力保持正向、积极的状态，成为企业深度开发人力资源潜能，改善员工生活、工作质量，促进员工身心健康，调动员工生产、工作积极性、创造性，提高企业经济效益，促进社会、企业和谐稳定、健康发展的机制系统。

杰勒德·哈格里夫斯（Gerard Hargreaves，2001）认为，压力管理就是个体或组织通过运用积极的手段对来自个体内部和外界的压力源引起的个体在生理、心理和行为上所发生的变化和反应进行干预或应对的过程。

李焰、于文宏（2012）认为，压力管理是指压力对我们可能造成伤害时，用一些方法与技巧去应对，以减轻压力带来的消极影响的过程。

靳娟（2007）认为，压力管理指的是在对压力源进行全面调查、测量的基础上，找出过高压力的主要诱因，进而拟订并实施有针对性的压力减轻计划，从源头上消除引起消极压力结果的因素。

吴新炎、李芙蓉（2011）认为，压力管理就是通过一定的途径将作用于个体或组织的压力调节到适宜的水平，使得压力的负面效应最小化，而最大化发挥其正面效应的过程。

综上所述，本书认为，压力管理是指组织和个人针对来自外界或自身的压力，在全面调查、测量的基础上，采取一些方法和技巧进行有效的调节、疏导和控制，使之达到适度水平，使得组织和个人效率得到提高的过程。

2.压力管理的类型

姜旭平（2007）认为，压力管理从内容上可分为时间压力管理、权力压力管理、危机压力管理、竞争压力管理、冲突压力管理和目标压力管理六类。裴华（2010）按照对象把压力管理分为企业组织层面压力管理和员工个体层面压力管理两类。

压力管理从内容上看包括诸多类型，这种分类方法虽然有利于我们从理论层面更好地认知和把握压力管理，但在具体应对压力时用途不大。所以，本书比较赞同上述第二种分类方法，即压力管理可分为组织层面的压力管理和员工个体层面的压力管理两类。这种从对象层面进行的分类，在操作中更具有现实指导意义。组织管理制度、组织文化、薪酬福利、工作环境、工作负担、人际沟通等，都可能成为事实上的压力源。组织层面的压力管理可以从两个方面进行：一是采取有效措施减少或消除压力源，如加强对员工的培训，提高其工作能力，加强与员工沟通，关心员工成长；二是建立相应的压力咨询机构，实施员工援助计划，帮助员工排解压力。员工个体层面的压力管理包括识别压力源，判断和预测压力强度，选择应对方式和策略，进行科学管理，建立良好人际关系，增强自信心和幽默感，主动向心理专家寻求帮助等诸多方面，以此保持健康积极的精神状态和体能，以利于取得更好的工作绩效。这是压力管理得以发挥作用的重要基础。

（四）压力管理国内外研究现状

1.国外的研究现状

随着竞争的日益激烈，企业员工面临的压力不断增长，这一问题也引起我国理论界的高度关注。西方发达国家早在20世纪50年代就把压力管理引入现代企业人力资源管理领域进行相关研究。

根据美国心理学会所做的相关调查，工作压力的问题给美国造成的经济损失达到了5 000亿美元。美国几乎有一半成年人正经受工作压力的煎熬和折磨。大公司约60%的缺勤者与工作压力有关，有40%的员工生病是由压力造成的，有60%~80%的工作事故是由工作压力过大造成的。20世纪90年代，压力问题成为国际企业界和学术界关注的热点。在世界第三次“工作压力与健康”研讨会上，许多的企业家、专家学者和有识之士到会发表了有关压力管理的重要成果，掀起一股世界性的压力管理研究和应用风潮。随后，不少美国的大学和研究所也开始设置压力和职业健康的课程。很多企业也增加了各种促进员工心理健康的项目，如员工援助计划、家庭咨询、社区心理服务等。这些项目帮助员工有效地缓解了工作乃至生活中的压力，极大地提高了员工的工作效率。

研究压力管理的学者萨契兰和库珀揭示了欧洲许多国家企业员工缺勤的原因是压力过大。英国职业研究协会曾经专门发表报告，指出压力已经成为职业领域令人困惑的问题，提出了实施压力管理的相关对策，并建议企业工会提供有关压力管理的咨询和指导服务，建议英国效仿瑞典，对压力管理进行立法。瑞典等国关于压力管理立法的实践，昭示了实施压力管理的世界性发展趋向，使企业和员工在压力管理上有了共同遵守的关系准则和维护自身权利、调节利益关系的法律依据与法律武器。

2.国内的研究现状

国际劳工组织的一份调查显示，心理压力已成为21世纪最严重的健康问题之一。随着我国市场经济体制和现代企业制度的建立及完善，市场竞争愈发激烈，企业中员工的工作压力明显加大。我国各类精英阶层因重大疾病而英年早逝的例子不胜枚举。2004年4月8日，均瑶集团董事长王均瑶病逝，时年38岁。2005年9月18日，年仅38岁的网易代理首席执行官孙德棣因癌症去世，在去世前两天，他还在忙于工作。2006年2月21日，物理学家茅广军自杀身亡。2013年6月12日，慧聪网副总裁、CTO洪广志突发脑溢血，经抢救无效于6月13日去世，时年43岁。2017年2月15日，大禹节水集团董事长王栋因病去世，享年53岁。2017年2月25日，东莞证券董事长张运勇因病去世，年仅54岁。2018年12月31日，首旅集团总裁、王府井集团董事长刘毅突发大面积心梗离世，终年58岁……2020年以来，不到2年时间，已有20多位年龄在55岁以下的优秀青年科学家、学者积劳成疾、英年早逝。2020年6月4日，北京大学公共卫生学院全球卫生学系副主任、副教授谢铮因病去世，年仅41岁。2020年12月9日，中国社会科学院经济所研究员、青年学者、知名的中国经济史学家黄英伟因病逝世，终年42岁。2021年3月12日，全球知名材料科学家、华中科技大学国家光电研究中心主任、博士生导师周军教授因病逝世，享年42岁。2021年4月8日，著名生物学家、中山大学生命科学院院长、杰青教授赵勇因病逝世，享年45岁。2021年7月9日，知名考古学者、中山大学人类学教授朱铁权因病去世，享年42岁。2022年2月10日，中国科学院动物研究所研究员、博士生导师、获国家优秀青年科学基金资助的科学家周传教授因病逝世，年仅38岁……精英们英年早逝，究其深层原因是长期过度的心理压力，以及未能有效纾解应对。这些案例也从侧面反映了在我国，以白领、金领群体为代表的员工群体及其组织未能足够重视员工压力管理问题，以及缺乏行之有效的应对手段的现实。富士康员工跳楼事件也揭露出了蓝领员工存在的心理压力问题。

虽然从整体上看，我国企业的压力管理远没有达到发达国家企业的压力管理水平，在法治化水平和企业内的体制机制建设方面，与其具有相当大的差距，但是许多专家学者开始潜心研究中国的压力现状，也提出了一些具有探索性的理论成果，为我国实施压力管理提供了理论支持。

二、员工援助计划概述

员工援助计划（EAP）从20世纪二三十年代发展到今天，已经从最初的酗酒、滥用药物等行为矫正发展到现在对个人问题的全面帮助，现在的EAP涉及与员工心理问题相关的组织和工作设计、企业文化、管理风格、员工发展等多个方面，其目的也由最初的“降低成本、提高效率”逐渐转变为“兼顾员工和企业的利益”。

（一）EAP的内涵和特征

1.EAP的内涵

在国内得到广泛认可的EAP的定义是：“由组织为员工设置的一项系统的、长期的援助和福利计划。通过专业人员对组织的诊断、建议和对员工及其直系家属的专业指导、培训和咨询，帮助解决员工及其家庭成员的心理和行为问题，以提高员工在组织中的工作绩效，改善组织管理”。

尽管EAP以企业给予员工一项新的福利计划的身份出现，但是从管理者的角度看，经过近百年发展的EAP已经在专家学者和企业家的共同努力下，在总结理论与实践相结合的经验基础上，逐步发展成为一套较为完整可行的管理技术、方法，并广泛运用到企业的人力资源管理中。管理者运用EAP为员工提供360度的全方位服务，同时它也是一种360度全方位的关爱式管理方式。从管理角度出发，EAP可以被看作一种人力资源管理的技术方法。

2.EAP的特征

正是EAP介于管理技术与福利政策之间的性质，决定了它具备长期稳定性、个性化、人性化、利益一致性等特征。

（1）长期稳定性

无论是由企业内部人员提供EAP服务，还是实施外包，EAP都是企业的一项“长期”计划。它不是针对某个具体的已经发生了的问题进行解决处理，决策完毕就意味着某个计划的完成；它是马拉松式的服务，为员工提供终身服务，就像为企业员工投的一项保险一样，长期地防患于未然，一旦员工有需要，EAP立刻发挥效用。

（2）个性化

不同于其他“大锅饭”式的福利政策，EAP是企业为每一位员工量身打造的。每个员工的生活环境不同，自然会遇到不同的问题，EAP恰恰能够针对具体的问题为员工提供个性化的服务。

（3）人性化

EAP虽然是企业管理员工的一种方法，但是不同于大多数刚性的管理方法，它是一种人性化的管理方法，突出了人本管理思想在企业管理中的运用。它的管理对象不是员工表现出来的行为，它是从行为背后的心理、情绪等深层次的原因入手进行人本管理。

（4）利益一致性

EAP的实施结果是解决员工及其家庭成员的心理和行为问题，进而提高员工在企业工作中的绩效，这使得企业与员工切身利益顺理成章地达成一致。

（二）EAP的起源与发展

EAP是在实践中产生的，而非理论论证的结果。EAP可实施性强，更容易运用到企业的实际管理中。经过了近百年的发展，它的内容逐渐复杂化、系统化、理论化、模式化，已经演变成为一套行之有效的管理技术和方法，广泛应用于现代企业的人力资源管理中。在地域范围上，它从美国流传到欧洲、大洋洲、亚洲等的国家和地区，为很多企业所采用。其具体发展阶段如下：

1.第一个阶段是OAP的产生

EAP起源于20世纪二三十年代的美国。当时有些企业发现员工的酗酒问题严重影响其工作绩效，给企业管理带来麻烦，并且人们认为酒精依赖是一种疾病，不是精神或道德问题，于是就实施了一些职业酒精依赖干预项目（Occupational Alcoholism Program，OAP），聘请专家来帮助员工解决酗酒问题。OAP就是EAP的雏形。

2.第二个阶段发生在20世纪60—70年代

那时美国社会酗酒、吸毒、滥用药物等问题日益严重，除此之外，家庭暴力、离婚、精神抑郁、法律纠纷等其他问题也影响员工的工作表现。于是，OAP内容随之扩大，把服务对象扩展到员工家属，服务的项目也增多了，内容更丰富。

3.第三个阶段是EAP系统化阶段

经过近百年的发展，这些早期的EAP（OAP）项目发生了彻底的改变。如今的EAP内容已变得极其丰富，除了酗酒问题之外，它还涵盖了非常广泛的个人问题。它以员工的压力和心理健康为核心，具体包括工作压力、职业心理健康、裁员心理危机、灾难性事件、职业生涯困扰、健康生活方式、法律纠纷、理财问题、减肥和饮食紊乱等各个方面，全面帮助员工解决个人问题。通过解决这些问题，EAP使员工摆脱纷繁复杂的个人问题，管理和减轻员工的压力，维护其心理健康。

随着跨国公司扩张、军队外驻、学术交流国际化以及商学院对留学生的培养，美国的EAP被引入欧洲及其他地区。20世纪80年代以来，由于社会的进步、企业的壮大、管理思想的革新以及EAP的传播，EAP得到了蓬勃的发展。不仅在美国，而且在英国、加拿大、澳大利亚等其他发达国家，EAP都获得了长足的发展和广泛的应用。截至20世纪90年代末，世界500强企业中，有90%以上的企业建立了EAP。英国有近10%的员工获得EAP服务。在中国，EAP的引入始于20世纪末，2006年后EAP快速发展，随后发生的富士康“十三跳”事件、汶川地震等进一步推动了EAP的发展。EAP在中国企业落地的过程中，面临着“水土不服”的困扰和瓶颈。

（三）EAP的新兴创意

随着EAP应用范围的拓宽和作用的突显，很多企业采取了更多有创意的手段来自主运用EAP，在员工产生负面压力之前就帮助他们缓解压力，把压力水平控制在需要心理咨询的程度以下，收到了事半功倍、防患于未然的好效果。以下是几种有代表性的创意：

1.咖啡文化

中国香港凤凰卫视专门为员工开辟了“咖啡屋”，明基电通总部也在办公楼里设了间星巴克式的咖啡厅。当员工处理文案愁眉不展时，当挨了上司的训，心中怒气不敢发作时，当加了夜班，头昏脑涨可又得出席会议时，咖啡无疑成为最适宜的调节工具。这种花钱不多却人情味十足的“温柔政策”十分受员工欢迎，咖啡浓香不仅是企业文化的一种成分，也成为企业白领休闲文化的重要组成部分。

2.日本的“苦情室”

日企工作压力很大，为了缓解压力，一些企业设立了“苦情室”、茶室等，供员工宣泄、释放紧张情绪。有些企业设定了上下午各10分钟的休息、做操时间，员工工作时可以播放一些调节心情的音乐，中午休息时可以到公司阅览室看报读书，也可以到公司健身房锻炼身体，这些对释放压力均有收效。还有一些企业在电脑中安装了供员工发泄对上司不满的游戏，提供排解压力的书籍、音乐，以及心理咨询热线电话等。也有企业更“大义凛然”地将中层以上干部的照片放在宣泄室里供员工宣泄不满情绪等。

3.玩乐办公室

德国汉堡的七象通信公司把现代化的办公室改造成轻松的休闲场所，员工还可以戴着耳机边听音乐边工作，公司领导人华格纳很惬意地说：“早上一觉醒来想到要工作，就是件愉快的事。”他本人的工作状态很轻松，而目的便是要激励那些年轻的职员。这一招果然奏效，在一向以欧洲工时最短而闻名的德国，七象公司的员工都心甘情愿地每天工作10~12小时。

玩乐办公室的概念是从美国引进的，同事成为好友，工作生活成为一场大派对，所有活动都集中在办公场所，下班时间一到，这些新经济职场的新贵们并不急着回家，而是把亲朋好友请来公司参加即兴派对，老板还会随时供应餐饮。华格纳表示，“自由”是新经济职业场所最重要的因素，老板得努力为员工营造愉快的工作气氛。

4.环境解压

微软亚洲研究院有一个非常随意的工作环境，员工完全可以按照自己的喜好装饰办公室。研究院还充分利用各种空间给大家提供放松和交流的场所，对缓解压力起到了巨大作用。聊天室：单辟出来的开阔的聊天室，环境就像家里的客厅。落地窗、绿色植物以及各种杂志使人非常放松。当然，如果员工想找人讨论技术问题，墙上和桌子上都有白板备用。“厨房”：每半层都有一间24小时开放的厨房，里面有咖啡、巧克力牛奶、酸奶、豆浆、柠檬茶和各种汽水饮料等，员工可以在此休息和闲聊。“桃花源”：300多平方米的“桃花源”是一个由两个阳台组成的放松场所，备有乒乓球台、游戏机等，供员工闲暇时娱乐。

5.弹性工作制

欧美超过40%的大公司采用“弹性工作制”；在日本，日立制造所、富士重工、三菱电机等大型企业也都不同程度地进行了类似的改革。在我国，近年来也涌现出越来越多试行该种制度的企业。弹性工作制是指在完成规定的工作任务或固定的工作时间长度的前提下，员工可以灵活地、自主地选择工作的具体时间安排。员工一天的工作时间由核心工作时间（通常5~6小时）和弹性工作时间组成，前者是所有员工每天必须到班的时间，便于员工沟通和交流，后者则是可自由选定的上下班时间。从心理上讲，它给予员工更多自主权和责任感，顺应了员工成长的需要。

6.活动制度

为了保证员工心理健康，微软亚洲研究院制定了如下活动制度：每月各研究小组聚餐一次；每三个月各研究小组开展一次户外活动（offsite）；每六个月全院组织一次户外活动。把员工拉出去，在风景优美的环境里开一天半的会，内容包括工作总结、研究院的文化和下一步的发展方向，同时发布一些振奋士气的好消息，如谁晋升、谁转正等，到了晚上员工可以真正地放松，第二天会有半天旅游活动或培训，促进交流。等员工回到研究院后，工作热情都非常高，跨团队的沟通效果也得到改善。同时，每月最后一个周五的下午3点有月末酒会，活动现场会提供水果、饮料、小吃，员工可以彼此问候、放松，或趁机给本月过生日的员工庆生、切蛋糕，介绍本月新到员工等，这是一种非常放松的活动。

（四）EAP的应用模式

根据当前各国提供EAP的情况，EAP的应用模式可分为以下四种：

1.内部模式

以管理为基础的内部模式是指组织内部设置专门机构，由专职人员负责EAP的策划、组织和实施。由于项目的运作人员是组织内部的员工，他们对组织独特的文化、潜在的问题和员工的特性有更深的理解和把握，拟订的EAP服务方案更有针对性。另外，项目负责人在组织内部的特殊身份，更加有助于EAP服务借助企业内部资源得以执行和实施。而且，企业领导层关注的是EAP服务对企业需求的适应性，该模式能够按照领导层的指令实施EAP服务，这使EAP服务在实施过程中具有很大的弹性。

但是，从事EAP服务的专职人员长期身处同样的企业环境，在设计方案的过程中就难免会带有主观性，按照自己的想法设定EAP的实施步骤，甚至给员工下定论，这不利于员工实际问题的解决。另外，EAP从业人员向员工提供帮助，就是在对本企业同事提供帮助，在这种情况下，员工对EAP的信任度会降低，很有可能为了保护自己的隐私而隐瞒真实情况，这会影响EAP服务的质量。同时，该模式需要组织耗费一定的人力资源、时间和资金来规划与执行，这样会分散组织的各种资源，影响组织的生产和效益。

2.外部模式

以契约为基础的外部模式是指组织将EAP服务项目外包，由组织外部具有社会工作、心理咨询辅导等知识和经验的专业人员或机构为员工提供EAP服务。由于该模式是以契约为基础的，组织自身不需要耗费人力资源去规划和操作，只需要提供一定的财务支持就可以得到EAP服务，这有利于节省组织的人力资源。另外，由于实施EAP服务的工作人员完全是组织之外的第三方，员工在接受服务时更能感到个人隐私的安全性，这会提升员工对EAP服务的信任度，从而收到更好的服务效果。但是，由于该模式完全借助外力来组织实施，这些“外力”对组织内部情况的了解有限，制订的EAP服务实施方案有可能脱离组织的实际，难以有针对性地解决组织存在的问题。另外，由于该模式实施的费用相对较高，这将增加中小企业的财务负担，不利于EAP服务在组织的长期实施。

3.联合模式

以资源共享为基础的联合模式是指若干组织联合成立一个专门为其员工提供援助的EAP服务机构，由该机构配备专职的从业人员为组织提供EAP服务。该模式最大限度地节省了各个组织的经费，以最小的开销实现了EAP服务的资源共享。另外，该模式有利于促进组织之间的沟通，为组织之间的合作提供了条件。但是，由于目前国内对EAP有明确需求的组织相对较少，要联合的组织在数量上难以形成规模，该模式的实施有一定难度。另外，在人员配置、人员权限、薪酬福利、待遇支付等方面，多个联合的组织常常会出现争端。

4.混合模式

以专业化和灵活性相结合的混合模式是指组织内部EAP服务实施部门与外部的专业机构联合，共同为员工提供EAP服务。第一，专业机构的参与保证了EAP服务人员的专业性，提升了员工对EAP项目的信任度。第二，组织内部的联系人可以协助推进整体服务项目的实施，并对实施质量进行监督检查，保证了EAP服务的质量。第三，该模式的支出费用比外部模式低，对一般的中小型企业而言不会形成财务负担。但是，该模式的集体内部可能存在人员权限不易界定、人员调配不顺畅、福利待遇分配不均等情况。

（五）EAP方案的内容与实施

在企业的人力资源管理中，一个完整有效的EAP方案应该至少包括以下四个方面的内容：创造EAP的应用条件、清楚需要解决的问题在哪里、选择有效可行的解决途径、制定解决问题的具体程序。

1.EAP的应用条件

由于组织的行业特性、员工特质存在较大差异，以及员工面临的个人问题和组织对EAP的预期目标都不同，EAP在不同组织中具体实施的条件会有所不同。一般来说，一项完整有效的EAP服务必须具备四个方面的基本条件。

（1）EAP的实施需要企业管理者的认可和相关组织的支持

企业管理者和相关组织对EAP服务的认可与支持，是EAP在企业中得以顺利实施的重要条件。

① 必须确保EAP专家工作的顺利开展。管理者给予最大限度的认可与支持，对于EAP的顺利实施非常必要。特别在EAP项目的初期导入阶段，高层管理者的认同和参与，可以为整个组织树立典范；中层管理者的参与，可以为项目的执行提供基本的支持和协助。在这种情况下，EAP专家们就能够顺利地将EAP的各项服务导入企业中，为下一步的辅导、测评等工作奠定基础。如果得不到企业管理层的认同，EAP则很难达到预期的成效并且持续进行下去。这一点，无论是对于大到拥有数万雇员的大型企业，还是对于小到只有几名员工的小企业都是一样的。

② 必须有利于EAP的组织协调。企业在实施EAP服务的时候，需要企业的相关组织调动员工参与的积极性，协调员工参与的时间，为EAP在员工中的推行创造条件。企业中负责这些协调工作的往往是工会等组织。它能够在企业实施EAP服务的时候，通过宣传教育工作来广泛地调动员工的参与热情；通过调整员工的作息时间，来避免员工在心理培训和休息时间上的冲突；通过合理分配各部门接受服务的进度，来提高EAP服务的实施效率。美国的EAP能够得到普及，主要得益于全国范围内的工会组织的支持。同样，联想集团、西门子（中国）公司的EAP得以顺利实施，也是由于得到了工会等组织的大力支持。

（2）EAP的实施需要企业进行全员教育与培训

EAP的推动与实施必须依靠广大员工的自觉参与，为了让企业员工全面系统地了解EAP，企业必须对全体员工（包括管理人员）及员工家属进行EAP服务相关知识的教育与培训。

① 面向全体员工和员工家属进行心理健康知识培训。心理健康是员工健康成长、高效工作、幸福生活的基础，培养员工的心理健康意识，提高员工的心理健康水平，是开展EAP服务首先需要解决的问题。要解决这个问题，就必须对全体员工和员工家属进行心理健康知识培训。通过培训，让他们全面了解什么是心理问题、心理问题的危害、心理问题的预防和解决办法等相关知识，这是EAP服务能够在企业中顺利实施的基本条件。心理健康知识的普及，对提高企业员工心理素质、建设和谐企业文化具有重要作用。

② 针对不同人群进行个别培训。一是对企业员工进行行为认知方面的知识培训。EAP服务不仅能够帮助员工培养积极健康的心态，还能够帮助员工养成良好的行为习惯。通过培训，让企业员工进一步了解心理健康知识，提高心理健康水平，了解不良行为习惯产生的危害，懂得怎样通过EAP服务保持一种积极健康的心态，怎样摒弃自身的不良习惯，进一步提高自身的文明修养。

二是对企业管理人员进行EAP服务方面的知识培训。员工因工作压力会出现不同程度的情绪波动、身体反应或心理问题，企业的管理人员要根据员工的各种不良反应或状态，将出现问题的员工划分成几种不同的类型，分别用不同的办法解决。这就需要对企业管理人员进行EAP服务方面的知识培训。通过培训，让企业管理人员了解EAP服务与思想政治工作、精神疾病治疗等之间的区别和联系，帮助企业的管理人员判断哪些员工需要EAP服务，哪些员工不需要EAP服务，哪些员工出现了思想问题，需要进行思想政治工作的疏导，哪些员工属于精神疾病患者，需要到精神疾病治疗专科去救治。

三是对员工家属进行婚姻和家庭危机干预方面的知识培训。情感问题是员工求助于EAP服务的问题之一。情感问题的产生，主要是由于员工的婚姻和家庭方面出现了危机。员工出现了情感问题，一方面企业应该为其提供必要的EAP服务，帮助其摆脱情感困扰；另一方面员工家属应该配合员工参与EAP服务的过程，为他早日解除危机创造条件。员工家属要做到这一点，就必须了解婚姻和家庭危机干预的相关知识。只有经过培训，员工家属才能在员工出现情感问题时及时调整自己的心态，竭力维护良好的家庭和婚姻关系，避免家庭中过激事件的发生。

（3）EAP的实施需要确保员工服务信息的保密

保密是EAP得以有效实施的重要基础，接受EAP服务的员工有权利为自己的问题寻求帮助并获得保密的承诺。在EAP服务的过程中，只有确保员工服务信息的严格保密和安全，才能确保EAP服务取得成功。实施EAP服务的各个环节，都存在无意间泄露员工隐私的可能性，因此，EAP服务机构及其相关工作人员必须严格做好以下几方面的工作，以确保员工服务信息的保密：

① 合理安排员工接受EAP服务的时间。通常，EAP为了保护员工的个人隐私，会将外部的咨询室设立在远离企业的地方，这本身有助于保密。但是，如果同一企业的员工约见的时间离得太近，碰面的概率就会增大。即使有些员工不介意被别人发现自己接受EAP咨询，但是一旦传到企业里，EAP保密的信用指数就会降低。因此，那些负责EAP服务预约的人员必须提高警惕，合理安排员工接受EAP服务的预约时间，避免来自同一企业、定期接受复诊的员工互相遇见。另外，不能将EAP服务的咨询时间限制在“朝九晚五”，这样不利于接受EAP服务的员工的信息保密和安全。如果只在这一时段提供EAP服务，那么很多员工就不得不请假来接受咨询。所以，EAP的提供者应该结合企业工作的实际情况，合理安排EAP服务的咨询时间，保证员工能灵活选择接受EAP服务的时间。

② 科学划分接受EAP服务的员工组别。在EAP的服务过程中，专家们会根据来访对象不同的问题，而将他们划分为不同的咨询小组，这有利于EAP有针对性地解决员工的个人问题。但是，如果各个接受服务的小组成员是随机组成的话，那就很容易泄露组别中来自相同企业员工的隐私。因此，组织EAP服务的专家们在对接受EAP服务的员工进行分组之前，应该详细了解各个员工的信息，科学地划分接受EAP服务的员工组别，避免将相同企业的员工分到同一个小组而泄露员工的隐私。

③ 避免因服务转介而给员工带来麻烦。医院和治疗中心一般非常乐意接受EAP服务机构转介过来的员工，但是它们经常会打电话给员工所在的组织了解员工的问题。这样就容易把接受治疗的员工的信息泄露给企业其他员工或企业管理者，当被转介的员工面对电话转接员、相关人员和管理者时，就会感到十分难堪。因此，EAP服务机构的协调人员必须与转介后的治疗机构进行充分的沟通，为接受EAP服务的员工杜绝一切向企业泄露自己隐私的可能，从而使员工能够得到安全有效的帮助。

（4）EAP的实施还需具备的其他条件

① 专业的EAP从业人员。实施EAP服务，必须有一定数量专业的EAP从业人员，这是实施EAP服务的载体和前提。EAP从业人员必须具备专业的素质，包

括对酗酒问题的认识和治疗知识、对婚姻和家庭关系问题的处理知识、对一般情感障碍的治疗知识、与困扰员工的其他问题相关的知识以及咨询技巧和个案的管理等。

② 翔实的EAP服务记录和追踪服务。EAP服务机构必须对已经开展的EAP服务做及时、准确、完整的记录，为员工保留好接受服务的翔实资料，作为后期诊断、评估、追踪、督导以及研究的依据；同时，还要有适当的追踪服务，包括向服务对象了解成效、关注转介员工的后续情况等，以保证EAP服务实施的效果。

③ 充足的EAP财务支持。为了确保员工接受EAP服务，企业必须有相应的财务支持。EAP服务的财务支持主要有企业完全支付和企业、员工共同支付两种方式。第一种方式是企业为员工提供完全免费的EAP服务。这种财务支持实施年限较短，一般不超过5年，如果5年之后员工还需要接受EAP服务，员工就需要自己支付EAP服务费。第二种方式是由企业和员工共同承担EAP服务费用。一般情况下，双方各承担EAP服务费用的50%。这种方式的实施年限相对较长，一般都在10年以上。目前，美国等发达国家的EAP服务大多数采用第一种方式，我国已经实施EAP服务的企业多数采用第二种方式。

2.EAP解决的问题

EAP的焦点是帮助确定与员工个人以及工作团队有关问题的解决方案。一般说来，这些问题主要包括年龄老化与老人看护、性骚扰、艾滋病、职业发展路径、法律、精神健康、滥用药物、酗酒、身体健康与饮食混乱、子女赡养、债权人事务、压力、自杀危险、解雇、家庭与婚姻关系、工作绩效/出勤、财务危机等。

3.EAP解决问题的途径

针对员工的具体问题，EAP可以根据实际情况选择一种途径或多种途径相结合的方式来解决。一般，一个问题的产生都是由个人以外的环境因素和个人内在的个性因素共同作用产生的，并表现为个人的情绪和行为上的变化，如图1-6所示。

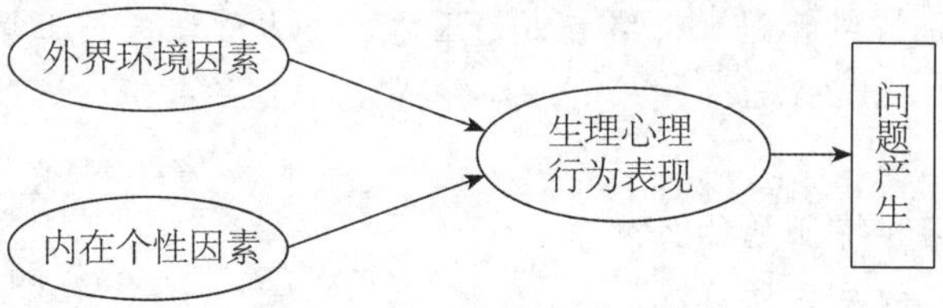

图1-6 一般问题产生图

因此，通常有三种途径来解决问题：第一种是针对造成问题的外部压力源本身去处理，即减少或消除不适当的管理和环境因素；第二种是处理压力所造成的反应，即缓解和疏导情绪、行为以及生理等方面的症状；第三种是改变个体自身的弱点，即改变不合理的信念、行为模式和生活方式等。

4.EAP解决问题的程序

目前，在EAP解决问题的程序上，国内外优秀企业主要有如下做法：

（1）压力评估

压力评估即进行专业的员工职业心理健康问题评估，由专业人员采用专业的心理健康评估方法评估员工心理生活质量现状及问题产生的原因。

（2）组织改变

组织改变即对工作环境的设计与改善。一方面，改善工作硬环境——物理环境；另一方面，通过组织结构变革、领导力培训、团队建设、工作轮换、员工职业生涯规划等手段改善工作的软环境，在企业内部建立支持性的工作环境，丰富员工的工作内容，指明员工的发展方向，消除问题的诱因。

（3）宣传推广

宣传推广即做好职业心理健康宣传，通过海报、自助卡、健康知识讲座等多种形式使员工正确认识心理健康，鼓励他们遇到心理困扰问题时积极寻求帮助。

（4）教育培训

教育培训即开展员工和管理者培训，通过压力管理、挫折应对、保持积极情绪、咨询式的管理者等一系列培训，帮助员工掌握提高心理素质的基本方法，增强对心理问题的抵抗力。管理者掌握员工心理援助的技术，能在员工出现心理问题时，及时找到适当的解决方法。

（5）压力咨询

压力咨询即组织多种形式的员工心理咨询，针对受心理问题困扰的员工提供电话咨询、网上咨询、团体辅导、个人面询等丰富的形式，充分解决员工心理困扰问题。

复习要点

主要概念

情绪　情感　情绪管理　情绪智力　压力　压力管理　员工援助计划

复习思考题

1.情绪的内涵和特征是什么？
2.情绪与情感的关系如何？
3.简述情绪的基本理论。
4.情绪具有哪些类别？
5.影响情绪的因素有哪些？
6.情绪管理的内涵是什么？
7.情绪管理与情绪智力的关系如何？
8.简述情绪管理基础理论和具体策略。
9.压力的内涵是什么？压力的相关理论有哪些？

10. 简述压力管理的内涵。

11. 压力管理的类型有哪些？

12. 简述员工援助计划的内涵与应用模式。

13. 简述员工援助计划方案的内容与实施。

案例分析题 **人更多时候是情绪的奴隶**

姜振宇“没有”表情。虽然他与人交往时笑容得体、谦逊真诚，但在礼节性的笑容背后，他“隐藏”着不动声色的冷静。他在意言语表达的精准性、科普分析的严谨性、斗智斗勇的思辨乐趣，胜过表达情绪。

提到微表情分析，绕不开热播美剧《千谎百计》(*Lie to Me*)，该剧的灵感来源于行为学专家保罗·艾克曼（Paul Ekman）教授的真实研究项目。姜振宇也在做类似的研究。姜振宇重要的一部分工作就是协助各地公安侦破案情——帮助他们看透“嫌疑犯”的真实想法。“我们尽可能按照贴近科学的原则来分析调查对象。最后拿出来的不是‘他是否说谎’的结果，而是一个方向——调查对象对什么特别在意，在说什么问题时产生了强烈情绪，以此给检方提供一个可能的案情排查方向。”在协助公安办案的过程中，身为中国政法大学法律信息中心主任的姜振宇，也试图与他的同事建立微表情犯罪数据库。

对外做科普讲座时，他曾用过一个视频段落，这是一个车祸的目击证人为了描述现场，不由自主地大幅度歪着头说话的场景。“任何一个人歪着头背一遍‘白日依山尽……’，短短20秒，都会感觉付出了很大的脑力和体力，很累。这不是人类常态的动作。一个人不可能一边做非常态的动作，一边动脑筋说假话。”因此，姜振宇判定这个证人刻意说假话的可能性不大。

“很多人都有自信，认为可以控制自己，凭理智可以想清楚所有的问题或者很多问题。其实在我们眼中，人更多时候是情绪的奴隶，并不是所有的行为都是靠大脑皮层来决定的。我们所做的研究是通过观察外在的、非语言性的信息来回溯这个人当时的主观感受和想法，我们把这个叫作微反应。只要是正常人在正常的交流中就会有各种表情和动作。其实每一个动作都是由我们的神经系统下达指令的，所以我们看到动作可以逆推一下，他的神经系统为什么下达了这个指令，背后有什么样的情绪。”

微反应源自英语micro-expression，expression之所以没有翻译成“表现”或者“表达”，是“因为有效刺激是我们研究最重要的部分。怎么确定对方这个表达是真的，需要给他加一个刺激源。第一步我们不是看他的脸、了解他的语言、看他的肢体动作，而是问一些刺激他的问题。不管是好的刺激还是坏的刺激，只要是他内心关心的问题，他就会或多或少流露出内心真实的意愿。所以才说是‘反应’。之所以用‘微’，是因为在社交情景中，人会用理智抑制自己真实的情感表达，用社交规则来进行自己的情绪管理，所谓的‘反应’只是点滴流露”。

姜振宇研究微反应始于2007年，就读博士第一年的他按照导师的安排给学生上课，在准备那堂如何制作3D动漫的课程中，他开始了解如何绘制一个人的喜怒哀乐，如何“表现”表情。他忽然发现面部表情是人类共有的。当人类有愤怒、恐惧、厌恶、惊讶、伤心、快乐和轻蔑这七种情绪时，不管你是来自纽约还是巴布亚新几内亚，你脸上都会显出同样的表情。“我相信练素描的、练表演的，或多或少都知道人生气的时候一定是皱眉毛的，不会眯着眼睛，而是瞪着眼睛，然后有可能咧着嘴露出牙齿，表现出很生气。他们对这个表情前后有多少联想我不知道，但是这点前后的联想是我关心的。我喜欢探究人的结构、情绪、思想变化的过程，我希望探究到其中的规律。”

那年秋天，把整个微反应学读完之后，姜振宇第一次有种了解一门知识后的纯粹的生理快乐。“做微反应研究最大的乐趣在于这件事情的不确定性。一个人的表情反应跟我们积累的经典反应不一致，到底有什么问题呢？这个探索的过程是美好的，有点像斗智斗勇的智力游戏，我在猜牌，但不是随机地猜，而是通过大量依据和分析来猜，也有点像数学里证明严谨的悖论的过程，能体现出智力的趣味。”

2010年，《千谎百计》风靡中国，剧中出现的鉴别谎言的技巧也被广为传诵。可是这些因为剧情需要而被戏剧化表达的技巧实在不严谨，经不起仔细推敲。在《千谎百计》迅速被神化和妖魔化的这一年，姜振宇与他的团队向社会公布：有一个微反应小组一直在征集研究案例。“神化和妖魔化是同一把剑，你必须努力去进行科普来扩大社会影响，告诉大众，我们在做什么，我们怎么研究，我们怎么追求准确。”

微反应是一个全新的领域，在科学规范与生活实践中姜振宇尝试了持续至今的“黑白配”。他参与电视节目《非常了得》，在这档参赛人判断台上嘉宾所陈述故事是真是假的节目中，他担当帮助嘉宾判断的专家。“这个节目本身有一个最大规则就是‘崇尚’欺骗，你骗得好是牛人，所以所有参与这个节目的人在说假话的时候，不但没有压力，反而有动力，有要表现我很聪明的心态。这种心态在日常生活中是没有的，这是我们所说的‘白位感的心态’。另一种是犯罪嫌疑人，一定不想被抓，因此会用各种方法武装自己，这个心态也非常极端，是‘黑位感的心态’。这一白一黑两头的规律找到了，中间状态的人的心态就相对容易把握，普通人撒谎的思维不可能比这两头的人群更周密。”

走出主流的科研规范，在遥远的隐秘的人群中，姜振宇知道有他的同行。“CIA、FBI里，一定有群人在研究‘读心术’。此外，在商业领域，据我了解，有些500强企业也有一个部门研究人的各种表情，它们的团队组成是生物学博士、神经学博士等。这个团队的任务就是在实际生活中寻找素材，每天看，每天写记录，每天研究人的表情，而他们的研究成果只提供给供职的公司。比如测试那些接受市场调查的受访对象是否说谎，来判定一款产品市场调查结果的可信度，他们收费高昂，即使为公司内部的另一个部门服务，也是一个小时几千甚至上万美元。”

资料来源　朱慧憬．人更多时候是情绪的奴隶［J］．新周刊，2013（18）．

讨论题：

1. 请运用你所学的情绪管理知识，分析人为什么更多时候是情绪的奴隶。
2. 姜振宇研究的微反应有什么价值？为什么？
3. 谈谈你对微反应这个新领域的感受。

在线测试

创造力测试

用脑卫生测试

进取心测试

第二章

情绪类型的具体表现

只有当一个人不再沉沦于物质生存的终日焦虑,他才可以去寻找和享受情感。他才可以让情感这样一个高尚的东西,远离金钱而保持纯洁。

——[中国]海岩

一个人必须了解自己的情感,要么加以培养,要么加以抑制。

——[苏联]高尔基

学习要求

1. 掌握情绪的具体类型
2. 理解幸福的内涵和管理策略
3. 理解快乐的内涵和管理策略
4. 了解好奇心和兴趣的内涵
5. 理解愤怒的内涵、类型与管理策略
6. 理解抑郁的内涵、表现与管理策略
7. 理解焦虑的内涵、种类与管理策略
8. 理解恐惧的内涵和管理策略
9. 理解悲伤的内涵和管理策略
10. 理解嫉妒的内涵和管理策略
11. 了解羞耻和内疚的内涵
12. 理解挫折的内涵和管理策略

第一节 正面情绪

经典文摘 2-1 **幸福是一种感觉**

幸福只是一种感觉，到了专家笔下，便铸造出硬币的另一面：幸福指数。于是，幸福感与幸福指数就成了一对孪生姐妹，特点：似是而非！

它们都姓“甜”，幸福指数含着糖，幸福感想着糖；前者物质，后者精神。

年底拿奖金，一万元当然比九千元开心。就分量刻度而言，幸福指数是托盘，幸福感是秤杆，托盘里的东西越多，秤杆翘得越高。幸福指数与幸福感，有时是因果关系。

入冬了，穿棉衣、喝烧酒、围着火锅涮羊肉，那是凡人的幸福。添裘皮、喝茅台、围着火锅涮海鲜，那就是富人的幸福。指数之间是金与铁的落差，幸福感却在一个水平面。

捡到一张彩票，结果中奖一万元。于是倾其所有购买，企图再获巨奖，那是丹麦小女孩，卖火柴，梦天堂。结果呢，竹篮打水，不仅赔尽，还要倒贴，幸福指数有时是幸福感的叛徒。与美丽为伴，做情人时，让你心疼；做夫人时，让你头痛。因为，婚前你与优点谈恋爱，婚后你与缺点过日子。幸福指数常常折磨幸福感。

吃公款或吃人家的如吃冤家，山珍海味，当夜痛风发作，日后落下“三高”，结果呢，职位高于同龄人，感觉低于老百姓！指数是幸福感的定时炸弹。

过去，八个兄弟住一间宿舍，叠床架屋，好比蚁聚，但连床夜话，美其名曰“三味书屋”——酒味、烟味、袜臭味，指数很差，感觉很好。现在，单身汉住四室两厅三卫，一人说话，总有回音，好比皇帝睡皇陵，指数很好，感觉很差。

孕妇反应强烈，终日躺在黄连树下弹琵琶——苦中作乐，洋溢着一脸的灿烂笑容，幸福感是止痛片。

创业者“白天做老板、晚上睡地板”，他们坚信：“吃得苦中苦，方为人上人。”想到“方为人上人”，品味幸福感，幸福感是安眠药。

住新房是幸福的，还按揭是痛苦的，但还尽按揭，期房变私房，房奴变房东，“从奴隶到将军”，那时，既无外债，又无内债，“无债一身轻，万岁老百姓”，幸福感就是望远镜。

资料来源 李大伟. 幸福是一种感觉［N］. 新民晚报，2013-12-22（B3）.

一、幸福

（一）幸福的内涵

幸福是来源于内心的主观感受，只有内心得到满足才会幸福。很多人事业有成、有家庭、有房子却感觉不到幸福，这是因为他们内心向往的还没有得到满足；而有些人住着简陋的房屋、喝粗茶、吃淡饭却觉得幸福，因为他们有满足感。在现代社会，幸福不仅仅是物质层面的满足，精神层面的需要更加强烈。

主观幸福感（subjective well-being，SWB）主要是指人们对其生活质量所做的情感性和认知性的整体评价。在这种意义上，决定人们是否幸福的并不是实际发生了什么，关键是人们对所发生的事情在情绪上做出何种解释，在认知上进行怎样的加工。

作为心理学冷门术语，主观幸福感专指评价者根据自定的标准对其生活质量的整体性评估。其基本特点是：

第一，主观性。它以评价者内定的标准而非他人标准来评估。

第二，稳定性。它主要测量长期而非短期情感反应和生活满意度，这是一个相对稳定的值。

第三，整体性。它是综合评价，包括对情感反应的评估和认知判断。①

（二）幸福的构成要素

幸福感可以量化吗？据英国《每日邮报》的报道，美国乔治·梅森大学临床心理学家托德·卡什丹（Todd Kashdan）博士提出了一个"幸福感计算公式"，用这个公式可以算出你是否幸福。他认为，活在当下、有好奇心、做喜欢的事、把他人的利益放在首位、良好的人际关系和身体健康6个因素能决定幸福。他给每个因素分配了不同的权重。其中好奇心最重要，做喜欢的事情与良好的人际关系次之，因为这是给生活注入新能量的重要因素。

好奇心能让我们保持对生活的热情和新鲜感，使我们不断学习，提升自己。试试走一条新路回家，尝试一个新菜，读一本新书，与家人谈一个新话题……我们会惊喜地发现，世界上有许多新的角落，并有无穷的收获。

做喜欢的事能让我们体会到意义感和喜悦感。如果某件事对我们来说有意义，做起来快乐，就去做吧。

亲密关系是幸福感和社会支持的来源。每天为家人、朋友、同事留一些时间，为他们做点事情，用自己的方式表达关心和爱。

幸福感公式看似新奇，但爱尔兰作家威廉·巴克莱（William Barclay）博士早在随笔集《花香满径》（*Daily Celebration*）的开篇中就说过类似的道理："幸福的生活有3个不可缺少的因素：一是有希望；二是有事做；三是能爱人。"心中有希望，手中有事做，耳边有人说爱你，有了这朵幸福三瓣花，就能迎来整个人生的春天。②

（三）幸福感缺失的原因

幸福感是一种长久的、内在的、坚定的心理状态的情绪体验，是人们的思想在言行举止上的真实反映和再现。在长期的调查中，王志平（2011）发现，员工幸福感缺失主要表现在以下几个方面：

---

① 段建华. 主观幸福感概述［J］. 心理科学进展，1996（1）：46-51.
② 余小倩. 幸福的六大要素［N］. 生命时报，2013-08-09（10）.

1.爱比较

不少员工把主要精力都投入到各种各样的攀比中。比职位、比房子、比财富，比来比去，心里只剩下欲望，没有了幸福。

2.缺信念

一些员工除了钱，不知道人生中的目标与追求到底是什么，甚至不知道自己究竟想要什么。幸福感的强弱，也应当成为加强和改进员工思想政治工作的重要组成部分。

3.钻牛角尖

有的员工只看到自己的不幸，忽略了自己的幸福，或者放大了别人的幸福，缩小了自己的快乐，钻了生活的牛角尖。

4.不知足

俗话说“知足者常乐”，但有了房子想换更大的，有了工作想换更好的，有了钱想赚得更多，这些欲望指使着人无休止地奔波劳碌，硬撑着去争取登上那“辉煌”的顶峰。

5.多焦虑

购房、子女养育、家庭养老负担等问题都成了员工的“压力源”，也使人处于一种烦躁不安的焦虑状态，无法从心底感受到幸福。[①]

（四）幸福评估表

纽芬兰纪念大学幸福度量表（Memorial University of Newfoundland Scale of Happiness，MUNSH）[②]是比较常用的老年人主观幸福感自评量表，由艾伯特·科兹马（Albert Kozma）和迈克尔·斯通斯（Michael Stones）研制。该量表含24个条目，在结构上，5个条目反映正性情感（PA），5个条目反映负性情感（NA），7个条目反映正性体验（PE），7个条目反映负性体验（NE），见表2-1。

表2-1 纽芬兰纪念大学幸福度量表

我们想问一些关于你的日子过得怎么样的问题。如果符合你的情况，请回答“是”；如果不符合你的情况，请回答“否”；如果不清楚，请回答“不知道”。

最近几个月里，你感到：

序号	项目内容	总体感觉
（1）	满意到极点？（PA）	是 不知道 否
（2）	情绪很好？（PA）	是 不知道 否
（3）	对你的生活很满意？（PA）	是 不知道 否
（4）	很走运？（PA）	是 不知道 否
（5）	烦恼？（NA）	是 不知道 否

① 王志平．如何提升员工的幸福感［J］．东方企业文化，2011（19）：110.

② KOZMA A，STONES M J. The measurement of happiness：development of the Memorial University of Newfoundland Scale of Happiness（MUNSH）［J］．Journal of Gerontology，1980，35（6）：906-912.

续表

序号	项目内容	总体感觉
(6)	非常孤独或与人疏远?(NA)	是 不知道 否
(7)	忧郁或非常不愉快?(NA)	是 不知道 否
(8)	担心，因为不知道将会发生什么情况?(NA)	是 不知道 否
(9)	你的生活处境变得艰苦?(NA)	是 不知道 否
(10)	总的来说生活处境变得使你感到满意?(PA)	是 不知道 否
(11)	这是你一生最难受的时期?(NE)	是 不知道 否
(12)	你像年轻时一样高兴?(PE)	是 不知道 否
(13)	你所做的大多数事情都令人厌烦或单调?(NE)	是 不知道 否
(14)	你做的事像以前一样使你感兴趣?(PE)	是 不知道 否
(15)	当你回顾你的一生时，你感到相当满意?(PE)	是 不知道 否
(16)	随着年龄的增加，一切事情更加糟糕?(NE)	是 不知道 否
(17)	你感到很孤独?(NE)	是 不知道 否
(18)	今年一些事情使你烦恼?(NE)	是 不知道 否
(19)	如果你能到你想住的地方去住，你愿意选择哪里?(PE)	现在住地 别的住地
(20)	有时你感到活着没意思?(NE)	是 不知道 否
(21)	你现在和年轻时一样快乐吗?(PE)	是 不知道 否
(22)	大多数时候你感到生活是艰苦的?(NE)	是 不知道 否
(23)	你对你当前的生活满意吗?(PE)	满意 不满意
(24)	和你的同龄人比你的健康情况与他们相同甚至更好些?(PE)	是 不知道 否
合计		

评分：

除第19、23项外，每项答“是”，记2分；答“不知道”，记1分；答“否”，记0分。

第19项答“现在住地”，记2分；答“别的住地”，记0分。

第23项答“满意”，记2分；答“不满意”，记0分。

总分=PA-NA+PE-NE

得分范围为-24～+24。为了便于计算，加上常数24，记分范围为0～48。

由于MUNSH对幸福度测定的效度和信度较高，具有较好的内部一致性和最大的时间稳定性，MUNSH作为评估老人精神卫生状况的恒定的间接指标已为许多国家所广泛应用。MUNSH的理论结构是情感平衡理论，这一理论把幸福理解为两种对立而同样重要的、彼此独立的情感之间的平衡，即正性情感与负性情感之间的平衡。正性情感增加一个人的幸福度，负性情感降低一个人的幸福度，总的幸福度是两者之间平衡的结果。

（五）幸福的管理策略

1.生活条理化

研究表明，生活严谨对幸福感的影响在所有因素中是最大的。“严谨性”意味着生活的条理化程度。严谨克制，也就是传统文化所讲的审慎自律，具体表现在：日常作息有规律，工作有计划。康德可以说是这方面的典范，他严格控制自己的起居作息，生活得有条不紊，据说他的散步时间非常精确，可以用来校正钟表。

2.控制多变的情绪

有的人非常敏感，情绪多变，这一秒还在伤心欲绝，下一秒可能就活蹦乱跳，这样多变的情绪不仅影响自己也影响周围的人。有的人“想得多”，常常过度思考问题，事情明明很简单，却想得很复杂，导致情绪剧烈波动。因此，学会控制自己多变的情绪非常重要。

3.增强积极情绪

越来越多的证据显示，消极的情绪使人沮丧，而积极的情绪催人奋进。幸福的人常做的一件事就是努力消除消极情绪。在日常生活中，我们要学会给自己适当的积极暗示，消除不良情绪的影响，多与乐观积极的人交朋友，积极看待自己、肯定自己，发挥自己的价值。

火箭科学家会制造火箭，去探索宇宙的奥秘，应该是最有聪明才智的人，一般人认为那是高不可攀的。造火箭究竟有多难，英语中有句俗语揭示了答案：这不是火箭科学（It is not rocket science）。人们在遇到复杂、困难的事情时，常常用这句话来安慰自己，意为“小事一桩、易如反掌或很容易”等。这是因为一切困难与火箭科学一对比，就显得微不足道了。美国人劝说别人要有信心时，还会提到这样一句话：“你不需要成为一名火箭科学家（You do not need to be a rocket scientist）。”这句话的意思是劝告和鼓励对方做一件事情其实很简单，并不需要像火箭科学家那样的理解力和聪明才智。

4.优待身边的人

人们要学会友善地对待亲近的家人、朋友，能够一下数出5个亲密朋友的人，比不能数出任何朋友的人，感觉更幸福。在日常生活中，我们要学会关心周围的人，帮助那些需要帮助的人，当你有困难时你会发现周围也有一群朋友在照顾你，无形中你的幸福感会增添许多。

5.对生活充满希望

人类对于“希望”的研究有50余年的历史，研究显示，一般对生活充满希望的人会更加幸福。希望不仅是一种情绪，还是一种特质。作为一种特质，希望由两个部分构成：一是意愿目标；二是实现目标的路径。经常有人说，高三的学生非常辛苦，因为学习压力特别大，但调查显示，这种观点是错误的，绝大多数高中生在后期回忆说自己那段时间很幸福，虽然高三时学习任务繁重，压力大，但心中常葆希望。而且，对他们来说，目标是那么具体，实现目标的路径是那么明确。所以，在人生各个阶段我们都要有目标、有希望。

思政链接2-1　新时代幸福观

经典文摘2-2　　常问8个问题更幸福

许多社会心理学家发现，幸福与收入不成正比。有些人过于追求物质享受，盲目追求成功，在忙碌中失去了与自己心灵的联结，变得呆板、麻木，感觉不到幸福，甚至空虚、抑郁。我们要时常与内心沟通，锻炼心灵感受幸福的能力，也给灵魂思考、舒展的机会。常问自己以下8个问题，更能接近幸福：

1.“我快乐吗？”

找一个安静的地方，深呼吸几次，给自己片刻的沉默，然后问自己：“我快乐吗？”也许你会绽放出会心的微笑，也许你会迸发出压抑许久的泪水。如果快乐，是因为什么？如果不快乐，又是因为什么？揭下给别人看的面具，直接倾听内心的感受。

2.“我相信内心指引吗？”

从众很轻松，而听从内心的声音需要勇气。因此，我们不知不觉地跟随了众人的脚步，也许是选择工作，也许是兴趣爱好，也许是选择伴侣……然而，我们每个人都是独特的，有独特的内心节奏。要相信自己与生俱来的直觉，带领我们走上独特的、自我实现的道路。

3.“我可以放下过去吗？”

过去，我们也许经历过一些失败、挫折，或有一些难忘的情感伤痕。紧紧抱着过去，我们就没办法腾出手来迎接新生活。要相信自己有能力摆脱旧的行为模式，因为“当下”才是最有力量的。要想放下过去，需要留心我们的语言。心理学家发现，语言是有能量的。诸如，“我再也不想……”带着负能量，而“我将会拥有……”则带着正能量。让我们放下过去，用正面的语言引导自己走向美好的未来。

4.“我跟随头脑还是心灵？”

头脑着眼过去，它是理性的、有逻辑的，倾向于让我们躲避危险，避免重复过去的痛苦，但往往禁锢着我们的思维与行为。心灵指向未来，它倾向于让我们勇敢尝试，发掘潜能，接近梦想。跟随心灵的指引，即使遇到挫折和失败，也会感受到成长的喜悦。人生最重要的是过程，而不是结果。

5. “我从伤害中学到什么？”

汉语的“危机”一词，意味着“危险”+“机会”。西方也有一句谚语：“上帝送人礼物，都用危机做包装。”我们经历过的挑战和伤害，往往教给我们最珍贵的东西。可惜大多数人都在抱怨生命中经历的危机。若我们能从中总结出收获，并心怀感恩，就不会白白浪费这些宝贵的学习机会。

6. “我的生命是富足的吗？”

面对同样的生活，有人会抱怨各种匮乏，有人会感恩种种拥有。其实，生命是匮乏还是富足，关键在于我们的焦点在哪里。我们往往会为自己没有的东西而苦恼，却看不到自己拥有的东西，比如健康，比如有干净的水和食物，比如拥有自由，比如能够爱与被爱……与世间许多不幸的人比起来，我们拥有的已经无比富足。每天早上醒来时，数出自己生活中拥有的10样美好事物，这会让你意识到自己原本如此富足。

7. “我能让自己安静地独处一会儿吗？”

独处能提升智慧、反思自己、完全放松。不管是在上班时到阳台上待几分钟，看看风景，还是周末抽几个小时待在屋里看看书，或者外出休几天假，这样的时刻都会给我们的心灵补充氧气。

8. “我在何时最有活力？”

回顾你的人生路，何时让你觉得最有活力，何时让你感到幸福？是写作时、画画时，还是做饭时？是为别人提供帮助时，还是带领团队奋力打拼时？在你觉得有活力、很幸福的那些时刻，你往往正在做着自己最擅长、最喜爱的事情。或许这些事让别人觉得很难，你却能愉快、轻松地应对。多去追随这样的时刻，来展现你的天赋，创造自己的幸福。

资料来源　余小倩. 常问8个问题更幸福［N］. 生命时报，2013-08-13（10）.

二、快乐

（一）快乐的内涵

积极心理学认为，快乐是一种积极状态，而积极状态是指一个人所具有的出色的综合心理素质，是积极的人生态度，它不是一个固定结果和最后结局，而是一个行为过程，包括过程的体验。这种心理素质促使一个人热爱自己，热爱他人，热爱这个世界，拥有快乐和幸福。

快乐作为一种积极的认知态度与认知方式，会带给人很多方面的成功。在一项关于快乐和成功的关系研究中，研究人员发现快乐的人倾向于寻找和接受生活中的新目标，这经常带给他们更多的快乐和许多方面的成功。美国加利福尼亚大学心理学家桑雅·吕波密斯基（Sonja Lyubomirsky）博士表示，这可能是因为快乐的人时常怀有正面积极的心情，而这些正面积极的心情促使他们更积极地面对新目标，并且建立新的资源；当人们觉得快乐的时候，他们容易自信、乐观和精力充沛，而其他人会觉得他们是可爱和友善的，快乐的人也因此能够从这些看法中获益。①

（二）快乐的管理策略

1.保持乐观的心态

一要自信，二要宽恕，三要放下。自信和乐观是紧密相连的。自信是乐观的心理基础。不自信的人是不可能和乐观有什么瓜葛的。宽恕是乐观的无形渠道。人没有不失误、不犯错误的。如果一个人没有宽恕之心，乐观的通道就被阻塞了。过度纠缠自己的错误和过度纠缠他人的错误一样，都是在犯新的错误。儒家讲“恕”，不仅是指宽恕他人，也包括宽恕自己。宽恕自己不是知错犯错、得过且过，而是相信自己能够通过努力去弥补过失，用一种更积极的方法让他人与自己都得到益处。放下是乐观的重要功课。②

2.保持笑容

科学家认为，欢笑实际上具有感染力，咯咯的笑声会使听者的大脑对笑声发生反应的某些区域处于愉悦状态，而大脑的这种反应又有助于面部肌肉对欢笑做出反应。英国神经科学家索菲亚·斯各特（Sophia Scott）说，这是真的，“欢笑，整个世界会随你一起欢笑”。

斯各特说，人们都知道根据周围的气氛来调整自己的行为习惯和情绪，你的朋友因受到相同情绪的影响，也会采取相同的态度，好与坏的心情彼此都会感受到。愉悦声音引发的微笑或大笑，在大脑中产生的神经反应，有助于人们调整自己的行为举止，并密切自己同社会的关系，促进和加强与朋友的联系。③

3.笑对人生是法宝

“少年时代：什么都信，故有了信仰。青年时代：什么都不信，故有了探索。中年时代：什么都怀疑，故有了思想。晚年时代：什么都看透，故有了顿悟。”陈立夫至晚年才悟得绝妙一联：上联：合情合理合势做成大事。下联：轻名轻利轻权修得长生。横批：笑对人生。

经典文摘 2-3　　快乐是自己找到的

谁都希望天天快乐，可如今，不快乐却成了一些人的口头禅。

别人总是光彩照人，自己却是扎入人堆看不见的凡人一个；成绩平平、溜须拍马的人平步青云，忙忙碌碌、加班加点的自己却原地踏步……一切都搅得自己心绪不宁，谈何快乐？细想却发现，太多的不快乐都源自同一个人——别人。

生活中，我们大多会把快乐寄托在别人身上。幼时是父母、玩伴，少年时是老师、同学，青年时是恋人、朋友，中年时是儿女、配偶，工作中是领导、同事。不知不觉中，潜意识里觉得，别人才是自己快乐的源泉，自己只是被掌控在别人手中的玩偶。

① 张倩，郑涌．美国积极心理学介评［J］．心理学探新，2003（3）：87-89．
② 刘广迎．正面情绪激励［J］．中国电力企业管理，2010（12）：81．
③ 刘炳如．快乐情绪可感染人［J］．家庭科技，2007（9）：43．

事实上，看似是别人给的快乐，其实还是自己找到的。没有人会一直在自己身边，也不会时刻给我们快乐。能从别人那里得到快乐最好；若得不到快乐，就要学着自己寻找快乐。

在书上认识了这样一位老人：年过九十，耳不聋眼不花，他最奇绝的长寿秘诀是“逗自己”。有一个经典画面：在阴冷的冬天，老人摆好沙滩椅，戴着墨镜，打开浴霸，在浴室感受春天般的温暖。这老爷子，还真会逗自己快乐。

不快乐时，试着去寻找。逗自己快乐，才是快乐的最高境界，才是生活的最大快乐。

资料来源　张金刚．不快乐，多是自找的［N］．生命时报，2013-07-09（10）．

三、好奇心

（一）好奇心的内涵

好奇心是个体遇到新鲜、奇怪的事物或处于新的外界条件下所产生的注意、提问、感到奇怪的心理倾向，它作为一种优势心理过程，能驱动个体主动接近当前刺激物，并促使个体积极思考与探究。好奇心是认知与情感相互作用下的产物。

好奇心是反映主体和客体关系的概念，但它不是客体的概念，而是主体的概念。在主体中好奇心也不是认识本身或认识过程，而是感到好奇而想知道的心理。从客观视角看，好奇心是人的注意力被新奇事物吸引。从主观视角看，好奇心是人抛向新奇事物的注意力。从主观和客观的关系上看，好奇心是主观和客观相连接的主观动因，美国心理学家阿瑟·雷伯（Authur Reber）把好奇心界定为“寻求新奇的倾向”。他的定义有一定的道理，接近了好奇心的本质。陌生事物或新奇的事物刺激人脑，在人脑中提出问题，人脑为了使陌生转化为熟悉，又从客观事物中寻找答案，这就是好奇心。

（二）好奇心的引发缘由

好奇心生成的客观条件是个体生活环境中的陌生和新奇事物。好奇心生成的主观基础是人感官的好奇能力。好奇是一种本能，不管是动物还是人，都有好奇心。好奇的眼睛炯炯有神，好像要穿透所好奇的事物似的。好奇心理的多次重复满足作为后天的连锁性条件反射，逐步沉淀为好奇心。动物一般停留在好奇的层面上。幼儿随着反应的深化，好奇能力转化为好奇心，幼儿的心理也逐步从动物分化出来向人的方向飞速进化。这也是人的大脑渐渐转化为一个物质载体的过程。

兴奋大脑是好奇心的另一个重要作用。如果说人脑是一台计算机，那么好奇心是一次激化，或者是一个开关。兴奋是一种全神贯注地投入战斗、全力以赴地开展工作的过程。一般情况下，人脑对初次接触的事物兴奋度最高，第二次、第三次递减。陌生事物在大脑中引起的冲动大于熟悉的事物。新奇事物所引起的吸引力大于平常的事物。

（三）好奇心的作用

1.能启动大脑的思考过程

不思考的大脑是一个生物大脑，思考中的大脑才是真正的人的大脑。有好奇心的大脑和没有好奇心的大脑，两者思考的机会和思考的深度截然不同。感觉是认识的基础，可是感觉离开了思维只不过是没有果实的花朵。逻辑思考是人的基本的认识方法，从一定意义上说没有思考就没有认识。好奇心是提高认知器官认知能力的心理基础。人的认知器官的认知能力是在同外界事物的交往中逐步提高的。每个人接触事物的广度、深度和用心程度不同，提高认知能力的程度也不同，有的提高得快，有的提高得慢，同一个人也有时快有时慢。好奇心是诸多推动认知的因素之一。

2.能培养客观性思维方法

在现实生活中，好奇心强的人相对比没有好奇心的人更聪明一些，因为好奇心强的人总思考语言符号背后的客观事物，而好奇心差的人不注意语言符号背后的客观事物，只是概念到概念、空对空地死记硬背。这样的人一旦遇到实际问题，所学知识一片空白，只能凭经验和感觉去处理问题。这就是在长期应试教育中形成的主观性思维方法。

3.能增加生活情趣

有好奇心的心灵不仅是不断思索的心灵，还是有情趣的心灵，就像孔子说的那样“知之者不如好之者”。例如，清晨有小鸟在窗前鸣叫，吵醒了两个正在睡觉的人。其中一个人大发雷霆，从骂鸟到埋怨在窗前栽树的人，心情十分糟糕。而另一个人提出鸟为何这么早醒来、它为什么不困、它为什么鸣叫等问题，打算从第二天开始早起观察一番。这就是有好奇心的心灵和没有好奇心的心灵的区别。同样的鸟叫声，引起不同人的不同心理。前者是烦忧，后者却是快活。[①]

（四）好奇心相关理论

1.好奇心的本能论

好奇心本能论者把好奇心看作生物本能，普遍强调好奇心的先天生物适应性。例如，受达尔文进化论思想的影响，詹姆斯把好奇心看作一种原始的本能，把个体对新鲜事物的接近看作一种适应。除此之外，他认为还有一种好奇心，即“对抽象事物的想知”或者“科学的好奇心”（scientific curiosity）。这种好奇心是“冷静的头脑（philosophic brain）对一种不一致或者是自身知识差距”的反应，[②]这是人类所特有的本能。其后的极端本能论者麦独孤（McDougall）认为，好奇心是人类的天性，人类的许多思索性倾向和科学倾向都植根于好奇心之中，好奇心是同恐惧一样的基本本能。[③]

---

① 布仁门德，刘孝友．好奇心透视［J］．皖西学院学报，2003（4）：1-3.

② SPIELBERGER C D，STARR L M. Curiosity and exploratory behavior［M］// O'NEIL H F，DRILLINGS M. Motivation：theory and research. Hillsdale，NJ：Lawrence Erlbaum Associates，1994：221-243.

③ LOEWE N. The psychology of curiosity：a review and reinterpretation［J］．Psychological Bulletin，1994，116（1）：75-98.

2.好奇心的驱力论

(1) 原始驱力

20世纪初，心理学界普遍认为好奇心是一种驱力，认为好奇心同厌恶情绪联系在一起，好奇心得不到满足会导致厌恶情绪被唤醒，好奇心是为了减少厌恶感而产生的寻求知识的表现。桑代克（Thorndike）、哈罗（Harlow）、尼生（Nissen）等早期行为主义理论家认为好奇心是原始驱力，探索行为由一种原始的“生物内驱力”所激发。摩根（Morgan）以及张春兴把好奇心看作原始驱力，但他们都认为好奇心不具有生物驱力特征。[①]

(2) 驱力减低

伯莱因（Berlyne）认为好奇心是由具有复杂、新异和令人惊讶等特性的“刺激冲突”或者“不协调”等引起的。他根据赫尔的驱力减低理论提出了两个基本假设：当新异刺激作用于机体感受器时，会出现一个由刺激引发的内部驱力反应，也就是“好奇心”；当唤起好奇心的刺激持续作用于机体感受器时，好奇心就会逐渐消失。[②]

(3) 最佳刺激

在伯莱因研究的基础上，斯皮尔伯格（Spielberger）和巴特勒（Butler）提出了最佳刺激理论（也称双过程理论）来解释各种形式的探究行为。他们把好奇心和焦虑看作对抗的内驱力。这些内驱力是强度不同的情绪状态，二者的交互作用唤起和推动了个体的行为。好奇心和焦虑在个体感知新异的、不协调的或者不明确的刺激的过程中会表现出起伏不定的趋势，并且，不同的人体验这种情绪状态的倾向性也不同。他们认为，好奇心内驱力与焦虑内驱力相比有较低的阈限并且在初始阶段有更高的增长率。[③]

(4) 习得性内驱力

与原始驱力观点不同，强化论者认为好奇心是一种习得性内驱力。达希尔（Dashiell）将好奇心看作一种习得性内驱力并假定探索行为是饥渴等原始驱力降低的结果，是通过学习而获得的。多拉德（Dollard）和米勒（Miller）也认为好奇心是一种习得性内驱力。这种观点的进步在于肯定了好奇心具有后天可塑性的一面。

3.好奇心的认知论

认知心理学家更多地把好奇心看作内部认知动机，用认知协调性、一致性、概念冲突及信息差距等观点来解释和定义好奇心。

(1) 认知不协调

20世纪50年代，赫布、皮亚杰和亨特（Hebb，Piaget & Hunt）等人的研究对好奇心做出了比较一致的解释。他们的基本观点是：首先，好奇心是人试图搞清世

---

① 胡克祖. 好奇心的理论述评［J］. 辽宁师范大学学报（社会科学版），2005（6）：49-52.

② BERLYNE D F. Novelty and curiosity as determinants of exploratory behaviour［J］. British Journal of Psychology，1950（2）：68-79.

③ SPIELBERGER C D，STARR L M. Curiosity and exploratory behavior［M］// O'NEIL H F，DRILLINGS M（Ed）. Motivation：theory and research. Hillsdale，NJ：Lawrence Erlbaum Associates，1994：221-243.

界的倾向性反应；其次，这种需要是由认知与预期的不一致引起的；最后，在好奇心与这种不一致之间存在倒U形的关系。

（2）信息差距（information-gap）

格式塔心理学家没有提出系统的好奇心理论，但他们用“完形原则”解释行为，认为不论对可观察到的图形还是对“行为世界”的其他方面，人都有弥补“缺口”的行为倾向，有对信息赋予意义的倾向。马龙（Malone）在格式塔观念的基础上对认知的好奇心（cognitive curiosity）做出了解释，认为认知的好奇心是由改变认知结构的期望所引起的，可以被看作想给个体的知识结构带来更好的形态的一种欲望。①

4.好奇心的特质论

不论是本能论者、驱力论者还是认知论者，他们普遍把好奇心看作动机状态来加以讨论和研究。20世纪70年代以后，认识到把好奇心仅仅当作短暂的动机状态加以研究的局限性以后，越来越多的研究者从人格特质出发探讨好奇心，认为好奇心既有状态成分也有特质成分。状态好奇心表现的是短暂的、变化不定的动机性质；特质好奇心表现的则是稳定的、持久的人格特征。②

四、兴趣

（一）兴趣的内涵

兴趣与人的性格有关。属于同一性格类型的人容易找到共同的兴趣，产生共鸣。一个人的某一兴趣是从认识开始的。如果一个人对某项事物没有认识，也就不会产生情感，因而也就不会对它产生兴趣。有了初步的认识之后，他就想获得这方面的知识或参与这种活动，在学习、参与或探索中进一步体验到情绪上的满足，于是就更有兴趣了。认识越深刻，成就越突出，情感体验就越丰富，兴趣也就越浓厚。③例如，对心理学感兴趣的人，就会把注意力转向心理学，在言谈中也表现出心驰神往的情绪。

（二）兴趣的重要性

1.一个人的兴趣可以使他热爱生活，适应环境

兴趣可以成为人们的一种向上的精神支柱。在这种支柱的支配下，人们会感到生活充实和人世间很美好，会产生一系列积极的情绪体验，继而促进他们热爱生活、珍惜时光。他们会在兴趣的驱动下去寻找知音，结识朋友，相互帮助，并对生活的环境感到满意和适应。

2.一个人拥有兴趣可以帮助他开发智力，产生积极的情绪，并获得无穷的力量

例如，对学习中遇到的难题，他能认真思索、钻研，直至攻破。兴趣还可逐渐

---

① MALONE T W. Toward a theory of intrinsically motivating instruction [J]. Cognitive Science, 1981 (4): 333-369.

② STEAD G B, PALLADINO S E. Construction and psychometric properties of the childhood career development scale [J]. South African Journal of Psychology, 2003, 33 (4): 227-235.

③ 刘广迎. 正面情绪激励 [J]. 中国电力企业管理, 2010 (12): 81.

培养他的观察力、思维力、想象力、注意力和意志力，而这些力量的支配，会使他迸发出无穷的智慧，促其成才。

3.兴趣可以成就人生的一项事业

很多人既能利用兴趣在事业上获得成功，又能用自己的专长服务于社会，成为一个有用之人。世界上很多哲学家、文学家和科学家的成功，都是从兴趣开始的。例如，电话的发明人贝尔就是这样，他年轻的时候对科学实验产生了特殊的兴趣，并着手对波进行研究。那时，电报刚刚发明不久，人们对电报能传播信号感到特别好奇，贝尔也以浓厚的兴趣用业余时间进行这方面的研究。后来，他通过无数次实验，克服重重困难，于1876年研制成了第一部实用电话机。此后，电话进入了人们的生活领域，各式各样的电话，如可视电话、自动拨号电话、录音电话等相继出现，为人类的通信提供了极大方便。

（三）如何培养兴趣

1.做自己感兴趣的工作

一个人的成功是和他的兴趣紧密相连的，只有做自己真正感兴趣的事情才会离成功更近。获得过诺贝尔物理学奖的丁肇中说过："兴趣比天才重要。"爱因斯坦对物理学的浓厚兴趣使他提出了影响人类一个多世纪的"相对论"；化学家诺贝尔冒着生命危险研制炸药，取得了最后的成功。

2.富有挑战性的工作让兴趣升华

富有挑战性的工作能够激励我们不断地学习，与他人互相交流信息，共享知识，这种积极性可以激发我们对工作的极大兴趣与热情，发掘与以往不同的兴趣和潜力，拓展自己的技能，在自我挑战中寻找生活的乐趣，培养工作兴趣。

3.了解自己，培养多方面兴趣

我们要学会审查自己的兴趣，对有害于社会、有害于自己的兴趣不应该听之任之。一个人的兴趣应该是多方面的，不仅包括工作兴趣、学习兴趣，还有休闲娱乐兴趣等。各种各样的兴趣能让自己的生活更充实，回到自然的状态。

第二节　负面情绪

一、愤怒

经典文摘2-4　　人在生气时，智商只有五岁

有一位企业家，素以行事稳健著称，即便每天身处瞬息万变的商场之中，他也没有犯下过什么致命性的大错，所以，他所经营的公司日渐成长。

几年后，他要退休了。在荣退茶会上，记者们问他这几十年来的成功秘诀，他只笑笑说："其实我没什么特别秘诀，我之所以能顺利，是因为我懂得在愤怒的时候少说话、少做决定，所以我不容易坏大事。"

短短的一句话，却给当天在场的人上了重要的一课。每当我冷静地回想自己过去在生气时曾出现的情绪、念头，或观察一些在盛怒中的人们，可以发现一个共同点：人在生气时，智商只有五岁！无论一个人现年几岁，当他（她）在气急之时，其思虑之不成熟，情绪之一发不可收拾，言语之不知节制，表现之失态等，就像一个五岁的孩子一样不成熟。

当一个人在生气时，他（她）的智慧、仪态等都会大大地"退化"，乃至所讲出的话、所做出的决定，往往都会坏事。

诚如那位退休的企业家，他之所以能够一路平稳、顺利，不在于他有什么样的特殊手腕，乃是他懂得在愤怒时少说话、少做决定，所以他不容易出错。

你期待自己的人生更平顺、更少出错吗？务必提醒自己：人在生气时，智商只有五岁！学习在盛怒之时少说话、少做决定，以免坏了全局而后悔莫及。

资料来源　林少波．毕业5年决定你的一生［M］．武汉：武汉出版社，2009：227.

（一）愤怒的内涵

愤怒是一种常见的负面情绪，指一个人在所追求的目标受到阻碍或者愿望无法实现时产生的消极情绪。愤怒时紧张感增加，有时候不能自我控制，甚至出现攻击行为。它是一种冲动的情绪，具有破坏力。愤怒也有程度上的区别，当一般的愿望无法实现时，人们只会感到不快乐或者生气，但是当遇到不合理的阻碍或者恶意的破坏时，愤怒就会急剧爆发。

（二）愤怒的原因

人为什么会发怒？不良的人际关系常常是愤怒的来源。受到侮辱或欺骗、挫折或干扰，被强迫去做自己不愿做的事，常常让人们感到愤怒。此外，情绪本身也能成为愤怒的原因，例如，持续的痛苦能转化为愤怒。有人攻击我或对我做出了不公平的事，或者我没有获得我可以或我应该获得的东西，或者我认为我应该去要求、请求一些事情但是我没有这样做，都会产生愤怒。

（三）愤怒的类型及表现

1.爆发型

爆发型愤怒的特点是"一点就着"、劝不住，具体表现："如果你再把脏衬衫乱扔在地板上，我就搬出去住！"也许把你逼到"爆炸"边缘并不容易，但当这一刻来临时，便会地动山摇，身边的人都想逃离。

你为什么容易暴怒？如果你从来没有学过如何处理愤怒，那么你可能会习惯性地忍住怒气，直到你无法忍下更多的怒气。渐渐地，你的"怒点"便会很低，一触即发。有很多人是火暴脾气，一遇到不顺心的事，肾上腺素会突然上升，导致愤怒突然爆发，更不用说有更糟糕的事情惹他生气。

爆发型愤怒的后果：暴怒的人很难换位思考，从而可能说出事后难以解释或弥补的话语，甚至做出让自己悔恨一生的举动。

2.隐忍型

隐忍型愤怒的特点是将满腔怒火锁在心中，具体表现："我很好。一切都很好。没事。”即使你的内心有一万个愤怒的火球，但你仍然展现给别人一张笑脸，对真实情绪进行不露痕迹的掩藏。

你为什么会隐忍？一些女性从小被反复教育，无论发生什么事情都要忍住，要做一个淑女，不能轻易发脾气，发怒只会让你失去声誉、朋友、工作甚至婚姻。一些孩子从小就被教育，无论何时都要温文尔雅，生气会损害名誉、形象等。幼时遭遇家暴的孩子一定不相信愤怒是可以控制或者平静地表达出来的。

隐忍型愤怒的后果：愤怒最基本的作用是预示某事出了错，并且推动你去找到解决方案。如果对这种预示视而不见，你就会以自毁的方式来宣泄心中的怒气，比如暴饮暴食，过度消费，而且你还会给别人的坏行为开绿灯，并拒绝给别人修正错误的机会。试想，如果对方都不知道你受了伤，又怎么向你道歉呢？

3.嘲弄型

嘲弄型愤怒的特点是阴阳怪气绕弯子，具体表现：“哦，你迟到得正好，这让我有了研究游戏的时间，30分钟！”你发现了一种拐弯抹角的方式来转化自己的不快，而且脸上还带着笑容。

你为什么爱嘲弄？因为在过往的生活经验中，你认为直接表达负面情绪是不对的，所以你选择了一条非直接路线。如果对方生气了，你认为这是他们自己的问题，而不是你的错，毕竟你只是在开玩笑，难道现在的人已经开不起玩笑了吗？

嘲弄型愤怒的后果：尽管你觉得你的语言里充满了智慧，但再有智慧的尖锐嘲弄也会伤害对方以及你们之间的关系。虽然有人坚持认为嘲弄是一种有智慧的幽默，不过被嘲弄的对象并非个个都能读懂这种幽默，或者都有读懂这种幽默的心情。

4.使坏型

使坏型愤怒的特点是背地里搞小动作，具体表现：“哼，不让我玩游戏，那我删除电脑中所有的游戏！”你并不是隐忍或独自吞下自己的愤怒的那类人，你总是用一种更隐蔽的方式来表达自己的愤怒。

你为什么会破坏？你不喜欢面对面的斗争，但你也并不是一个会被轻易击败的人。你觉得自己正面抗争不过别人时，会变成“隐秘的愤怒者”，偷偷地对别人进行攻击。

使坏型愤怒的后果：你的确能经常挫败他人。你生活的目的是不让别人得到他们想要的东西，而不是努力争取让自己得到幸福。这种破坏型愤怒带来的结果就是双输。

5.自责型

自责型愤怒的特点是一切错误都怪自己，具体表现：“老公之所以背叛我都是我的错，因为我是个糟糕的妻子。”你每次都把所有的过错揽在自己身上。

你为什么容易自责？也许你的自尊受到过重创，而且你发现对自己生气发怒比对别人生气发怒要容易得多。于是，你便把所有的过错都揽在自己的身上。

自责型愤怒的后果：长期将过错揽在自己身上，将愤怒藏在自己的内心，容易对自己产生失望和不满，久而久之会导致抑郁症。

6.习惯型

习惯型愤怒的特点是成天一副坏脸色，具体表现："真烦，你怎么老是要借我的皮尺，你为什么就不自己买一个呢！"这并不是针对该事件应有的正确反应，而是一种错误的习惯。如果你没能有意识地进行改变，这将变成你生活中常见的画面。

你为什么会习惯性愤怒？如果你总是如此直接地表达你的不满，或者这种情绪经常会在不经意中流露出来，那么在这些愤怒的背后一定隐藏着一些你不敢正视或不曾留意的怨恨、遗憾，或是挫败。也许是你嫉妒你的同事升职了而你自己没有，也许是你的婚姻濒临破裂但你不知道原因。

习惯型愤怒的后果：如果你总是这样直接、习惯性地一触即发，那么你的家人、同事、朋友需要承担很大的心理压力，以避免让你生气和发怒，或者他们会选择远离和逃避你。①

（四）管理好愤怒的策略

生活并不尽如人意，总有让人挫败甚至想要爆发的瞬间。美国心理学家指出，愤怒只是情绪"冰山"的一角，是被其他情绪（如害怕、怨恨或不安）所引发的。因此，只有找出引发愤怒的情绪和心理原因，才能很好地管理愤怒。找到以上6种类型愤怒的原因与破解之法，管理愤怒就会相对容易。

首先，我们要确认自己是不是处于愤怒阶段或即将愤怒。有时候，我们的身体会反映出一些症状，如胃痛、口干舌燥，或者在行为上表现出一些偏差，如汽车追尾、丢三落四。一种可能是我们正在愤怒或压抑愤怒。所以，要学会的第一件事就是知道自己是不是在生气。

其次，当我们感知到愤怒的情绪后，我们需要冷静下来分析是什么让我们生气，寻找导致我们愤怒的原因。

最后，要选择合适的发泄方式，可以是运动、痛哭等，将愤怒转移到其他事件中。转移的方式有很多，只要愤怒得到了表达，愤怒可能造成的威胁也就消失了。具体做法如下：

1.针对爆发型的策略

（1）等待怒气消解

美国情绪管理专家罗纳德博士指出，暴风雨般的愤怒持续时间往往不超过12秒钟，爆发时摧毁一切，但过后却风平浪静。控制好这12秒，就能排解负面情绪。此时不妨深呼吸，或者在心中默数10个数，然后你会发现，那团即将爆发的怒火渐渐熄灭了。专家建议，最好的默数方法不是从1数到10，而要有规律地跳着数，比如1、4、7、10、13……在数数时做点加减运算，更容易让大脑回归

① 佚名．有效管理愤怒心理的方法［J］．科学大观园，2011（13）：46-47.

理性。

(2) 掌控自己的情绪

稍稍改变表达感受的措辞，比如轻轻说一句“你的做法让我生气了”，比满口脏话更有效。

2.针对隐忍型的策略

(1) 自我质问

问自己：“同事出了错导致我挨批，我可以毫无表示吗?”你的内心或许会回答：“不行！这对我和他都不好!”

(2) 换个角度想问题

不妨试想，假如朋友受到伤害，他会怎么做? 没错，他当然有权表达不满，那自己为何不可以?

(3) 用建设性方式沟通

压抑愤怒往往给家人和朋友带来更多伤害，最好的方式是，心平气和地与对方谈谈，并且提出富有建设性的解决方案。

3.针对嘲弄型的策略

与其绞尽脑汁地讽刺人，倒不如找到合适的词语，直接表达你的真实想法，比如“我希望你下次能守时，毕竟每个人的时间都很宝贵”，这样更能清楚地传递信息，远比尖锐的讽刺要好。

4.针对使坏型的策略

(1) 允许自己适当表达愤怒

发脾气本无可厚非，适度表达愤怒有助于传递内心诉求，预防不愉快事件再次发生，但要遵守一个信条：可以拿出魄力与人交锋，但要拒绝伤害性行为。

(2) 为自己争取

与其采取故意不交工作报告的方式泄愤，倒不如鼓足勇气告诉老板，你的工作量已经长期超负荷了。这的确不容易，但总好过背上“小人”的坏名声。

(3) 学会控制局面

若觉得自己承担太多，不妨着手改变局面。比如，独自收拾屋子很吃力，就赶紧动员室友参与进来，而不是一个人发愁。

5.针对自责型的策略

(1) 和自己对话

责怪自己前扪心自问：“谁说我需要为这事负责?”然后问自己：“你相信这一点吗?”认清真正的责任所在，而不是不分青红皂白就挺身而出，把责任揽在自己身上。

(2) 找回自信

在纸上写下自己所有的优点，培养自我价值感。如果难以做到，可以向心理咨询师求助。

6.针对习惯型的策略

（1）找到问题的核心

你究竟在为什么事情而苦恼？不妨找个安静的地方，深入发掘内心，你会发现，同事借剪刀不还、老公乱丢垃圾、室友不收拾屋子之类的小事根本不值得一怒。如果无法找到源头，则需要咨询心理医生。

（2）察觉愤怒的迹象

这类人常常说话冲、脸色差却不自知，一不留神就伤害了他人。留意自己的行为和感觉，比如手在不知不觉中攥成了拳头，困兽般不停地走来走去，嘴里念念有词。当你能够灵敏地觉察到自己快要生气的种种迹象时，便可做些努力平息即将到来的怒气。

（3）想象平和的画面

在被怒火包围之前，试着想象一下：你的呼吸是一片云，你可以看到空气被吸进鼻子又呼出来。做得好的话，每次呼吸都会变得深而平静，愤怒也随之消退。

二、抑郁

经典文摘2-5　抑郁让全身变迟钝

2014年4月28日，新华社安徽分社副社长宋斌自杀；5月4日，《都市快报》副总编徐行自杀；5月7日，《晶报》原编委张敬武自杀。短短10天，3位媒体人结束了自己的生命，这背后的罪魁祸首就是——抑郁症。据世界卫生组织（WHO）统计，抑郁症已成为全球常见疾病，全球有超过3.5亿人罹患抑郁症，近10年来患者增速约为18%；因抑郁症而选择自杀的患者有约15%，这已成为全球公共卫生与医疗事务的重要挑战。

流行病学调查显示，我国抑郁症发病率呈逐年上升趋势，全国抑郁症患者超9 500万。我国每年大约有28万人自杀，其中40%患有抑郁症。另外，根据国内的数十项研究估计，每1 000名中国人中，有16人患有重性抑郁障碍；在一年之内，每1 000名中国人中，有23人患抑郁症。也就是说，在我们周围15个人中，就大约有1位抑郁症患者。中国网民抑郁症调查显示，当情绪长期低落时，47%的人选择独自一人默默忍受，将负面情绪压抑在内心。而这种情感压抑，往往会致使人们陷入抑郁状态，甚至引发抑郁障碍。

1.抑郁症让心、肺、脑变迟钝

“抑郁就像黑洞，一不留神就会把自己吸进去。”这是许多抑郁症患者的切身感受。河南省精神卫生中心主任医师张玉娟告诉《生命时报》记者：“抑郁症的主要特征除了显著、持久的心境低落外，还包括思维迟缓、疲劳衰弱等躯体症状。”

过去的研究表明，当情绪因外界刺激而发生变化时，身体总能先一步做出反应。作为心境障碍的一种，抑郁症同样有不少身体反应。北京大学精神卫生研究所所长于欣就曾指出，不少抑郁症患者常因心慌、头痛、胃不舒服等躯体症状就医，却查不出器质性疾病。为此，芬兰阿尔托大学、图尔库大学及坦佩雷大学三所院校的科学家根据人们在不同情绪下的反应，绘制了一幅“情绪地图”。从中可以看出，人在感到悲伤、抑郁的时候，几乎全身所有器官都会受到抑制，尤其是大脑、心脏、肺部。“这意味着，抑郁症患者会有面部表情呆滞、思维减慢、胸口发闷等一系列表现，与我们在临床上观察到的症状基本吻合。”张玉娟指出。英国伦敦大学学院的心理学家也曾发现，患抑郁症的老人走路速度慢。

2. 失眠、早醒是普遍的初期症状

“这提示我们，不一定非得成天一副苦大仇深、寻死觅活的样子才要当心抑郁，从不少身体症状都能看出抑郁的蛛丝马迹。”在广东爱家心理研究所理事长马健文看来，这项研究对早期识别抑郁症患者意义重大。北京回龙观医院院长杨甫德指出，我国抑郁症患者中，能被医生正确识别的约占20%，其中能得到有效治疗的仅为20%左右。如果能尽早意识到自己或者身边人的躯体变化可能是抑郁症引起的，那无疑能挽救更多徘徊在“抑郁黑洞”附近的人。

（1）初期：失眠、早醒。于欣指出，睡眠障碍可能是抑郁的普遍早期症状。据统计，80%以上的抑郁症患者存在睡眠障碍。长期失眠让人白天疲乏无力、反应迟钝、注意力不集中等。马健文补充说，尤其是每天凌晨三四点就醒，醒后脑子很清醒，想着一些不必要的事情，再也睡不着，就可能是抑郁的前兆了。抑郁症的早期身体表现还包括头痛、头晕、胸闷、口干、耳鸣、眼花、食欲下降等。

（2）中期：生活懒散。中度抑郁症患者的睡眠障碍、食欲减退等表现加重，会导致体重下降，对性生活失去兴趣，同时因自我评价过低等核心症状，思维能力下降，脑子变得迟钝。由于动机缺乏，不少青壮年患者躺在床上“睡不醒”，什么也不愿意做，生活懒散。

（3）重度：身体机能严重下降，言语、思维、行动等方面的机能也全面下降。比如，说话有气无力，胡言乱语，让人听不懂，或者整天不说话，目光呆滞，对别人的问话不予理睬；严重健忘，反应很慢；全身无力，连日常小事都做不了。

需要提醒的是，抑郁症中重度患者的表现并没有明确的界线，要诊断分级，还需要专业精神科医生来做。

3. 将抑郁扼杀在“摇篮”里

杨甫德提供的数据显示，九成抑郁症患者在发病初期反复辗转于神经内科、心内科、消化科等科室，不仅消耗了医疗资源，而且耽误了病情。对此，几位专家呼吁，如果发现自己或身边人出现上面提到的躯体症状，就要提高警惕，及时就医。杨甫德指出，失眠超两周，就要到医院就诊；一个月内体重突然下降超过7%，需要引起高度重视。千万不要把“心灵感冒”拖成“心灵癌症”，酿成恶果。

资料来源　[1] 张杰. 抑郁让全身变迟钝［N］. 生命时报，2014-05-16（01）.［2］佚名. 2022年国民抑郁症蓝皮书［R］. 北京：人民日报，2022.

（一）抑郁的内涵

抑郁是一种心理行为，通常表现为抑郁症，它是悲伤、灰暗的情绪体验。例如，下岗失业、失去家人、天灾人祸等都属于一段抑郁体验。很多人能很快从抑郁、悲伤中解脱出来，这类抑郁属于正常的精神波动；还有一部分人长期处于这种消极的状态不能自拔，甚至患上抑郁症，身心和工作生活遭受不可低估的负面影响。抑郁症最大的危害则是引发病人自杀。

经典文摘 2-6　研究称“过度教育”也可诱发抑郁症

一般认为，接受教育太少从而不能满足需求的人们出现某些心理健康问题的可能性较大，而研究显示，受教育太多也可能对心理健康不利。

研究人员说，那些接受了“过度教育”——接受教育的年数超出职业需要——的受试者患抑郁症的风险更大。这项研究分析了21个欧洲国家年龄在25岁到60岁之间的16 600名雇员的信息。研究人员根据受试者对调查问题的答案测算他们的抑郁水平。参与本项研究的比利时根特大学社会学教授皮耶·布拉克说，接受过度教育的人之所以精神苦闷的可能性更高，可能是因为他们的工作没有挑战性，他们无法把受教育期间获得的所有技能派上用场。

布拉克说，这些人所从事工作的地位与声望可能也不够高，他们的关系支持网往往失衡（他们对他人的依赖程度往往高于那些人可以提供的水平），这可能使他们增加抑郁的风险。在很多西方国家，劳动力市场的增长难以赶上受过多教育人数的增长，导致缺乏有挑战性的工作供这些人选择。他说，尽管人们可能在职业发展初期从事一份低于自己资质的工作，但在几年后他们就需要有机会在相关领域获得晋升，否则就可能出现心理健康水平下降的情况。

资料来源　卢树群. 美媒：研究称“过度教育”也可诱发抑郁症［EB/OL］.［2022-05-17］. http：//science.cankaoxiaoxi.com/2013/0813/254342.shtml.

（二）抑郁的表现

1.提不起兴趣

这是抑郁情绪的常见表现，抑郁时，对生活、工作以及任何事情都没有兴趣，对既往爱好也不屑一顾，常闭门独居，疏远亲友，回避社交，觉得自己怎么也高兴不起来。

2.缺乏精力

干什么事情都觉得没劲，以往的干劲都不知道哪里去了，感觉自己是“泄了气的皮球”。

3.自我评价过低

抑郁导致过分贬低自己的能力，以批判、消极和否定的态度看待自己的过去、现在、未来，觉得这也不行，那也不行，把自己说得一无是处，前途一片黑暗。抑郁的人常被强烈的自责、内疚、无价值感所笼罩。

4.消极悲观

内心十分痛苦、悲观、绝望，感到生活是负担，不值得留恋。

精选案例 2-1

微笑性抑郁突然好转是自杀信号

小赵是一名空姐，工作出色，对待任何乘客都会保持“标准”的微笑，经常受到上级表扬。最近，她虽然工作时仍会保持“专业”的微笑，回到家却闷闷不乐，很少说话。家人以为是工作太累所致，并没有在意。一天早晨，她却突然在家中服药自杀，幸好被及时发现，送急诊科抢救成功。小赵的家人、同事都一头雾水：昨天还面带亲切笑容的小赵怎么会自杀呢？在急诊科医生的建议下，小赵被转送到精神科就诊，并被诊断患有抑郁症。

【分析】小赵所患的这类抑郁症与常见的抑郁症表现不同，她并非每日垂头丧气、满面愁容、情绪低落，而是表面看起来若无其事，并面带“微笑”。正因为她常带着礼节性的微笑，所以具有一定的隐蔽性，这种抑郁在临床上也被称为“微笑性抑郁”。这类患者尽管面带“微笑”，但并非发自内心，而是出于工作、面子、礼节、尊严、责任以及个人前途等需要。

这类抑郁症患者常见于职场白领、服务行业人员，如服务员、推销员、空姐、护士等。他们为了维护自己在别人心目中的美好形象，总是刻意掩饰自己的情绪。当压力大到再也无法承受时，他们的反应是巨大的，可能会从极度自信变得非常自卑，甚至会怀疑自己各方面的能力，一步步发展至抑郁症。值得一提的是，有自杀倾向的重症抑郁患者为了实现自杀的目的，也可能有意强颜欢笑，以逃避医务人员、亲友的注意。

【处方】人的情绪是有高低起伏的，每个人都不可避免地会遭遇坏心情。高兴也好，悲伤也罢，最好的方式就是让情绪宣泄出来，欣赏音乐、阅读书籍、参加运动、吃喜欢的食物等都是不错的选择。对于已经发展至抑郁症的患者，以药物治疗为基础，辅以心理治疗和其他疗法，可取得不错的效果。需要特别提醒的是，微笑性抑郁的另一种情形——家属如果发现重症抑郁患者不明原因突然出现病情“好转”，应警惕这可能是一个自杀的前兆。

资料来源　牛雅娟，王君．微笑性抑郁突然好转是自杀信号［N］．生命时报，2014-10-14（17）．

5.食欲不振，体重降低

抑郁导致食欲不振，不思茶饭或食之无味，美味佳肴不再具有诱惑力，体重随之减轻。

6.睡眠障碍

典型的睡眠障碍是比平时早醒2～3小时，醒后不能再次入睡。[①]

① 中国人寿保险股份有限公司教材编写委员会．情绪管理［M］．北京：中国金融出版社，2010：41.

7. 男女表现不同

据世界卫生组织统计，全球超过3.5亿人患抑郁症。其中，超过50%的女性抑郁症患者症状比男性严重。美国布莱根女子医院研究发现，女性患抑郁症的风险是男性的2倍。科学家解释说，胎儿在生长发育期间的差异导致女性情感更脆弱。临床上，不同性别的抑郁症患者还有下面几个区别：

① 女性更爱胡思乱想。女性抑郁症患者更容易沉浸在消极情绪中，并出现自责、没有原因的哭泣等症状，让患者感觉更糟；男性情绪低落时会分散注意力，有助于缓解抑郁。

② 女性更可能一蹶不振。面对消极生活事件，如离婚或失业时，女性更可能变得沮丧，甚至以泪洗面、一蹶不振。这可能与雌激素和情绪调节神经递质的相互作用有关。

③ 女性并发症更多。女性抑郁症患者更易出现饮食失调症，如厌食、贪食，而且更可能并发焦虑症、强迫障碍等。

④ 男性更易酗酒。男性在抑郁时更可能通过超负荷工作麻痹自己，或者沉迷于网络、赌博等，来掩饰悲伤情绪，更有甚者会借酒浇愁，甚至滥用精神类药物，如安眠药等。男性还更容易被激怒，甚至四处惹是生非。

⑤ 男性的症状更难被识别。女性在抑郁时能更好地察觉心理异常，并向医生描述症状，以便早发现、早治疗。而男性比较内敛，即使家人也很难看出其异常，常常在出现自伤等严重症状时才被发现。

⑥ 男性更易自杀。男性往往由于在很长时间内难以得到诊疗，更可能出现自杀等严重后果。①

精选案例 2-2

隐匿性抑郁

张女士今年57岁，自打退休，她便成了医院的“常客”。这两年，她总感到头晕、头痛、疲乏无力，而胃胀、胃痛更让她吃不下东西，人也消瘦了很多。她担心自己得了重病，反复到医院检查，胃镜做了四次，胃药也吃了很多，就是没有解决问题。最后，她在医生的建议下来到精神科。医生发现，张女士除了躯体不适外，还有情绪低落、兴趣减退等表现。经过详细评估，她被诊断为抑郁症。张女士经过抗抑郁治疗后，不仅躯体症状改善了，心情也豁然开朗。她说，万万没想到，自己的胃病居然是在精神科治好的。

【分析】张女士所患的是隐匿性抑郁症，这类患者在综合医院很常见。隐匿性抑郁症患者占抑郁症患者的10%～30%，这类患者并不都像林黛玉那样爱掉泪，症状多种多样，导致误诊率高达70%以上。这类患者多数有明显的躯体症状，往往因此忽略了情绪问题。其躯体症状一般有如下表现：消化系统症状，表现为恶心、呕

① 张玉娟. 抑郁表现男女不同［N］. 生命时报，2014-05-09（1）.

吐、腹胀、腹痛、腹泻等；心血管系统症状，表现为心慌、胸闷等；各种不明原因的疼痛，如肩痛、背痛、肌肉酸痛等。他们往往辗转就诊于消化科、心血管科、神经内科、中医科等，医生也常常查不出原因，最后被转到精神科或心理科。

【处方】患者在关注自身躯体症状的同时，也应关注心情变化。如果发现自己存在情绪低落等表现，要及时就诊于精神科或心理科。因为隐匿性抑郁症的表现往往不典型，所以患者容易被亲人或朋友误解，甚至被认为无病呻吟、没病装病，周围人应给予他们更多的关爱和理解。就像普通抑郁症一样，隐匿性抑郁症经过系统治疗，可以达到很好的效果，请不必过于紧张。

资料来源　牛雅娟. 隐匿性抑郁　这个杀手不太冷［N］. 生命时报，2014-08-08（10）.

经典文摘 2-7　　美媒称印度富二代迷茫抑郁

普利特维拉路（Prithviraj）是印度首都新德里最繁华的住宅区之一，印度籍记者维布哈·库马尔（Vibha Kumar）有一位大学同学就住在这里。现年29岁的她不用工作，住在父母家里，开着一辆全新的宝马3系轿车，但她并不快乐，她告诉记者说，自己感到极度抑郁，觉得自己的人生没有价值。有这种想法的新德里富二代不在少数。

桑杰·丘格（Sanjay Chugh）是一名精神病学家，他每天都要接待3～4个富有却不快乐的年轻病人。“这些孩子在他们的成长过程中，老是被父母教导说，什么都无须担心，钱能搞定一切。”丘格说。在很多情况下，新近富裕起来的印度父母不希望孩子经历自己成长时曾面临的苦日子，但是他们忘了告诉孩子，人生不仅仅是高档饮料、新玩具和名牌服装。

记者在新德里一家豪华酒吧碰到一群开着兰博基尼、捷豹和保时捷跑车，身上穿着普拉达或古驰衣服的年轻人。畅饮了一个小时后，其中一个胖乎乎的男青年在拿到账单之后，大声说道：“哦，只花了6万卢比（约合5 862元人民币），还不赖！”一名30岁的女富二代告诉记者说，她每天下午都待在自己的公寓里，喝啤酒，吸食大麻，“我想要什么就能得到什么，事实总是这样”。她13岁的时候，问父母要了一个顶级品牌的手提电脑，她援引她父母的原话说：“除了这个，今年你什么都不能要了，除了去开罗度假。”

丘格说，许多富二代患者都否认自己抑郁。让他们感到不开心的情况和抑郁症状通常包括：需要即时的满足感、需要大量金钱、感到空虚、缺少父母监督、漫无目的、沉迷于酒精或毒品。他们从来没有学会应该为自己或周围的人负责，不断地把视线从一个事物、地方、人或者其他东西转移到下一个，以追逐快乐。

海德拉巴市奥斯马尼亚大学的社会学教授萨蒂亚那拉亚纳（G. Satyanarayana）说：“不幸的是，这种问题正在与日俱增，将来会变得更加严重。父母们没有时间陪自己的孩子，没法向他们灌输健康和平衡生活所需的重要价值观。”

资料来源　苏子初. 美媒称印度富二代迷茫而抑郁　人生仅剩饮料玩具服装［EB/OL］.［2022-05-17］. http：//gb.cri.cn/42071/2013/08/19/6071s4223058.htm.

（三）抵抗抑郁的策略

抑郁症不可怕，可怕的是不能认识这个问题。其实，心理问题人人都存在，中南大学湘雅二医院精神科主任医师、教授、博士生导师张亚林说：“世界上心理完全正常的，约有10%；心理完全不正常的，也有10%；其余的大部分人，处于亚健康状态，经常会出现各种各样的心理和情绪障碍，这是正常现象。”关键是如何学会释放自己的抑郁情绪，这可以从以下几个方面进行：

1.学会调适

在抑郁症发病的原因中心理压力问题占多数。很多患抑郁症的人，最早的表现就是失眠。当你发现自己因某件事、某个问题而失眠的时候，要特别注意：如果是一天两天失眠则没事，生理现象通过自然调节就能回到原位；如果是一个星期一个月都失眠，你就得赶紧调适自己，排除内心的焦虑与抑郁，不要被内心的矛盾、烦恼、恐惧控制，努力保持平静乐观的心态。

2.学会放弃

面对各种压力，要学会放弃，这是预防抑郁症的一剂良药。比如，在晋升过程中，你原来的下级晋升上去了，而作为上级的你因某种原因落选，面对这种状况，你得学会放弃。职位只有一个，你没晋升并不是你不行，而是有比你更好的。放弃那个职位，回到你的原位上快快乐乐地工作便是。不要让不平衡的情绪影响你的生活与工作。

3.学会失败

失败是通向成功的必由之路。当失败摆在你面前时，你要学会承认自己的失败，然后去寻找失败的原因。如果失败的原因来源于自身，就及时改变自己；如果失败不是自己能力所能改变的，就不要对自己纠结不清，放弃它，或者暂时放弃，等今后条件成熟再进行。失败不等于回到原处，失败是一个新的开始，至少你找到了失败的原因，得到了教训，也有了经验。

4.学会面对

一个人面对别人的缺点很容易，但是要面对自己的缺点就很难。敢于面对自己的缺点与弱点的人心理一定是健康的。一些官员之所以走上不归之路，就是不敢面对自己。每个人都应该认清并敢于面对自己的弱点与缺点。

5.学会乐观

美国“现代成人教育之父”、著名人际关系学大师戴尔·卡耐基曾经说过这样一句话：“忧虑就像是不停往下滴的水珠，而那不停地往下滴、滴、滴的忧虑，通常会使人心神不宁，甚至自杀。”每个人在现实生活中都有令自己不高兴的事，面对这类事情，我们不能让它像水滴一样不停地滴下去，而是要以最快的速度让它停止，换上乐观心态。我们应该知道，生活快乐与否，完全取决于个人对人、事、物的看法如何。如果我们想的都是欢乐的念头，我们就能欢乐；如果我们想的都是悲伤的事情，我们就会悲伤。

经典文摘 2-8　研究称每周几杯葡萄酒可降低患抑郁症风险

一项研究结果称，每周喝几杯葡萄酒可以帮助人们预防抑郁症。西班牙科学家已经发现，适度饮酒，尤其是葡萄酒，能够降低人们患上抑郁症的风险。与从不饮酒的人相比，那些每周喝上2~7小杯葡萄酒的人患抑郁症的概率可能会降低32%。

上述研究针对5 505名55岁至80岁的西班牙男女展开。他们参与了旨在评估地中海式饮食对罹患心脏病风险的影响程度的研究。研究开始时，他们中没有一个人出现过抑郁症状，而且所有的人都会少量或适度饮酒。在接下来7年的追踪调查中，有443人称他们被诊断患上了抑郁症。研究人员说，与滴酒不沾的人相比，平均每天饮酒5~15克的少量和适度饮酒者患上抑郁症的风险更低。此项研究结果与此前的研究结果相互抵触。之前的一些研究曾把饮酒与患抑郁症风险增高联系在一起。牵头撰写此份研究报告的米格尔·马丁内斯-冈萨雷斯博士来自潘普洛纳的纳瓦拉大学。他说，研究结果之所以与此前的结论彼此矛盾，或许是因为该研究的对象不包括抑郁症患者或酗酒人群。

上述研究得出结论认为，适度饮用葡萄酒或许可以降低患上抑郁症的概率，但对酗酒者而言，则可能会增加罹患此病的风险。该研究指出，另一种解释是，适度饮酒者整体健康状况良好，因而会降低患上抑郁症的风险。

资料来源　王宇丹. 研究称每周几杯葡萄酒可降低患抑郁症风险 [EB/OL]. [2022-05-17]. http: //science.cankaoxiaoxi.com/2013/0903/266122.shtml.

（四）抑郁测量方法

我们可以使用一些量表来测量抑郁。贝克抑郁问卷（Beck Depression Inventory，BDI）是国际上被广泛使用的测量抑郁程度的问卷之一，由亚伦·贝克设计。它包含21道题目，由被试自己完成问卷，不限时间，适用于13岁以上的人群。问卷的选项包含抑郁的症状如绝望、敏感性，认识事物的方式如内疚、感觉会被惩罚，以及身体特质如疲劳感、体重下降、性能力减退，见表2-2。[①]

表2-2　贝克抑郁问卷

做时请遵循：

（1）仔细阅读每个选项，结合您最近一周内的情绪（包括今天）做出符合自己情况的选择

（2）选择4种情况中的1种（0、1、2、3）

（3）“0”代表0分，“1”代表1分，“2”代表2分，“3”代表3分

询问表如下：

（1）0，我没有感到悲伤。1，我有时感到悲伤。2，我总是感到悲伤，而且不能摆脱它。3，我感到极度悲伤或不愉快，不堪忍受

（2）0，我对未来有足够的信心。1，我对未来信心不足。2，我感到对未来没有什么可期望的。3，我感到未来毫无希望，情况也不会改善

① 汪向东，王希林，马弘. 中国心理卫生评定表 [J]. 中国心理卫生杂志，1999（增刊）：191-194.

续表

（3）0，我没有失败的感觉。1，我感到我比一般人失败得多些。2，当我回顾过去时，我看到的都是失败。3，我感到自己总是失败，毫无出息
（4）0，我对做过的事，没有什么不满意的。1，我对做过的事，不太满意。2，我对任何事情都感到不满意。3，我对一切都感到厌倦
（5）0，我没有什么罪恶感。1，有时，我感到自己有罪。2，大部分时间内，我感到自己有罪。3，我总是感到自己有罪
（6）0，我不认为我会受罚。1，我感到我可能受罚。2，我预感到我会受罚。3，我感到我正受到惩罚
（7）0，我从没有大失所望的感觉。1，我有时对自己感到失望。2，我对自己感到厌恶。3，我十分怨恨自己
（8）0，我从不认为我比别人差。1，我对自己的缺点和错误总是感到不满。2，对自己的失败我总是责备自己。3，对所有的过错我总是谴责自己
（9）0，我从没有想过要自杀。1，我想过自杀，但没有干过。2，我想要去自杀。3，如果有机会，我会自杀的
（10）0，我不像一般人那样爱哭。1，我比过去爱哭了。2，我近来爱哭了。3，我过去总爱哭，但现在想哭也哭不出来了
（11）0，和过去相比，我现在生气的次数并未增多。1，我现在比过去更容易生气发火。2，我觉得现在所有的时间都容易生气。3，过去使我生气的事，现在一点也不能使我生气了
（12）0，我对别人没有失去兴趣。1，与过去相比，我对别人的兴趣减退了。2，我对别人已没有多大兴趣了。3，我对别人已经毫无兴趣
（13）0，我仍像往常一样自己可以决定事情。1，与过去相比，我常推迟做出决定。2，与过去相比，我常难以做出决定。3，我不能做成任何决定
（14）0，我感到自己各方面跟过去一样。1，我担心自己在变老或失去魅力。2，我感到青春已逝而失去魅力。3，我确信自己很丑
（15）0，我能和往常一样工作。1，我开始去做某些事时要付出很大的努力。2，我不得不强迫自己去做事情。3，我什么事也干不成
（16）0，我像往常一样睡得香。1，我不如以前睡得香。2，我比过去早1~2小时醒来，而且再难入睡。3，我比过去早几小时醒来，再也不能入睡
（17）0，我并不感到比往常更容易疲倦。1，我比过去容易疲倦。2，我做什么事情都容易疲倦。3，我疲乏得不愿意做什么事了
（18）0，我的食欲和以前一样好。1，我的食欲不如以前好。2，我的食欲很差。3，我没有一点食欲
（19）0，近来我的体重没有减轻多少。1，我的体重减轻了2千克多。2，我的体重减轻了5千克多。3，我的体重减轻了7千克多
（20）0，我对自己的健康并不比往常更担心。1，我担心自己的健康，如胃不舒服、便秘。2，我很担心自己的健康，很难去顾及其他。3，我非常担心自己的健康，根本不能想别的事情

续表

（21）0，最近我的性兴趣跟过去一样没有变化。1，我不像往常那样对性感兴趣。2，我现在对性没有多大兴趣。3，我对性完全失去了兴趣
备注：请您将21道题目的得分相加：总分在15分以下表明没有抑郁症；15~25分为轻度抑郁；26~35分为中度抑郁；36分以上为重度抑郁

抑郁自评量表（简称PHQ-9）能帮助非专业人士更准确地识别心理问题，见表2-3。出现情绪低落、兴趣减退等可疑症状时，可以自我评估。若得分较高，说明患抑郁症的可能性较大，需请精神科医生诊断。

表2-3 抑郁自评量表

在过去两周内，您被以下问题困扰过吗？用“完全没有”“好几天”“一周以上”“几乎每天”来回答，分别计0分、1分、2分、3分 1.做事提不起劲或没有兴趣 2.感到心情低落、沮丧或绝望 3.入睡困难、睡不安稳或睡眠过多 4.感觉疲倦或没有活力 5.食欲不振或吃得太多 6.觉得自己很糟、很失败，让自己或家人失望 7.阅读报纸或看电视时注意力难以集中 8.做动作或说话速度缓慢，甚至让身边人有所觉察；或正好相反——烦躁、坐立不安、动来动去 9.有不如死掉或用某种方式伤害自己的念头
结果：0~4分为正常；5~9分为轻度抑郁；10~14分为中度抑郁；15~19分为中重度抑郁；20~27分为重度抑郁

三、焦虑

经典文摘2-9 焦虑症患者比你想象的多

2020年12月23日，国务院新闻办公室就《中国居民营养与慢性病状况报告（2020）年》有关情况举行新闻发布会，国家卫生健康委员会（简称国家卫健委）疾病预防控制局局长常继乐回答记者提问。

常继乐表示，随着我国经济和社会的快速发展，人们的生活节奏、工作压力都在明显加大，我国居民出现心理行为问题和精神障碍的人群逐渐增加，民众心理健康问题日益凸显。2019年的数据显示，我国抑郁症患病率达到2.1%，焦虑障碍的患病率是4.98%，抑郁症和焦虑障碍患病率超过7%。

近年来，党中央、国务院高度重视精神卫生和心理健康工作。《中共中央关于制定国民经济和社会发展第十四个五年规划和二〇三五年远景目标的建议》明确提出，重视精神卫生和心理健康。2019年6月，国家卫健委制定完成《健康中国行动（2019—2030年）》的发展战略，15个行动项目中有一个行动是心理健康促进行动。2020年上半年，为加强心理健康和精神卫生防治方面的统筹，国家成立国家心理健康和精神卫生防治中心。

2016年12月30日，国家卫生计生委、中宣部等22部门联合印发《关于加强心理健康服务的指导意见》，并且组织开展了全国社会心理服务体系建设的试点工作，各试点地区围绕重点心理健康问题、重点人群开展试点，部分地区已经取得了不错成效。国家卫健委已进行专家研讨，拟把很多地区在试点过程中产生的一些好的经验、好的做法在“十四五”期间进一步推广。

另外，国家卫健委在健康中国框架下开展心理健康促进行动，比较明确地提出了政府、社会、家庭、个人四方责任；按照健康中国行动的部署要求，采取不同的、有针对性的措施；针对不同人群特点，加强重点人群的心理健康指导。

下一步，国家卫健委将依托新成立的国家心理健康与精神卫生防治中心，加强相关政策规划的研究，开展流行病学的调查评估，推进健全心理健康和精神卫生防治体系，推动心理健康和精神卫生专业人才的培养；进一步推动落实健康中国行动心理促进行动的相关要求，加强科普宣传，持续提升全民心理健康素养，开展对抑郁症、焦虑、失眠、老年痴呆、自闭症等疾病的监测，探索社区综合干预模式，遏制发病率上升的势头，鼓励学校和单位积极开展心理健康建设，为重点人群及时开展心理疏导；继续整合多部门的力量，深入推进社会心理服务体系的建设；加强心理干预、危机干预和心理援助工作，将心理危机干预纳入各类突发事件的应急处置预案中；利用世界精神卫生日、预防自杀日等宣传节点，普及精神疾病的基本知识，避免社会歧视，加强对重点人群的关心关爱，进一步营造全社会关注心理健康的良好氛围。

资料来源　郭泽涵．国家卫健委：我国抑郁症患病率达2.1%焦虑障碍患病率4.98%［EB/OL］．［2022-05-24］．http：//news.china.com.cn/txt/2020-12/23/content_77043277.htm.

（一）焦虑的内涵

生活中，我们对焦虑并不陌生，有时候我们会感到烦躁，但又不知道是什么原因导致的，同时我们会感到紧张、害怕、心神不宁等。

一般来说，焦虑是指人们对现在或者将来会带来潜在威胁的那些情境所产生的一种担忧反应的倾向。焦虑的对象并不是那么清晰、明确的，而常常是模糊的和不明确的一些困难及威胁。

焦虑和担忧是不一样的，前者是一种人格状态，后者是一种心理状态，二者在现实中很容易被混淆，但有本质上的区别。同时，焦虑也不同于恐惧，因为恐惧的对象常常是特定的、明确的，而焦虑则不是。就像一枚硬币有正反两面一样，焦虑也是如此，既有积极的一面，也有消极的一面。轻微的焦虑对人来说是有益的，它可以成为人的推动力，推动人格的发展，但焦虑超过一定程度，就会适得其反，它会让人变得高度敏感、易怒等，对生活和学习造成不利的影响。

(二) 焦虑的迹象

2013年，国际知名广告公司智威汤逊对全球27个国家的消费者调查发现，有71%的人处于焦虑状态，中国的这一数据为57%。2022年7月，世界卫生组织发布的《世界精神卫生报告》显示，精神疾病已经对人类的健康构成威胁，而新冠肺炎的大流行使得这种威胁加剧。仅在大流行的第一年，全球焦虑症和抑郁症的发病率增加了25%以上，与此同时，精神卫生服务受到严重干扰，精神疾病的治疗缺口扩大。

每个人都有紧张或焦虑的时候，但有些人焦虑到影响生活，比如出现下面一些症状时，就需要看心理医生了：

1.过度担心

广泛性焦虑症的特点就是思虑过多。若一周担忧超过4天，持续半年，并且恶劣情绪让人痛苦，进而影响生活和工作，就可能是焦虑症了。

2.睡眠问题

难以入睡或睡不安稳往往与焦虑有关。许多焦虑症患者睡前对一些事情胡思乱想，就像大脑“堵车”，甚至醒来后也难以平静。

3.非理性的恐惧

恐惧症是焦虑症的一种。有些人长期心怀恐惧，却没有具体的害怕对象，这就可能是焦虑症在作怪了。

4.肌肉紧张

双手握拳、背部僵硬、紧捏下巴……焦虑的人往往整个身体的肌肉都是僵硬的。这种情况可通过定期运动来缓解。

5.慢性消化不良

胃肠道对心理压力非常敏感，因此，焦虑常会通过躯体症状表现出来。最为常见的是肠易激综合征，表现为胃部绞痛、腹胀、便秘或腹泻。

6.怯场

有些人对社交存在强烈的恐惧感，甚至花大量时间来思虑即将到来的社交活动，而且在社交场合感到极不舒服，也不知道如何调节。这些症状让他们难以维持社会关系，工作或学业受挫。

7.惊恐发作

这表现为突如其来的恐惧感和无助感，常持续几分钟，伴随呼吸困难、手脚麻木、大汗淋漓、头晕乏力等。

8.重温伤害

一项研究表明，社交焦虑症患者往往存在与创伤后应激障碍患者类似的重温伤害现象，比如脑海中反复重现以往被人嘲笑的画面。

9.反复倾诉

有些人遭遇一点小事就向身边每个人反复倾诉，就像“祥林嫂”一样，这可能是焦虑的迹象。

10.自我怀疑

有些人会围绕某个问题反复质疑自己，比如“我能做好这份工作吗”“我是有能力的人吗”等。这些质疑往往不是一句两句话能回答的，也不是绝对的，但他们非要得出一个确切答案，弄得自己很累。

（三）焦虑的种类

1.按焦虑的来源划分

焦虑按照来源可以划分为情境焦虑和特质焦虑。情境焦虑也称状态焦虑，它的来源是外界的环境和外界的压力，而且是短暂性的和不愉快的情绪体验，人们会表现出紧张、忧虑、害怕以至交感神经兴奋。特质焦虑，顾名思义，是人内在的、天生的，它相对稳定，但因人而异。

2.按是否成为病态焦虑划分

焦虑按照是否成为病态焦虑可以划分为临床病理范围的焦虑和正常情绪范围的焦虑两种。临床病理范围的焦虑是长期持续的焦虑发展而来的，需要接受临床治疗。正常情绪范围的焦虑可以通过个体自身的调节恢复正常。

3.按临床心理学上常见的焦虑综合征来划分

按临床心理学上常见的焦虑综合征来划分，焦虑一般可以分为以下四种：恐惧症、强迫症、广泛性焦虑症和创伤后应激障碍。

恐惧症是人们的一种心理症状，即人们虽然很清楚地认识到某种物体或场景并不真正具有威胁，但还是会强烈地、持续地恐惧，并试图逃避这一物体或场景。

强迫症分为强迫观念和强迫行为，是指病人强迫自己重复完成某些特定的动作和行为，或者强迫自己反复思考某些特定的观念，以起到减轻痛苦的作用。

广泛性焦虑症会使人们的身体和心理出现长期的不适应症状，它的特点是持续性和弥漫性，持续时间至少6个月。

创伤后应激障碍是一种极其严重的心理反应，是对如天灾人祸、战争等严重的创伤事件所产生的强烈的恐惧感、无助感甚至厌恶感，它至少会持续1个月。

（四）焦虑的评估

焦虑自评量表分析系统是根据美国杜克大学教授威廉庄（William K. Zung）于1965—1966年编制的“焦虑自评量表”（Self-Rating Anxiety Scale，SAS）改编而成的，见表2-4。[①]该系统集心理学、精神病学、多元统计学、人工智能、计算机网络技术于一体，准确、迅速地反映伴有焦虑倾向的被试的主观感受，为临床心理咨询、诊断、治疗以及病理心理机制的研究提供科学依据。本测验应用范围颇广，适用于各种职业、文化阶层及年龄段的正常人或各类精神病人，包括青少年病人、老

① 汪向东，王希林，马弘．中国心理卫生评定表［J］．中国心理卫生杂志，1999（增刊）：235-238.

年病人和神经症病人。

表2-4　焦虑自评量表

【要求】

1.独立地、不受任何人影响地进行自我评定

2.对评定的时间范围，应强调是“现在或过去一周”

3.每次评定一般可在10分钟内完成

【填表注意事项】

下面有20条文字，请仔细阅读每一条，把意思弄明白，然后根据你最近一周的实际情况在适当的选项上画记号，每一条文字后有四个选项，表示：

A.没有或很少时间

B.小部分时间

C.相当多时间

D.绝大部分或全部时间

编号	项目内容	总体感觉
1	我觉得比平时容易紧张或着急	（A）（B）（C）（D）
2	我无缘无故感到害怕	（A）（B）（C）（D）
3	我容易心里烦乱或感到惊恐	（A）（B）（C）（D）
4	我觉得我将要发疯	（A）（B）（C）（D）
5	我觉得一切都很好	（A）（B）（C）（D）
6	我手脚发抖打战	（A）（B）（C）（D）
7	我因为头痛、颈痛和背痛而苦恼	（A）（B）（C）（D）
8	我觉得容易衰弱和疲乏	（A）（B）（C）（D）
9	我觉得心平气和，并且能安静地坐着	（A）（B）（C）（D）
10	我觉得心跳得很快	（A）（B）（C）（D）
11	我因为一阵阵头晕而苦恼	（A）（B）（C）（D）
12	我觉得要晕倒似的	（A）（B）（C）（D）
13	我吸气、呼气都感到很轻松	（A）（B）（C）（D）
14	我的手脚麻木和刺痛	（A）（B）（C）（D）
15	我因为胃痛和消化不良而苦恼	（A）（B）（C）（D）
16	我常常要小便	（A）（B）（C）（D）
17	我的手脚常常是干燥温暖的	（A）（B）（C）（D）
18	我脸红发热	（A）（B）（C）（D）
19	我容易入睡并且一夜睡得很好	（A）（B）（C）（D）
20	我做噩梦	（A）（B）（C）（D）

【计分】

备注：正向计分题按A、B、C、D分别以1、2、3、4计分，反向计分题按A、B、C、D分别以4、3、2、1计分，反向计分题的题号为5、9、13、17、19。总分乘以1.25后取整数即得标准分，分值越小越好，临界值为50～55分，超过55分为异常，说明你现在处于焦虑状态。

焦虑筛查量表（简称GAD-7，见表2-5）也是测量焦虑的一把“尺子”，能帮助人们更准确地识别心理问题，适合用于初步筛查和自评。

表2-5 焦虑筛查量表

在过去两周内，您被以下问题困扰过吗？用“完全不会”“几天”“一半以上日子”“几乎每天”来回答，分别计0分、1分、2分、3分 1.感觉紧张、焦虑或急切 2.不能停止或控制担忧 3.对各种事情过分担忧 4.很难放松下来 5.由于不安而无法静坐 6.变得容易烦恼或急躁 7.感到将有可怕的事情发生
结果分析：0～4分为没有广泛性焦虑；5～9分为轻度广泛性焦虑；10～14分为中度广泛性焦虑；15～21分为重度广泛性焦虑

（五）应对焦虑的策略

遇到焦虑问题时，人们可以积极地向专业的心理医生咨询，来减轻焦虑症状。这里介绍几种常见的缓解焦虑的自助方法：调整呼吸、解决问题、训练社交技巧、改善睡眠等。

1.调整呼吸

调整呼吸的基本要求是全肺呼吸，也就是缓慢并且均匀地用肺呼吸，这样能使焦虑的人慢慢地放松。研究表明，我们呼吸频率的变化会对我们的身体与心理都造成很大的影响，调整呼吸法就是依据这个来改善焦虑症状的。此外，运动也能减轻个体焦虑的状况，因为人们在运动的时候体内会分泌一种叫作“内啡肽”的物质，这种物质能让人体验到愉快、平和等正面的情绪，产生的松弛状态刚好与焦虑相反。

2.解决问题

这种方法是指人们在焦虑时直接正视问题，依照一定的步骤解决问题。可以按照如下步骤解决问题：确定问题—列出解决问题的方法—评价解决方法的利弊—权衡每种解决方法并选择一种付诸实践—回顾结果。

3.训练社交技巧

训练社交技巧的目的是让人们处理好在社交中遇到的问题，不会为社交问题苦恼。人是社会中的人，每时每刻都离不开社会，因此很多焦虑来自社交的过程，掌握一定的社交技巧有助于改善在社交过程中产生的焦虑。

4.改善睡眠

改善睡眠有助于改善焦虑的状况，但并不是睡得越多越好，这是因人而异的，最重要的是睡眠质量。在一个舒适的睡眠环境下睡觉，能够让人更加快速地入睡，提高睡眠质量。什么样的睡眠才算好呢？可以通过以下几个睡眠表现看出：①在半小时内入睡；②不容易半夜醒来；③一觉睡到天亮；④睡醒后感觉很舒服。

以上这些方法可以很好地缓解轻度的焦虑，如果焦虑已经发展到自己无法控制的程度，应该向专业人士求助。

经典文摘 2-10　　放下焦虑

现在不少的人，焦虑已深入到骨髓。这种焦虑的核心是“输不起，急着赶”，无论在什么场合，随时表现出匪夷所思的冲锋陷阵、争先恐后、破釜沉舟、风驰电掣式的急躁。

每天上下班开车在路上，遇到“抢路”的驾车者是最令人头疼的。我差不多每天碰到好几回在旁边道上行驶的小车毫无征兆也不打转向灯地窜入我的前方，吓得我急忙做出猛踩刹车的应激反应。后车同样急刹车，险象环生。这些心急火燎地争一米之先的驾车者，毫不利人专门利己地在道路上焦虑地跑，全然不顾给别人带来的极大危害。更令人惊骇的是，在过十字路口时，冷不防转弯道上的车忽然强悍地挤进我的直行车道，毫无防备的我背脊顿时透凉。驾车在路上行驶，常常遇上焦虑“抢路”的驾车者，脆弱的心脏不堪承受之重。哎呀，我也“被焦虑”了！

据我观察，乘电梯上上下下的人，如今也有运用“秒杀”手段的。住在高层住宅的某些居民，在进入电梯的一刹那，好像火烧眉毛，立刻按键将电梯关门，而不顾及后来者仅“几步之差”。其实，电梯的关门动作是设置好程序的，三五秒钟的时间自动关门。可有的人，进了电梯轿厢便焦虑地用劲揌压关门按钮，哪怕一秒钟也要抠回来。

当下的焦虑宣泄，还多见于乘坐公共交通工具。有一次，我在长寿路坐公交车，车一进站，即被无序的人潮“涌”上车，感觉背部被一只手不客气地推着。回头看是一名中年女乘客。她见我回头看，立刻瞪着眼睛一副干架的样子，我赶紧掉头。“中国式的过马路”已无须多说。

如今，人们将职场、事业中的焦虑随性发泄到路上，一不合心意就掐架。大家每天为工作业绩奋斗，为领先一步竞争，为生活美好挥汗，确实“鸭梨山大”。云淡风轻已是模糊的影像，焦虑在不断“传染”、扩大。

生活中有压力，压力转成焦虑，焦虑又表现为行为急躁。但急躁就能解决问题吗？孔子说“欲速则不达”，这是哲理，更是现实。有多少人因急躁而互相耽误！人生路上，放下焦虑，平缓心态，大家才能一路走好！

资料来源　范国忠. 一路焦虑 [N]. 新民晚报，2013-03-27 (B5).

四、恐惧

（一）恐惧的内涵

我们所说的恐惧一般是指面对现实中的危险或者想象出来的威胁产生的一种心理反应。恐惧是从种系进化而来的最原始的情绪之一，是一种生物心理活动状态，几乎渗透到人们生活的每个角落。从心理学的角度来讲，恐惧是人们企图摆脱、逃避某种危险情境而又苦于无助的一种基本情绪，往往是由缺少处理或摆脱可怕情境的力量和知识而造成的。①

（二）恐惧的表现和影响

恐惧情绪的本质表现是生物体生理组织剧烈收缩（在正常情况下是收缩、伸展成对交替运行），组织密度急剧增大，能量急剧释放。一般来说，在恐惧状态下，人们的精神和身体如同被冻结了的能源一般，不能听任意识的调用，身体也会随之产生一系列的反应，如肌肉紧张、心跳猛烈、口渴、出汗、起鸡皮疙瘩、汗毛竖立、肾上腺素分泌增加、血压升高和神经质发抖等，严重者会出现激动不安、哭、笑、思维和行为失去控制等反应，更有甚者会出现暂时的晕厥和休克状态。②

恐惧情绪对个体的作用和影响也不能简单片面地归为有害无利。从狭义角度来说，恐惧情绪对个人和社会往往是不健康的，因为当人们处于恐惧状态时，身心能源随之被冻结，才智也难以发挥正常水平，在这种身心资源失衡的状态下，是不可能有高效作为的。在现实生活中，因恐惧情绪而失误的例子并不少见。例如，在考场上考生越是怕考不好被父母训斥、打骂，就越是思维迟钝、发挥失常；在运动场上，运动员越是害怕成绩不好，就越可能出现失误。恐惧严重时还会引起心智紊乱和举止失常，甚至昏迷、休克以至死亡。既然恐惧情绪不利于个体身心和事业的良性发展，那么是否可以得出一个结论：人不需要任何恐惧？很显然，答案是绝对的“不”，适度的恐惧情绪对个体来说不仅是需要的，而且是不可或缺的。③

精选案例 2-3

过分害怕是恐惧症

小邓特别怕黑，甚至晚上不能一个人睡。如果迫不得已单独在家，就必须打开电视和所有的灯，不然连眼睛都不敢闭上。尽管她也知道家里没什么东西值得害怕，可就是压抑不住内心的恐惧。后来，她到心理科就诊，被诊断为恐惧症。

【分析】首都医科大学附属北京友谊医院心理咨询师白云波介绍，人人都有害怕的时候，但如果怕到控制不住地心慌、发抖，并因此回避一些事物，影响工作和生活，就可能是恐惧症了。患上恐惧症的原因与过去的经历及性格有关。比如怕猫的人，可能曾被猫抓过，也可能生来就惧怕毛茸茸的东西。爱面子、求完美、容易有挫折感、社交技巧不足的人，也容易患社交恐惧症。

【处方】治疗恐惧症可采用行为疗法和精神分析疗法。其中，行为疗法多采用系统脱敏法，如对害怕与人接触的患者，可以让他在咨询师的陪同下，于清晨人少

① 张萍，王晓凤．关于恐惧情绪的研究［J］．商场现代化，2012（8）：188．
② 张萍，王晓凤．关于恐惧情绪的研究［J］．商场现代化，2012（8）：188．
③ 张萍，王晓凤．关于恐惧情绪的研究［J］．商场现代化，2012（8）：188．

时前往闹市区。到达后，先让患者在车内坐几分钟，如果不感到焦虑，可鼓励他下车到商店门口走走，直到患者敢进入拥挤的商店而无焦虑反应为止。

资料来源 郑杨. 过分害怕是恐惧症［N］. 生命时报，2013-03-01（10）.

（三）恐惧情绪的控制与调节

结合有关情绪调节理论及生活经历等方面，我们可以设计恐惧情绪的控制与调节方案，具体步骤如下：

1.重构认知，转移注意力

情绪ABC理论认为，恐惧最大的原因是自己内心的认知与评价，而不是刺激本身。事件本身的刺激情景（A），并不是引起情绪反应（C）的直接原因，而个人对刺激情景所持的观点或认知解释（B），才是引起个人情绪反应的原因。因此，先让个体明确头脑中的非理性观念——并非事件本身导致了情绪困扰，再帮助个体建立积极的人生态度和理性观念，实现对恐惧情绪的认知领悟。为了减轻内心的紧张程度，可通过做平时感兴趣的活动如打球、下棋、听音乐、看电影、读报纸等来转移注意力，使人从恐惧情绪中暂时得到解脱。还可痛快地喊一回、哭一场，或进行剧烈运动来宣泄心中的恐惧情绪。如果恐惧情绪比较严重，无法通过这些方法得到排除，就要采取想象调控法。

2.深呼吸，进行想象调控

想象调控法是在比较放松的状态下想象自己正面临恐惧的事物和环境，起初感到非常害怕，但在内心深处有一个强大的保护者帮助自己慢慢地靠近恐惧的对象，内心的挣扎因为有保护者的存在而渐渐地平息，直到最后战胜内心的恐惧。首先，通过慢而深的呼吸来消除紧张感，降低兴奋水平，使恐惧情绪逐渐稳定并加以控制。深呼吸的步骤是：①站直或坐直，微闭双眼，排除杂念，尽力用鼻子吸气；②轻轻屏住呼吸，慢数“一、二、三”；③缓慢地用口呼气，同时数“一、二、三”，把气吐尽为止；④再重复三次以上。

当放松训练顺利时就可进行想象调控法。例如，在心理访谈节目《我怕猫猫狗狗》里，心理专家先让小女孩想象自己正在一大片草地上玩耍，这时来了一群狗，狗慢慢地靠近小女孩……然后问小女孩此时的心理感受，并且让她想象之后所发生的事情（如小狗跳到了她身上，但是没有伤害她），最后问她会产生什么感觉。这种方法就是通过想象调控，使人的恐惧情绪“预热”，即先体验一点小小的恐惧情绪，逐步增加其耐受程度，然后走出想象的思维。

3.积极自我暗示，实现系统脱敏

积极自我暗示可这样进行：当遇到恐惧事件时，在内心对自己说“我不怕，这不过是我给自己施加的压力罢了，只要勇敢一点，我一定能面对、克服恐惧情绪，重新获得快乐体验”。这样能有效地缓解恐惧情绪并为系统脱敏、调控恐惧情绪做好心理准备。[①]

① 权方英. 恐惧情绪的控制与调节方案［J］. 教育教学论坛，2011（2）：92.

系统脱敏的原理是：当个体面对焦虑或恐惧刺激时，让其做出抑制焦虑或恐惧的反应，以后这种反应就会削弱，最终切断刺激物同焦虑、恐惧反应之间的联系，即通过一系列步骤，按照刺激强度由弱到强、由小到大逐渐训练心理承受力，增强适应力，最后达到对真实体验不产生过敏反应的目的。运用此法时一定要注意先将原理和方法向对方说清楚，取得配合；在治疗中要有计划、循序渐进，要有耐心，不断鼓励对方放松情绪，不能逃避恐惧刺激。①

五、悲伤

（一）悲伤的内涵

悲伤是一种情绪反应，是悲痛哀伤之意，多数高等哺乳动物均有此反应，人类最为显著。七情中的悲是忧的强度升级，且悲较多地指向过去，忧则指向未来。悲伤是哀伤过程中的主导情绪，是指人在失去所爱或所依附的对象（主要指亲人）时所面临的境况，这种境况既是一种状态，也是一个过程。②

（二）悲伤的缘由

1.外在——有物相感

中医学强调情志变动必有物相感，即人体对外界客观事物的应激反应。唐代王冰谓："人事更易，五藏递迁。"此"人事"即指生活事件，如社会动荡、境遇变迁、意外刺激、所欲未遂、紧张操劳等。当"人事"对人形成威胁时，便可引起情志异常变动，进而影响脏腑生理。③哀伤是我们对天事、人事引发的负性变更进行身心适应的必然过程。物感是当事人对丧失的主观感受，这一感受的强度和影响程度与当事人的相关经历与体验有关。

2.内在——个性特征

《黄帝内经·灵枢·通天》提出了阴阳五态人的人格类型，认为有"太阴之人、少阴之人、太阳之人、少阳之人、阴阳和平之人"。不同的个性特征在面对哀伤事件时会有不同的表现。例如，太阴之人有好得恶失、喜怒不形于色的性格特点，这类人在处理一般的丧失事件时多敏感脆弱、爱生闷气，哀伤时将情绪压在心里，不能释怀；阴阳和平之人的性格特点是能安静自处，不务名利，心安无惧，寡欲无喜，顺应事物，适应变化，这一特点决定了这类人在应对哀伤时，能以理性且不过于压抑的方式接受事实，较快地调适身心，平稳过渡到新的生活或回归平静。④

（三）如何处理悲伤情绪

1.说理开导法

测其情，顺其志。《黄帝内经·灵枢·师传》曰："人之情莫不恶死而乐生，告之以其败，语之以其善，导之以其所便，开之以其所苦。"这是一种最常用的心理

① 权方英．恐惧情绪的控制与调节方案［J］．教育教学论坛，2011（2）：92．
② 陈维樑，钟莠药．哀伤心理咨询理论与实务［M］．北京：中国轻工业出版社，2006：2，185．
③ 张伯华．中医心理学［M］．北京：科学出版社，1995：75-78．
④ 张德秀，张伯华，周蓓，等．情志"悲"与哀伤辅导［J］．山东中医药大学学报，2011（3）：218．

疗法。深入了解患者病前生活、体质、人际关系、社会环境、精神活动等内容，在全面掌握患者的生理、心理情况后，有针对性地疏导其情感。运用这种说理开导形式，可以调动患者的积极情绪，力避消极因素，克服恐惧心理，使哀伤情绪得到转变。①

2.改善环境与饮食

中医的整体观既蕴含顺应自然、调节阴阳的思想，又有改善环境、调节自身、加强环境与人体自身互动的理念。环境可能是引发当事人哀伤的一个重要因素，常言道“睹物思人”，因此改变或改善环境是将哀伤者从悲伤情绪中解脱出来的有效方法。哀伤者往往心神失常，使饮食起居受到影响。没有充足的补给及休息，哀伤者的抗病能力减弱，容易引发机体阴阳失调，导致疾病。同时，胃的受纳、腐熟与通降功能失常，则可加重心失所养，引发心烦、失眠等症状。②

3.“喜胜悲”在悲伤辅导中的作用

喜则气缓，《黄帝内经·素问》云：“喜则气和志达，营卫通利，故气缓矣。”气缓可起到微妙的精神调和作用，为人体气血流畅、情绪调整提供条件。哀伤者因为情志刺激，可影响气血的畅通。喜可缓和紧张情绪，促进机体气机通达，促进精神活动向好发展。③

“喜胜悲”即以火熔金，属以情胜情法，是有意识地采用某一种（或叫相反）情感活动去控制调节另一种情感刺激所引起的疾病。④适度的“喜”可以减轻哀伤中悲忧的感受，转移对哀伤事件的注意力，暂时脱离忧伤和苦恼，改变思维的角度。

在哀伤辅导的过程中，我们除了要容许当事人有哭诉的空间外，还要容许他们有笑而不感罪疚或困惑的自由。在实际的哀伤辅导中，哀伤者的状态更多的是一种正常的应激反应，而不是疾病状态。我们采取“喜胜悲”的方法，鼓励或带动哀伤者在悲伤中寻求可以活跃身心、激发欢快情绪的方式方法，使之从中得以气缓，以调动机体的自愈机制，顺利地度过哀伤阶段。⑤

六、嫉妒

（一）嫉妒的内涵

不同学派和不同文化背景下的学者对嫉妒情绪有着不同的看法。朱智贤主编的《心理学大词典》中对嫉妒的定义是：“与他人比较，发现自己在才能、名誉、地位或境遇等方面不如别人而产生的一种由羞愧、愤怒、怨恨等组成的复杂情绪状态。”⑥美国心理学家马西斯（Eugene W. Mathes）等人认为：“嫉妒是指个体和另一

---

① 孔德荣. 中医心理治疗在临床中的应用研究［J］. 中原医刊，1998（3）：39.
② 张庆宏，周福生. 析“心胃相关”［J］. 云南中医学院学报，2001（2）：32-33.
③ 张德秀，张伯华，周蓓，等. 情志“悲”与哀伤辅导［J］. 山东中医药大学学报，2011（3）：218-219.
④ 孔德荣. 中医心理治疗在临床中的应用研究［J］. 中原医刊，1998（3）：34-35.
⑤ 陈维樑，钟莠荺. 哀伤心理咨询：理论与实务［M］. 北京：中国轻工业出版社，2006：2；185.
⑥ 朱智贤. 心理学大辞典［M］. 北京：北京师范大学出版社，1989.

个人（指伙伴）之间已有的某种重要关系面临丧失，而被第三者（通常是人）得到时，个体所体验到的情绪。”[①]这两个定义分别对社会比较嫉妒和关系嫉妒做了概括。

英语里表达“嫉妒”的词语主要有两个：“envy”和“jealousy”。“envy”涉及的是两方的关系，指的是嫉妒别人拥有而自己不具备的美貌、金钱、荣誉等。凡是对个体来说重要的东西都可以导致“envy”，也就是社会比较嫉妒。而“jealousy”涉及的是三方的关系，是个体在感到自己与所爱之人的关系受到第三方威胁时所体验到的情绪，也就是关系嫉妒。国内学者一般把“envy”译为“羡慕”，而把“jealousy”译为“嫉妒”。但是，“羡慕”在汉语里是中性词，有时用作褒义，表达的意思与社会比较嫉妒有很大的不同。为了遵循中国的语言习惯和不同于西方的文化背景，本书所阐述的嫉妒包含了社会比较嫉妒和关系嫉妒，但侧重于对社会比较嫉妒的分析。

嫉妒是一种不受社会赞许的消极情绪，人们避之唯恐不及，因此个体往往不愿承认存在于自己身上的嫉妒情绪，倾向于采取否认和压抑的方式对待它。但是，嫉妒情绪并不因人们的视而不见而消失，它就像一座活火山，随时可能爆发。它会啃噬嫉妒者的心灵，使得嫉妒者长期受到痛苦折磨，影响嫉妒者的心理健康；也会损害人际关系，影响嫉妒者的社会适应；甚至会对被嫉妒者造成严重的人身伤害。因此，应对嫉妒情绪、处理嫉妒情绪问题的能力就显得尤为重要，而这种能力正是嫉妒情绪智力。[②]

（二）表达和评价自己嫉妒情绪的能力

一般，表达和评价自己嫉妒情绪的能力被界定为：对引起自己嫉妒情绪的生理状态和对外界嫉妒情绪信息刺激引起的嫉妒情绪情感进行适当的表达和评价的能力。表达自己的嫉妒情绪，包括通过面部表情、语音语调、身体姿势和动作把自己的嫉妒情绪表现出来或者通过口头语言和书面语言把自己的嫉妒情绪描述出来等。评价嫉妒情绪主要是对自己的嫉妒情绪进行评估、反思并解释嫉妒情绪产生的原因。恰当地表达愉快等积极情绪相对来说容易，恰当地表达嫉妒情绪却很难，这是因为嫉妒情绪导致个体意识狭窄，强烈的嫉妒情绪甚至会使个体陷入一种激情状态，嫉妒者只想发泄心中怨恨，难以恰当表达。

为了调节和控制嫉妒情绪，首先我们应对自己表达嫉妒情绪的方式有一个清醒的认识。瑞士心理学家维雷娜·卡斯特（Verena Kast）把嫉妒分为四种类型：钦佩型、矛盾型、攻击型、抑制攻击破坏型。钦佩型嫉妒者能够承认自己的嫉妒情绪，他们既不通过语言和行为攻击被嫉妒者，也不采取回避方式疏远被嫉妒者，而是真诚地表达自己的嫉妒之情，这是一种建设性的表达方式。矛盾型嫉妒者有意识地努力控制嫉妒情绪，掩盖嫉妒反应——甚至在自己面前也一样。矛盾型嫉妒者多是在

① 史占彪，张建新，李春秋．嫉妒的心理学研究进展［J］．中国临床心理学杂志，2005（1）：122-125．

② 张玉洁，许远理，罗明英．嫉妒情绪智力二维结构模型的建构［J］．赤峰学院学报（自然科学版），2011（1）：135-138．

禁止嫉妒反应的律条下长大的，他们学到的是如果他们有嫉妒之心，就不会被人喜欢。攻击型嫉妒者有复仇的欲望，老想贬低和伤害他人，而这种伤害主要有两种形式：言语攻击和行为伤害。抑制攻击破坏型嫉妒者尽管非常嫉妒，但他们对此保持沉默，就好像根本没有发生过值得一提的特别的事情。这给被嫉妒者造成的感觉是，他们不过做了些极平常的小事，甚至是无关紧要的小事。这样，嫉妒者就把引起嫉妒的事物的重要性一笔抹杀了。很显然，以上表达嫉妒的方式中，钦佩型最具有建设性。

产生嫉妒情绪时，应允许自己在一个安全的环境中无害地表达嫉妒情绪，比如通过写日记的方式描述自己所体验到的痛苦和对被嫉妒者的怨恨。通过这种形式，既可以部分地发泄嫉妒情绪，又可以对嫉妒产生的原因进行梳理，对自己的嫉妒情绪进行评估。①

（三）调节和控制自己嫉妒情绪（或情绪信息）的能力

一般，调节和控制自己嫉妒情绪的能力被界定为：个体有意识地将自己内部嫉妒情绪和外界嫉妒情绪刺激信息引起的嫉妒情绪、情感、感情调节和控制在有利于个人需要、他人需要的适应范围之内的能力。处于嫉妒情绪中的个体一般会体验到痛苦、愤怒、怨恨等消极情绪，这会影响个体的心理健康水平，降低个体的主观幸福感，如果嫉妒表现为外显的言语攻击和行为破坏，还会破坏嫉妒者的人际关系和社会适应，甚至会对被嫉妒者造成人身伤害。因此，调节和控制自身嫉妒情绪就显得尤为重要。需要指出的是，这里所说的控制嫉妒情绪不是压抑嫉妒情绪的表达，而是控制自己的行为，防止在嫉妒激情状态下失控。②

维雷娜认为，嫉妒形成的基础是占有的欲望，而不是发展的欲望，当占有的欲望受挫时，突如其来的匮乏感使我们对自己产生了强烈的不满和自责，对自己的可怜之处大为愤怒，继而把愤怒转向被嫉妒者。维雷娜还指出，嫉妒与低自我价值感存在相关关系。自我价值感越低，嫉妒情绪越强烈。赵娟娟等人的实证研究表明，嫉妒与自尊存在负相关关系。③美国心理学家戴维·德斯迪诺（David DeSteno）提出的自尊威胁理论认为，嫉妒是当自尊受到威胁时产生的情绪，嫉妒与自尊的降低有关。因此，我们可以通过提高自我价值感和自尊来调控嫉妒情绪。

七、羞耻

（一）羞耻的内涵

从心理学上说，羞耻是个体因为自己在人格、能力、外貌等方面的缺憾，或者在思想与行为方面和社会常态不一致，而产生的一种痛苦的情绪体验。在以独立型自我为主导的个人主义文化国家，羞耻通常被看作一种负性情绪，并且与愤怒等防

① 张玉洁，许远理，罗明英. 嫉妒情绪智力二维结构模型的建构［J］. 赤峰学院学报（自然科学版），2011（1）：135-138.

② 张玉洁，许远理，罗明英. 嫉妒情绪智力二维结构模型的建构［J］. 赤峰学院学报（自然科学版），2011（1）：135-138.

③ 赵娟娟，司继伟. 大学生内隐、外显自尊与嫉妒行为的关系［J］. 中国临床心理学杂志，2009（2）：222-224.

御性反应相联系，这是由于在西方，独立的意识是被尊重的，在他人面前表现羞耻感被理解为无能。在集体主义文化国家，互相依赖是被认可的，在他人面前表现出羞耻感被视为是勇敢的并且是积极的。[①]

（二）羞耻情绪对人的影响

羞耻情绪对个体的影响犹如一把双刃剑：一方面，它是一种有效的行为调控机制和动机性体验，羞耻的个体往往会感到沮丧、自卑、绝望，自我贬损、自我怀疑等，认为自己对事情无能为力。公开的情境会强化羞耻感，所以减少羞耻感最容易的一个办法就是自我孤立，让自己远离他人。另一方面，它和心理病理症状的发展及维系有关，人们可以通过积极努力改善自己的行为表现来减少羞耻感。

经典文摘 2-11　　找回我们的羞耻感

2013年6月30日，十余名男子在北京颐和园十七孔桥附近外墙小便，引得网友纷纷谴责这种不文明行为。又有网友曝光称一位大妈在北京建外SOHO广场喷泉处搓澡，再次引发热议。其实，这些不雅行为只是现代不良社会风气的一个缩影。凤姐的走红、模特干露露的成名、"艳照门"事件等，都反映出在名利面前，礼义廉耻已变得非常渺小。中华民族自古为礼仪之邦，可这些人的羞耻感哪儿去了呢？

1.羞耻感是一种道德约束

羞耻是一种复杂的心理活动。一个人做错事就会自责，产生负罪感；同时希望自己能尽快弥补过错，便会产生焦虑感。负罪感和焦虑感是构成羞耻感的主要因素。

有羞耻感的人能分辨美与丑、善与恶，能调整自己的行为，在道德上予以更多的自我约束。羞耻感是一种道德律令，能约束人们的公德心、个体行为等，但羞耻感过强会让人背上巨大的压力，甚至抑郁。

2.急功近利弱化羞耻感

羞耻感的减弱其实是道德观念的破裂。首先，战争的侵害和社会文化的变迁使传统道德观念逐步淡化；改革开放后，西方的物质主义、世俗主义、享乐主义和拜金主义涌入，使原本就脆弱的道德观受到更大冲击。传统道德的"相对绝对性"变成了现在的"绝对相对性"：一些在以前看来不合理的行为，在当今社会经过解读和包装都能以一种华丽的面貌展现给世人。这也是一些"网红"走红的原因，因为她们都奉行"只要钱到手，哪管美与丑"的信条。

其次，社会发展过快，很多人急功近利，无暇顾及道德修养。在这种心态下，传统的"君子怀德，小人怀土"的道德观受到严重冲击。有些人不再认同原来的道德观念，也失去了美与丑的判断标准，羞耻感也无从谈起。

最后，国家没有相应的政策和法规去规范社会道德，总体上缺乏统一性，使国

---

① 杨玲，李磊，袁彦．自我意识情绪的跨文化研究进展及展望［J］．宁波大学学报（教育科学版），2012（3）：35-38.

人的社会道德观念处于相对混乱的状态。

3.找回羞耻感需全民动员

一个国家或民族丧失羞耻感，不仅会使社会处在混乱之中，更会让国家尊严扫地。某国际旅游网站的调查曾显示，中国游客在“全球最不受欢迎游客榜”中高居第二位，主要原因就是中国游客缺乏基本素质，如公共场所大声喧哗、浪费食物、插队、闯红灯等。

只有一个国家的国民具有高尚的道德和强烈的民族感，才能保证社会稳定、人民幸福，维持良好的国际形象。每位国人都要加强自身修养，国家也应加强道德修养建设。首先，媒体应尽好义务，在追求商业利益的同时，做好伦理道德教育，引导公民在道德层面有更高的追求。其次，动用国家力量来规范道德，建立国家伦理委员会，在伦理道德规范上做到相对稳定和统一。

资料来源　王国荣. 找回我们的羞耻感［N］. 生命时报，2013-08-23（10）.

（三）羞耻情绪的功能

1.精神分析理论的观点

随着精神分析理论的发展，羞耻更多地被置于人际互动过程（如自体和客体的关系）中来理解。虽然精神分析理论对羞耻情绪功能的理解和阐释更多来自对临床病例的观察和回溯分析，未直接使用实证研究来证实或证伪，但它提出羞耻会促进个体意识到自己和他人的区别，并对个体化进程有所影响，仍是相当有启发的观点。

2.社会生物进化理论的观点

费斯勒（Fessler）从进化和文化角度讨论了羞耻情绪在竞争及合作关系中的作用。他区分了两种羞耻形式：一种是更原始的羞耻，它是现代社会中羞耻情绪的原型，其被激活是由于个体处于从属地位，在认知上更简单，且不易受文化的影响。Fessler认为，鉴于具有优势地位的个体更容易生存，这类羞耻的进化意义在于激励竞争，从而获取更高的地位。另一种羞耻被称为遵规守纪者的羞耻，其被激活是因为个体没有遵守某些社会文化行为准则。这种羞耻是一种社会监控机制和动机系统，促进个体遵从重要的社会文化准则，从而保障个体能在他人眼中树立更好的声望和良好合作伙伴的形象，同时也更好地判断他人是不是值得信赖的合作对象。支持两种羞耻形式的一类证据来源于比较心理学，即人类个体感到羞耻时的表现，如转移视线、低头、蜷缩身体等，这些和许多灵长目动物表现出的服从姿态类似。另一类证据来自Fessler对羞耻诱发事件的文献研究和跨文化比较的结果。在对281名美国人和305名马来西亚人的羞耻事件的分析中，他发现，羞耻诱发事件主要分为两种，分别对应两种形式的羞耻：一是大约各有一半的美国人和马来西亚人会因为没能服从特定文化对某种行为设定的标准且意识到其他人也知晓了自己的行为失误而感到羞耻；二是因为个体在社会等级系统中具有较低的位置即在社会地位和声望的竞争中失败而感到羞耻。后者在东亚文化中似乎更为多见（6% vs.12.8%）。此外，Fessler还对不同文化中羞耻的同义词进行了语义图谱分析，发现在非西方文化中，羞耻更多和服从、尊敬、羞涩等词相联系。[①]

3.情绪归因理论的观点

情绪归因理论认为，认知归因在情绪体验中占据核心地位，情绪是和认知归因相联系的内心事件，这些内心事件又会导致生理反应。该理论认为羞耻是对失败做特定归因的结果，如在特雷西和罗宾斯（Tracy & Robins）提出的自我意识情绪归因模型中，个体对诱发情绪事件做内部的、稳定的、不可控的、全局的自我归因会引发羞耻感，个体做不稳定的、特定的自我归因则会引发内疚感，但诱发事件一定都是和无法实现自我认同的目标有关的。在羞耻情绪的功能上，一个核心议题是它和内疚情绪的异同。刘易斯（Lewis）对羞耻情绪的理解着重强调了自我认知的作用，他认为，虽然羞耻可用于阻断任何违反个体内部或外部标准或规则的行为，但和内疚不同，羞耻本质上阻止的是行为的主体——自我，而非自我的行为，以确保对标准和规则的服从。[②]

八、内疚

（一）内疚的内涵

内疚是一种消极情绪，指个体做出了危害别人的行为或违反了道德准则而产生的良心上的反省，并对自己的行为负有责任的一种负性体验。[③]近年来，研究者对内疚的定义又有新的变化。蒂尔曼-奥斯朋（Tilghman-Osborne）的研究提出，内疚包括情感和认知成分，内疚是因为个体认为他们的行为（实际上的或是假想的）违反了道德标准而产生了不良的后果。内疚会伴随因自责而产生的痛苦体验。一些人格特质和环境因素影响个体因内疚而做出补偿行为。内疚不是天生的、特质性的，它是在特定环境下的反应，内疚是指向行为的。[④]唐尼（Tangney）、瓦格纳（Wagner）、弗莱彻（Fletcher）、弗莱姆泽（Framzow）在研究中指出，内疚是个体做出危害他人的行为违反了道德原则而产生的良心上的反省、愧疚等负性体验。[⑤]

内疚伴随对自己的强烈否定及对外界评价的依赖，易体验到强烈的渺小感，既有移情驱动的促进功能，又有恐惧驱动的妨碍功能，与人格特征、抑郁、焦虑、敌意、倦怠密切相关。[⑥]诱发内疚情绪的因素可以分为社会取向因素和自我取向因素。前者包括良心的苛责、缺乏主动性、执行目标不坚定、学业停滞、与异性交往

---

① FESSLER D M T. From appeasement to conformity: evolutionary and cultural perspectives on shame, competition and cooperaction ［M］// TRACY J L, ROBINS R W, TANGNEY J P. The Self-conscious Emotions. NewYork: The Guilford Press, 2007: 174-193.

② LEWIS M. The role of the self in cognition and emotions ［M］// DALGLEISH T, POWER M. Handbook of Cognition and Emotion. Chichester: John Wiley & Sons, 1999: 125-144.

③ 施承孙，钱铭怡. 羞耻和内疚的差异［J］. 心理学动态，1999（1）：35-38.

④ TILGHMAN O. Definition and measurement of guilt: implications for clinical research and practice ［J］. Clinical Psychology Review, 2010, 30（5）: 536-546.

⑤ TANGNEY J P, WAGNER P E, FLETCHER C, et al. Shamed into anger? The relation of shame and guilt to anger and self-reported aggression ［J］. Journal of Personality and Social Psychology, 1992, 62（4）: 669-675.

⑥ 有光舆记. 罪恶感、羞耻心と性格特性の关系［J］. 性格心理学研究，2001，9（2）：71-86.

紧张、与他人对抗、缺乏交往技能等。后者包括身材相貌不佳、愿望不能实现、性相关因素、运动能力低、体质虚弱等。[①]其体验状态包括逃避感、自我贬低、自我激励、自我重构、自我辩护等成分，涉及情感不适和行为控制两个核心环节，前者指警觉、焦虑、不安或自责等，后者是克制错误行为、控制冲动和执行所要求行为的能力。[②]

（二）内疚的研究起源

最早对内疚进行研究的是弗洛伊德，他认为，内疚是儿童被抛弃后产生的焦虑状态，他们产生的敌对情绪首先指向父母，后来指向他人，如果这种敌对情绪没有表达出来，个体就会产生内疚。精神分析理论认为，内疚是本我和超我之间的矛盾，个体因违反了超我所规定的品行或价值观而内疚。伊扎德认为内疚是个体在良心上进行评价后产生的一种基本情绪，将内疚界定为个体违反了道德标准之后产生的情绪状态。霍夫曼提出的基于移情的人际内疚理论认为，内疚常常发生于不道德的或自私的行为之中，内疚一旦发生，即能产生补偿行为的动机力量。它的社会价值在于内疚情绪被唤起后经常导致帮助受害者的行为倾向。之后，霍夫曼又提出了虚拟内疚和违规内疚的概念。违规内疚是个体确实伤害或意图伤害他人而产生的内疚体验，其产生的原因是违背了社会公认的道德规范；虚拟内疚是个体以为自己做了错事或是与伤害事件有关联（即使他们什么也没有做，或被认可不必对伤害事件负责）而产生的内疚体验，其产生原因是违背了个人认同的道德规范。[③]

（三）内疚的测量

目前，对内疚的测量方法中，针对儿童和青少年的测量方法有玩具范例法、自我意识情感测验（Test of Self-Conscious Affect，TOSCA）、故事法、状态羞耻量表（State Shame and Guilt Scale，SSGS）等；针对成人的测量方法有情境内疚量表（Situational Guilt Scale，SGS）、个人情感问卷（Personal Feelings Questionnaire-2，PFQ-2）、适应性羞耻和内疚量表（Adapted Shame and Guilt Scale，ASGS）等。[④]

玩具范例法需要观察儿童在18个月、22个月、33个月、45个月、56个月大时的表现，呈现给儿童一个模拟的情景，然后观察儿童的反应。在该实验中，在儿童18个月大时由母亲完成对儿童的调查问卷，随后在儿童22、33、45个月大的时候，母亲和儿童都进入实验室，接受2.5～3个小时的实验，在儿童56个月大的时候实验要持续3～3.5个小时。实验室包括两个房间，房间里有一个儿童自己的比较珍贵的玩具，当儿童碰到这个物体的时候它就分为两半了，目的是让儿童认为自己打碎

---

① JOHNSON R C，DANKA G P，HUANG Y H. Guilt and shame，adjustment in three cultures［J］. Personality and Individual Differences，1987，8（3）：357-364.

② 佐藤有耕．青年期における自己嫌恶感の感情状态の発達的变化［J］．青年心理学研究，1999（11）：126-137.

③ 霍夫曼．移情与道德发展［M］．杨韶刚，郭本禹，编译．哈尔滨：黑龙江人民出版社，2003：15-100.

④ CONNOR，BERRY，WEISS. The interpersonal guilt：the development of a new measure［J］. Journal of Clinical Psychology，1997，53（1）：73-89.

了一件贵重的物品，然后让儿童回答发生了什么事，是谁做的，是他自己做的吗。之后实验者再拿出已经修复好的物品。该实验造成的是可修复的损害，是合乎伦理道德的。该实验的结果是：在33个月大和45个月大的儿童中，女孩比男孩有更多的内疚情绪，在有忧虑因子的范例中表现出多忧虑的儿童个体其内疚情绪也更多。母亲采取积极的训练方法后，儿童表现出较少的内疚情绪。儿童在18个月大的时候，其内疚与自我发展正相关，在56个月大的时候，其内疚与道德因素正相关。有强烈内疚体验的儿童在56个月大的时候较少违反规则。同时，该实验还发现了一个调节模型，有忧虑特质的个体会促进其内疚倾向，从而抑制其破坏规则的倾向。①

应用比较广泛的问卷是TOSCA。该问卷有15个简单描述的情景，之后是4个到5个答案选项，按照5点计分，测量个体的内疚倾向。例如，描述一个情景“你会道歉来使你的朋友感觉好一点吗”，之后的回答选项包括“一定会”“会”“可能不会”“不会”“一定不会”。这个问卷揭示出内疚包括弥补行为倾向、自责后悔、消极情感、关注他人、反思、期望惩罚。此问卷测量了内疚的轻微情感倾向性和适应性的一面。②

国内关于测量内疚的问卷有胡金生编写的中文版内疚问卷。该问卷是在翻译国外的问卷基础上根据中国的国情编制而成的，主要用于测量大学生的内疚倾向。问卷包括伤害他人、关爱不足、自私行为和辜负他人4个因素。伤害他人是指自控失败后导致的侵犯行为；关爱不足是指没有采取道德规范期待的行为；自私行为是指通过某种手段获得不恰当利益的行为，其诱发的内疚情绪主要由对惩罚的恐惧驱动；辜负他人是指没有履行自己对他人责任的行为，尽管自己可能并未受到谴责。问卷共37个项目，采用4级评分：1=不内疚、2=似乎不内疚、3=似乎内疚、4=内疚。问卷经开放式调查（n=95）、正式施测（n=500）编制而成，其克朗巴哈（信度）系数为0.69~0.77。③

九、挫折

（一）挫折的内涵

心理学中的挫折通常指个体在从事有目的的活动过程中遇到障碍或干扰，致使个人动机不能实现、需要不能满足时的情绪状态。④通俗地说，挫折就是人的某种需要得不到满足。

挫折对人产生的影响是巨大的。从消极的一面看，它会给人造成沉重的心理压力和精神负担，使人产生心理上的痛苦、紧张、焦虑，使行为积极性降低，有人会

① KOCHANSKA，GROSS，LIN. Guilt in young children：development，determinants，and relations with a broader system of standards［J］. Child Development，2002，73（2）：461-482.

② PATRICK L，JOHNNY R J，FONTAINE，et al. Does the test of self-conscious affect（TOSCA）measure maladaptive aspects of guilt and adaptive aspects of shame? An empirical investigation［J］. Personality and Individual Differences，2002，33（8）：1373-1387.

③ 胡金生. 中文版内疚感问卷的信、效度及调查结果［J］. 中国健康心理学，2008（2）：236-238.

④ 朱智贤. 心理学大词典［M］. 北京：北京师范大学出版社，1989：89.

因此而郁郁寡欢，患上身心疾病，影响健康与生命，甚至出现悲观厌世情绪，最终酿成悲剧。有人恰恰相反，他（或她）能尽快摆脱困境，解除心理压力和紧张情绪，取得心理平衡，并使之转化为积极作用，从而使自己更完美、更成熟，在更高的水平上求得心理平衡。

心理学上把受挫折后免于行为失常的能力叫作“挫折耐力”或“挫折容忍力”，实际上也就是我们常说的抗挫折能力。心理学的研究表明，个体抗挫折能力的高低主要受人的生理、性格、过去受挫折的经验以及对挫折的知觉判断等因素的影响。①

（二）受挫折后存在的隐患

挫折事件之所以扰人至深，主要是因为随之而来的挫折感，它表现为愤怒、焦虑、忧愁、不安、烦躁、困惑、冷淡、悲观、颓废、抑郁等负面情绪交织的状态。一些人面对心理上的痛苦，或是反应不当，或是长期无法摆脱，从而导致自我效能感低下，甚至出现不良行为。

一般来说，人们受挫后处于应激状态时，情绪易冲动，控制力差，往往不能约束自己的行动，不能正确评价自己行动的意义，不能估计行动的后果，以至于言语偏激，甚至做出攻击行为，违反社会规范，严重者则触犯法律。约翰·多拉德（John Dollard）等犯罪心理学家提出的“挫折攻击理论”指出，挫折会引起攻击行为，而且攻击的发动强度与欲求不满的量成正比。例如，“伤害行为”往往是由挫折后的攻击造成的，而且这里面有一个很重要的因素做“催化剂”即挫折产生的愤怒。愤怒是攻击行为的准备心理，当人们受他人阻碍无法达到预定目的时，就产生愤怒，准备向人攻击。②

（三）如何增强抗挫折能力

我国古代文学和哲学著作中都包含丰富的关于挫折磨炼、挫折教育的论述。《周易》载：“天行健，君子以自强不息。”这指的就是君子应效法天体积极主动，坚忍不拔地运行，自强不息，不畏艰险，勇往直前。《孟子·告子下》中的“故天将降大任于是人也，必先苦其心志，劳其筋骨，饿其体肤，空乏其身，行拂乱其所为，所以动心忍性，曾益其所不能”，也是指一个人需要进行挫折的磨炼和砥砺，培养坚忍不拔的毅力，增强挫折耐力，才能成就一番事业，实现远大的目标。③增强抗挫折能力的具体对策如下：

1.加强挫折教育，树立挫折意识

挫折的存在具有普遍性，每个人的一生不可能是一帆风顺的，可以说挫折就是人生的一个组成部分。它既有消极的一面，也有积极的一面。挫折和磨难，虽然会给人带来损失和痛苦，但也能使人得到磨炼和考验，从而更加坚强、更加成熟。有了正确的挫折观，就能正视挫折，在挫折面前不灰心、不低头、不后退，积极寻找

---

① 江文芬．增强大学生的抗挫折能力刍议［J］．重庆工学院学报，2002（1）：98-101.
② 詹丽峰．疏导挫折情绪，引发积极人生［J］．中国职业技术教育，2005（1）：54-55；59.
③ 陈淑菊．大学生心理承受力的培养对策［J］．煤炭高等教育，2004（1）：66-69.

克服它、解决它的办法，并把挫折当作进步的阶石，最终走向成功。[①]

2.学会应对挫折的基本方法

一是掌握一定的心理卫生知识。要学会自我调节就必须学习心理卫生知识，扫除心理卫生盲点，掌握心理保健方法。二是保持健康的情绪。稳定而良好的情绪状态，使人心情开朗，轻松安定，精力充沛，对生活充满乐趣与信心。三是建立良好的人际关系，学会去爱。和谐的人际关系，可以增加自信和理解，减少心理上的不适感，实现心理平衡。四是确立符合实际的奋斗目标。成功的体验对于维持心理健康是极为重要的。盲目地制定宏伟目标，结果往往是目标落空，个人在心理上易受打击，产生挫折感。五是学会自娱。在烦闷忧郁、经历挫折之后，通过自我娱乐来缓解心境的压抑，维护自身心理健康。[②]

3.培养理性情绪

当遭受挫折时，被不良情绪所困是正常的，关键是应尽快从挫折感中脱身出来，寻求适合自己的、积极的情绪疏导途径。一般来说，找亲朋好友倾诉，参加体育运动、娱乐活动甚至哭泣，都是宣泄情绪的有效方式，但这些都是一些“治标”的方法，树立一种面对挫折的健康态度，培养积极的情感才能“治本”。[③]

思政链接2-2　做刚健有为的新时代青年

复习要点

主要概念

幸福　快乐　好奇心　兴趣　愤怒　抑郁　焦虑　恐惧　悲伤　嫉妒　羞耻　内疚　挫折

复习思考题

1.情绪的具体类型有哪些？

2.正面情绪的类型一般有哪些？

3.负面情绪的类型一般有哪些？

4.简述幸福的内涵和管理策略。

---

① 王琴．当代大学生的心理挫折及教育的思考［J］．湖南教育学院学报（哲学社会科学版），1998（3）：11-13.

② 董洪霞．大学生的挫折心理及挫折耐力培养对策［J］．江西化工，2011（4）：92-94.

③ 詹丽峰．疏导挫折情绪，引发积极人生［J］．中国职业技术教育，2005（1）：54-55；59.

5. 简述快乐的内涵和管理策略。
6. 简述好奇心和兴趣的内涵。
7. 简述愤怒的内涵、类型与管理策略。
8. 简述抑郁的内涵、表现与管理策略。
9. 简述焦虑的内涵、种类与管理策略。
10. 简述恐惧的内涵和管理策略。
11. 简述悲伤的内涵和管理策略。
12. 简述嫉妒的内涵和管理策略。
13. 简述羞耻和内疚的内涵。
14. 简述挫折的内涵和管理策略。

案例分析题　**压抑愤怒情绪会加大折寿和患癌风险**

英国媒体称，压抑情绪一直被认为不利于心理和生理健康，现在又发现这可能会令人折寿。研究显示，总是压抑情绪的人比能够表达出自己情绪的人早亡的可能性至少要高出1/3。美国哈佛大学公共卫生学院和罗切斯特大学的专家进行的一项研究表明，对那些不能表达自己情绪的人来说，各种原因导致的早亡风险增加了35%。

在详细分析具体的死亡原因时，研究人员发现，患心脏病的风险会增加47%，患癌症的风险会增加70%。发表在《身心医学研究杂志》上的研究报告称，压抑情绪造成的后果比以前认为的更加严重。研究人员对796名平均年龄为44岁的男性和女性进行了分析，这些人在1996年报名参与了一项健康调查。该项调查的一部分是通过问卷调查分析参与者压抑情绪的程度。

问题包括“我生气时会让别人知道”“我努力表现得高兴，这样其他人就不会觉得不开心”等，答题者要选择对这些问题的同意程度，程度共分五级。研究人员在12年后对这些参与者进行了同样的调查，而此时已有111名参与者去世——大多数是由于心脏病或者癌症。研究人员在分析了参与者的情感得分后发现，那些最可能压抑愤怒情绪而不表露自己真实想法的人死亡率最高。

而压抑情绪到底为何会导致早亡现在还不清楚。一种理论是，人们为了对付隐藏起来的情绪会转而求助酒精、香烟和垃圾食品。另一种理论是，压抑负面情绪会干扰体内的激素平衡，增加患与细胞损伤有关的疾病如心脏病、癌症等的风险。研究人员强调，该项研究中的死亡病例有限，还需要进一步的研究。研究报告称：“这些发现揭示了压抑情绪与死亡率之间的关联。”

伦敦的心理学家武拉·格兰德说：“人们一直认为癌症在一定程度上与压抑情绪有关。”过去的研究显示，压抑愤怒情绪会损害免疫系统。“虽然人们在很早的时候就学会了压抑情绪，但之后仍可以指导他们去释放情绪。这需要花很多的精力和工夫，不过是可以做到的。”

资料来源　佚名. 每日邮报：压抑情绪加大折寿和患癌风险［N］. 参考消息，2013-09-09.

> 讨论题：

1. 请运用你所学的情绪管理知识，分析为什么压抑愤怒情绪会加大折寿和患癌风险。

2. 请你结合实际谈一谈压抑情绪应该如何解决。

3. 举例谈谈你是如何应对压抑情绪的。

在线测试

有恒性测试

学习时间类型测试

学习动机测试

第三章

自我情绪管理

怒不过夺，喜不过予。

——[中国]荀子

抵制情感的冲动，而不是屈从于它，人才有可能得到心灵上的安宁。

——[德国]托马斯·曼

学习要求

1. 理解和掌握影响自我情绪管理的因素
2. 理解世界观、人生观、价值观的内涵
3. 掌握世界观、人生观、价值观的关系
4. 理解和掌握自我情绪管理的方法
5. 理解和掌握自我情绪管理的对策

个人的情绪对工作和生活都有着至关重要的影响。当人处于一种良好的情绪状态时，就会充满热情地生活和工作，而产生压抑、消沉等消极不满情绪时，就无法安心生活和工作。工作中的激励机制是否公平、合理，生活中的机遇是否对等，生活是否幸福美满等，这些都会影响到人的情绪状况。在公平、合理的激励机制下，人会感受到公平与公正，就不会产生抱怨和不满情绪；相反，激励机制没有做到公平、合理，生活受到挫折和打击，人就会产生抱怨和不满情绪。在社会和工作软环境中，氛围尤为重要。人类社会包罗万象、复杂多变，它对个体行为既有助长作用，也有削弱作用。社会、家庭人际关系复杂，工作中的竞争随处可见，上下级之间、同事之间关系微妙，难免会存在一些不和谐现象，这些往往会左右人们的情绪。社会文化、组织氛围同样会影响人们的情绪。

面对错综复杂的环境与事务，情绪自我控制能力强的人和情绪自我控制能力弱的人，会有不同的应对之法，而他们是否获得成就、生活是否美满，都与他们的应对之法有着密切的关系。

第一节　影响自我情绪管理的因素

精选案例 3-1

控制好情绪更易成功

1960年，美国斯坦福大学心理学家沃尔特·米歇尔（Walter Mischel）把一些4岁左右的孩子带到一间陈设简陋的房子，然后给他们每人一颗非常好吃的软糖，同时告诉他们：如果马上吃软糖，只能吃一颗；如果20分钟后再吃，就奖励一颗，也就是说，总共可以吃到两颗软糖。有些孩子急不可待，马上把软糖吃掉了。有些孩子则能耐心等待，暂时不吃软糖。他们为了使自己耐住性子，或闭上眼睛不看软糖，或头枕双臂自言自语……结果，这些孩子吃到了两颗软糖。

实验之后，研究者对参加这个实验的孩子们进行了长达14年的跟踪研究，一直到他们高中毕业。跟踪研究的结果显示，那些能等待并最后吃到两颗软糖的孩子，在青少年时期仍能等待机遇而不急于求成，他们具有一种为了更大更远的目标而暂时牺牲眼前利益的能力，即情绪的自我控制能力。而那些急不可待只吃一颗软糖的孩子，在青少年时期则表现得比较固执、虚荣或优柔寡断，当欲望产生的时候，无法控制自己，一定要马上满足欲望，否则就无法静下心来继续做后面的事情。换句话说，能等待的那些孩子的成功率，远远高于那些不能等待的孩子。

从软糖实验中可以看出，拥有情绪自我控制能力的人，更容易获得成功。他们也是情商比较高的人。

资料来源　唐映红，郭晨升．EQ：戈尔曼的人生处方［M］．北京：企业管理出版社，1997：97-98.

影响人的情绪自我控制能力即影响自我情绪管理的因素主要有以下几个方面：

一、世界观、人生观和价值观

由于具有不同的世界观、人生观、价值观，人们对同一事物、情景可做出不同的认知反应。有的人以奉献自我作为人生观、价值观，他们热爱自己的事业和生活，为了事业努力奉献，并抽出时间与家人相处，有和谐、美满的家庭。他们工作时任劳任怨，不会抱怨没有得到高收入，生活中不随便与人攀比，知足常乐，既不会妄自菲薄，也不会自视甚高；相反，他们会因对工作的奉献和对生活的热爱而产生一种满足感和自豪感。有的人以追求物质享乐为自己的人生观、价值观，不热爱自己的事业，只是出于没有别的选择才从事了某一职业，生活中处处攀比，不会感恩，不顾及他人的感受，得意时常会忘形，这样他们工作时就不会倾力投入，没有积极性，体会不到工作的乐趣，而在生活中则自怨自艾，遇到问题更会觉得烦躁，没耐心，从而很容易产生不良情绪。

精选案例 3-2

海伦·凯勒

海伦·凯勒幼时患病，两耳失聪、双目失明，活在无声、无光的世界里，要想与他人进行有声语言的交流几乎不可能，因为每一条出口都已向她紧紧关闭。但是，海伦创造了一个奇迹，她竟然一步步从“地狱”走向“天堂”，不过，这段历程的艰难程度超出任何人的想象。她学发声，要用触觉来领会发音时喉咙的颤动和嘴的运动，而这往往是不准确的。为此，海伦不得不反复练习发音，有时为了发一个音一练就是几个小时。失败和疲劳使她心力交瘁，一个坚强的人竟为此流下过绝望的泪水。可是她始终没有退缩，夜以继日地刻苦努力，终于可以流利地说出“爸爸”“妈妈”“妹妹”了，全家人都惊喜地拥抱了她，连她喜爱的那只小狗也似乎听懂了她的呼唤，跑到跟前直舔她的手。以此为起点，她走上了一段不平凡的人生。

资料来源　曾庆春. 小故事，大教育：献给教师的教育智慧（上）[M]. 北京：中央民族大学出版社，2007：131.

海伦·凯勒是个极好的例子，如果没有积极向上的人生观和价值观，她只会自怨自艾，感叹老天的不公、命运的坎坷，最终郁郁寡欢，对生活绝望，对自己绝望。而现实中的海伦并没有如此，她把一生献给了盲人福利和教育事业，赢得了全世界人民的尊敬，联合国还曾发起“海伦·凯勒世界运动”。1968年6月1日，海伦·凯勒——这位谱写出人类文明史上辉煌生命赞歌的盲聋哑学者、作家、教育家，在鲜花包围中告别了人世，然而，她那不屈不挠的奋斗精神和她那带有传奇色彩的一生永远载入了史册。著名作家马克·吐温曾说，19世纪出现了两位了不起的人物，一位是拿破仑，另一位就是海伦·凯勒。美国《时代》周刊评选海伦·凯勒为“20世纪美国十大英雄偶像之一”，她赢得了世界的尊敬和佩服。

（一）世界观、人生观、价值观概述

1.世界观

世界观，也叫宇宙观，是人们对整个世界以及人与世界关系的总的看法和根本观点。这种观点是生活实践的结果，在一般人那里往往是自发形成的，经思想家进行自觉的概括和总结并给予理论上的论证，便成为哲学。简言之，世界观的实质，就是从根本上去理解世界的本质和运动根源，解决的是“世界是什么”的问题。

世界观建立在一个人对自然、人生、社会和精神的科学、系统、丰富的认识的基础上，它包括自然观、社会观、历史观等。世界观不仅是认识问题，还包括坚定的信念和积极的行动。例如，共产主义世界观就不仅包括对共产主义的认识，而且包括对共产主义的信念、为实现共产主义而奋斗的精神和积极的行动。

世界观应该包括三个方面的内容：首先是如何看世界的问题，即以什么原则解释世界。从不同的角度用不同的原则解释世界，得出的结论有可能截然相反。其次是看什么范围、层次上的世界，其实是对世界内涵范围的界定。最后是世界是怎样的，这是最核心的部分，因为世界观的落脚点和归宿就是要达到对世界的认知。[①]

2.人生观

人生观是指对人生的看法，也就是对人类生存的目的、价值和意义的看法，具体表现为苦乐观、荣辱观、生死观、幸福观、恋爱观等。人生观是一定社会或阶级的意识形态，是一定社会历史条件和社会关系的产物。人生观是在人们实际生活过程中逐步产生和发展起来的，受人的世界观的制约。不同社会或阶级的人们有着不同的人生观。

人生观的核心问题是如何认识和处理个人发展同社会进步的关系，即私与公的关系。马克思主义认为，各种人生观都是一定的社会生产力和生产关系的产物。由于各个时代的各个阶级所处的社会地位不同，生活经历和境遇不同，对人生的意义和目的认识不同，人生观也就必然不同。评价一种人生观是进步的、革命的还是落后的、反动的，根本标准就是看它是否符合社会发展的要求。

在人类历史上出现过以下几种有代表性的人生观：

① 享乐主义人生观。它从人的生物本能出发，将人的生活归结为满足人的生理需要的过程，提出追求感官快乐、最大限度地满足物质生活享受是人生的唯一目的。

② 厌世主义人生观。厌世主义者认为，人生是苦难的深渊，充满各种烦恼与痛苦，唯有脱俗灭欲，才能真正解脱。

③ 禁欲主义人生观。它将人的欲望特别是肉体的欲望看作一切罪恶的根源，主张灭绝人的欲望，实行苦行主义。

④ 幸福主义人生观。它的一种观点强调个人幸福是人生的最高目的和价值；另一种观点在强调个人幸福的同时，也强调他人幸福和社会公共幸福，认为追求公共幸福是人生的最高目的和价值所在。

---

① 杨仁忠，屈彩霞．马克思世界观的内涵及特点——由近年来历史唯物主义的争论说起［J］．理论探索，2011（4）：70-73.

⑤ 乐观主义人生观。它认为社会发展的前途是光明的，人生的目的在于追求社会的文明和进步，在于追求真理，对人生抱着积极乐观的态度。

⑥ 共产主义人生观。它是无产阶级的科学的人生观。它把人的生命活动历程看作认识和改造客观世界的过程，把消灭资本主义、实现共产主义、为绝大多数人谋利益看作人生的崇高目的和最大的幸福。人生的价值和意义在于对社会所尽的责任和所做的贡献，人生的最大价值和意义在于努力为人民服务，无私地把自己的一切奉献给共产主义事业。

⑦ 孔子入世有为的人生观。作为儒家思想的创始人，孔子主张人来到世间就应该刚健有为，积极入世来施展人生的抱负。孔子特别强调事人、人事的重要性，从人事活动中去体认天命（自然），积极有为，而不是消极顺命。从这一立场出发，孔子强调“修己安人”，即通过自觉的自我修养使别人得到安乐。因此，理想的人生就是将主体道德修养和“济世”结合起来，这才符合“礼”和“仁”的要求。孔子的人生观为他之后的儒家思想所继承，逐渐形成了“修身、齐家、治国、平天下”的处世原则和“内圣外王”的理想人格模式。

⑧ 老庄出世无为的人生观。与孔子的人生观不同，老庄哲学认为在人类之初的社会里，人性是非常纯朴的，而在现实社会中，人们却被自私多欲的思想所支配，使本来纯朴的人性受到损害。为了实现人性的复归，老庄哲学提出“无为无欲”的人生原则，认为寡欲可以防止人作恶，恢复人的善良本性。

⑨ 叔本华悲观绝世的人生观。叔本华是德国唯意志主义哲学的创始人，他认为生命意志既然表现为人生，则人生也就为意志所支配，而人的欲望是无法满足的渊薮，人生却总要追求这无法满足的渊薮，因此，人生的本质即是痛苦。作为世界本质的生命意志是无限的，它在有限的个人身上必然得不到满足。所以，叔本华主张人应当认清意志的内在矛盾及其本质上的虚无性，自觉地否定生命意志，进入人生的解脱境界。

很显然，不同的人基于不同的社会现实，会形成不同的甚至是风格迥异的人生观。纵观人生观的历史演变，我们看到人生观有如下特点：

① 时代性。每一个时代的人生观，都是该时代政治、经济和文化的反映，处于不同时代的人，由于对人生问题认识的深度、广度和正确程度不同，而拥有不同的人生观。因此，人生观是随着时代的发展而发展的，没有超越社会历史生活的永恒的人生观。

② 阶级性。人生观是一定阶级的意识形态，具有鲜明的阶级性。在阶级社会，每个阶级的人生观都直接反映一定社会的经济基础，表现出一定阶级的利益，体现一定阶级的思想、愿望和要求。在阶级社会，统治阶级的人生观和被统治阶级的人生观往往是根本对立的。

③ 独立性。人生观作为一种意识形态，具有相对的独立性。人生观的发展有它自身的历史继承性，它是一种历史文化或民族传统文化的积淀与演化。因此，任何一种人生观都与先前这方面的思想成果有继承关系；每个时代所创立的新的人生

观，也都离不开利用和改造原有的人生观。

④ 多元性。在任何一种社会形态中，往往存在各种不同的人生观，这些人生观因人生信仰的不同、社会地位的不同而各异。例如，在社会主义初级阶段，既有代表人类社会进步、体现时代精神、以天下为己任的人生观，也有以追求享乐和利己为目的的错误的人生观，同时还有明哲保身、独善其身的人生观。对于个体来说，健康向上的人生观正是在各种错误人生观的共存、比较和鉴别中得以确立的。

人类发展的历程表明，物质文明和精神文明的协调进步必须通过人的不懈努力才能达到，在人类一体化发展的今天，我们更应注重肉体和心灵的平衡问题。当今世界，高速发展的生产力创造了巨大的物质财富，给人们提供了优越的物质生活条件；日新月异的科学技术，把人们带入太空时代、信息时代。然而，此起彼伏的经济危机，以及随之而来的政治危机、精神危机、信仰危机、心理危机等又使人感到，在这个世界上，人正日益失去自己应有的地位、价值和尊严。因此，在人类未来的发展中，必须重视人生观的建设问题，以使社会生活充满希望，使人生充满理想。[①]

3.价值观

价值观是一种处理事情时判断对错、做选择时进行取舍的标准。价值观也可以说是一种深藏于内心的准绳，在面临抉择时的一项依据。价值观会指引一个人做出某些行为，例如，“诚信”的价值观，会让人坦诚面对困境及对别人说明事情的真相，提升别人对其的信任度；“纪律”的价值观，会让人依规定行事，产生执行力；“关怀”的价值观，会让人关心别人，了解别人的困境，具有同理心；“自我”的价值观，会使人“自我中心”。不同的价值观会形成不同的行为模式，进而形成不同的社会文化。

人们的生活和教育经历各不相同，价值观也多种多样。行为科学家格雷夫斯（F. W. Graves）为了把错综复杂的价值观进行归类，曾对企业组织内各式人物做了大量调查，就他们的价值观和生活作风进行分析，最后概括出以下七个等级：

第一级：反应型。这种类型的人并未意识到自己和周围的人是作为人类而存在的。他们总是照着自己基本的生理需要做出反应，而不顾其他任何条件。这种人非常少见，实际上等于婴儿。

第二级：部落型。这种类型的人依赖成性，服从于传统习惯和权势。

第三级：自我中心型。这种类型的人信仰冷酷的个人主义，自私、爱挑衅，主要服从于权力。

第四级：坚持己见型。这种类型的人对模棱两可的意见不能包容，难于接受不同的价值观，希望别人接受他们的价值观。

第五级：玩弄权术型。这种类型的人通过摆弄别人、篡改事实达到个人目的，非常现实，积极争取地位和社会影响力。

---

① 邹广文．“人生观”问题的由来［N］．学习时报，2001-09-17．

第六级：社交中心型。这种类型的人把被人喜爱和与人相处看作比自己发展更重要的事，受现实主义、权力主义和坚持己见者的排斥。

第七级：存在主义型。这种类型的人能高度容忍模糊不清的意见和不同的观点，对僵化的制度和方针、空挂的职位、强权行为等敢于直言。

这个等级分类发表以后，管理学家迈尔斯等人在1974年就美国企业的现状进行了对照研究。他们认为，一般企业人员的价值观分布于第二级和第七级之间，就管理人员的价值观来说，过去大多属于第四级和第五级，现在情况在变化，这两个等级将被第六级和第七级取代。

4.21世纪新的价值理念

（1）生态价值观

马克思虽然提出了生产即消费、消费即生产的价值理念，但是日益普遍化的技术立信的理念使消费脱离了生产，使开发没有了伦理限度，因此，21世纪的人们逐步确立起一种人与自然相和谐的自然生态观，以超越近代以来片面追求技术化、现代化和消费主义所造成的人与自然的分离与对立状态，生态意识趋于大众化和生活化。生态价值观不只是一种价值理念，更是一种生活方式。在人们的物质生活日益丰富的同时，更需要关注人的精神世界。如果人们把全部心智都投放到物质欲望和物质消费上，情感、信念、关怀的供给明显不足，那么与自然环境的沙漠化相似，精神世界也会出现沙漠化的倾向。实践证明，人们需要一个日益丰富和发展的物质世界，更需要一个不断丰富和提升的精神世界。后现代主义不只是人们对片面追求现代化而忽视人文生态建设所造成的反价值性的批判，更表明了人们对于营造和谐生活的一种努力和祈盼。

（2）社会价值观

任何一个社会都有最基本的价值原则，但经济、政治和文化的组合方式不同，社会权力配置相异，因此不同历史阶段社会价值的实现方式及实现程度是不同的。社会价值观是人们对社会的实质、功能、目的的认识，包括公平观、权力观等。

（3）生活价值观

生活价值观是人们对什么是生活、什么是好生活、怎样才能过一种好生活的价值认识，它表现为价值判断、价值态度和价值取向。然而，在实际的社会生活中，人们的生活价值观又根基于社会结构、社会制度及其变迁。社会的自然条件、制度环境和文化传统直接生成用以满足人们追求生活的意义的系统，也培养人们对生活的感觉和体悟能力，即生活感。生活感是人们产生生活价值观的直接土壤。没有意义，生活便没有内容，意义的缺失使人陷入困境和痛苦之中，愈是追问生活的意义，就愈是感到生活的贫乏；没有生活感，即便是存在生活的意义也体会不到。[①]

---

① 晏辉．价值理念的发展［N］．学习时报，2001-07-16．

思政链接3-1　社会主义核心价值观解读

（二）世界观、人生观、价值观的关系

世界观、人生观和价值观是一个有机的整体：有什么样的世界观就有什么样的人生观，有什么样的人生观就有什么样的价值观，人生观、价值观既是世界观的重要组成部分，又是它的具体体现。人生观与价值观紧紧相连，人生观决定价值取向，价值观引导人生走向，人生观和价值观又丰富和发展着世界观。

1.世界观、人生观、价值观是辩证统一的

（1）世界观包括人生观，人生观表现世界观

世界观是比人生观更深层、更根本的东西。人生观只有反映了社会历史发展的客观必然性，其人生目标的确立、人生道路的选择与社会发展规律相一致，即反映了正确世界观的要求，才能称得上是正确的、进步的；否则，就是错误的、阻碍社会进步的。同时，世界观又总是与人生观相一致，并通过人生观来表现的。正确的人生观对于正确的世界观的形成、巩固和发展，具有不可忽视的积极作用。

（2）人生观、价值观以世界观为理论基础或前提

一定的人生观、价值观总是建立在一定的世界观和方法论的基础之上的。运用正确的世界观、方法论思考人生、价值问题，才能树立正确的人生观、价值观。掌握正确的世界观对于处于社会主义初级阶段的人们树立正确的人生观、价值观具有重要的指导意义。例如，怎样看待个人利益与国家和人民利益的关系、无私奉献和追求功利的关系，怎样看待竞争与协作、自主与监督、效率与公平、先富与后富、经济效益与社会效益等的关系。离开唯物辩证法的指导，人们的人生观和价值观就可能从一个极端跳到另一个极端，在这样那样的片面性之间摇来摇去。

（3）价值观受人生观制约

价值观是人生观中最重要、最根本的东西。所谓人生目的、意义，人生中的悲欢荣辱等就表现为一种价值评价，人生道路的选择归根结底也就是一种价值选择。所以，人们将人生观、价值观称作人生价值观是不无道理的。然而，我们不仅要看到价值问题在人生观中的重要地位，而且要看到价值观的形成受人生观（以及世界观）的制约。改革开放以来，有些人在价值和价值观问题上陷入了误区，如认为价值的获得不受任何制约，完全是价值主体自由选择的结果；只讲个人价值，不讲社会价值；只谈价值多元，不谈价值导向；只讲低层次价值追求，不讲高层次价值追求，如此等等。这当中一个主要原因，是割裂了价值观与人生观的联系，乃至在错误人生观的误导下谈人生价值问题。一些人认为“金钱是实的，理想是虚的，物质是硬的，精神是软的，要实的、硬的，不要虚的、软的”，在价值目标定位上表现

出自我化、短期化、功利化的倾向；一些人在价值选择上回避崇高境界，表现出相当程度的消沉颓废，觉得干什么都“没劲儿”“活得太累”；还有少数人信奉个人利己主义价值观等：这些都是对正确的人生观的背离。可见，离开正确人生观（以及世界观）的指导谈人生价值问题，难免陷入误区。

总之，世界观、人生观、价值观之间是相辅相成、相互作用、相互促进的，也就是辩证统一的。一般说来，世界观包括并决定人生观、价值观，人生观、价值观表现世界观。在理论层面，世界观是总括的，是最根本的理论基础或理论前提；在意识形态和精神生活层面，价值观便显得最直接、最鲜明、最集中。[①]

2. 关于“三观”之间相互关系的三种观点

第一种观点认为，“三观”是一个具有内在逻辑联系的有机整体，其中世界观是人生观的理论基础，价值观是人生观的深层次表现。所以，在“三观”当中，人生观问题是核心。人生观不是孤立的，它与世界观、价值观有密切的联系，人生观问题若不与世界观和价值观联系起来考察，容易失之片面，也不利于人生价值讨论的进一步开展和深入。

第二种观点认为，世界观、人生观、价值观是相互作用、相互影响的统一体。从总体上来说，世界观决定人生观，人生观决定价值观，但是反过来人生观、价值观的形成与变化也对世界观产生影响。辩证地看待三者之间的关系，既可开阔我们的视野，又可避免认识上的片面性，防止在强调一个方面的时候忽视另一个方面。

第三种观点认为，“三观”的相互关系不是一种并列的关系，而应有主次之分、本末之别。世界观同人生观和价值观相比，是最为根本的，在“三观”中处于主导和核心的地位，有了科学的世界观，其他就比较容易解决。因此，关键要有一个科学的世界观。[②]

3. 世界观与人生观、世界观与价值观、人生观与价值观的关系

（1）世界观与人生观的关系

世界观是人生观的理论基础，它给人生观提供一般观点和方法论指导，人生观是世界观的一个方面，是世界观在人生问题上的应用和贯彻。一般来说，有什么样的世界观，就会有什么样的人生观。马克思主义哲学作为科学的世界观，它内在地包含对人和人生的科学理解，是关于人的本质和价值、人生的目的和理想，以及人的自我发展、自我创造和自我实现的哲学层次的表达。马克思主义的世界观是指导人生的科学理论和根本指南。人生观对世界观也有影响，一个人的人生观是世界观的体现和重要组成部分，一般来说，人生观正确的人容易接受科学的世界观，而人生观不正确的人，则容易受错误的世界观的影响，所以，正确认识人生观问题有助于树立科学的世界观。

（2）世界观与价值观的关系

世界观是形成价值观的基础，世界观不同，价值观也就不同，因为怎样进行价

① 温克勤. 世界观、人生观、价值观的辩证统一［J］. 理论与现代化，1997（2）：8-9.
② 李抗美. 安徽省世界观、人生观、价值观讨论会综述［J］. 道德与文明，1991（5）：46-47.

值评价首先是一个世界观问题，价值本身反映的是主体即人的需要和客体即事物的属性之间的关系。所以，一个科学合理的价值评价、价值认识，必须符合两项要求：一是对客观事物属性的正确认识；二是对人的需要的正确认识。前者是形成正确评价的基础，后者是其必备的条件。无论是对客观事物的认识，还是对人的需要的认识，都首先是世界观问题，只有对世界、对人与世界的关系有一个正确的认识，才可能形成正确的价值观。同样，形成了正确的价值观，会使世界观更丰富、更完善。

（3）人生观与价值观的关系

人生观与价值观也是统一的。价值观是人生观的基本内容，人生观内在地包含价值观，正确的人生观有利于指导人们从集体和社会整体需要出发去看待事物对人的效用关系，从而把人生价值的真正意义看作对社会的贡献，以形成科学合理的价值评价。正确的价值观有利于人们客观地分析人自身的价值，树立正确的人生观。

综上所述，世界观、人生观、价值观虽然各有自己特定的内涵，但三者是统一的、不可分割的。[①]

（三）案例解析

1.“三观”不正确引起的信任危机

“老人摔倒无人敢扶”就是因为没有树立正确的世界观、人生观、价值观而出现的例子。

“南京彭宇案”是“老人摔倒无人敢扶”事件的初始。2006年11月20日上午9点30分左右，在南京市83路公交车水西门广场站，两辆83路车一前一后进站。南京市民彭宇在第一辆车上，车进站后，后门打开，他第一个下车。66岁的老人徐寿兰拎着保温瓶，赶去搭乘第二辆车，她行至第一辆车的后门附近位置时跌倒。徐寿兰如何跌倒，她与彭宇是否发生相撞，没有任何第三方能提供确凿证据。此案唯一的目击证人陈老先生在案发时也参与了救助，据称当时他也没有看到徐老太是如何倒地的，在他看到彭宇上前帮忙后，自己也上前帮忙，并打电话叫老人的儿女过来，整个过程大约半个小时。彭宇将徐寿兰扶起送往医院，检查结果表明徐寿兰股骨颈骨折，需进行人工股骨头置换手术。诊断结果出来后，徐寿兰向彭宇索赔医疗费遭到拒绝，并在各种调解失败后，向鼓楼区法院提起民事诉讼。彭宇则称自己好心帮助那位老太太，将她扶起送她去医院，却反被诬告。案件被媒体曝光后，迅速成为热议的网上话题，一些网友表示相信并支持彭宇，并感慨现在好人不好做。对于以后遇到有老人摔倒的情况是否上前救助，网上展开了激烈辩论，这一案件被网友称为“南京彭宇案”。2012年，南京市委常委、市政法委书记刘志伟在接受采访时向记者介绍了“彭宇案”的基本事实，指出彭宇确实与当事人碰撞。

自此案件之后又发生了多起反响很大的类似案件。例如，2009年11月14日，重庆市万州区分水中学15岁的初二男生万鑫，在回家途中扶起一名摔倒的老太，

① 艾群．考必胜 高二政治［M］．长春：吉林教育出版社，2002：158-159.

不料被老人和其子女说成是肇事者被告到法院要求其父母赔偿。2011年8月27日，江苏省如皋市南通汽运集团飞鹤快客公司司机殷红彬在驾驶途中，看到一名年迈的老人摔倒在张黄立交桥上（高速公路），他将车停稳后，下车将老人扶起并交由路过的村民送医。老人石某随后指认殷红彬是肇事者，其子随即报警。好在车内有监控录像，殷红彬整个救人过程被记录了下来，车上乘客也证实殷红彬是救人而非肇事逃逸。事情经中央电视台披露后引起广泛关注，石某及其子在电视节目播出后突然改口，承认司机殷红彬是救人者。2011年10月13日，2岁的小悦悦在佛山南海黄岐广佛五金城相继被两车碾压，7分钟内18名路人路过但都视而不见、漠然而去，最后一名拾荒阿姨陈贤妹上前施以援手，引发网友广泛热议。10月21日0时32分，小悦悦经医院全力抢救无效离世。

做好事反被讹诈的结果就是使社会陷入了信任危机，让人们对老人摔倒扶不扶产生了疑虑，其最终的后果就是导致像小悦悦这样的惨案发生。究其根源，就是那些被扶反而进行讹诈的老人及其家人们没有正确的世界观、人生观、价值观，在关乎利益得失的关键之时表现出严重的损人利己倾向。如果人们有了正确“三观”的引导，就会常怀感恩之心，对帮助自己的人心存感激而不是伤害，也不至于陷我们的社会于信任危机之中。在社会主义体系之下，诚信价值观应当是全民共同遵守、共同维护的价值体系，只有人人平等，人人尊重，不会因一己私利而抛弃诚信价值观，才能让诚信真正深入人心、充满人间。

2.“三观”不正确引起的贪污腐败

2014年10月16日中央纪委监察部网站披露，教育部组织召开了直属高校科研经费管理情况第二批专项检查动员部署会，对30所直属高校的科研经费管理情况进行了专项检查。会上通报了4起典型贪腐案例：浙江大学原教授陈英旭将科研经费划入自己控制的公司，贪污945万余元，被判刑10年；北京邮电大学原教授宋茂强借用他人身份证件办理银行存折冒名领取劳务费，将68万元科研经费据为己有，被判刑10年6个月；北京中医药大学原教授李澎涛、王新月夫妇以虚假采购耗材的方式向一家生物技术公司支付264万余元，构成贪污、受贿罪，被法院分别判处有期徒刑11年和5年；山东大学原实验动物中心主任刘兆平采取虚开发票的方式，骗取科研经费等公款341.8万元，被判刑13年。

与之相似的事件近年频繁发生，有的官员贪污腐败的案件尤其严重，究其原因就是涉案者没有树立正确的世界观、人生观、价值观，没有树立“为人民服务”的理念，在金钱和权利中迷失了自我。

3.“三观”不正确引起的社会不平

2014年5月28日，山东省招远市一家“麦当劳”快餐店内发生了一起命案。犯罪嫌疑人张立冬等6人，为宣扬邪教、发展成员，在招远市罗峰路麦当劳快餐店内向周围就餐人员索要电话号码。当索要被害人吴硕艳（女，35岁，山东省招远市人）的电话遭其拒绝后，张立冬等人认为其是“恶魔”“邪灵”，应将其消灭，遂实施殴打，致被害人死亡。2014年8月21日，该案在山东烟台市中级人民法院第一审判庭公开开庭审理。10月11日，该案在烟台市中级人民法院第一审判庭公开宣判。张帆、张立冬被判处死刑；吕迎春被判处无期徒刑；张航、张巧联分别被判处有期徒刑10年和7年。在审判过程中，被告人不但不承认故意伤人，而且在陈述案件时还不时露出笑容，其扭曲的世界观、人生观、价值观令人唏嘘。

近年来，因为“三观”不正引发心理问题而伤人致命的事件也时有发生，从学生到各类社会人士均有涉及。2004年，云南大学的马加爵仅因为打牌时与同学发生口角，就杀害了4名同学；2010年，药家鑫在驾车撞人后不但不及时将伤者送往医院，反而又将伤者刺了8刀致其死亡，随后逃逸；2013年，复旦大学医学院硕士生黄洋中毒身亡，而涉嫌投毒的犯罪嫌疑人恰恰是被害人的室友林森浩，在案件陈述过程中，林森浩表示其杀人动机仅是因为看不惯黄洋，而决定投毒是出于愚人节整人的想法；2013年，厦门一辆BRT公交车突然着火造成48人死亡，而造成这一重大伤害事件的纵火犯陈水总纵火的原因是自感生活不如意，悲观厌世。2018年10月28日，重庆万州22路公交车在长江二桥坠入江中，据监控显示，坠江原因是一女乘客与司机发生争执，最后导致车辆失控意外发生，驾驶员和14名乘客全部遇难。让人没想到的是，2020年贵州又上演了一起公交车坠湖事件。而这桩悲剧的发生，是因为司机对社会不满从而产生报复心理，想要拉上一车人陪葬，最终导致21人死亡，15人受伤。

因为报复心理、嫉妒心理、厌世心理等不良心理造成的伤害案件不断发生，如果涉案者能够树立正确的世界观、人生观、价值观，积极地面对生活，处理好人际关系，正确地剖析问题，就不会发生这些悲剧了。

思政链接3-2　新时代大学生的价值观

二、综合素养

人的综合素养也会影响人的情绪。综合素养高的人，一般拥有广博的知识、较强的表达与沟通能力、良好的心理素质，这些对一个人的工作和生活会产生积极作用。与知识面狭窄的人、缺乏表达与沟通能力的人及心理素质不好的人相比，他们的层次、境界、情操、内在的魅力乃至工作生活都不一样。前者，工作生活比较顺利，遇到问题也可以直面并解决，因此很少会有不良情绪产生；后者则相反，他们工作生活不太顺利，遇到问题容易急躁，也较容易产生不良情绪。

三、性格特性

不同性格的人面对同一情景会有不同的认知反应，也会产生不同的情绪反应。A型性格者给人的印象是严厉的，有成就取向，极易变得具有敌意和攻击性；B型性格者则是悠闲轻松的、有耐心的、能容忍的，他们很少感到有压力；C型性格者是被动的、无助的、谦逊的、顺从的，他们容易压抑情绪，而且压力越大越是如此。[①]

现实中的人，如果为A型性格，那么他趋向于获得成就感，当遇到困难而没有达成自己的愿望时，很容易变得愤怒；如果为B型性格，那么他具有耐心、容忍性和轻松感，面对问题时能耐心去解决，不易产生愤怒情绪；如果为C型性格，那么他比较顺从、被动，遇到问题时倾向于逃避，使问题堆积下来，这容易导致抑郁情绪的产生。

第二节　自我情绪管理的方法和对策

一、自我情绪管理的方法

每个人都有自己的情绪形态与模式，在愤怒之时乱发脾气会影响人际关系，不发脾气、长期压抑又会伤害自己的身心。也就是说，无论你是哪一种情绪形态，都存在一个控制与开发的问题。一个人在青年时期学会自我情绪管理的方法更有意义。

自我情绪管理主要有以下几种方法：

（一）数颜色法

美国心理学家费尔德（L. Felder）提出了一种控制情绪的有效方法，即数颜色法。其操作方法是，当你不满某个人或某件事而感到怒不可遏、想要大发脾气时，如果可能的话，暂停手中的工作，独自找个没人的地方，不论是办公室、卧室或是洗手间都可以，做下面的练习：首先，环顾四周的景物，然后在心中自言自语：那是一面白色的墙壁，那是一张浅黄色的桌子，那是一把黑色的椅子，那是一个绿色的文件柜……一直数30秒左右。如果你不能立即离开令你生气的现场，如正在听主管领导的批评或父母大人的教训，那么你也可以就地进行以上练习。这就是数颜色法。

也许有人会问："这方法行吗？是否有点荒谬？"其实这个方法大有学问。它是运用生理反应来控制情绪的一种方法。一个人在发怒时，肾上腺素的分泌使得肌肉拉紧，血流速度加快，在生理上做好了"攻击"的准备。这时，随着愤怒情绪的升高，注意力就转移到了内心的感觉上，理性思考的能力因而减弱，某些生理功能也暂时被削弱。运用数颜色法可以强迫自己恢复灵敏的视觉功能，使大脑恢复理性思考。因此，当你数完颜色时，心情就会平静一些，这时再想想，你该怎么应付眼前的情况。经过这一短暂的缓冲，你就能以理智的态度去面对环境了。所以，此种方法特别适合暴躁型的人控制自己的情绪。

---

① 蔡秀玲，杨智馨．情绪管理［M］．合肥：安徽人民出版社，2001：86；193.

（二）情绪日记法

情绪日记不是一般的日记，记的是每天自我情绪的情况，即每天发生了什么事，我有什么感觉，甚至将一些微小的感觉也要记录在案。这是心理学家们对控制迟钝型情绪提供的建议。事实证明，压抑不是解决问题的办法，因为你当时没有发脾气，克制住了自己，但愤怒的情绪仍然存在，日积月累，到最后实在压抑不住了，一旦发泄出来，就如同火山爆发，十分可怕，不但自己会受伤，对方更难以承受。这一点须特别引起迟钝型人的注意。正如人们所说的，某先生脾气很好，但一旦发起脾气可就不得了。这就是迟钝型人的情绪特点。因此，情绪日记法是迟钝型人控制自己情绪的一种有效方法。

（三）暗示调节法

自我暗示是改变自己情绪的有效方法之一。其基本的做法是自己给自己输送积极信号，以此来调整自己的心态，改变自己的情绪。具体的暗示方法有多种。比如，早上起床时，就开始给自己暗示：今天我心情很好！今天我很高兴！今天我办事一定顺利！今天我一定有好运气！……要不断地给自己暗示，使自己的潜意识接受这些信号。这将对你一天的情绪有很大的影响，使你能够心情愉快、精神饱满地去从事各项工作。

（四）运动纾解法

心理学专家温斯拉夫研究发现，最好的情绪纾解方法之一是运动。人们在沮丧或愤怒时，生理上会产生一些异常现象，这时可以通过运动，如跑步、打球、打拳等方式，使生理恢复原状。生理得到恢复，情绪自然也就正常了。有的公司就是利用这一方法来消除员工的不满情绪的。例如，专门安排一个房间，里面放着公司高级主管的人体模型，当员工对高级主管不满意时，就可到此房间对着高级主管的模型大骂一顿或拳打脚踢一阵，发泄完了，心里感到平衡了，再回岗位继续工作。这就是运动纾解法。

（五）音乐缓解法

音乐具有强烈的情绪感染力，也是缓解情绪的有效方法之一。对于部分人而言，当心情不佳时，听上一曲自己最喜欢的音乐，沮丧的情绪就会烟消云散。喜欢音乐的朋友不妨准备一些自己最喜欢的音乐，心情不好时就放上几曲，以此来调整自己的情绪。

（六）不逃避现实法

保留型或压抑型的人不会将愤怒直接发泄出来，因为他们认为“生气愤怒都是不应当发生的事，不可以乱发脾气”，所以拼命压抑自己的怒气。有些保留型的人在不高兴时，采取离开现场的方式避免正面冲突，想等双方的怒气消失了，冷静下来再说。多数人可能认为，这是一种很好的制怒、避免冲突的方法，但其实并非如此。即使自己一言不发，也在进行着沟通，自己的肢体、表情已经显示出自己的态度。有时不吭声比吭声更气人。例如，因某事你对某人正在发脾气，火冒三丈，对方却极不高兴地说：“对不起，我先走了。”此时，你并未感到对方明事理、想给双方冷静下来的时间；相反，你会觉得对方是在向你宣告“你根本不值得理睬”，还感觉受到了对方“不屑一顾”的羞辱。又如，夫妻争吵时，一方突然起身、用力地摔门而去，这种临时逃避的做法并不能化解彼此间的愤怒，而只是将问题堆积延后。

专家们研究证明，许多人在离去的当时或许庆幸自己避免了一场风暴，但事后再与对方见面时，虽然时过境迁，仍很难找到解决之道。尤其是在逃离现场时，不是一种心平气和的状态，这不但不利于解决问题，反而会使问题更加严重。因此，专家们建议习惯逃避的保留型的人若要解决情绪问题，不妨训练自己在发生问题时慢慢延长待在现场的时间，每次延长一点，如由原先的两秒逐渐改为1分钟、5分钟，乃至10分钟，从而慢慢延长自己面对负面情绪的时间。注意，这里让你延长在场时间，并不是让你留下来大发脾气，同对方针锋相对，你给我一拳，我给你一脚，使争斗继续升温，而是让你留下来采取数颜色法或暗示调节法来恢复理智；或者提醒自己，离开不是最好的方法，因为问题仍然存在，与其不理性地离去，不如留下好好正视问题，与对方理性地沟通、讨论或许更好。更何况忍气吞声久了，很容易造成自己身体上的不适，那就更划不来了。

（七）注意力调控法

人的注意力好比一台摄像机的镜头，关键问题是将镜头对准事物的哪一部分才好。事物的本身有好有坏，对准好的一面令人欢欣，对准坏的一面令人沮丧。这方面的事例在日常生活中随处可见。要想控制注意力，最好的方法便是提问题，因为你提出了问题，脑子便会寻找有关的答案，也就是说，你寻找什么，就会得到什么。如果你提出的问题是：这个人为什么这么讨厌？这时你的注意力便会寻找讨厌他的理由，也不管这个人是不是真的令人讨厌。相反，若是问：这个人怎么这么好？这时你的注意力就会寻找他好的理由。同样是对方的一句话，在寻找讨厌的理由时，这句话就是坏话，没安好心；在寻找好感的理由时，这句话就是好话，肺腑之言。差别之大，其根源只在于一点，就是你的注意力。所以，改变我们情绪最有效且最简单的一种方法，就是改变我们的注意力。

当你情绪不佳时，把注意力调整到你过去的光辉之处，来一段美好的回忆；当你对某人有看法时，把你的注意力调整一个角度，看看此人对你好的一面；当你对某事反感时，把你的注意力调整180度，看看事物的另一面。这样也许能改变你的情绪，使你的心情变得愉快，使你的生活、工作、学习更加顺利。

（八）自我平衡法

有些人的得失心特别重，也就特别容易焦虑、害怕、紧张、恐惧，而且对这些情绪无法控制，所以常因一些工作上的小失误而感到沮丧、自责，认为自己无能、一无是处。其实，很多人或多或少都会遇到这种情况。心理学家们认为，我们之所以对自己施以过度的压力及自责，主要因为我们的潜意识中有一种“我的过错，所有的人都看得到，而且都很在乎；我犯了错，我再也没法在他人面前抬起头来”的想法在作怪。事实上，时过境迁之后，别人可能早就忘了这件事，只有自己一直耿耿于怀，也许一辈子都忘不了。

如此重视的缘由，是视自己为世界的中心，认为世界是绕着自己转的，所以自己有一点错，就是惊天动地、不得了的大事，别人全在注意，自己的一切全完了。真的有这么严重吗？其实别人并没有把你看得那么重要，有缺点、有毛病、工作失误都是正常现象，你会犯错误，别人也会犯错误。

得失心特别重的人的另一个表现，就是全盘否定自己。当自己做某一件事，其结果不理想或遭到失败时，就自惭形秽，认为自己一切全完了。这种自我否定使自己陷入沮丧的情绪之中难以自拔，越想越可怕，焦虑、紧张、恐惧之心日趋严重，情绪越来越差。

事情真有这么严重吗？不妨请你冷静想一想，你会发现其他人和自己一样，或多或少都有过一些失败的经历，谁也不是完人。因此，失败的人、办错事的人并不止你一个，何必为此而烦恼呢。这些行为或现象是在任何人身上都可能发生的，无须过多地自责，但要记住，当下次再遇到这些情况时，勇敢地面对、正确地对待。这样，在日常生活或工作中遇到不顺利的事或遭受挫折时，心态就会平衡，情绪就会稳定了。

二、自我情绪管理的对策

经典文摘 3-1　对自己的情绪负责

“不以物喜，不以己悲”出自北宋文学家范仲淹的《岳阳楼记》，意思是不因外物好坏和自身得失而喜或悲，这在心理学上有更深刻的含义。

一次打车，路遇拥堵，后车不停地按喇叭，司机大发雷霆。我问他为何不开心，他说因为后车按喇叭很吵。但这真是决定性原因吗？我看未必。假如这位暴跳如雷的司机回头一看，按喇叭的人是儿时玩伴，肯定脾气全消，甚至露出笑容。路还是堵，后车还是按喇叭，为何心情变了？因为想法变了。生气是因为想：“那人真烦，明明堵车还催我。”开心是因为想：“按喇叭是在打招呼。”

人的情绪总受外界环境左右，就像《岳阳楼记》所言：“若夫淫雨霏霏，连月不开……感极而悲者矣。至若春和景明，波澜不惊……则有心旷神怡，宠辱偕忘，把酒临风，其喜洋洋者矣。”

情绪不好时，记得要对自己的情绪负责。可以发泄、倾诉，但要把怒气控制在一个“气球”里，坚决不越界。更重要的是换个角度思考。例如，被领导骂会让人不舒服，我们的想法可以是“我真没用”，但也可以是“领导在关注我，只是方式不对”，还可以是“这件事提醒我，沟通出现问题了”。从好的角度理解，对症下药，问题往往迎刃而解。

资料来源　王小雷．对自己的情绪负责［N］．生命时报，2013-09-10（10）．

（一）自我情绪的觉察

情绪的自我觉察能力，即当自己某种情绪刚一出现时便能够察觉的能力，它是情绪智力的核心能力。一个人所具备的能够监控自己的情绪以及了解自己经常变化的情绪状态的直觉能力，是自我理解和心理领悟力的基础。如果一个人不具有这种对情绪的自我觉察能力，或者不认识自己的真实的情绪感受，就容易听凭自己的情绪任意摆布自己，以至于做出许多甚是遗憾的事情来。伟大的哲学家苏格拉底的一句“认识你自己”，道出了情绪智力的核心与实质。

1.有自知之明

《道德经》中写道：“自知者明。”能觉悟到自己的优点和缺点可谓高明。唐代诗人杜牧也有“睫在眼前长不见”的感慨。我们很容易发现别人的长处和短处，但发现自己的长处和短处就如目不见睫一样困难。人们用“贵”字来形容自知之明的难得和崇高。

精选案例 3-3

刘邦和顾炎武

《史记·高祖本纪》载，刘邦在总结楚汉之争的得失时说：“夫运筹策帷帐之中，决胜于千里之外，吾不如子房；镇国家，抚百姓，给饷馈，不绝粮道，吾不如萧何；连百万之军，战必胜，攻必取，吾不如韩信。此三者，皆人杰也，吾能用之，此吾所以取天下也。”

顾炎武在《广师》中写道：“……坚苦力学，无师而成，吾不如李中孚；险阻备尝，与时屈伸，吾不如路安卿……好学不倦，笃于朋友，吾不如王宏撰……”顾老夫子谦逊若此，被誉为“一代通儒”，令人诚服。

资料来源　李隆汉.人贵敢说“吾不如”[J].公关世界，2005（3）：56.

刘邦和顾炎武的身份地位不尽相同，但精神实质是一样的，他们都有自知之明。一个人有自知之明，就能了解自己的位置、工作能力、知识水平、社会关系和家庭社会背景，进而能把握自己的人生，发挥自己的才智，生活得幸福美满。

精选案例 3-4

邹忌

齐威王的相国邹忌长得相貌堂堂，身高八尺，体格魁梧，十分英俊。与邹忌同住一城的徐公也长得一表人才，是齐国有名的美男子。一天早晨，邹忌起床后，穿好衣服、戴好帽子，信步走到镜子面前端详全身的装束和自己的模样。他觉得自己长得的确与众不同、高人一等，于是随口问妻子：“你看，我跟城北的徐公比起来，谁更漂亮？”他的妻子走上前去，一边帮他整理衣襟，一边回答：“您长得多漂亮啊，那徐先生怎么能跟您比呢。”邹忌心里不大相信，因为住在城北的徐公是大家公认的美男子，自己恐怕还比不上他，所以他又问他的妾：“我和城北徐公相比，谁漂亮些呢？”他的妾连忙回答：“大人您比徐先生漂亮多了，他哪能和大人相比呢。”第二天，有位客人来访，邹忌陪他坐着聊天，想起昨天的事，就顺便又问客人：“您看我和城北徐公相比，谁漂亮？”客人毫不犹豫地说：“徐先生比不上您，您比他漂亮多了。”邹忌如此这般地做了三次调查，大家都一致认为他比徐公漂亮。可是邹忌是个有头脑的人，并没有因此沾沾自喜而认为自己真的比徐公漂亮。恰巧过了一天，城北徐公到邹忌家登门拜访，邹忌第一眼就被徐公那气宇轩昂、光彩照人的形象镇住了。两人交谈的时候，邹忌不住地打量徐公，自觉自己长得不如徐公。为了证实这一结论，他偷偷从镜子里面看看自己，再调过头来瞧瞧徐公，结果更觉得自己长得比徐公差。晚上，邹忌躺在床上，反复地思考这件事。既然自己长得不如徐公，为什么妻、妾和那个客人却都说自己比徐公漂亮呢？想到最后，他总算找到了问题的答案。邹忌自言自语地说：“原来这些人都是在恭维我啊！妻子说我美，是因为偏爱我；妾说我美，是因为害怕我；客人说我美，是因为有求于我。看起来，我是受了身边人的恭维赞扬而认不清真正的自我了。”

资料来源　胡水清．中国寓言故事［M］．武汉：湖北人民出版社，1999：144-145.

邹忌倘若没有自知之明，就会自大，看高自己，无法觉察到自己的自满情绪，长此以往，必然造成极坏的影响和不良后果。可悲的是，往往有很多人做不到像邹忌这样理智，不能正确认识自己，从而使自己的一生受到负面影响，这些人都是因为高估了自己反而损害了自己。有的父母望子成龙、望女成凤，但是对子女真实的能力不了解，片面要求孩子上好高中、好大学，脱离实际，最后往往竹篮打水一场空。不少大学毕业生高估自己的能力，对自己进入社会的第一份工作期望太高，最后宁可待业在家，成为“啃老族”，也不肯从低层次干起、奋发向上。这样的例子数不胜数，究其根本就是没有自知之明。只有清楚自己的能力、优势和劣势，才能知道该不该做、怎么去做，才能悟出做人的道理，进入更高的境界。

现代社会学告诉我们，一个人的成功与智商有密切关系，但是更重要的因素是情商。约翰·梅耶（John Mayer）和彼得·萨洛维（Peter Salvoey）认为，情商是人的一种能力，即观察和辨明自己和他人的感情与情绪，并区别对待，然后利用这些信息指导自己的思想和行为的能力。因此，有人认为，可以把情商看作如何有效地控制他人以及自己的情绪的能力。①

情商高的人最重要的是有自知之明。他们了解自己的优点和缺点，能换个角度考虑问题，知道自己的行为是如何影响自己和他人的，即情商高的人不仅能了解到是什么让他们产生了种种情绪，还能明白他们对这种情绪产生的各种反应会带来什么样的影响。相反，情商低的人没有自知之明，不知道自己的情绪和言行会带来什么影响，他们没有能力改变自己的行为，更没办法获得想要的结果。最后，误解、分歧丛生，脾气不受控制，无法管理好自己的情绪。可见，正确认识自己、有自知之明是情商的一个重要组成部分。

只有及时觉察自己的情绪，才能进行良好的自我激励和调控，最终管理好自己

① 宋犀坤．管理你的情绪［M］．北京：法律出版社，2010.

的情绪。要知道，人是一定会有情绪的，压抑情绪反而会带来更不好的结果。学着体察自己的情绪，是情绪管理的第一步。例如，我为什么这么疲倦？我为什么生气？我为什么觉得无助？这时，最重要的事情是放下一切，体察自己的真正情绪，凭借对自己内在“冰山”的探索，更进一步了解自己，学会自我减压，保持一种稳定而乐观的情绪。[①]

2.避免妄自菲薄

妄自菲薄，就是过分看轻自己，是一种消极的自我评价、自我意识。妄自菲薄出自诸葛亮的《前出师表》：“诚宜开张圣听，以光先帝遗德，恢弘志士之气，不宜妄自菲薄，引喻失义，以塞忠谏之路也。”清刘鹗的《老残游记》里也写道：“天地生才有限，不宜妄自菲薄。”妄自菲薄的人都觉得自己低人一等，自惭形秽，悲观失望，不思进取。

妄自菲薄并不可怕，可怕的是沉浸在妄自菲薄的世界中不能自拔，永远挣扎在自卑的深渊里，而现实中不乏从自卑中坚强地走出来的例子。

精选案例 3-5

林肯的美国总统之路

1809年，林肯出生在寂静荒野上的一座孤独的小木屋中。1816年，7岁，全家被赶出居住地，经过长途跋涉，穿过茫茫荒野，才找到一个栖身的窝棚。1818年，9岁，年仅34岁的母亲不幸去世。1826年，17岁，已经什么农活都能干了，经常帮人打零工。1827年，18岁，自己制作了一艘摆渡船。1831年，22岁，经商失败。1832年，23岁，竞选州议员，但落选了。想进法学院学法律，但进不去。1833年，24岁，向朋友借钱经商，年底破产。接下来花了16年，才把这笔债还清。1834年，25岁，再次竞选州议员，竟然赢了。1835年，26岁，订婚后即将结婚时，未婚妻死了，因此心也碎了。1836年，27岁，精神完全崩溃，卧病在床6个月。1838年，29岁，努力争取成为州议员的发言人，没有成功。1840年，31岁，争取成为被选举人，落选了。1843年，34岁，参加国会大选，又落选了。1846年，37岁，再次参加国会大选，这次当选了。1848年，39岁，寻求国会议员连任，失败了。1849年，40岁，想在自己所在的州内担任土地局长，被拒绝了。1854年，45岁，竞选参议员，落选了。1856年，47岁，在共和党的全国代表大会上争取副总统的提名，得票不到100张。1858年，49岁，再度参选参议员，再度落选。1860年，51岁，当选美国总统。

资料来源 魏娜. 成长维生素：影响青少年的99个哲理故事［M］. 北京：西苑出版社，2005：112-114.

林肯的一生，堪称坎坷至极，但可贵的是他从未放弃，虽然心碎，但依然火

① 谢小青. 大学生情绪管理的现状与对策分析［J］. 教育与职业，2011（6）：82-84.

热；虽然痛苦，但依然镇定；虽然崩溃，但依然自信。对付失败的办法就是屡败屡战，永不放弃。

尺有所短、寸有所长，我们要正确认识自己，认清自己的优缺点。同时，在任何时候我们都应该树立自信。焦虑、沮丧等情绪在很大程度上是由当事人缺乏自信引起的。只有树立了自信才能摆脱妄自菲薄的心理。具体对策如下：

（1）关注自己的优缺点

任何人都有成功的经历，要相信自己，充满自豪感。谦虚是优点，但过度谦虚并非好事，人绝不能过分贬低自己。如果一直考虑自己的缺点和不足，就会一蹶不振，再难成功。我们可以记下自己成功的事迹，当我们自卑的时候就看看这些事迹，自我鼓励，走出困境。

（2）多和自信的人来往

多和自信自强的人在一起，长此以往，自然而然就会受到他们的影响，我们也逐渐会成为与他们一样的人。如果总和自卑、妄自菲薄的人在一起，我们也会受其影响，沉浸在自卑中不能自拔。

（3）自我心理暗示和自我激励

要不断对自己进行正面心理强化，避免负面暗示。当我们碰到困难时，不能轻易放弃，要对自己说："我能行，我能做到！"重复说鼓舞自己的话，是一种很重要的自我正面心理暗示和激励，有利于不断增强我们的自信心。

（二）自我情绪的激励

1.不要被完美所累

完美主义是一把"双刃剑"，它可以使人不懈追求、不断前行，以认真谨慎的态度去做事、做人，但是，随着心理学的发展，心理学家提出了"消极完美主义"的概念，发现过度追求完美会给自己、家人、朋友都带来伤害。

在心理学上，完美主义是指一种认知-情感模式，具有这种模式的人存在比较严重的"不完美焦虑"。他们做事犹豫不决、过度谨慎、害怕出错，过分在意细节和讲求计划性。为了避免失败，他们将目标和标准定得远远高出自己的实际能力。心理学家将这种完美主义定义为"消极完美主义"。很显然，消极完美主义的突出特点不是"追求完美"，而是害怕不完美，这是一种消极的认知-情感模式。大量研究证实，消极完美主义与强迫性神经症（强迫症）有关，也是强迫型人格的典型特征之一。

有个人要在客厅里挂一幅画，请邻居来帮忙。在墙上找好了位置，正准备砸钉子，邻居说："这样不好，最好钉两个木块，把画挂上面。"那个人遵从了邻居的意见，让他帮着去找木块。木块很快找来了，正要钉，邻居又说："等一等，木块有些大了，最好能锯掉点。"于是邻居便四处去找锯子。找来锯子，还没有锯两下，邻居说："不行，这锯子太钝了，得磨一磨。"邻居家有一把锉刀，锉刀拿来了，邻居又发现锉刀没有把柄。为了给锉刀安把柄，邻居又去校园边上的一个灌木丛里寻找小树，要砍下小树时，邻居又发现那把生满铁锈的斧头实在是不能用。邻居又找来磨刀石，可为了固定住磨刀石，必须制作几根木条。为此他又到外面去找一位木匠，说木匠家有现成的。然而，这一走，就再也没见他回来。当然了，那个人还是一边用一个钉子把那幅画钉在了墙上。他下午再见到邻居的时候，邻居正在帮木匠架一台笨重的电锯呢。这个例子中的邻居就是个完美主义者，他凡事务求精益求精，却没有把事情办成，还凭空找了不少麻烦。[①]

很多人认为追求完美才更可能获得成功，可是现实中，试图达到完美境界的人获得成功的机会可能更少。追求完美可能给人带来莫大的焦虑、沮丧和压抑感。

要克服消极完美主义需要从三个方面去想：

（1）在个体层面，必须对严重的消极完美主义者进行心理治疗

消极完美主义者往往对事物的基本形状是否完美也过分在意，他们经常报告自己在面对不完美的物体时心脏有撕扯、扭曲和割裂等感觉。这充分说明了消极完美主义者观察和对待不完美事物时的排斥、拒绝的心态。为此，心理咨询师要采用内感脱敏的方法帮助他们摆脱消极完美主义的思维困扰，先帮助他们摆脱对具体的不完美事物过分敏感的心理，然后在此基础上，将治疗逐渐延伸至改善他们对抽象事物的感知上，如计划的完整性、人际关系的完美等，以达到在深层认知上对消极完美主义的脱敏治疗的目的。

（2）在家庭层面，应当从改善父母的教养方式入手

在中国社会的独生子女家庭，孩子的成败就是整个家庭的成败，这使得家长对孩子寄予较高的期望，在抚养及教育孩子的过程中生怕出错，无形中便制造了一种痛恨错误、处处追求高标准的家庭教育氛围。在这种教育氛围中长大的孩子被塑造成为消极完美主义者是不足为奇的。因此，父母在教育孩子的过程中应当避免不良的教养方式。具体对策如下：

第一，父母要避免自己的消极完美主义倾向对孩子造成影响，在孩子面前不要过分表现自己对失败的恐惧。

第二，父母要允许孩子犯错，多将自己的关注点放在孩子取得的进步而非所犯的错误上，实行鼓励教育。如果孩子犯了错误，就要帮助孩子从所犯的错误中积极反思、汲取经验，使孩子从失败中学习人生哲理，这样会在潜移默化中引导孩子将更多精力放在追求成功上，而不是因害怕失败而战栗、恐慌。

第三，父母给孩子制定的目标应是适当而非过高的，这样可以让孩子渐渐养成制定恰当目标的习惯，增加其通过努力实现目标的机会，享受到更多的成就感，拥有“静心于过程，坦然于结果”的良好心态，这样培养出来的孩子也就自然不会变成消极完美主义的牺牲品。

（3）在社会意识层面，应当在社会文化的引导上下功夫

当今社会文化中存在鼓吹完美的倾向，一个人如果少犯错误、做事完美，就容易获得更多成功机会，特别是学历等级观念与求职择业的潜规则过分强调只有学业

① 毋栋．你怎能不懂心理学［M］．天津：天津科学技术出版社，2009：204．

优异才能找到好的工作、过体面的生活，这样的理念让那些“落后生”不仅在学业领域饱受自尊丧失之痛，而且不得不面对找不到好的工作机会、没有好的生存条件等现实困境。如果社会文化追捧学业上的绝对完美，不允许孩子在成长过程中有缺点产生，就会使得消极完美主义在社会大环境中蔓延，造成年轻人过度竞争、浪费时间，以及普遍的心理耗竭等恶果。特别是当这种动机被不断地泛化到指向他人的消极完美主义情结时，个体还会对他人苛刻要求。可想而知，在社会群体中，这种“严于律己”又不能“宽以待人”的个体越多，人际摩擦就越多，社会不和谐、不安定的隐患也就越多。所以，消极完美主义与社会文化密切相关，克服消极完美主义需要整个社会的努力。社会文化应当允许不完美的存在，并给人们改正错误的机会，让青年人学会以积极的态度接纳“错误”。①

2.知足才能常乐

快乐=物质÷欲望，这是美国经济学家萨缪尔森提出的快乐方程式。从经济学的观点看，物质消费越大，欲望越小，快乐就越大，这正应了中国人的一句古话“知足常乐”。“知足常乐”出自《老子》第四十六章：“祸莫大于不知足，咎莫大于欲得。故知足之足，常足矣。”意思是说：祸患没有大过不知满足的了，过失没有大过贪得无厌的了，所以知道满足的人永远是觉得快乐的。

提到“知足者常乐”，用一生践行的莫过于我国著名的田园诗人陶渊明。他在众多诗篇中都表达了他崇尚自然、追求心灵自由、知足常乐的心态。如他在《五柳先生传》中写道：“不戚戚于贫贱，不汲汲于富贵。”在《归园田居》中又写道：“少无适俗韵，性本爱丘山。”在13年的官宦生涯之中，他不仅壮志无法施展，而且不得不在苟合取容中降志辱身，和一些官场人物虚与委蛇。在41岁时他因不愿为五斗米折腰，上任彭泽县令80多天就解印挂职而归，从此走上了归隐田园之路，追求“暧暧远人村，依依墟里烟。狗吠深巷中，鸡鸣桑树颠”的田园乐趣。尽管生活贫困交加，一度靠着亲友接济度日，“弱年逢家乏，老至更长饥。菽麦实所羡，孰敢慕甘肥”，但他不受“嗟来之食”，拒绝权贵的馈赠，显示出君子固穷的气节，在63岁时淡然离世。李白、杜甫、白居易、苏轼、陆游等大诗人，都高度评价陶渊明的为人和诗作。苏轼曾这样评价陶渊明：“欲仕则仕，不以求之为嫌；欲隐则隐，不以去之为高。饥则扣门而乞食；饱则鸡黍以迎客。古今贤之，贵其真也。”晚年苏轼在《与苏辙书》中也说：“深愧渊明，欲以晚节师范其万一。”

《老子》一书中写道：“知足者富，强行者有志。”意思是：能明白真理满足不贪的人即算富有了，能够自强向大道去推行的人，就是真正有志气的人。名、权、利都是过眼云烟，不管是帝王将相还是平头百姓，百年之后都化作飞灰，这些皆是生不带来死不带去的东西，知足了，就能过得更轻松自在。知足并不是阿Q的精神胜利法，而是一种自我心理调整，是获得心理平衡、内心平静的安慰良药。

① 佚名. 消极完美主义：社会文化中存在鼓吹完美的倾向［N］. 光明日报，2012-06-18.

一个人不能有过分的贪婪行为，不能有脱离实际的梦想，也不能有好高骛远的追求，应该有切合实际的目标，只有这样，才能使自己的奋斗有成就感，有前进动力，否则，将会使自己失去信心、耐心，反而没有好的结果。当然，知足常乐不是裹足不前，而是要根据自己的实际能力、实际条件确定切合实际的目标。在现实社会中总是有些人将快乐建立在不断追求和争取的过程中，无法肯定自己到哪一步才会知足，心理上承受重压，处于焦虑、急躁状态，导致吃不香睡不好，甚至影响健康。现在都市人都急需减压，从知足开始是一种明智之举。

知足是一种处事习惯，只有知足了才能获得长久的快乐，对内发现自己内心的平静和愉悦，对外发现世界的美好与平和。只有懂得知足，我们才能用超脱自我的心态去面对眼前的一切，不做功利的奴隶，不为世间种种所烦恼、牵挂，以至于迷失自我，沉迷于欲望的海洋，在欲海中挣扎、沉沦；才能在面对纷繁复杂、令人眼花缭乱的物质社会时，保持一颗纯洁的心，执着地追求自己内心的目标；才能宠辱不惊，面对金钱的诱惑、权力的纷争、宦海的沉浮，知道自己内心真正想要的是什么。

3.宠辱不惊

“宠辱不惊”出自《新唐书·卢承庆传》：“初，承庆典选，校百官考，有坐漕舟溺者，承庆以‘失所载，考中下’。以示其人，无愠也。更曰‘非力所及，考中中’。亦不喜。承庆嘉之曰：‘宠辱不惊，考中上。’其能著人善类此。”它的意思是，无论宠辱，都不在意，用来形容不因个人得失而动心。明初道人洪应明在论述修养、人生、处世、出世的语录集《菜根谭》中也写道：“宠辱不惊，闲看庭前花开花落；去留无意，漫随天外云卷云舒。”意思是说，为人做事能视宠辱如花开花落般平常，才能不惊；视职位去留如云卷云舒般变幻，才能无意。《老子》第十三章论述了“圣人”不以宠辱荣患等身外之事易其身：“宠辱若惊，贵大患若身。何谓宠辱若惊？宠为下，得之若惊，失之若惊，是谓宠辱若惊。何谓贵大患若身？吾所以有大患者，为吾有身，及吾无身，吾有何患？故贵以身为天下，若可寄天下；爱以身为天下，若可托天下。”

由此可见，古人对于“宠辱不惊”这一人生态度极为推崇，北宋时期著名文学家、政治家、军事家范仲淹就将“宠辱不惊”作为人生理想。“庆历新政”失败后，范仲淹被排挤出朝廷，谪居邓州，在此期间，他写出了千古名篇《岳阳楼记》，通过描绘岳阳楼的景色及迁客骚人登楼览景后产生的不同感情，表达了其“不以物喜，不以己悲”的生活态度和“先天下之忧而忧，后天下之乐而乐”的政治抱负。范仲淹将个人荣辱升迁置之度外的豁达胸襟备受后人推崇。

古有范仲淹，现有国学大师季羡林。作为著名的古文字学家、历史学家、东方学家、思想家、散文家、翻译家、文学家、佛学家、作家，他精通印度语、阿拉伯语、英语、德语、法语、俄语等多种语言，五六十年来笔耕不辍，过耄耋之年仍不放笔，即使在人生最困难的时期，即使高龄身居病房，也坚持写作，在梵学、佛学、吐火罗文、中国文学、比较文学、文艺理论研究等方面做出了巨大的贡献，备受尊崇。然而，他对于名利却得之不喜，失之不忧，生前曾撰文三辞“桂冠”：国学大师、学界泰斗、国宝。在《病榻杂记》中他写道：“三顶桂冠一摘，还了我一个自由自在身。身上的泡沫洗掉了，露出了真面目，皆大欢喜。”这与范仲淹“登斯楼也，则有心旷神怡，宠辱偕忘，把酒临风，其喜洋洋者矣”异曲同工。2006年“感动中国人物”给季老的颁奖词就这样写道：“智者乐，仁者寿，长者随心所欲。曾经的红衣少年，如今的白发先生，留德十年寒窗苦，牛棚杂忆密辛多。心有良知璞玉，笔下道德文章。一介布衣，言有物，行有格，贫贱不移，宠辱不惊。”

宠辱不惊说起来容易，做起来却十分困难。人生在世，难免要与功名利禄、荣辱得失打交道。一般人对于身外的宠辱荣惠十分看重，甚至许多人重视身外的宠辱远远超过自身的生命。功名利禄是人们需要的，但活着不是为了名、位、货等身边之物。要做到宠辱不惊，可采取以下应对之策：

（1）要明白自己的人生道路，不以物喜，不以己悲

不过分看重得意失落，不过分在乎别人的看法。努力奋斗，走自己的路，不要把外界的评价放在心上。

（2）要保护好自己的心灵

要明白自己的价值，无欲则刚，保有一颗不嫉不恨的心。

（3）要做好经受宠辱的准备

挫折、失败、成功、顺境皆是人生经历，必然有外界的褒贬评价，尤其是现今社会，人心复杂，更要经得住考验，调整好自己的心态。宠辱不惊是一种心理状态，一种自我意识、承受能力、成熟程度的表现。挫折和苦难是人生最好的老师，人生的很多顶峰都是从低谷中诞生的。经历了宠辱才能超脱宠辱、超越自己、自我蜕变和升华，达到人生新的巅峰。

4.保持乐观

情绪也好，心境也罢，都是由主体的心理作用或精神力量创造出来的，面对消极情绪的入侵，最大限度地降低消极情绪的危害，缩短消极情绪在我们心中驻留的时间，或者升华情绪的性质，有赖于乐观的人生态度和爽朗的精神世界。[①]

乐观是最为积极的性格因素之一，是一种生活态度。乐观就是无论在什么情况下都保持良好的心态，也相信坏事情总会过去，阳光总会再来。乐观，直白地说，就是有个“美好的信念”，总是相信一些好的东西。一个什么都不信的人，再怎么笑都不是一个乐观的人。当然，有人相信美好，有人相信丑恶。而这种美好，大抵指的是“真善美”。

不幸的人各有各的不幸，快乐的人却有相同的快乐。快乐就像一颗种子，种在人的心底发出芽来，带给你的就是乐观。乐观经过我们的浇灌，会孕育出更多的快乐，快乐将使我们胸襟开阔、神采飞扬，让我们的心变得乐观、自信而坚

① 宋犀坤. 管理你的情绪［M］. 北京：法律出版社，2010.

强，成为内心强大的人。乐观的人面对现实能保持冷静、客观，以积极主动的态度去接受事实，努力改变事实，不追求虚荣，脚踏实地，努力奋发。

保持乐观的具体对策如下：

（1）冷静、客观地面对挫折

面对困境和磨难，乐观的人会分析原因，探索和改进方法，最终战胜困难，如果是不可为的事，他们也能以较好的心态退却，不会以卵击石，并从别的方向寻找新的发展。

（2）心胸豁达

比地大的是天，比天大的是人心。心胸豁达的人是真正的强者，乐观则是他们的情绪体验。乐观者能应付生活险境，掌握自己的命运。邓小平的心胸就很博大，在他80岁高龄时，联邦德国总理科尔问他“长寿秘诀”，邓小平回答说：“天塌下来我也不怕，有大个的顶着。”乐观的人即使事情变糟了，也能迅速做出反应，找出解决的办法，确定新的生活方案。乐观的人不会对事业表现出失望、绝望，悲观的心态泯灭希望，乐观者则能激发希望。[①]

（3）保持生理健康

人类寿命的自然极限应在130岁到170岁之间，但能活到这个年龄的人屈指可数。长期以来，科学家经过大量研究后，开始承认，人的疾病与寿命除了“生物模式”之外，还存在“心理、社会医学模式”。中东地区一位150多岁的长寿者把自己长寿的秘密概括为一句话：“快乐地生活。”研究者发现，老年人在丧偶后的半年里，死亡率比同龄人高出6倍。情绪不仅是一种心理体验，也是一种物化过程。悲观不仅会造成代谢功能的失调，使心率、血压、消化功能等紊乱，而且会使内分泌功能遭到破坏或降低免疫功能。快乐则会使生病的人忘记痛苦，甚至会使生病的人和健康人一样长寿。

（4）营造良好的人际关系

你给予别人欢乐，就会得到欢乐。与人相聚时，你快乐的心情、微笑的表情、诙谐的语言，会像春风一样温暖他人的心，引发大家的笑声，驱除他们心中的烦恼。人们从你这里获得美好的心灵享受之后，对你会油然产生一种感激之情，投来赞赏的目光，会觉得你有一种“精神引力”，愿意与你交往。这样，你会加倍地得到别人带给你的欢乐。

（5）工作上不断长进

知足常乐指的是心平气和地对待当前的各种境遇，确定一个切实可行的可望可即的追求目标，不要奢望过高，也不要贬低自己。乐观地对待自己的工作，是工作顺利的条件，期望过高或总是感到不如意，工作反而会不顺利，进而产生悲观失望之感，陷入一种恶性循环的情绪与行为之中。有一个学生毕业时被分配到了一家基层的工厂。进了工厂后，他每天高高兴兴地上下班，虽然工作很辛苦，但他对自己

---

① 曾文洁，李广明．公务员如何释放自己的抑郁情绪［J］．吉林省社会主义学院学报，2010（3）：45-47.

说“比上学前帮家里种地轻松多了”。在这种乐观的情绪下工作，加上原来的知识基础，一年的转正期一到，他就被提到车间担任统计员。乐观的心态加上自学统计理论，一年后他又被提到计划处工作。这也许是偶然事件，但偶然之中也可以分析出一种必然，乐观的心态对这名学生难道一点帮助也没有吗？其实，乐观与自信一样，可使人生的旅途更顺畅。

美国宾夕法尼亚大学心理学教授马丁·塞利格曼（Martin Seligman）在研究乐观心态激励人心的重要性时发现，对保险公司业务员来说，一些乐观测试成绩高的业务员的业绩比悲观型的业务员第一年超出21%，第二年超出57%。在被一次次拒绝后，悲观的人可能在心里告诉自己“这一行我干不了，一张保单也别想卖出去”，而乐观的人会告诫自己“可能我的方法不对”或者“不过是碰到了一个情绪不佳的客户”。[①]

乐观的人都是幸福快乐的，不管处于顺境还是逆境，想要管理好自己的情绪，使坏事得到逆转，好事再上一层楼，都要做到乐观。乐观指的是一种积极的处世心态。是以平和、宽容、豁达的心去对待周围的世界，还是带着一双愤世嫉俗的眼睛去看待人和事？这两种生活态度使得人的生存状况和人生感受截然不同。精神力量固然不能决定我们的生存状况，但是，它能产生良好的影响还是会使生存状况更加恶化，取决于我们如何调节自己的心境。

5.随遇而安

随遇而安指能顺应环境，在任何境遇中都能满足。“随遇而安”一词出自清代，刘献廷的《广阳杂记》中有“随寓而安，斯真隐矣”的句子；文康的《儿女英雄传》第二十四回中有句话说：“吾生有涯，浩劫无涯，倒莫如随遇而安。”

江苏卫视著名主持人孟非在2011年出了一本自传——《随遇而安》。在这部作品中，孟非讲述了他过往近40年的坎坷人生。在重庆出生，在南京长大，不同的生活环境、不同的文化背景给他的成长带来了深远的影响。学生时代严重偏科，高考落榜。工作之后，从艰苦的印刷工人到电视台临时工，从摄像、记者、编导、制片人到主持人，经历了不同角色。从平凡的临时工到如今得到观众认可的著名主持人，贵在他做到了随遇而安，面对人生的每一次改变，他都淡定从容、坦然面对。

北宋著名文学家、书画家苏轼也始终坚持随遇而安的人生态度。他一生仕途坎坷，屡次遭贬，甚至身陷囹圄，但他没有因为抱负不得施展而对生活失去希望，他寄情于山水、美食，在文学、书画上颇有建树，成为一代文豪、一代词宗，是豪放派词人的代表人物。“白露横江，水光接天。纵一苇之所如，凌万顷之茫然。浩浩乎如冯虚御风，而不知其所止。飘飘乎如遗世独立，羽化而登仙。”“盖将自其变者而观之，则天地曾不能以一瞬，自其不变者而观之，则物与我皆无尽也，而又何羡乎。”从这些诗文中不难见他乐观旷达的个性和随遇而安的人

① 单宝. 不破不立：激发创造潜能［M］. 北京：民主与建设出版社，2002：59.

生态度。

在现实生活中，不如意事十之八九，每个人的生活都不可能永远顺利，在逆境中，如果个人的力量不能改变事情的发展方向，不妨持守随遇而安的心态。那么，怎样才能做到随遇而安呢？具体对策如下：

（1）不能唯意志论

唯意志论就是让客观世界适应自己，一切以自己的意志为转移。唯意志论者最经典的心理反应便是：错的不是我，是这个世界。这是一种彻头彻尾的唯心主义。按照这样的世界观行事，在一定的条件下也许能够暂时成功，但是失败者居多，而且失败者往往遭遇无法逃避的灾难。

（2）在物质需求上要能随遇而安

有的人三餐一定要吃山珍海味，一定要穿名牌，一定要住洋房别墅，如不能如愿，就觉得日子不好过。在收入上，有了几百万元就想要几千万元，有几千万元就想要几亿元，一心钻进钱眼里，更有甚者，为了经济利益，不惜触犯国家法律法规，以至于身陷囹圄。这样的追求，注定会使他的生活不得安宁。

（3）在感情是非里要能随遇而安

人有七情六欲，离不开感情生活，但是，在感情的世界里，好好坏坏、是是非非、善善恶恶，常常没有定论，也无法辨明对错。很多人往往执着于不当的感情，被感情束缚，身心俱疲。只有在感情上随遇而安，才能不患得患失，保持本心不变，最终获得一份宁静。

6.拥有豁达的心胸

人生就像一趟旅程，失意、挫折总会伴随左右。所谓豁达，就是以史为鉴，心胸宽广，能很好地管理自己的情绪、管理自己的生活。心胸之中只能装下柴米油盐，那么就只能得到柴米油盐；若心胸能包容天下得失，那么就能够得到天下人的认同。能舍一池之水，便能做一池之主；能舍一江之水，便能成一江之气。可见，心胸豁达是大修养的体现，更是成就事业的基础。为人处世，豁达的心胸必不可少。

对待生活中种种逆境要有豁达的心胸。自古以来，人们对秋天的印象都是寂寞萧索，而唐朝著名文学家、哲学家刘禹锡一反前人的悲秋观念，歌颂了秋天的壮美："自古逢秋悲寂寥，我言秋日胜春朝。晴空一鹤排云上，便引诗情到碧霄。"这表现了刘禹锡豪迈乐观的心境和豁达的心胸。在《酬乐天扬州初逢席上见赠》中，刘禹锡以"巴山楚水凄凉地，二十三年弃置身。怀旧空吟闻笛赋，到乡翻似烂柯人。沉舟侧畔千帆过，病树前头万木春。今日听君歌一曲，暂凭杯酒长精神"的诗句，表达了他虽置身于巴山楚水的荒凉之地仍乐观开朗、奋发向上的心境。正是凭借宽广的胸襟和豁达的态度，刘禹锡才能在颠沛流离的一生中始终充满对生活的热情。

对待他人要有豁达的心胸。战国时期，蔺相如多谋善辩、胆略过人，在出使秦国、完璧归赵后，赵惠文王封其为上卿，位于廉颇之上。廉颇是位老将军，见蔺相如“徒以口舌为劳而居我上”，十分不满，宣称：“我见相如，必辱之。”蔺相如认为，“两虎共斗，其势不俱生”，他以国家利益为重，处处忍让，始终以豁达的心胸对待廉颇。后廉颇深感惭愧，于是负荆请罪，历史上留下了千古佳话“将相和”。讲胸怀、讲肚量、讲涵养，并不是不讲原则。胸怀是一种姿态，是一种境界。在同学、朋友、亲人、同胞之间，对不同意见者，应采取宽容、谅解的态度。有豁达胸怀的人，具有优秀的理解力和谦让精神。

20世纪初，梁启超和陈寅恪同为清华大学研究院导师。梁启超的声望、资历和年龄都比陈寅恪要高，但他们二人在学术上分歧很大。陈寅恪在学术上锋芒毕露且心高气傲，常在诗文中对梁启超加以嘲讽，但梁启超每次看到后都一笑置之，原则问题不让步，非原则问题不计较，两人关系一如既往。

实例说明，以豁达的胸怀谅解别人的过失，等于给别人留下一个改正的机会，有利于今后双方在各种场合进行良性互动。当然，胸怀是讲原则的，胸怀也是有限度的，过分了就是纵容，也是不可取的。

保持豁达心胸的具体对策如下：

（1）学会辩证地看问题

任何事物都有两面性，无论是只看好的一面还是只看坏的一面，都是不可取的。看到困难的时候要看到机会，一帆风顺的时候也要看到潜藏的风险，这才是明智的。“塞翁失马，焉知非福”，坏事和好事在一定的条件下是可以转换的。懂得这个道理，才能在遇到挫折和困难的时候保持豁达的心胸。

（2）学会自嘲自解

人无完人，每个人都有无法避免的缺陷，这是必然的。不够豁达的人往往自欺欺人，否认这种缺陷，甚至想方设法抵御任何有可能使缺陷暴露出来的外在冲击。久而久之，必然造成情绪失控、心理畸形，对自己对家人造成负面影响。拥有豁达心胸的人在察觉到自己的弱点时，不会掩饰，而是通过自嘲自解轻松地化解尴尬的局面，因为他能够接纳自己的缺陷，懂得那是他的一部分而不是他的敌人。

（3）学会幽默，自我调控情绪

幽默是不良情绪的消毒剂和润滑剂。哲学家把幽默视为“浪漫的滑稽”；医学家认为幽默是人的一种健康机制，是美化心境的良方。幽默风趣的言行不仅可以给人带来愉悦的情绪，而且能化解生活中的矛盾和冲突，化烦恼为欢畅，变痛苦为快乐，将尴尬转为融洽，使沉重的心境变得豁达。幽默能让人变得开朗和轻松，具有维持心理平衡的功能。[①]

（三）自我情绪的调控

1.不要怨天尤人

“怨天尤人”出自《论语·宪问》。子曰：“莫我知也夫！”子贡曰：“何为其莫知子也？”子曰：“不怨天，不尤人，下学而上达。知我者其天乎！”意思是：孔子

① 中国人寿保险股份有限公司教材编写委员会．情绪管理［M］．北京：中国金融出版社，2010.

说："没有人了解我啊！"子贡说："怎么能说没有人了解您呢？"孔子说："我不埋怨天，也不责备人，下学礼乐而上达天命。了解我的只有天吧！"

春秋时期，孔子为实现自己的主张而在各国之间奔波，到处宣讲，然而他的政治主张很少被人认可、采纳，但他从来不抱怨，仍然努力学习，增加自己的学识，从自身寻找原因。在现实生活中，我们也常常遇到挫折，不被人了解，这个时候，我们应当学习孔子，不抱怨上天，不责备他人，不从外在的客观条件中找理由，而是从自身出发去寻找答案，自我反省，从而解决问题。

喜欢怨天尤人的人只知索取，不愿付出；只见问题，不见办法；只会抱怨，不懂感恩。因而，他们要么怨声载道、斤斤计较，要么频繁更换工作，逃避自己应该面对的问题。

做到不怨天尤人的具体对策如下：

（1）正确认识自己

子曰："君子病无能焉，不病人之不己知也。"（《论语·卫灵公》）意思是，君子心中所担心的是自己没本事，从不担心别人不了解自己。只要坚持自我，总有一天会"莫愁前路无知己，天下谁人不识君"。

有这样一则故事：一个年轻人问老者："沙滩上有无数小沙粒，我就像沧海一粟，怎样才能显示出自己的价值呢？"老人捡起一粒沙子，然后撒手扔在沙滩上，这粒沙子便再也找不到了。老人从怀里掏出一颗珍珠，扔在沙滩上，它仍然非常醒目。老人说："如果自己先做成一颗珍珠，还怕别人捡不起来吗？即使别人不了解你也不愤怒，这才是君子的情怀。"不从外在的客观条件中寻找理由，而是从自己的主观考虑出发，在内心对自己进行客观评价，真正建立起自我的判断，这是不怨天尤人的关键。

（2）躬自厚而薄责于人

我们要有一颗平静、自然的心，不仅要有正确的自我价值判断，真正了解自己的能力和位置，还要不断地弥补自己的不足和改正自己的错误。子曰："已矣乎！吾未见能见其过而内自讼者也。"（《论语·公冶长》）意思是说，"算了吧！我没有见到过能够发现自己的错误而做自我批评的人"。有的人因为自己能力不足而做错了事，首先想到的是为自己掩饰，把导致错误的原因推到别人身上，缺少内心自我批判的能力。现在很多人专门将某一天定为"无借口日"，目的是培养自己良好的职业、生活习惯，努力接近孔子所说的"躬自厚而薄责于人，则远怨矣"（《论语·卫灵公》）的境界。不怨天尤人不容易做到。美国心理学家阿尔伯特·埃利斯提出的情绪理论指出，由一个人的负面情绪引发的人生困扰往往不是因为事件本身，而是因为个人的心理状态。判断导致心理状态，心理状态导致情绪，情绪导致困扰。在埃利斯的理论中，并不是事件本身给人造成了困扰，对同一件事，不同的判断会导致不同的情绪。所以，怨天尤人的人看这个世界肯定处处都是狭窄的。如果我们的心达到了一定境界，对别人的责怪少了，做到躬自厚而薄责于人，也就不会怨天尤人了。

2.学会不在意

人的情绪纷繁复杂，总会受各种忧愁烦恼的困扰，忧烦一出现，人的愉悦感便不翼而飞了，天空仿佛一下就灰暗了下来，茶不思、饭不想，工作没有劲头，事业没有心思。种种忧烦缠绕，是因为我们陷入了多余的思虑之中。

精选案例 3-6

荷马克拉的写作

荷马克拉以前在写作的时候常常被纽约公寓热水管的响声吵得快要发疯。蒸汽阀会砰然作响，然后又是一阵噼啪的声音——而他会坐在他的书桌面前气得大叫。后来荷马克拉说："有一次我和几个朋友一起出去露营，当我听到木柴烧得很响的声音时，我突然想到，这些声音多像热水管的响声，为什么我会喜欢这种声音而讨厌那种声音呢？回到家以后，我跟自己说：'火堆里木头的爆裂声是一种很好听的声响，跟热水管的声音也差不多，我该埋头大睡，不去理会这些噪声。'结果，我果然做到了，头几天我还会留意热水管的声音，可是不久我就把它们整个忘了。"

资料来源　卡耐基. 卡耐基成功之道全书［M］. 谢志强，译. 北京：北京燕山出版社，2010：84.

我们常常会在乎一些不应该去在意的小事，甚至因为这些小事发怒，伤害朋友、家人。无数罪犯悔不当初，只因一时冲动犯下不可饶恕的罪行，如果他们能学会不在意，或许几十年的生命轨迹会发生巨大的变化。

生活中，有时我们心眼太小，过分在意身边的琐事，捡了芝麻丢了西瓜反而得不偿失。比如，有些人过分在乎别人说的话、别人看他的眼神，他们喜欢字斟句酌，"折磨"自己，对周围的朋友、家人造成伤害。这类人对别人的过错加倍抱怨，对自己的得失耿耿于怀，不肯失一分利，结果就是贪小便宜而失大利；对周围的一切过分敏感，夸张甚至曲解外来信息，用一种狭隘、幼稚的认知方式给自己建造了一座可怕的心灵监狱。他们不仅自己活得很累，也使周围的人活得很无奈。再比如绩效考核，有人自认为工作勤奋、努力，表现不错，如果有一次考核等级降低了，情绪马上一落千丈，无限伤感，从此一蹶不振。其实，人人都不希望自己的生活中出现烦忧，而事实是没有人的人生能一帆风顺，所以我们要学会不在意。

不在意，就是别把所有的事都当成人命关天的大事，别去钻牛角尖，别死要面子活受罪，别小心眼；别把鸡毛蒜皮的小事甚至名与利的得失一直放在心上；别为一点小事而火冒三丈、大吵大闹，以致因小失大，后悔莫及；别那么多疑敏感，总是曲解别人的意思；别夸大事实，情绪大起大落；也别像林黛玉那样葬花落泪、听曲伤心、多愁善感，一直顾影自怜。不在意，是一种豁达、大度与宽容，"海纳百川，有容乃大"。

黑夜虽然没有白昼那么迷人，没有温暖的阳光，看不到美丽的风景，而且充满重重危机，但它是自然界的规律，你可以愉悦地对待它，也可以愤怒地诅咒它，但是，无论你的态度是什么，你只能接受它，别无选择。一年四季，只有经历过残酷的严冬才有春天的万物复苏。“冬天来了，春天还会远吗?”生活中的琐事无穷多，大部分的事没有绝对的正确或错误之分，只在于我们看待它的角度。是海阔天空，还是缩手缩脚，就在于我们自己。如果能早日认识到这一点，我们就能保持一个良好的人生状态。

我们也许有过这样的经历：在一起聚餐的时候某位家庭成员说了一句不太动听的话，有的人太在意，于是产生种种不快，继而发生争吵，甚至掀翻桌子，拂袖而去，最后大家不欢而散。所以，我们不要对周围的一切都这么敏感，这也是给我们自己的一剂心灵良药，不主动制造烦恼是人生的大智慧。

3.遇事要想得开

精选案例 3-7

苏轼与佛印

苏轼与佛印和尚是好友，两人经常在一起参禅、打坐。有一次苏轼和佛印和尚在树林中打坐，过了很长一段时间，佛印对苏轼说：“观君坐姿，酷似佛祖。”苏轼心中欢喜，看到佛印的褐色袈裟逶迤在地，就对佛印说：“上人坐姿，活像一堆牛粪。”佛印和尚听后微笑不语。苏轼自认为赢了佛印和尚，暗暗得意，回家后告诉苏小妹，想不到苏小妹却说：“心如佛，看人像佛；心如粪，看人像粪。哥哥，你实在是比不上佛印禅师的境界啊!”

资料来源　许士玉，李方凯. 中国文化未解之谜［M］. 北京：北京燕山出版社，2010：136.

这则故事印证了一句佛语：“物随心转，境由心造，烦恼皆由心生。”意思是，环境的美好与恶劣是由心境的快乐与否决定的。这与西方的一句谚语“同一件事，想开了就是天堂，想不开就是地狱”所表达的意思是相同的。这两句话都说明，看待事物的角度决定了一个人所看到的世界与生活的状态。著名的贝克认知疗法也是基于这一观点。美国知名心理咨询师亚伦·贝克（Aaron T. Beck）认为，认知产生了情绪及行为，异常的认知产生异常的情绪及行为。认知是情绪和行为的中介，情绪问题和行为问题与歪曲的认知有关。也就是说，“你看待世界的方式，决定世界对待你的方式”。“想不开”就是人们不合理的认知影响了人们看待事物的方式，进而影响人们的行为。“想不开”轻则容易使人生闷气，影响身体健康，重则可能对自己和他人的生命造成威胁。那么，如何才能做到遇事想得开呢?

从医学角度看，想多了会生闷气，会破坏人的心理平衡和身体的防御机能，通过神经递质和神经内分泌作用，使人体免疫功能减弱，就非常容易引起癌性肿块的形成，特别是消化系统的癌性肿块。生闷气者把不如意的事记在心头，加重了思想负担，这对大脑皮层是一种恶性刺激。如果这些刺激越来越多，越来越强烈、持久，轻者可引起神经衰弱，重者可导致精神疾病，甚至自杀。实验证明，精神压抑能影响消化液分泌，使胃黏膜变白，胃液分泌不足，胃肠蠕动减弱。因此，生闷气会使人的消化功能减弱。人们通常所说的“气得吃不下饭”就是这个道理。如果长期生闷气，情志不舒，就很容易导致气机郁滞、气滞不通，不通则自然就会痛。所以，生闷气的人通常会感到胸部胀闷、走窜痛，同时由于肝气失调，脾的运化功能失常，胃纳下降，最终导致溃疡病的发生。所谓“病从思虑而得”“肺气炸了”即指此而言。[①]

著名心理学家大卫·韦克斯勒（David Wechsler）把常见的“想不开”概括为三种：想多了，就是以偏概全，揪住一点纰漏就把事情全盘推翻；想少了，就是“一根筋”，什么事都非黑即白、没有回旋的余地；想坏了，就是事情有两面，却只想到糟糕的一面。这三种情况都应该进行调整：想多了的人要找证据驳倒自己的不合理认知；想少了的人要不断提醒自己，结果其实还有其他的可能；想坏了的人要寻找事物的积极面。

我们遇事不妨做以下思考：

（1）我有改变的余地吗?

（2）我改变它所消耗的与能够换来的成比例吗?

（3）我放弃和容忍将导致的损失具体是什么?

（4）如果损失的是可以折算成金钱的利益，我会那么需要和依赖这些钱财吗?

（5）如果损失的是增加得分的名声，我会那么需要和依赖这些名声吗？这些增加的名声最终能解决我的什么问题?

（6）如果损失的是减少得分的名声，有多少人会关注这件事？自己不计较的话是否根本就没人在意?

（7）即使事关气节，若干年后是否自有公论?

（8）更多的时候，我们的情绪是否源自最亲近的人和最琐碎的事?

（9）除了向最能接受自己的人发泄，我们还有什么能耐?

（10）除了这些最不值得关注的琐事，难道我们就没有更有意义的事情去关注、思考、努力吗?

（11）长城还在，秦始皇在哪里?

（12）苏格拉底死了，他大概在笑话我们这些活着却莫名其妙地忧郁的人吧?

这样思考之后，或许我们就能冷静下来，遇事不生气，更不会自己寻找琐碎小事来找气生。

4.放下才能得到快乐

人的欲望总是无穷的，有的人以为拥有的东西越多，自己就会越快乐，于是不断追求、不断放大自己的欲望，沉迷欲海而不自知。事实上，我们的烦忧、痛苦、无奈……一切的不快乐都与我们沉迷欲海太深、要求太多有关。我们之所以不快乐，是我们渴望拥有更多或者过于执着，不知不觉，我们已经执迷于欲望本身，而不去思考是否放下。舍得、舍得，有舍才有得，特别是在仇恨、不饶恕这一点上，

---

① 宋犀坤. 管理你的情绪［M］. 北京：法律出版社，2010.

唯有放下才能真正解脱。

精选案例 3-8

法正禅师的妙方

法正是一位德高望重的老禅师，每年都有成千上万的人去请他解答疑问，或者拜他为师。这天，寺里来了几十个人，全都是心中充满了仇恨并因此活得很痛苦的人。他们跑来请法正禅师替他们想一个办法，消除心中的仇恨。

法正禅师听说他们的痛苦后，笑着对他们说："我屋里有一堆铁饼，你们把自己所仇恨的人的名字一一写在纸条上，然后一个铁饼上贴一个名字，最后再将那些铁饼全都背起来！"大家不明就里，都按照法正禅师说的去做了。于是那些仇恨少的人只背上了几块铁饼，而那些仇恨多的人则背起了十几块甚至几十块铁饼。

一块铁饼有两斤重，背几十块铁饼就有上百斤重。仇恨多的人背着铁饼难受至极，一会儿就叫起来了："禅师，能让我放下铁饼来歇一歇吗？"法正禅师说："你们感到很难受，是吧！你们背的岂止是铁饼，那是你们的仇恨，你们的仇恨你们可曾放下过？"大家不由得抱怨起来，私下小声说："我们是来请他帮我们消除痛苦的，可他却让我们如此受罪，还说是什么有德的禅师呢，我看也不过如此！"

法正禅师虽然人老了，但是耳聪目明，他听到了，一点也不生气，反而微笑着对大家说："我让你们背铁饼，你们就对我仇恨起来了，可见你们的仇恨之心不小呀！你们越是恨我，我就越是要你们背！"有人高声叫起来："我看你是在想法子整我们，我不背了！"那个人说着当真就将身上的铁饼放下了，接着又有人将铁饼放下了。法正禅师见了，只笑不语。终于，大部分人都撑不住了，一个个悄悄地将身上的铁饼取些出来扔了。法正禅师见了说："你们大家都感到无比难受了，都放下吧！"大家一听立即将铁饼放了下来，然后坐在地上休息。

法正禅师笑着说："现在，你们感到很轻松，对吧？你们的仇恨就好像那些铁饼一样，你们一直背负着它们，因此就感到自己很难受很痛苦。如果你们像放下铁饼一样放下自己的仇恨，你们也就会如释重负、不再痛苦了！"大家听了不由得相视一笑，各自吐了一口气。法正禅师接着说道："你们背铁饼背了一会儿就感到痛苦，又怎能背负仇恨一辈子呢？现在，你们心中还有仇恨吗？"大家笑着说："没有了！你这办法真好，让我们不敢也不愿再在心里存半点仇恨了！"

法正禅师笑着说："仇恨是重负，一个人不肯放弃自己心中的仇恨，不能原谅别人，其实就是自己在仇恨自己，自己跟自己过不去，自己让自己受罪！仇恨越多的人，他也就活得越苦。一个人没有仇恨之心，他才能活得快乐！"大家恍然大悟。

资料来源　佚名．放弃仇恨 得到快乐 [J]．科学大观园，2009（13）：56.

放得下才能更快乐，才能保持快乐的人生状态，活得才能更健康。在人生的不同阶段，我们都会有不同的体悟，要在每段经历中都学会放下。就像家里的东西，在不断买新的进来的时候也要及时把旧的丢掉，不然家中迟早要成为垃圾堆，甚至影响你的身心健康。而仇恨就是我们人生中不断产生的垃圾，丢掉了一身轻松，堆积在生命里，最后也只会剩下垃圾。幸福的人只记得满足之处，不幸福的人则恰恰相反。所以，放弃得当就会得到快乐。

什么应该放弃？放弃失恋带来的痛楚，放弃屈辱留下的仇恨，放弃心中所有难言的负荷，放弃浪费精力的争吵，放弃没完没了的解释，放弃对权力的角逐，放弃对金钱的贪欲，放弃对名利的争夺……一切自私的欲望、一切不善的想法、一切固执的观念都应该放弃。懂得退才能进，懂得放才能拿，懂得放下人生才有快乐。

复习要点

主要概念

世界观　人生观　价值观　情绪的自我觉察能力　情商　智商　乐观

复习思考题

1. 影响自我情绪管理的因素有哪些？
2. 世界观、人生观、价值观的内涵是什么？
3. 世界观、人生观、价值观的关系如何？
4. 自我情绪管理的方法有哪些？请举例说明。
5. 自我情绪管理的对策有哪些？请举例说明。
6. 一个人应该建立怎样的世界观、人生观和价值观？
7. 如何进行自我情绪的觉察？
8. 如何做到避免妄自菲薄？
9. 如何进行自我情绪的激励？
10. 保持乐观的具体对策有哪些？
11. 如何做到随遇而安？
12. 保证豁达心胸的具体对策有哪些？
13. 如何进行自我情绪的调控？
14. 做到不怨天尤人的具体对策有哪些？

案例分析题　**管情绪和管健康同等重要**

“任何人都会生气，这没什么难的，但要能适时适所、以适当方式对适当的对象恰如其分地生气，可就难上加难。”亚里士多德的这句话道出了情绪管理的本质。管理好情绪，不仅有利于人际关系、家庭和谐，更是对自身健康负责。以下是部分国家和地区对情绪管理做得好的地方，供大家借鉴。

美国：幼儿园就上情绪管理课，控制情感和行为，站在对方角度看问题

情绪管理与身体健康管理同样重要，都需要从小抓起。在美国，几乎所有学生都有机会通过正式课程学习如何管理自己的情绪，这与一直以来美国的校园环境息息相关。

2003年的一项校园情绪管理机构调查显示，美国六至十二年级的学生中，70%的人认为学校没有提供一个充满关爱的环境；另有数据表明，10名学生中至少有1名患有危及校园安全、家庭和社会生活的精神疾病，70%~80%的学生处于情绪崩溃边缘却没能得到适当的精神健康服务。随着美国各大学校各种案件（包括枪杀案、投毒案及自杀事件等）越来越多，美国政府和学校逐渐意识到情绪管理课程的重要性。

从2004年起，美国多数学校开始设置情绪管理课程，主要包括察觉自我和他人的情绪、情绪管理、有效沟通、更有效的团队合作等15个方面的内容。比如，学习如何主动拥抱他人、班级里的所有学生和家长一起做游戏等。课程也可以归纳成三类：情感，主要强调学生怎样认知和控制自己及交际中的情感；行为，旨在教会学生如何控制自己的行为，如何保持冷静；认知，主要是教学生如何正确看待问题，学习站在别人的角度考虑。通常，情绪管理课程从幼儿园开始，一直持续到十二年级（相当于我国的高三），所有学生都参加。有时学校也请家长来参加，覆盖学校、学生、家长三条路线，让孩子从学校、家庭全面落实情绪管理课程所学内容。有的学校还会定时向家长寄送学生的情绪成绩单，使家长实时了解孩子的情绪状况，协助孩子做出适当调整。

圣保罗学校一直在开设该课程，并取得了明显成效。据统计，自从学校开设了情绪管理课，打架事件减少了30%。不仅如此，学生成绩也提高了很多，在科学方面尤其突出。每年在奥林匹克竞赛中获奖的学生人数一直上升，该校也因此成为路易斯安那州有名的私立学校。

德国：呼吸新鲜空气，聆听鸟叫虫鸣，森林医院排解老人孤独

“森林是德国最大的财富。”德国《明镜》周刊如是说。德国不仅努力发展森林经济，还开办数百所森林医院，帮老人排解孤独、抑郁等情绪，促进老人身心健康。

在德国，森林康复养生已有近200年的历史。19世纪40年代初，富裕起来的德国人不少都患上了“城市病”。从那时起，德国就在全球首创了森林医院，目前已建成约350家。森林医院大多位于黑森林、阿尔卑斯山区、哈茨山等森林保护区，主要有四类：综合性森林医院、专科森林医院、疗养性森林医院和自助式森林医院。

位于德国黑森林中的多林根森林医院被郁郁葱葱的森林包围着，病人推开窗户就能看到园子里的花草和远处的森林、山峦，呼吸新鲜的空气，聆听鸟鸣。医院具有治疗、康复、保健和疗养的功能，重点治疗心血管疾病、风湿性疾病、糖尿病等，特别是帮助病人进行情绪管理。与普通医院不同，多林根森林医院主要采取各

种自然疗法，比如古典顺势疗法、理疗等。每天，医生还会带着老人们环山步行，在林中深呼吸、冥想灵修、采野花野果等。老人们还可在医院的农庄里干些农活，如松土除草、侍弄花草，也可以上图书馆看书，去SPA区泡温泉，进行石疗等。晚餐时间，大家能吃到产自黑森林的野生蜂蜜、自己种的蔬菜等。

“住在森林医院每天还能听到各种让人愉悦的音乐，能喝到具有不同功效的地下矿泉水，接触到马、小松鼠等各种动物，并且有专门的医护人员来负责管理，非常有利于情绪稳定和身体康复。”住在森林医院的老人罗兰德对记者说。

多林根森林医院的专家告诉记者，森林产生大量负氧离子，能镇静神经、促进新陈代谢、强化细胞功能。住在这里的老人情绪更稳定，很少出现抑郁、孤独等情绪，老人出院后也能很好地照顾自己的起居。

中国香港：教爸爸学“为父之道”

“养儿一百岁，长忧九十九”。在日常生活中，父母的一句话，一个举动，足以给子女的生活带来积极作用，但也可能令孩子走向负面的极端。

香港生活压力较大，肩负养家重任的爸爸们还需要花不少心思照顾子女。面对种种压力，爸爸们难免遇到各种情绪问题。曾有调查指出，香港80%以上的家长在管教子女过程中有过情绪失控，其中近70%的家长很少或不会向亲友、社工、专业人士寻求协助。鉴于此，2009年起，香港就有慈善机构开始实行措施，改善爸爸们的情绪问题。

吴先生在照顾和管教患自闭症的5岁儿子方面感到身心疲惫。他曾努力参加不同的亲子管教课程以处理儿子的特殊需要，但觉得知易行难。因为在管教儿子时，他常出现极大的情绪波动，无法有效运用所学，所以他感到受挫和内疚。后来，他参加了明爱康复服务中心的一系列“认知疗法”课程，比如和孩子一起做游戏、增进与孩子的互动等，他也努力学习如何有效管理自己的情绪。当他再面对儿子时，的确减少了负面情绪的干扰，也能更有效地应用所学。一段时间过后，他觉得已走出了之前焦虑、无助和内疚等负面情绪的阴霾，并逐步建立起了管教儿子的信心。

除了最早开设“爸爸情绪管理课”的明爱康复中心，不少社区教育机构都开始推行针对家长的教育课程。比较普遍的课程包括教爸爸学会认识情绪、舒缓压力的方法、特殊教育、两性关系和青少年滥用药等内容，颇受好评，被称为教育孩子的“救命稻草”。香港家庭教育学院也设置了情绪管理课，还提供“亲子教育专业证书”等资格认证。课程内容包括鼓励爸爸做CEO式家长、成立儿童自律行为培育小组工作坊等。全香港目前有约100种课程，爸爸们也都开始积极学习“为父之道”。

日本：为员工设发泄室

日本上班族的工作压力很大，如果没有合适的排遣方式，久而久之必然会身心俱疲，严重的还会导致各种精神疾病发作。

日本一些大企业率先在公司内设立了情绪发泄室，屋里摆放各种帮助员工缓解压力的物品，比如供员工踢打发泄的橡胶假人。这件物品尤其受销售部门员工青睐，因为销售员在和客户打交道时难免会遇到不讲理的客户，而日本“顾客至上”的氛围让销售员们再委屈也得忍。现在，销售员们回到自己的公司后就无须再忍了，可以尽情殴打橡胶假人发泄心中郁积的不满。这样，当他们下次再遇到客户时，仍能笑容满面、殷勤备至。

在发泄室里还可以用假机关枪扫射、摔盘子、挤毛豆、砸纸房子等。有些公司还配备了心理医生来主持员工心理健康工作。除了公司内部，不少人也看准了“情绪发泄”的商机，在写字楼林立的地方开办情绪发泄馆，上班族只要交纳一些费用就可以尽情发泄。

资料来源　狄迪. 管情绪和管健康同等重要［N］. 生命时报，2014-05-20（04）.

讨论题：

1. 请运用你所学的情绪管理知识，分析为什么管情绪和管健康同等重要。
2. 结合实际谈一谈如何进行自我情绪管理。
3. 举例谈谈你是如何进行自我情绪管理的。

在线测试

学习困难测试

学习方法测试

学习方式测试

第四章

生活中的情绪管理

问心的道德胜于问理的道德，所以情感的生活胜于理智的生活。

——[中国]朱光潜

能控制好自己情绪的人，比能拿下一座城池的将军更伟大。

——[法国]拿破仑

学习要求

1. 理解和掌握生活中情绪管理的价值
2. 理解和掌握生活中情绪管理的对策

合理地管理情绪，发展人际交往能力，也是情绪管理中非常重要的一个方面。人们在交际的过程中会因为内容和方式的改变而体验到各种负面情绪，反过来，情绪也深深地影响交际的内容和方式等。正确的情绪认知和表达方式可以帮助人们抒发自己内心的感受，增进相互了解和彼此的关系。错误的情绪表达方式往往会让双方出现许多防御性的不良互动，让彼此的关系变得紧张。所以，我们应学习以合理的方式调节情绪。压力太大时，可以适当地用语言、行为来发泄心中的不良情绪，保持心态平衡，这是非常必要和有益的。我们可以采用转移、升华、倾诉和宣泄等情绪调节方法。①

第一节 生活中情绪管理的价值

一、人不应该有心墙②

不知从何时起，“陌生人”成了一个让人望而生畏的词语。“别吃陌生人给的东西”“别轻易理睬陌生人的搭讪”“别给陌生人开门”……每个人心里都绷着这几根弦，将人与人之间的友善和温情拒之千里。

调查显示，八成国人不愿主动与陌生人说话，近四成人很少结识陌生人。《武汉晚报》的一项调查显示，40%的人不认识邻居，也很少主动与邻居交流。记忆中那些在邻居家吃饭、写作业的温情画面正离我们远去。有人形象地比喻：“我们就像把自己装在瓶子里，能看到外面，也渴望交流，却很难走进对方的瓶子里。”

为何人与人的关系日渐疏远？首先，我国社会已从过去的“熟人社会”转变为“陌生人社会”，文化层次的改变让每个人的心态发生了变化。随着人们离开“鸡犬相闻”的村落，不再与邻居共用厨房、卫生间，保护个人空间和隐私更被看重。其次，城市人口流动性强，治安状况堪忧，让大家的防范意识日渐增强，就像给心装上了一道防盗门。近来屡见报端的“扶人者被诬为撞人者”“拾金不昧者反被讨要钱财”等事件更是放大了人与人之间的不信任感。最后，城市竞争激烈，“适者生存”法则迫使人们将更多的时间、精力放在工作上。人人来去匆匆、内心焦虑，没有心情和精力与人沟通。而网上聊天、微博、微信等新型交流方式的兴起，让交往趋于表面化，沟通也变得“高效”，却让人难以捕捉到真情实感。

教育辨别能力有限的孩子不轻信陌生人是有必要的，但如果社会普遍形成一种过度自我保护、互不信任的风气，我们引以为傲的中华传统美德就会受到冲击，出现人性冷漠，甚至道德滑坡的现象。

尽管多数都市人还在“瓶子里”，但厦门一项调查显示，超九成人表示有机会的话，愿意结识邻居。可以看出，我们内心深处希望打破心墙。首先，我们要对交往充满期待，始终以善良、包容的心态面对每个人。就像美国社会学家肯特·基思

① 谢小青．大学生情绪管理的现状与对策分析［J］．教育与职业，2011（6）：82-84．
② 应颖．都市人不该有心墙［N］．生命时报，2013-06-11（10）．

（Kent Keith）博士在《好人必读》一书里所说的："即使做好事被认为动机不纯、别有用心，也还是要做；你今天行的善事，即使明天就被人忘记，也还是要做……"其次，不妨学学"陌生人社交"，见到邻居主动打个招呼。社会也要大力推行诚信、道德教育，建立公正、权威的社会制度，让不诚信的人受到制裁。只有这样，才能让阳光洒进心房，让我们彼此不再陌生。

二、情绪管理是生活中最重要的技能[①]

生活中最重要的技能是什么？答案有：注意力集中、沟通技巧、催人奋进……这些都是非常棒的技能，但这些都不是最重要的。人生中最重要的技能是获得快乐并保持快乐。换句话说，就是控制我们的情绪。

控制好个人情绪，无论何时身边发生什么，都可以选择自己的情绪反应。即便天塌下来，也可以选择快乐以对，而且快乐的时候，可以做到上述提及的其他事情，如集中注意力、交流沟通、带领他人有所作为，可以自由地去做最好和最鼓舞人心的工作。获得快乐并保持快乐就是对你的感情负责，即控制个人情绪并最终掌控自己。

"控制自己的行为并让自己获得自由"，这句话对人生会产生深远的影响，但是光控制自己的行为是不够的，还需要控制自己的情绪从而实现真正的个人自由。

很难获得快乐并保持快乐的原因之一是我们把自己的情绪交由他人"控制"。我们可能都听到过无数次下面的说法："他太让我生气了"（当他有一些攻击性的举动时），或者"在那次会议中，她真的把我惹火了"。

当你说"某某人把我气疯了"的时候，你实际上是说力量存在于他人一方，他人让你抓狂，他人有力量控制你的情绪。

事实上，无论是过去还是现在，别人都没有这种力量，是你选择了被惹怒，你选择了愤怒的状态，你选择了让你自己远离快乐。我们不仅要为我们的行为负责，也要为我们的情绪负责。有的人一生过得如同"巴甫洛夫的狗"（生物学家巴甫洛夫曾在狗身上做过著名的条件反射实验），"不受他们控制"的事件会激发他们的情绪反应。如果我们基于刺激而做出下意识的反应，我们的一生都会像一个受害者，像弹珠一样在"外力"之间弹来弹去。例如：

"我得到了提拔，耶，太开心了！"

"那个混蛋马克在工作中把我往火坑里推，气死我了。"

实际上，一个人在生活中究竟能否处理好自己与所有人或事之间的关系，平静坦然地面对各种问题，关键在于自己。

通往自制和快乐的路径开始于对自己的情绪负责，收回自己交给其他人或者生活际遇的权力，因为那样做并不合适。

在生活中我们如何获得快乐和保持快乐？如何控制好我们的情绪呢？

---

① SunGardASVoice. 最重要的技能：情绪控制［N］. 刘少宇，译. 青年参考，2014-01-22（43）.

像所有技能一样，控制情绪需要勤加练习。首先要关注你的每一个想法和感受。如果你不知道自己当时的感受，你就不会知道自己是否对情绪失去了控制。始终面对是关键所在。

当你面对你的情感的时候，你可以问自己："我要继续保持当前的感受吗?"如果你的答案是"不"，那么下一步就是明确你想要做何调整。你的情感百分之百由你的想法掌控，因此如果你不开心，很有可能是因为你的大脑中存在消极想法。如果你经常认为"我是一个失败者，我的老板很差劲，我的薪水低，没人爱我，人人都很恶毒，我的生活就像是在地狱"，那么你很可能感觉糟糕透顶。

要打破这种消极的循环，就要改变你的想法。

任何时候，当人们想要填补心灵空洞时，总有多种多样的方式可以选择。对你来说最有用的也许就是抱有一颗感恩的心，因为感恩和快乐紧密联系在一起。这不仅仅是个人的观点，大量研究都支持这一结论，即你的快乐和富有与你的感恩之心紧密联系在一起。

有时候，你对生活可能没有多少感激可言。很多人都有这样的经历，但不管怎样，还是有一些值得你去感激的事情。

有这样一个普通人的故事——

她的人生中有过一段非常难熬的时期：生意失败，因此背负了债务，并因为让自己的员工丢掉了工作而感到非常内疚和惭愧，她坐在车里号啕大哭，沉溺于自哀自怜中。她不想继续留在这种让人无力的糟糕感觉当中，因此，勉强罗列起除了目前这一刻外让她"心存感激"的人或事……那时她真没多少感激可言，浮现在脑海中的唯一的事情是"我穿着干净的袜子"。她知道这很可笑，但这种想法使她对自己的丈夫（曾为她洗袜子）充满感激之情，并对自己即将成为一个母亲而心怀感念(那时她已经怀孕8个月)。最后，作为一家破产企业的主人，她感激从失败中吸取的所有教训。慢慢地，她振作起来，平复心绪，关闭了商铺继续向前迈进。

控制情绪需要不断地整合与实践，对于选择追求这一人生最重要的技能的那些人而言，这是一个终身习得的过程。

第二节　生活中情绪管理的对策

一般来说，生活中的情绪管理应采取以下对策：

一、宽容待人

（一）宽容的内涵

"宽容"源自拉丁语的"tolerare"，原来是忍受或容忍的意思，在广义上也带有养育、承受和保护的含义。文艺复兴时期的人文主义思想家拉斐尔（Raphael，1483—1520）曾对容忍的本质做了如下阐释：容忍是审慎地允许或准许一个他不喜欢的事物的实践。只有当一个人有权不准许时，他才能有目的地表示容忍，即允许或准许。[①]

《布莱克维尔政治学百科全书》对宽容做了如下界定：宽容是指一个人虽然具有必要的权利和知识，但是对自己不赞成的行为也不进行阻止、妨碍或干涉的审慎选择。宽容是个人、机构和社会的共同属性。所谓不赞成，既可以是道义上的，也可以是与道义无关的（即不喜欢）。当某一行为或习惯在道义上不被赞成时，对它的宽容则常常被认为是特别成问题的或者是自相矛盾的：宽容似乎要求承认错误的东西是对的。宽容常常是一个事关程度的问题，它要求做出正确的、给不同意见留有余地的判断。[②]

从以上各种对宽容的定义可以看出，宽容的概念至少包含三个要素：

①否定反应。否定反应既包括非道德判断意义上的不喜欢，也包括道德判断意义上的不赞成。如果某个人赞成某种行为或观点的话，宽容情形就不会出现；如果某个人不在意某种行为或观点，此时他表现出的是冷漠，而不是宽容。

②干涉能力。如果行为主体不喜欢或不赞成某种行为或观点，但是他不具备干涉能力，那么他所做出的只是一种顺从。在宽容情形中，这种干涉能力可以是法律意义上的权利，也可以是非法律意义上的能力，如风俗习惯和大多数人的意见等。

③克制。克制是宽容概念的决定性要素，我们甚至可以说宽容就是一种克制，而为什么克制、克制有无限度，所涉及的正是对宽容的论证和宽容的限度问题。[③]

精选案例 4-1

管仲与鲍叔的友谊

春秋时期管仲与鲍叔的故事很有启发意义。

管仲年轻的时候常和鲍叔交往，鲍叔知道他贤明、有才干。管仲家贫，经常占鲍叔的便宜，但鲍叔始终待他很好，没有什么怨言。不久，鲍叔侍奉齐国公子小白，管仲侍奉公子纠。等到小白即位，立为齐桓公以后，公子纠被杀，管仲被囚禁。于是，鲍叔向齐桓公推荐管仲。管仲被任用以后，在齐国执政，桓公凭借着管仲的辅佐而称霸，并以霸主的身份多次会合诸侯，使天下归正于一，这都是靠管仲的智谋。

管仲说："我当初贫困时，曾经和鲍叔一起做生意，分财利时自己总是多要一些，鲍叔并不认为我贪财，而是知道我家里贫穷。我曾经替鲍叔谋划事情，反而使他更加困顿不堪，陷于窘境，鲍叔不认为我愚笨，他知道时运有时顺利，有时不顺利。我曾经多次做官多次都被国君驱逐，鲍叔不认为我不成器，他知道我没遇上好时机。我曾经多次打仗多次逃跑，鲍叔不认为我胆小，他知道我家里有老母需要赡养。公子纠失败，召忽为之殉难，我被囚禁遭受屈辱，鲍叔不认为我没有廉耻，知

① ZAGORIN P. How the idea of religious toleration came to the West［M］. Princeton：Princeton University Press，2003：5.

② 米勒，波格丹诺. 布莱克维尔政治学百科全书［M］. 邓正来，等译. 北京：中国政法大学出版社，2002：820.

③ 刘曙辉. 宽容：历史、理论与实践［J］. 哲学动态，2007（7）：41-46.

道我不因小的过失而感到羞愧，却以功名不显扬于天下而感到耻辱。生养我的是父母，真正了解我的是鲍叔啊。”

鲍叔推荐了管仲以后，情愿把自身置于管仲之下。他的子孙世世代代在齐国享有俸禄，得到封地的有十几代，多数是著名的大夫。因此，天下的人不称赞管仲的才干，反而赞美鲍叔能够识别人才。

资料来源　翻译自《史记 · 管晏列传》.

从鲍叔身上，我们至少可以总结出两点人格品质：一是宽容之态；二是谦逊之心。如果他无宽容之态，二人早在年轻时就分道扬镳了，哪有后来的“管仲治齐”？如果他无谦逊之心，以成败论己论人，又哪能容许“败军之将”反居自己之上，更何况这样的高下之分还是由自己提出来的。诚然，这一切都是源于鲍叔对管仲的才干有充分的认识和信心，但如果没有他自己那份宽厚忍让、虚怀若谷、荐贤不妨的博大包容之心，一切都无从谈起。

宽容是一种伟大的情感，也是一种良好的内心修养，宽容还是一种崇高的修身境界。宽容自己的家人、朋友是较容易的，因为他们和我们是有感情纽带的。然而，宽容伤害过自己的人或与自己有过节的人就难了。人在社会中，与形形色色的人接触，与不怀好意的人交往而吃亏、被别人误解、受委屈的事是不可避免会发生的。与其挣扎费力去解释，冤冤相报，不如明智地选择用宽容的态度去对待别人和自己。“一笑泯恩仇”，这是宽容的较高境界。

宽容是一种良好的心理品质，也是一种生存的智慧、生活的艺术。它不仅包含理解和原谅，更显示气度和胸襟、坚强和力量。不会宽容，只知苛求的人，往往是“小人长戚戚”，整天算计他人，一直处于紧张状态，导致神经兴奋、血管收缩、血压升高，使心理、生理进入恶性循环。仇恨是很多罪恶的源头，报复别人图得一时快感，殊不知自己也同样受到伤害，所以“冤冤相报何时了”，一直活在仇恨的世界中，注定得不到快乐，哪怕费尽心机大仇得报，也只会感到无尽的空虚。心中装着仇恨的人注定是痛苦和不幸的，只有放下仇恨选择宽容，纠缠在心中的结才会解开，只有自己得到解脱，内心才会安宁、纯净。恨能挑起事端，爱能征服一切。

生活中，即使与家人之间也难免会产生摩擦、误会甚至仇恨，与社会上各种复杂的人更易发生这样的事，这时，别忘了拿起宽容的“武器”。宽容是温暖明亮的阳光，可以照进内心阴暗的角落，融化人与人之间的坚冰。

(二) 宽容的种类

宽容有好多种，各有不同的关注点：

1. 夫妻之间的宽容

夫妻之间出现感情矛盾，往往容易出现把过错全归于一方的情况，而一味埋怨、记恨只会无限放大痛苦。这时，不妨进行一下换位思考，为对方想一想，就能发现自己的不足，这样才能对另一半产生宽容之心，从而更积极地解决问题。

精选案例 4-2

两个故事

第一个故事：一位老婆婆在她金婚纪念日（结婚50周年）那天，向来宾道出了她保持婚姻幸福的秘诀。她说："从我结婚那天起，我就准备列出丈夫的10条缺点，为了我们婚姻的幸福，我向自己承诺，每当他犯了这10条错误中的任何一条的时候，我都愿意原谅他。"有人问：那10条缺点到底是什么呢？她回答说："老实告诉你们吧，50年来，我始终没有把这10条缺点具体地列出来。每当我丈夫做错了事，把我气得直跳脚的时候，我马上提醒自己：算他运气好吧，他犯的是我可以原谅的那10条错误当中的一条。"

第二个故事：有一次，几个哥们儿一起去一个朋友家看球。男人看球，总离不开香烟，直到球赛结束他们才发现，不知不觉中已经抽了3盒烟。朋友的妻子一直在旁边陪着，但是，她竟然什么也没说，只是在大家不注意的时候打开了窗子，让新鲜的空气进来。几个人觉得很奇怪。"他和我们这么抽烟，你怎么就不管管？"一个哥们儿问道。朋友的妻子微微一笑，说："我也知道抽烟有害身体健康，但是，如果抽烟能让他快乐，我为什么要阻止？我情愿让我的丈夫能快快乐乐地活到60岁，而不愿意他勉勉强强地活到80岁。毕竟，一个人的快乐不是任何时候或者金钱可以换来的。"后来，当那些哥儿们再看到这个朋友的时候，他已经戒烟了。问他为什么，他憨笑着说："她能为我的快乐着想，我也不能让自己提前20年离开她呀。"

资料来源 [1] 刘丽新. 控制情绪的秘诀 [M]. 北京：中国国际广播出版社，1998：323. [2] 查斯特菲尔德. 一生的忠告 [M]. 王勇，编译. 北京：华龄出版社，2006：287.

在婚姻的漫漫旅程中，不会总是艳阳高照、鲜花盛开，也同样有夏暑冬寒、风霜雪雨。面对生活中的一些小矛盾，如果能像那位老婆婆和朋友的妻子一样，学会宽容和忍让，你就会发现，幸福其实就在你的身边。

2.亲子之间的宽容

有些家长对待孩子过于严苛，孩子犯下一点儿错误都不能容忍，殊不知，过分严苛的要求和不断的批评会在孩子的成长过程中留下阴影。其实，家长不妨采取宽容的态度，给孩子知错认错改错的机会。家长应调整心态，对孩子的学习等方面多些宽容，永远记住成长比成绩更重要，使孩子从小就有宽容的榜样。

海明威在他的短篇故事《世界之都》里描写了一对住在西班牙的父子。经过一连串的事情后，他们的关系变得异常紧张。男孩离家而去，父亲心急如焚地寻找他。遍寻不着之际，父亲在马德里的报纸上刊登了寻人启事。儿子名叫帕科，在西班牙是个很普通的名字。寻人启事上写着："亲爱的帕科，爸爸明天在马德里日报社前等你。一切既往不咎。我爱你。"海明威接着给读者展示了一幅惊人的景象——隔天中午，报社门口来了800多个等待宽恕的"帕科"。

3.同事之间的宽容

同事之间应围绕大局，凡事先以工作为重，不要过分纠缠个人利益，从大的核心工作出发，在尊重的基础上多些宽容。

三国时期的蜀国，在诸葛亮去世后任用蒋琬主持朝政。蒋琬的属下有个叫杨戏的，性格孤僻、讷于言语。蒋琬与他说话，他也是只应不答。有人看不惯，在蒋琬面前嘀咕说："杨戏这人对您如此怠慢，太不像话了！"蒋琬坦然一笑，说："人嘛，都有各自的脾气秉性。让杨戏当面说赞扬我的话，那可不是他的本性；让他当着众人的面说我的不是，他会觉得我下不来台。所以，他只好不作声了。其实，这正是他为人的可贵之处。"后来，有人赞蒋琬"宰相肚里能撑船"。

4.朋友之间的宽容

朋友之间的宽容更多地体现在小事情上。有的人会因为朋友的一句玩笑话而耿耿于怀，或是对朋友的一次迟到不能释怀，这些小问题往往容易让友情产生裂痕。所以，宽容是朋友之间最好的桥梁。双方不妨真诚地说出对方的缺点，然后互相包容与尽力改正。

二、用平静化解矛盾

在人际交往中不可避免地会出现各种各样的矛盾，即使是在最亲密的人之间，也会发生矛盾。那么，当矛盾发生时应该如何化解呢？在交际活动中如果双方有了矛盾，只要有一方平静下来，理智地与对方沟通，便有利于化解矛盾，使大事化小、小事化了。各方的情绪控制能力对矛盾的解决十分重要。那么，怎样才能做到平静化解矛盾呢？

（一）控制自己情绪的方法

当矛盾出现时，首先要控制自己的情绪。以下几种方法可以试用：

1.深呼吸等生理方面的方法

所谓深呼吸，就是胸腹式呼吸联合进行，可以排出肺内残气及其他代谢产物，吸入更多的新鲜空气，以供给各脏器所需的氧分。深呼吸使人的胸部、腹部的相关肌肉、器官得以较大幅度的运动，能较多地吸进氧气，吐出二氧化碳，达到加强血液循环、减缓心跳、降低血压的作用，从而能够使人重新控制情绪，缓解焦虑，克服压力。

2.自我暗示等心理方面的方法

在遇到矛盾时，要尝试通过语言、想象、动作、表情等方法给自身施加影响，转移注意力，以达到调整自我情绪的目的。数数、想象美好的事物、活动身体的一些大关节和肌肉、微笑……这些积极的自我暗示都能够起到稳定情绪、集中注意力的作用。一位大文豪说过，当你想和别人吵架，并准备好某些词语时，请你在嘴里默念："我一定不要让这些词语出口！"只要这样做，大多是吵不起来的。这也是一种自我暗示的方法，它可以提醒人们不去做某种事情。

3.在情绪得到缓解之后要做到理智思考

首先，要思考自己和对方的关系，以及矛盾激化所带来的后果，理清矛盾发生的来龙去脉。接着，要做到平静地倾听对方的见解。矛盾的产生是因为当事人对于某一事件、事物持有不一样的意见，所以，只有先平静地倾听对方的想法，才能更理智地与对方沟通，从而解决矛盾。最后，要做到有条理地表达自己的意见，阐述的时候要尽量做到表情真诚、语气柔和、语言有条理。

（二）平静化解矛盾的策略

平静化解矛盾的具体策略有以下两个方面：

1.语言上，沉默是金

《论语·为政》中，子曰："多闻阙疑，慎言其余，则寡尤；多见阙殆，慎行其余，则寡悔。言寡尤，行寡悔，禄在其中矣！"英国有句谚语说："生活是银，沉默是金。"日本有句谚语说："沉默是极鲜极丽的花朵。"世界上有不少民族都很欣赏沉默。沉默时，我们让愤怒的心平静下来，用一种平静的方法化解矛盾。"沉默是金"，这朴素的四个字，却蕴含耐人寻味的真理。具体解析如下：

（1）沉默并不仅仅是无言和退让

退让和无言是为了更好地解决矛盾、化解矛盾，理清人际关系、管理好自己的情绪，就像拉弓蓄力，为的是箭发时能铮铮有力、一飞冲天。春秋时，楚庄王刚继位，朝中贪官污吏横行，结党营私者甚众，如何能既治理好贪官又管理好国家成了摆在他面前的难题。楚庄王继位三年，遵守沉默是金的原则，积蓄力量，暂时退让，没有发布一条法令。右司马问他："一只大鸟落在山丘上，三年来不飞不叫，沉默无声，为何？"楚庄王答曰："三年不展翅，是要使翅膀长大；沉默无声，是要观察、思考与准备。虽无飞，飞必冲天；虽无鸣，鸣必惊人！"果然，又一年来临，楚庄王听政，发布了九条法令，废除了十项措施，处死了五个贪官，选拔了六个隐士。国家渐渐清明，百姓生活渐渐富足。楚庄王不做没有把握的事，为了解决朝中的问题，解决自己与权臣之间的矛盾，不急于动手，而是先沉默退让，没有过早暴露自己的意图，但这不是永久退让，而是积聚力量、等待时机，最后彻底解决了大问题、成就了大功绩。这正是当我们面对矛盾而力量尚且不足、时机尚未成熟时所应该效仿的。

（2）行动上的静止和退让，并不代表思想上的停滞

只有深思熟虑才能真正看清楚矛盾的关键之处，找到最好的解决方法。每个矛盾的完美化解，每个事物的进一步发展，都离不开真正的深思熟虑。当矛盾发生的时候，我们不应该急于解决问题，把不成熟的话语和行动表现出来，这样只能激化矛盾，使问题更加严重。于己，失去了解决问题和矛盾的机会，使无事变有事、小事变大事；于矛盾的另一方，不成熟的语言和行动会使其被激怒，对矛盾的解决毫无益处，反而影响了感情的交流，最终欲速则不达。每个人都有家庭，纷繁复杂的家事矛盾剪不断、理还乱，特别是大家庭中，若传起闲话，家庭成员间相互埋怨，只会恶化彼此的感情，真正有效的方法是不管听到了什么都只放在心里，沉默是

金，听取矛盾双方的埋怨，让他们的怨气有一个排解的途径，这样才能更好地处理复杂的家务事。思想需要语言来表达，而话语的形成更需要我们的冷静思考和推敲润色。人为什么有两只眼睛，两只耳朵，却只有一张嘴？为的是让人多看、多听而少说两句！沉默并不是缄口不语，而是希望人们能深思熟虑、三思而后说。让我们的生活中多一些高质量的谈话，少一些无目的和平庸的闲语，让无谓的矛盾在开口之前就能够结束。让思考的火花在沉默中放出光彩，让语言的艺术在思考中得到升华。

大地的沉默蕴含了四季的收获，雄鹰的沉默蕴蓄了翱翔的羽翼，十月怀胎的沉默更是奉献生命的奇迹。古语有云："君子厚积而薄发。"没有一点一滴的积累，没有孜孜不倦的耕耘，哪有矛盾化解的喜悦?！哪有幸福的欢呼?！人们往往只看到博学的人侃侃而谈，却忽视了他曾寒窗苦读；人们往往只赞扬潇洒自如的谈吐，却小瞧了正在沉默中酝酿的思考。

2.行动上，要选择好是以德报怨还是以直报怨

无论是讲究无为而治的老子，还是讲究仁义治国的孔子，都在著作中提到了以德报怨或以直报怨。《老子》第六十三章中写道："为无为，事无事，味无味。大小多少，报怨以德。图难于其易，为大于其细。天下难事，必作于易；天下大事，必作于细。是以圣人终不为大，故能成其大。夫轻诺必寡信，多易必多难。是以圣人犹难之，故终无难矣。"《论语·宪问》中也有记载："或曰：'以德报怨，何如？'子曰：'何以报德？以直报怨，以德报德。'"

精选案例 4-3

灌瓜之义

梁国有一位叫宋就的大夫，曾经做过一个边境县的县令，这个县和楚国相邻。梁国的边境兵营和楚国的边境兵营都有瓜田，各用各的方法种瓜。梁国戍边的人勤劳努力，经常浇灌他们的瓜田，所以瓜长得很好；楚国士兵因为懒惰很少去浇灌他们的瓜，所以瓜长得不好。楚国县令因为梁国的瓜长得好自己的瓜长得不好而感到很生气，楚国士兵心里也嫉妒梁国士兵（瓜种得）比自己好，于是夜晚偷偷去破坏他们的瓜田，所以（梁国的）瓜总有枯死的。

梁国士兵发现了这件事，于是向县尉请求，也想偷偷前去报复，破坏楚营的瓜田。县尉就这件事向宋就请示，宋就说："唉！这怎么行呢？结下了仇怨，是惹祸的根苗呀。人家使坏你也跟着使坏，怎么心胸狭小得这样厉害！要让我教给你办法的话，一定是在每晚都派人过去，在夜里偷偷地为楚国兵营好好地浇灌他们的瓜田，不要让他们知道。"

于是梁国士兵就在每天夜间偷偷地去浇灌楚国士兵的瓜田。楚国士兵早晨去瓜田巡视，就发现已经浇过水了，瓜也一天比一天长得好了。楚国士兵感到奇怪，就仔细查看，才知道是梁国士兵干的。楚国县令听说这件事很高兴，于是详细地把这

件事报告给楚王。楚王听了之后又忧愁又惭愧，把这事当成了自己的心病。他告诉主管官吏说："调查一下那些到人家瓜田里破坏的人，他们还有其他罪过没有？这是梁国人在暗中责备我们呀。"于是拿出丰厚的礼物，向宋就表示歉意，并请求与梁王结交。楚王时常称赞梁王，认为他能守信用。所以，梁楚两国的友好关系是从宋就开始的。

资料来源　翻译自（西汉）刘向《新序·杂事四》.

以德报怨，并不是没有界限地对别人好。我们现在所理解的以德报怨是对《论语》中表述的断章取义。《论语》中原文的意思是，有人问孔子："老师，别人打我了，我不打他，我反而要对他好，用我的德行与恩惠来对待他，让他悔悟，好不好？"孔子说："你以德报怨，那何以报德？别人以德来待你的时候，你才需要以德来回报别人。可是现在别人打了你，你就应该以直报怨。"当面对矛盾、面对敌人时，是以德报怨还是以直报怨，需要考虑清楚。对于正直的君子，以德报怨会取得良好的效果，能够化解矛盾，甚至化敌为友。对于小人，以德报怨只会换来无穷无尽的折磨，使自己深受其害，只有不妥协、不后退，以直报怨，才能真正解决矛盾。

以德报怨还是以直报怨，要把握好尺度和对象，才能更好地解决矛盾。

生活中遇到矛盾，以恶对恶、以牙还牙，是下策，以平静对待矛盾，言语上沉默是金，不激化矛盾，行动中对选择以德报怨还是以直报怨考虑清楚，做到以诚报怨，才是上策。

三、有感恩之心

感恩是中华民族的传统美德。近年来，随着积极心理学的兴起，感恩逐渐成为心理学研究的热点。感恩是一种积极的情绪，是受惠者在接受施惠者的恩惠之后在内心产生的一种冲动，它促使受惠者对已收到的恩惠做出回报。①

我国著名的文学家、思想家、革命家鲁迅曾说过："感谢命运，感谢人民，感谢思想，感谢一切我要感谢的人。"著名哲学家尼采也说过："感恩即是灵魂上的健康。"感恩是一种处世哲学，也是生活中的大智慧。学会感恩，感谢生活给予你的一切，才能生活得幸福美满。

（一）感恩的测量方法

1.国外的量表

国外的量表主要有以下四种：感恩形容词评定量表（GAC）、六项目感恩问卷（GQ-6）、大学生感戴量表（GRAT）和多维感恩量表（AS）。GAC和GQ-6均由麦卡洛（McCullough）等人于2002年编制。GAC由"感激的""感谢的""欣赏的"三个词构成。GQ-6从强度、频度、密度和广度四个方面对个体的感恩进行考察。GRAT由沃特金斯（Watkins）等人于2003年编制，问卷包括三个维度：丰富感、

① 刘建岭. 感戴：心理学研究的一个新领域［D］. 开封：河南大学，2005.

感恩他人和简单感激。AS由阿德勒和法格利（Adler and Fagley）于2005年编制，该量表包括八个分量表：关注拥有、敬畏感、宗教仪式、当前时刻、自我/社会比较、致谢、失去/逆境和感激他人。[①]

2.国内的量表

国内专家编制的量表有：马云献和扈岩2004年编制的大学生感恩量表，该量表将感恩分为四个维度，即深度、频率、密度和广度；赵国祥和陈欣2006年编制的初中生感恩量表，该量表按内容把感恩分为三个维度，即人物取向、事物取向和道义取向。[②]

（二）感恩的策略

人是社会性动物，没有人能够独立于社会之外生存，只要身在社会就会与其他人发生联系，只有互相体谅和尊重，知道感恩，才能拥有良好的社交活动和健康的身心。学会感恩，也就是学习在与他人的交往中体谅对方，真诚对待他人，珍惜他人的给予，并还以真诚的感谢。感恩的具体策略如下：

1.学会感谢生活

一个生活贫困的男孩为了积攒学费，挨家挨户地推销商品。傍晚时，他感到疲惫万分，饥饿难挨，而他推销得很不顺利，以至于他有些绝望。这时，他敲开一扇门，希望主人能给他一杯水。开门的是一位美丽的年轻女子，她给了他一杯浓浓的热牛奶，令男孩感激万分。许多年后，男孩成了一名著名的外科大夫，曾给他恩惠的女子却因为病情严重而令当地的大夫束手无策，她被转到了这位著名的外科大夫所在的医院。外科大夫为妇女做完手术后，惊喜地发现她正是多年前在他饥寒交迫时热情地给过他帮助的年轻女子，当年正是那杯热牛奶使他又鼓足了信心、完成了学业。那位妇女想这次手术费用一定很贵，当她鼓起勇气看账单时却惊喜地发现，手术费用单上只有一行字：手术费=一杯牛奶。

法国一个偏僻的小镇，据传有一口特别灵验的甘泉，常会创造奇迹，可以医治百病。有一天，一个拄着拐杖、少了一条腿的退伍军人，一颠一跛地走向甘泉。旁边的居民带着同情的口吻议论说："可怜的家伙，难道他要向上帝请求再有一条腿吗?"这句话被退伍军人听到了，他转过身对他们说："我不是要向上帝请求有一条新的腿，而是要请求他帮助我，教我没有一条腿后，也知道如何过日子。"

生活不仅给生物以体形，还赋予它无可比拟的华彩，无比充盈的活力，无可言喻的精神，理应受到崇尚和珍惜。生活有可能给你无比丰厚的馈赠，也有可能让你身处泥潭、不能自拔。无论哪样都要记得感恩，感恩生活给予你的成就和风光，感恩生活让你经受的低谷和磨难。感恩生命，就会珍惜社会赋予你的一切，就能用一颗平和之心去面对不公与挫折。

2.学会感恩父母

大家都知道"百善孝为先"，意思是说，孝敬父母是各种美德中占第一位的。

---

① 喻承甫，张卫，李董平，等．感恩及其与幸福感的关系［J］．心理科学进展，2010（7）：1110-1121.
② 喻承甫，张卫，李董平，等．感恩及其与幸福感的关系［J］．心理科学进展，2010（7）：1110-1121.

一个人如果都不知道孝敬父母，就很难想象他会热爱祖国和人民。“老吾老，以及人之老；幼吾幼，以及人之幼。”我们不仅要孝敬自己的父母，还应该尊敬别的老人，爱护年幼的孩子，在全社会营造尊老爱幼的淳厚民风，这是新时代公民的道德责任。

子路，春秋末期鲁国人，在孔子的弟子中以政事著称，以勇敢闻名。子路小的时候家里很穷，长年靠吃粗粮野菜等度日。有一次，年老的父母想吃米饭，可是家里一点米也没有。怎么办？子路想到，要是翻过几道山到亲戚家借点米，不就可以满足父母的这点要求了吗？于是，小小的子路翻山越岭走了十几里路，从亲戚家背回了一小袋米，看到父母吃上了香喷喷的米饭，子路忘记了疲劳。这是先贤做出的榜样。

“身体发肤，受之父母。”我国是一个有着“鸦有反哺之义，羊有跪乳之恩”“卧冰求鲤”等道德训条的国家。感恩在我国有着悠久的历史。感恩自古就是中华民族的传统美德，我国的传统节日清明节，就是祭奠和感恩先人的节日。在我国历史上一直占主流地位的儒家文化中也充满着丰富的感恩父母的内容。在儒家经典的十三经中，《孝经》是一部字数最少、内容最浅而影响最大、引起争议最多的著作。孔孟儒学认为，“孝”是一切德行的根本，是教化的源泉。《孝经·开宗明义》就载：“子曰：‘夫孝，德之本也，教之所由生也。’”“孝为德之本”的思想在儒家其他著作里也有所反映。例如，子曰：“君子务本，本立而道生。孝弟也者，其为仁之本与!”认为孝是仁的基础。孟子则说：“亲亲，仁也；敬长，义也；无他，达之天下也。”

在当下的社会转型期，各种文化的影响参差不齐，物质利益与道德规范的冲突普遍存在，到底是臣服在物欲中，还是守护心中的道德法则，已然成为极大的社会矛盾。例如，为了解决一些贫困学生读不起大学的问题，国家实行了助学贷款制度，但有些学生不仅没有感恩，反而不讲信用，拖延不还，以至于出现了被其毕业的学校起诉的现象。老人摔倒在地，有人不敢去扶一把。父母起诉儿子、兄弟争夺家产的事屡见不鲜。2017年11月，中共中央办公厅、国务院办公厅印发了《关于实施中华优秀传统文化传承发展工程的意见》，指出“传承发展中华优秀传统文化，就要大力弘扬自强不息、敬业乐群、扶危济困、见义勇为、孝老爱亲等中华传统美德”。党的十九大报告中明确提出：“深入实施公民道德建设工程，推进社会公德、职业道德、家庭美德、个人品德建设，激励人们向上向善、孝老爱亲，忠于祖国、忠于人民。”感恩思想是中华优秀传统文化的重要组成部分，也是体现共同文化价值的社会意识。我们作为家庭、学校和社会中的一员，在成长和发展的过程中受到诸多恩惠和支持，理应具备感恩思想并努力在行动中回报家庭、学校和社会。

3. 重建感恩文化

感恩意识的养成关键在教育，若想培养孩子的感恩之心，父母、老师要给孩子树立好的榜样。自己施恩、感恩，孩子才会从小培养这样的意识。如果我们对感恩文化有正确的认识，那么，努力在全社会尤其是在学生中进行感恩教育，并不是一个不易实现的道德目标。

（1）发挥家庭道德教育的作用

家庭是个人社会化进程的起点，家庭中自然存在的教育方式和具有生活气息的教育内容，可以让孩子们获得关于善恶、真假、好坏、是非等做人的道德观念。父母作为孩子的第一任老师，在培养感恩意识方面起着学校和社会道德教育无法代替的作用，应该发挥家庭的教育功能。

一是家长要做到以身作则，感情移入，做感恩的示范。身教是无声的教育，它不带有任何强制性，而是通过示范作用来影响人，因而具有极大的感染力。所以，在日常生活中，家长本身就必须是一个懂得感恩的人，让孩子从父母日常生活的言行中潜移默化地学会感恩。如家长自己做到孝敬老人、善待邻里、关爱周围的人，拥有积极向上的生活态度，这些都对孩子有一定的熏陶，从而给孩子做出好的示范。

二是家长要经常和孩子进行心理和情感上的沟通，让孩子明白感恩是做人的基本品德。要鼓励孩子从事各种有益于身心发展的活动，让孩子在自身的实践中体会到生活的艰辛和互相帮助及克服困难后内心产生的愉悦感，从中培养他们完善的人格和健康的道德情感，从而避免因感恩心缺乏导致的道德悲剧。①

（2）加强和改进学校的道德教育

学校教育是青少年社会化过程中十分关键的环节，教育者运用一定的教育方法与手段，对受教育者有目的、有步骤地实施知恩、感恩、报恩和施恩的人文教育，意义重大。感恩教育与科学文化知识的传授有所不同。科学知识的传授更多的是理性的、富有逻辑的。感恩教育的教学不仅是一种认识活动，也是一种情感活动，更重要的是要使学生养成相应的品德和行为习惯，是对全社会实施的唤起人性的生命教育的重要手段。当下的学校要切实把感恩教育纳入德育教育的范畴，有针对性地补上感恩教育这一课，让道德教育回归课堂，引导学生形成知恩、感恩的良好道德品质和行为习惯。对此，学校的道德教育应当做到：

一要把培养感恩意识作为重要内容贯穿于学校道德教育的始终。通过感恩教育，让学生明白人离不开家庭和社会，在公共生活领域，人只有心存感恩、知恩图报，才可以立足社会。

二要找准感恩教育的切入点。人的道德是有层次的，感恩道德事实上并不是道德层次中的高境界，而是人实现道德价值的起点，由此决定了学校对学生实施感恩教育不能定位过高，要从学生学习与生活中的小事抓起，如中小学校可以从要求学生主动帮助父母做家务、帮助老师擦黑板、关心周围的同学、爱护自己的生活环境入手，来培养他们的感恩意识。

三要对学生进行感恩践行教育。对学生来说，感恩不只是一种伦理道德的理论，更需要在行为中表达，只有通过践行才能使之得到真切的诠释。对此，要培育

① 王文科，秦妍. 感恩文化的美德与道德教育的重建［J］. 桂海论丛，2008（6）：74-76.

校园的感恩文化氛围，如邀请社会名流、成功人士现身宣讲，开展感恩活动，潜移默化地培养学生的感恩心和知恩图报、施恩不图报的美德。还可以组织学生参加诸如社区服务，义务劳动，献爱心、送温暖等有益的感恩实践活动，使学生在行动中得到锻炼，以感恩的心态和理念规范自己的行为，有效地化解校园内人与人之间的矛盾，增进同学间人际关系的和谐性，同时培养学生的健康心态和健全人格，使学生学会反思，懂得对帮助过自己的人心存感激。①

（3）营造一个有利于培养感恩意识的社会环境

在我们习惯表彰施恩者的流行文化里，还应该表彰那些懂得感恩的人。

一是全社会都要形成一个有利于培养感恩意识的社会环境。要利用好电视、广播、报刊、网络等传媒工具，大力宣传感恩理念，报道开展感恩教育的情况，对一些典型事例进行推广和宣传，对一些知恩不报、忘恩负义的典型也要适当曝光，在社会中形成一种大力弘扬感恩精神的良好氛围。

二是强化社会的感恩奖罚机制。西方著名思想家亚当·斯密在他的《道德情操论》一书中曾明确提出："对我们来说，一个行为，如果它是感激的恰当的和被人认可的对象，那么，该行为一定应受奖赏；而另一方面，一个行为，如果它是怨恨的恰当的和被人认可的对象，那么，该行为一定该受惩罚。"②社会应当致力于改变道德权利与道德义务相脱离的现象，在人的奉献与回报之间建立一个良性的社会机制，使尽义务的人得到公正评价和回报，使不尽义务的人受到谴责和惩处。

基于此，可以考虑建立一种权责利相对清晰的社会契约，即对一定客体的行为或品质施加报偿或惩罚的手段，来完善感恩道德的强化机制，通过社会赏罚分明的强化作用，使每一个自主的个体知道哪些是自己应得、少得的，哪些是自己真正受惠于世道人心与这个时代的，从而强化人的感恩道德。实际上，感恩文化需要一个公平公正的制度体系作支撑，完整的制度体系是感恩的前提和保障。③

思政链接4-1　新时代青年怎样走好成才之路

四、顾及他人尊严

尊严和自由是人类生来就应该拥有的两种权利。1948年《世界人权宣言》中第一条就写道："人人生而自由，在尊严和权利上一律平等，他们富有理性和良心，并应以兄弟关系的精神相对待。"

---

① 王文科，秦妍．感恩文化的美德与道德教育的重建［J］．桂海论丛，2008（6）：74-76.
② 斯密．道德情操论［M］．余涌，译．北京：中国社会科学出版社，2003：72.
③ 王文科，秦妍．感恩文化的美德与道德教育的重建［J］．桂海论丛，2008（6）：74-76.

“尊”的甲骨文字形为“”，本义是酒器，即祭祀等礼仪中用于盛酒的器具，因与祭祀有关而意味着神圣不可侵犯，引申发展出“重、贵、大、上”之义。“严”有“紧、急、敬、威”之义。从社会心理意义上来看，尊严是指人和具有人性特征的事物所具有的，应该被自己、他人所尊重且不容侵犯的属性。尊严的属性参与人际互动，并在其中彰显出来，即表现为尊重对方的主动行为和接受对方尊重的被动结果。如果主动方和被动方为同一个体，则尊重就变为自尊。光谈自尊，而不谈受他人/社会尊重，就忽略了个体的社会性；而光谈受尊重，不谈尊重他人，则忽略了交互性。因此，尊严的内涵包括三个主要方面：自尊、受尊重与尊重。尊重和受尊重两个重要的成分使得尊严在很大程度上体现在人际互动的场合。[①]

马斯洛的需求层次理论把人的需求分为五种，这五种需求像阶梯一样，从低到高按层次逐级递升，分别为：生理的需求，安全的需求，情感和归属的需求，尊重的需求，自我实现的需求。尊重和自尊位于第四个层级。

尊重需求是属于较高层次的需求，具体来说包括金钱、名声、社会地位等。尊重需求既包括对成就或自我价值的个人感觉也就是自尊，也包括他人对自己的认可与尊重。当尊重需求不能被满足的时候，大多数人会变得极其爱面子，想尽办法获得别人的认可，也会被虚荣心支配，无法管理好自己的情绪，甚至做出不良的行为，如运用暴力让他人惧怕自己，极度虚荣，吃穿住行都追求名贵、奢侈等。

要想管理好自己的情绪，建立良好的人际关系，就必须坚持尊重原则，包括自尊和尊重他人。自尊就是在各种场合都要尊重自己，维护自己的尊严，不要自暴自弃；尊重他人就是要尊重他人的生活习惯、兴趣爱好、人格和价值。只有尊重他人才能得到他人的尊重。

具体来说，顾及他人尊严的策略如下：

1.学会自尊

自尊是人们对自身价值的总体评价，包括信念和情感，并体现在行为中，是尊严的个体成分。认知和情感并非总是统一的。有研究认为，自尊是一个包括多个相关但相互独立的成分的构念。如自我喜欢和自我能力是自尊的两个维度，分别指向社会价值感和个人效能感（Tafarodi & Swann，1995）。自尊一方面常被认为是一个人格变量，另一方面又带有很强的情景性，比如做出谅解行为后体验到的自尊（Luchies，Finkel，McNulty，et al.，2010）。从发展的角度来看，自尊可能在人生轨迹中的某个转折时期发生变化（Orth，Trzesniewski & Richard，2010），比如，生理等快速变化的青少年期，社会角色和关系等落差巨大的老年期等。Orth等人（2010）的研究发现，从成年早期到老年阶段，自尊表现出先增后减的趋势。自尊与抑郁、焦虑等消极情感体验负相关（Cai，Wu & Brown，2009），还能调节人们对

---

① 黄飞. 尊严：自尊、受尊重与尊重［J］. 心理科学进展，2010（7）：1136-1140.

于消极事件的生理心理反应，比如，低自尊者面对异性的拒绝时，心理反应上表现出更多的自我责备、更消极的自我评价和更加贬低对方，生理上表现出更强的皮质醇反应（Ford & Collins，2010）。[①]

精选案例 4-4

林香的故事

林香6岁时父母离异，2011年她的母亲被检查出肺癌晚期，右肺被切除后不仅丧失了劳动能力，就连吃药打针都要人伺候。为了养家，继父留下5岁的弟弟外出打工，小林香成了照顾一家人的唯一的劳动力。早上7点，城里的孩子还没起床，13岁的林香就已经开始了一天的劳作。整整一个上午，小林香几乎没有停下来休息的时候，除草、切菜、洗衣，一切家务都安排得井井有条。而在她5岁的弟弟眼里，林香既是姐姐，又是妈妈。小林香很坚强，她从不向家里人说自己的苦，始终用微笑面对病人和这个一贫如洗的家。

一天晚上，林香妈妈的病又开始发作，难忍的疼痛让她情绪崩溃，甚至想用死来结束自己的生命和对家人的折磨。黑暗中，小林香强忍着没有哭出声来，转身开灯的时候，她悄悄地擦掉了眼泪。林香以前不爱笑，后来妈妈生病了，她看书里说在这种情况下应该用笑去感染周围的人。她觉得，如果自己不微笑，会让家人更难过，即便再累也得咬牙坚持。

然而，不幸的是，林香妈妈的病情持续恶化，2012年年底，她永远地离开了人世。母亲去世后，弟弟跟着继父到了镇里，小林香也上了初中，只有课余时间和放假后才能回来照顾外公外婆。小林香说，现在她最大的心愿，就是能再看一眼妈妈的样子。林香说，妈妈已经不在了，她生前唯一的这段影像，一定要好好珍藏起来。她找来一支笔，认认真真地在光盘背面写下四个字：我的妈妈。外公外婆一天天老了，只要她在家，每天中午都会推着行动不便的外婆在院子里晒太阳，帮着外公做家务。她说，自己会继续保持微笑，因为在她的心里，这份微笑是送给远在天堂的妈妈最好的礼物。

资料来源　佚名．吴林香：逆境中她始终微笑［EB/OL］．［2022-05-13］．http：//news.cntv.cn/2013/04/18/VIDE1366284121479803.shtml.

自尊即自我尊重，指既不向别人卑躬屈膝，也不允许别人歧视、侮辱自己，但并不代表他人在现实中对相应主体的敬重。自尊具体表现为两个方面：一是自我尊重与自我爱护；二是要求他人、集体和社会给予自己相应的敬重。

小林香家庭困难，但是她没有自暴自弃，永远坚持自我尊重、自我爱护。她的努力不但没有使他人轻视她，而且获得了集体和社会的敬重，也即只有自尊者才能得到别人的尊重。

① 黄飞．尊严：自尊、受尊重与尊重［J］．心理科学进展，2010（7）：1136-1140.

健康的自尊是一种自我认可，这种自我认可和努力会得到社会和集体的认可与尊重，不健康的自尊则是为了获得别人的认可不惜一切手段。然而，这样的人却不知道，只有自我认可才能被人认可，这才是最重要的，这也就是"吉鸿昌在美国挂牌示众自己是中国人""朱自清宁死不领美国救济粮"等所作所为的意义所在。所以，能够自我认可的健康的自尊所带出的行为，也会被社会集体认可。

自我认可应该是适度的、健康的，若不适度、不健康，就会导致过分的自尊，而过于自尊的人很容易产生嫉妒、虚荣，甚至自暴自弃、报复的心理。说到底，这种过分的自尊不过是为了掩饰自己内心的自卑，是缺乏集体和社会尊重的结果。内心越是自卑的人越是过分地自尊，这在心理学上被称为隐性自尊（"自卑"）与显性自尊（"自尊"）的关系。

这就要求我们要注意提高自尊心的韧性。一个人不可能始终处于舞台的中央，在交际中总会遇到自己被冷遇的情况，这时必须把握好自己的心态，注意控制好自己的自尊心，不要盲目地顾及自己的自尊。不妨想想自己的职责，增强自尊的承受能力和韧性，更好地管理自己的情绪。

当你用尽心思去完成一件事，却受到别人的冷嘲热讽、全盘否定时，你会感到自尊心受到了强烈的践踏，为了挽回面子也许你会与人进行辩解、争吵，这时不如大方地听听别人的意见，虚心接受批评，这样不但不会丢面子，反而会改变他人对你的看法，相比大吵大闹，你会更有优势。即使批评的内容不实，你受到了不公对待，受自尊心的驱使当场反击，效果也并不见得就好，不如理智一些，不急于马上反驳，事后再进行说明，这样处理较为有利。

维护自尊时，脸皮不妨厚一点，但要把握适当的度，保持最佳弹性空间，既不要让别人感觉你自尊心极强，听不得别人的意见，也不要让人感觉你自尊心太弱，甚至没有脾气，好欺负。

2.学会尊重别人

尊重和受尊重也可归为一种人际态度。相对于自尊，对尊重的研究较少，原因就在于它更多地体现在人际互动中，具有更多的情景性、回合性和累积性。若在某次互动中，一方没有尊重另一方的需求，就可能导致在下一次互动中另一方采取一些不尊重对方的报复措施。实证研究表明，尊重和受尊重对于群体内的关系具有重要的调节作用，并能影响个体在群体中的幸福感（Huo & Binning，2008）。尊重也包含认知和情感的成分，认知成分是对他人能力、地位、身份等的肯定和积极评价，而情感成分则有仰慕、钦佩、向往等情感反应。现实中存在多种对尊重的界定，比如个体在群体中的地位、被群体成员喜欢的程度，或者受到群体成员公正对待等。这一观点后来被Huo等人整合到双路径——地位和包容——的尊重模型之中（Huo，Binning & Molina，2010）。地位和包容路径分别对应着尊重的认知和情感成分。①

① 黄飞．尊严：自尊、受尊重与尊重［J］．心理科学进展，2010（7）：1136-1140.

尊重别人需要做到以下几点：

（1）尊重他人的人格

尊重他人的人格是尊重他人的基础。每个人的人格都是平等的，无论达官显贵还是布衣百姓，任何人都不应该以任何理由践踏他人的人格。哪怕你是一市之长，也无权对一名普通工人有歧视心理。

（2）尊重他人的职业

职业无贵贱，任何一个通过正当劳动赚取生存权利的人都应该得到他人的认可和尊重。然而，重庆市就发生了一起典型的歧视农民工的事件。一名老太太在公交车上呵斥身旁的农民工，指责其影响市容。这名农民工年龄在50岁上下，衣上沾有尘土和涂料。他上车后，在他面前就有个空位，但他并没有立即坐下，而是等车辆行驶后，见没有人去坐，他才小心翼翼地在座位上坐了下来，并且只坐了一半身子。农民工如此小心的行动，却没能躲过身边那位老太太的指责。这位老太太穿着时髦，年龄在60岁上下，她看到农民工后皱起了眉头，她先将身体向车窗外倾斜，然后突然对农民工说道："你身上这么脏，就不应该坐公交车。"开始，农民工听闻后并未作答。可老太太却继续说："你应该自己走路回家！"这话引起了农民工的不满，他回应说："你没权利要求我这么做。"老太太见状，立即提高音量称："你这样影响市容！"接着，两人便吵了起来。当时车上的其他乘客无不对这位老太太的话感到气愤，其实，真正影响市容的是这位老太太！

这个事例表明，职业歧视依然存在，我们应该时刻谨记尊重别人就是尊重自己。职业歧视只能显示出我们内心的道德素质还有欠缺。

（3）不要揭别人的短处

人无完人，每个人都有自己的短处和痛处，每个人也都有自己的虚荣心，有时，尊重和顾及别人的短处和虚荣心，于自己也会有益。

经典文摘 4-1　　　　　　　一颗小锡心

当了20多年的全职妻子和母亲后，孩子长大了，我决定找个工作消磨时光。找什么工作呢？一天当我开车经过一处停满校车的场地时，答案有了。我当时想：就是它了！我喜爱孩子，而且我开我们家的雪佛兰已经有不少里程。

那年开学时，我已经掌握了开校车的窍门。我既是司机，又是孩子们的保姆和朋友。只要孩子们需要我，我就扮演"不辞辛苦的老姑妈"的角色。

每当回顾开校车的岁月，我最常想起的是查理。查理是在我开校车的第四年的9月份开始乘坐校车的，那时他8岁，一头金发，一对水晶般的灰色眼睛。从我第一天看见他起，他就让我伤透了脑筋。有人打架，我不用回头看，就知道是谁挑起来的；有人在扔擦口水的纸团，我便能猜到肇事者的名字；女孩一哭，可能就是查理扯了她的头发。无论我怎么跟他谈话，和蔼委婉地或是严肃认真地，他总是一言不发，只用他那双灰色的大眼睛死死地盯着我看。

我向人打听，原来查理的父亲去世了，他也不跟母亲一起住。我想，应该对他有点耐心。当我欢快地对他说“早安”时，他不搭理；当我祝他万圣节快乐时，他轻蔑一笑。我常常想“我简直没辙了”，但是我仍坚信这孩子需要我的一丝关怀。所以，当他从我身旁经过时，我总伸手揉揉他的头发，或者拍拍他的胳膊。

那年快到年底时，乘车的孩子们送了我一个小纪念品，上面写着：“送给最最好的校车驾驶员。”我把它竖在车前面的仪表板上。在那上面我还挂了一颗锡制的心形小装饰，这是一个小女孩送我的，她在上面用红笔写着：“我爱波莉，波莉也爱我。”

放假的前一天，我与校长说了会儿话，耽误了几分钟。当我上车时我发现小锡心不见了。我问道：“有谁知道挂在这儿的那颗小锡心哪儿去了？”坐着39个孩子的大车内鸦雀无声，这真是破天荒头一回。

一个男孩尖声地说道：“查理第一个上的车，准是他拿的。”

别的孩子也一齐嚷嚷道：“是查理干的！搜查他！”

我问查理：“你看见那颗小锡心了吗？”

“我不知道你在说什么。”他反驳道。他站了起来，并从口袋里掏出几个分币和一个小球：“看见了吧，哪儿有？”

“肯定是他干的！”送我小锡心的女孩说道，“搜搜他的口袋。”

我让查理站到前面来时，他愤怒地瞪着眼睛，火辣辣的目光直逼我的视线。我把手伸进一只口袋，什么也没有。我的手又伸进了另一只口袋，这时，我摸到了小锡心那熟悉的轮廓。查理盯了我好一会儿，他那对灰色的大眼睛里没有眼泪，没有乞怜，他似乎正在等待人们对他的处置，而这一切都已在他的意料之中。我正要把那颗小锡心从查理口袋扯出来时，忽然停下了，我好像听到一个声音对我说：让他留着那颗小锡心吧。

“它肯定在我来这之前就已经掉了。”我对孩子们说，“等我回到车库里很可能会找到的。”查理一句话也没有讲，连看都没看我一眼。

那年夏天查理搬走了。以后的每一年，我的车里都会坐满一批批不熟悉的孩子，可能因为在查理身上的失败，我更加努力地去接近每一个孩子。

退休10多年后，有一次在堪萨斯一家百货公司，忽然有人犹犹豫豫地问道：“是波莉吧？”我一回头，看见一个接近中年的男子。我说：“是啊，怎么啦？”他的脸看起来并不熟悉，但后来我注意到他那双灰色大眼睛。没错，是查理。

他告诉我，他住在蒙大拿州，过得挺好的，然后，使我吃惊的是，他拥抱了我。松开后，他从口袋里掏出一个东西，还举起来给我看，是一条旧钥匙链，弯扭得都变了形，上面的字也模糊不清了。你很可能已猜到是什么了——那颗小锡心，原来写的是：“我爱波莉，波莉也爱我。”

“你是当年唯一的不揭别人短处的人。”入睡前，我感谢上帝使我又一次坚信我做得对，而且感谢上帝赋予我做到这一切的各种条件。

资料来源　周静嫣. 你是唯一不揭短的老师 [J]. 思维与智慧：下半月，2008（7）：20-21.

揭人短时，对方会因为自己的短处被众人知道而感到羞耻，更会产生严重的心理阴影。我们可能因为一句无意失言，而让对方产生巨大的痛苦；我们可能感觉对方居于劣势而无所顾忌地对对方的偶然失误大加挞伐，但当对方变得强大时，我们更会因受到的记恨而自食其果。正如人的短处常会伴随他一生，揭短行为也会造成对方一生的痛苦，而如果我们在别人需要帮助的关键时刻毅然伸出援手，他们也往往会对我们感恩一生。

五、切莫得意忘形

《晋书·阮籍传》中记载“嗜酒能啸，善弹琴。当其得意，忽忘形骸”，说的是因高兴而物我两忘，后以“得意忘形”形容因心意得到满足而高兴得失去常态、忘乎所以。

阮籍，字嗣宗，陈留尉氏（今河南省开封市尉氏县）人，三国时期魏国诗人、“竹林七贤”之一。他从小失去父亲，家境贫寒，但他勤奋好学，后来成为当时著名的隐士。阮籍本来很有抱负，希望能在政治上有所作为，但他对执政的司马氏集团非常不满，又不敢明白地表示自己的见解和主张，只得采取明哲保身的态度，或者闭门读书，或者纵情于山水，或者酣醉不醒，或者缄口不言。此外，他还以写诗来抒发自己内心的想法。在非常著名的《咏怀诗》八十二首中，阮籍就用迂回含蓄的语言表达了忧国和避世的心情。他的好友嵇康和他一样，也是当时著名的文学家，对司马家族的统治也抱有轻蔑和厌恶的态度。除嵇康外，阮籍的好友还有山涛、向秀、刘伶、王戎以及自己的侄子阮咸。他们七个人经常聚在一起，在山阳竹林之下闲谈、狂饮、作诗、弹琴，高兴时就纵声狂笑，不高兴时就痛哭一场，被世人称为“竹林七贤”。在这七人当中，阮籍大概是最为疯癫的了，尤其是在喝醉的时候，常常哭笑无常，因此史书中描写他时说“当其得意，忽忘形骸”。[①]

宋代欧阳修在《试笔·李邕书》中说：“余虽因邕书得笔法，然为字绝不相类，岂得其意而忘其形者邪?”元代鲜于必仁在《折桂令·画》中有“手挂掌坳，得意忘形，眼兴迢遥”之句。

身处顺境时必须格外谨慎，顺境之后很可能是极大的逆境。意气风发的时候容易忘形，一忘形就会做出匪夷所思的蠢事，于是恶因与恶果就会接踵而来。相反，身处低谷时要有极大的韧性和忍耐力，不经历风雨怎么见彩虹，没有低谷的蛰伏就没有高潮的辉煌。低谷的时候心情低落，容易失态出错，而且往往一错再错，导致消极和绝望，负面情绪就会乘隙而入。因此，得意时不忘形，失意时守住本心，才是聪明的选择。要做到这一点，须谨记：

---

① 李东. 玩转成语：有趣的生活成语［M］. 南昌：江西美术出版社，2012：37.

1.越是得意越不能忘形

精选案例4-5

荀攸的善终

荀攸是三国时期曹操手下的著名谋士。自从建安元年（公元196年）被荀彧举荐给曹操后，荀攸凭借自己出色稳定的发挥稳坐曹操战术上的首席军师之位。作为军师的十八年间，他战术上奇谋不断，辅佐曹操征张绣、擒吕布、战袁绍、定乌桓，屡战屡胜的军事能力在三国谋士中无人能出其右。

他曾将自己为曹操出谋划策共十二计的整理工作交付于钟繇，可惜钟繇未能完成，我们无法看到荀攸奇谋的全貌了，但仅流传下来的几个奇计也足以让荀攸跻身于最顶尖的谋士之列。

随着他立的功劳越来越大，他的官位也越做越高，一直做到了尚书令，但是他从不虚张声势，反而行事低调，大智若愚，心思缜密，特别是在目睹叔叔荀彧的悲惨遭遇后，更加小心翼翼地周旋于险恶的政治旋涡之间，才得以在极其残酷的人事倾轧中始终保有稳固地位。

曹操对他评价说："公达外愚内智，外怯内勇，外弱内强，不伐善，无施劳，智可及，愚不可及，虽颜子、宁武不能过也。"意即赞美荀攸外表愚陋而内里明智，外表怯懦而内里勇敢，外表柔弱而内里刚强，不夸耀自己的长处，不显示自己的功劳，他的智慧可能有人能赶上，但外表的愚陋是任何人都赶不上的，即使颜回、宁武这样的贤人也不能超过他。

颜回是孔子最得意的弟子，特点就是看起来傻，上课时从不提问题，孔子都觉得他有点傻。可下课和同学讨论时，孔子发现，颜回很能发表自己的见解。荀攸就像颜回一样属于外愚内智的人，无论在曹操面前还是在同僚中间，总是表现得很谦卑、文弱、愚钝、怯懦。

有一次，他的姑表兄弟辛韬向他问及当年为曹操谋取袁绍冀州的情况，荀攸却极力否认自己的谋略贡献，说："辛佐治替袁谭来见曹公乞求投降，朝廷就派军队前去平定了他们，我哪里知道这些事呢？"

有人曾以"张良、陈平第二"来称赞他，但他本人对自己的功绩始终守口如瓶、讳莫如深，从不向外人炫耀。无论是他的才能还是他的人品，曹操都推崇备至，曹操甚至把长子曹丕托付给他，并对曹丕说："荀公达，人之师表也，你当尽礼敬之。"曹丕将曹操的话铭记在心，荀攸生病，曹丕拜在床下问候，像对父亲一样地尊敬他。

建安十九年（公元214年）七月，荀攸任尚书令不到一年，在跟从曹操征战孙权的路上去世，时年58岁。对于荀攸的故世，曹操非常伤心，每次提起此事便痛哭流涕，对他的品行极为欣赏："孤与荀公达周游二十余年，无毫毛可非者。荀公达真贤人也，所谓'温良恭俭让以得之'，孔子称'晏平仲善与人交，久而敬之'，公达即其人也。”这些赞誉之词虽然看似语无伦次，实则包含了三层意思：一是充分肯定了自己与荀攸相处了二十余年，从未发生过丝毫不愉快；二是肯定荀攸的品行，将他比之于孔子；三是称赞荀攸的人际关系很好，将他比作善与人交往的晏子。

荀攸居高位却能得以善终，是因为荀攸深知权势中藏着凶险，过度炫耀自己会引来祸患，所以他总是给人一种少言寡语、不起眼的谋士形象。

资料来源　伏键全.《止学》中的80个做人智慧［M］. 北京：中国致公出版社，2010.

高高在上的权位是人人都羡慕的，但是处于如此荣耀的地位是很不容易的，正如瑞士作家海塞所说的：“在众人之上玩弄权势固然极够引诱人，但权势本身也潜伏着毁灭及危险的种子。”身处权位高峰的人就像是攀上山顶的人，往往会有高处不胜寒的感觉，还会受到众人的嫉妒和倾轧，还有小人的搬弄是非，善终者寥寥无几。因此，越是位居显要处，越要保持低调，事事小心谨慎，不炫耀自己，才不会引来祸患。[①]

2.地位越尊贵越要谦虚

“木秀于林，风必摧之”，意思是说，太过优秀的人，会引来领导的猜忌和同事的嫉妒。可是做到“含而不露，引而不发”并非一件易事。身边的溜须拍马之人，每人吹上一口气，就能把人飘飘然吹到九霄云外，又哪里会想到摔下来的惨状。所以，谦恭一点、谨慎一点对于任何人来说都是一件必要的事。

精选案例 4-6

京城的裁缝

据传明朝嘉靖年间北京城有位裁缝，找他做衣服的人，无论高矮胖瘦，穿上经他缝制的衣服没有不合身的。一位当朝御史慕名找到他做官服。他不着急量尺寸，而是跪下询问御史的官龄。裁缝说：“初任高官意高气盛，身躯往往微仰，衣服应后短前长；任职稍久，在官场经过磨炼，意气微平，衣服应前后一般长短；如果任职久了，还可能升官，则内心装着的是谦逊，身体往往微俯，衣服就应前短后长。”

资料来源　李愚. 得意不忘形［N］. 牛城晚报，2010-02-21.

在阅人无数的裁缝面前，无论多么老练的人，其内心都昭然若揭。他的一番话真可谓一针见血、入木三分。初入官场之辈，意气风发、志得意满，“初生牛犊不怕虎”，还不知道天高地厚呢，常常一副趾高气扬、小人得志的样子，此所谓得意忘形；在官场历练久了，见过大世面之后，知道“天外有天，人外有人”了，初出茅庐的那份张扬逐渐褪去，不再那么锋芒毕露了，内心逐渐趋于平静，自然就少了几分桀骜不驯和目中无人的乖张；在官场沉浮半生，历尽世间风云变幻之后已经看透世事，饱经沧桑的心已经波澜不惊，为人自然谦逊、平和多了，就算一日连升三

① 伏键全.《止学》中的80个做人智慧［M］. 北京：中国致公出版社，2010.

级，也不会激动得合不拢嘴、睡不着觉了，此所谓得意不忘形。①

得意之时莫“忘形”。唐代孟郊曾作诗“春风得意马蹄疾，一夜看尽长安花”，却不料他的仕途从此停滞不前，再无任何进步。人生最容易犯错的时候，往往是志得意满之时，因此，在我们春风得意之时不妨记住：

（1）保持谦虚谨慎的作风

面对个人的成就和进步，要明白这既是个人努力的结果也是时机和运气的结果，想担起责任，就必须时刻保持谦虚谨慎的作风，不断地完善自我，增强自己的综合素质。

（2）时刻摆正自己的位置

人贵有自知之明。有自知之明的人才能给自己准确定位。只有使自己不断进步，才能达到最终的顶峰，一览众山小。

（3）时常给自己加压降温

得意，就意味着头脑发热，冲动一时。这时莫忘给自己加加压降降温，让发热的头脑冷静下来，让膨胀的自己恢复正常，以免做出令自己后悔的事情。做到冷静地审视自己，遇事才能做出正确的决定。始终保持清醒的头脑，才能正确地发挥自身的潜力，时刻保持昂扬的斗志。

六、交往有度

1.有形的距离

地球上的物种都需要生存空间。一只老虎的生存空间可能是一大片森林，而猴子也有15~20平方千米的领地。不论什么物种，一旦侵入“别人”的领地，必然会引起一场生死搏斗。人类的生存空间是地球，当地球受到威胁，人类绝不会坐视不理。生存空间是为了“活下去”，而交际空间则是为了“活得更好”。

（1）交际空间

当人们进行交际的时候，交际双方在空间上所处位置的距离具有重要的意义，它不仅告诉我们交际双方的关系、心理状态，也反映出民族和文化的特点。心理学家发现，任何一个人需要在自己的周围有一个自己能够把握的自我空间，这个空间的大小会因不同的文化背景、环境、行业、个性等而不同。不同民族的人在谈话时，对双方保持多大距离有不同的看法。美国文化人类学家爱德华·霍尔在1969年提出了交际距离理论：

① 公众距离（public distance），可以达到3.6米之远。

② 社交距离（social distance），从1.2米到3.6米。

③ 个人距离（personal distance），从45厘米到1.2米（可以伸手碰到对方，虽然认识却没有特别关系）。

④ 亲密距离（intimate distance），从0到45厘米（通常是亲人、很熟的朋友、

---

① 李愚．得意不忘形［N］．牛城晚报，2010-02-21.

情侣或是夫妻）。[①]

（2）人际交往的种类

人际交往的种类也可以以交际距离来衡量，大致划分为以下四种：

① 亲密距离。亲密距离是一个人与最亲近的人相处的距离，在0到45厘米之间。陌生人进入这个领域时，会使人在心理上产生强烈的排斥反应。我们看到，在拥挤的公共汽车里，互不相识的人通常保持着僵直的身躯，尽量避免身体的接触，而夫妻、恋人、父母与孩子则会依偎在一起。如果最亲近的人长期不能在亲密距离中相处，会导致情感缺失，甚至会在生理上出现不良反应。一项对比试验表明，经常接受母亲抚摸的婴儿，神经系统发育得快，比其他婴儿更活跃，体重增加的速度会比那些不受抚摸的婴儿快出47%。因此专家们认为，亲密距离是人际交往中最为重要也最为敏感的距离，每个人都必须谨慎地把握这个距离。

② 个人距离。个人距离的范围在45厘米到1.2米之间。人们可以在这个范围内亲切交谈，又不致触犯对方的近身空间。一般朋友和熟人在街上相遇，往往在这个距离内问候和交谈。

③ 社交距离。社交距离一般在1.2米到3.6米之间，其中1米到2米之间通常是人们在社会交往中处理私人事务的距离。例如，在银行取款时要输入密码，为了保护客户的机密，银行要求其他客户必须站在“一米线”之外。2米到3.6米是远一些的社交距离。商务会谈通常是在这个距离内，双方除了语言交流，适当的目光接触也是不可少的，否则会被认为是不尊重对方。在屏幕上，电视节目主持人大多是中近景，这是为了缩短与观众的距离，因为这个景别带给观众的视觉效果就是与主持人的距离在2米左右。

④ 公众距离。公众距离往往是公众集会时采用的距离，一般在3.6米到7米之间。超过这个距离人们就无法以正常的音量进行语言交流了。所以，有经验的语文老师会走下讲台朗读课文，以提高语言的感染力。

在不同的文化背景下，把握人际距离的准则会有所差异，但基本规律是相同的。和喜欢的人交谈要靠得近，熟人要比生人靠得近，性格外向的人要比内向的人靠得近，女人之间比男人之间靠得近。仔细想来，在生活中人与人之间的和谐关系都建立在恰当的交往距离之上，而人与人之间的某些冲突却往往是从不恰当的距离开始的。因此，在交往时恰当地运用“距离语言”，才能在越来越拥挤的地球上找到合适的位置，在越来越频繁的人际交往中把握好距离。[②]

精选案例 4-7

国家领导人之间的距离

在第二次世界大战的关键时刻，苏联外长莫洛托夫受斯大林之命访问英国，议

① HALL E T. The hidden dimension［M］. New York：Anchor Books，1969.
② 佚名. 人际交往话距离［EB/OL］.［2022-03-13］. http：//www.cntv.cn/lm/511/5.shtml.

题是联合开辟第二战场。应该说，这是第二次世界大战最重要的战略决策。会谈结束，在丘吉尔起身与莫洛托夫握手的瞬间，莫洛托夫一改往日的矜持，向前跨出一小步，将他与丘吉尔的近身距离缩小至45厘米，眼睛注视着丘吉尔并用力握着丘吉尔的手，没说一句话，然后转身离开唐宁街1号。

时隔若干年后，丘吉尔在回忆录中写道："莫洛托夫在与我握手相别的时候，往前跨了一小步，这不仅表达了莫洛托夫个人对我的友好，更表明了苏联人民对英国人民的信任。其中包含了理解、支持和信任。"

号称"铁腕首相"的丘吉尔允许他人走进自己的"近身空间"，而号称"铁嘴"的莫洛托夫能从容进入他人的"领地"，他们之间的情感交流是通过空间来表达的。

与此相反，在20世纪90年代，澳大利亚总理基廷却因此惹了大祸：

英国女王访问澳大利亚，当女王在堪培拉会见澳大利亚议员的时候，基廷用胳膊揽着女王的腰，并把议员介绍给女王。当这张照片在英国《泰晤士报》刊出后，引起英国朝野一片哗然。

英国保守党议员狄肯斯说："谁也不能把手放在女王腰上，这表明基廷无礼。"

议员布鲁克斯·贝克说："基廷不但侮辱了英国女王，而且往君主制棺材上又砸进一颗钉子。"

英国《每日镜报》头版刊发了《把手拿开》的专题文章；而《明星日报》则说："女王受到澳大利亚总理及夫人的侮辱之后感到不快和悲伤。"

自然，余下的就是基廷总理的多次道歉，最终平息了一场因"空间语言"使用不当而引发的国与国之间的外交危机。

资料来源　宋盛超．男人的精神领地［M］．深圳：海天出版社，2004：46-47.

如果不能注意到适度的交际距离，自然不能"活得更好"。需要注意的是，空间的观念是立体的，不仅包括领域的大小，也包含领域的高度。"拉开距离"具有保持身份威严的功能，而保持空间领域的高度又是支配权力的一种方式。法庭、教堂、礼堂、会议厅的布置都十分注重利用空间距离来发挥这一功能，以表现优越感与从属关系。在中国，长辈和领导面朝南坐；在西方，长辈和领导则是坐在椭圆桌子两头的位置。这些都说明不同文化背景的人对空间的运用和安排都有着各自的固定模式，从而构成无数文化差异，让空间的使用具有更为丰富的文化功能。

2.无形的距离

这是指人与人之间无形的感情。根据马克思的矛盾统一论，有矛盾的往往是朝夕相处的人，相处时间越长越容易产生矛盾。常常，一句无心的话语，极微小的一件事，都会引起交往的一次颠覆。这就像吃饭，一样饭菜，即使是山珍海味、龙肝凤胆，日复一日、年复一年地吃也会吃腻。胃肠都会"提出"不同的意见，更何况一颗敏感的心。在交往的理想结果上，不要期待永远的如胶似漆，不断契合、寻找最佳的相处距离，才是交往的最佳方式。

一个人倘若一辈子都无法与别人真正交心，不是孤高自傲、太过超脱，认为别人都低他一等，就是品性极差，不能被人所容；倘若所交之友遍布天下，恐怕更多的是一般朋友。我们不是神，我们的心里一辈子真正能够接纳的只会是有限的少数人，更多的人都将成为生命中的匆匆过客。

精选案例 4-8

伯牙与子期

伯牙，春秋战国时的音乐家，曾担任晋国的外交官。

伯牙从小就酷爱音乐，他的老师成连曾带着他到东海的蓬莱山领略大自然的壮美神奇，使他从中悟出了音乐的真谛。他弹起琴来，琴声优美动听，犹如高山流水一般。虽然有许多人赞美他的琴艺，但他认为一直没有遇到真正能听懂他琴声的人。他一直在寻觅自己的知音。

有一年，伯牙奉晋王之命出使楚国。八月十五那天，他乘船来到了汉阳江口，遇风浪，船停泊在一座小山下。晚上，风浪渐渐平息，云开月出，景色十分迷人。望着空中的一轮明月，伯牙琴兴大发，拿出随身带着的琴，专心致志地弹了起来。他弹了一曲又一曲，正当他完全沉醉在优美的琴声之中时，猛然看到一个人在岸边一动不动地站着。伯牙吃了一惊，手下用力，“啪”的一声，琴弦被拨断了一根。伯牙正在猜测岸边的人为何而来，就听到那个人大声地对他说：“先生，您不要疑心，我是个打柴的，回家晚了，走到这里听到您在弹琴，觉得琴声绝妙，不由得站在这里听了起来。”

伯牙借着月光仔细一看，那个人身旁放着一担干柴，果然是个打柴的人。伯牙心想：一个打柴的樵夫，怎么会听懂我的琴呢？于是他就问：“你既然懂得琴声，那就请你说说看，我弹的是一首什么曲子。”

听了伯牙的问话，那打柴的人笑着回答：“先生，您刚才弹的是孔子赞叹弟子颜回的曲谱，只可惜，您弹到第四句的时候，琴弦断了。”

打柴人的回答一点不错，伯牙不禁大喜，忙邀请他上船来细谈。那打柴人看到伯牙弹的琴，便说：“这是瑶琴，相传是伏羲氏造的。”接着他又把这瑶琴的来历说了出来。听了打柴人的这番讲述，伯牙心中不由得暗暗佩服。接着伯牙又为打柴人弹了几曲，请他辨识其中之意。当他弹奏的琴声雄壮高亢的时候，打柴人说：“这琴声表达了高山的雄伟气势。”当琴声变得清新流畅时，打柴人说：“这后弹的琴声表达的是无尽的流水。”

伯牙听了不禁惊喜万分，自己用琴声表达的心意，过去没人能听得懂，而眼前的这个樵夫竟然听得明明白白。没想到，在这野岭之下，竟遇到自己久久寻觅不到的知音，于是他问明打柴人名叫钟子期，和他喝起酒来。两人越谈越投机，相见恨晚，结拜为兄弟，约定来年的中秋再到这里相会。

和钟子期洒泪而别后，第二年中秋，伯牙如约来到了汉阳江口，可是他等啊等啊，怎么也不见钟子期来赴约，于是他便弹起琴来召唤这位知音，可是又过了好久，还是不见人来。第二天，伯牙向一位老人打听钟子期的下落，老人告诉他，钟子期已不幸染病去世了。临终前，他留下遗言，要把坟墓修在江边，到八月十五相会时，好听伯牙的琴声。

听了老人的话，伯牙万分悲痛，他来到钟子期的坟前，凄楚地弹起了古曲《高山流水》。弹罢，他挑断了琴弦，长叹了一声，把心爱的瑶琴在青石上摔了个粉碎，悲伤地说："我唯一的知音已不在人世了，这琴还弹给谁听呢？"两位知音的友谊感动了后人，人们在他们相遇的地方筑起了一座古琴台。直至今天，人们还常用"知音"来形容朋友之间的情谊。

资料来源　刘以林．中华学生百科全书：美德故事［M］．北京：北京燕山出版社，1996：27-28.

交往的质量，在一定意义上成就生命的质量。最好的交往，不是双方有意识的奉承和逢迎，而是彼此间无意识的交心与融合。奉承和逢迎，都是带有功利心和私欲的，并不是真正的交往。交心和融合则不一样，就像"君子之交淡如水"，是云淡风轻的，风倏忽间来，云恬淡着去，无欲无求，是心灵的碰撞，是情感的交融。

七、用积极情绪感染周围

我们研究情绪管理，不仅应对带有损伤、缺陷和伤害的负面情绪进行研究，还应对带来力量和优秀品质的积极情绪进行研究。积极情绪能挖掘人类自身所拥有的潜能、力量。20世纪末，欧美已经兴起了一股研究积极心理学的思潮，近年来，我国越来越多的研究者也开始研究积极心理学。

积极心理学（Positive Psychology）思潮的创始人是美国当代著名的心理学家马丁·塞里格曼（Martin E.P.Seligman）。肯农·谢尔顿（Kennon M.Sheldon）和劳拉·金（Laura King）的定义道出了积极心理学的本质特点："积极心理学是致力于研究普通人的活力与美德的科学。"①

积极心理学主张研究人类积极的品质，充分挖掘人固有的、潜在的、具有建设性的力量，促进个人和社会的发展，使人类走向幸福，其矛头直指过去传统的"消极心理学"。它是利用心理学目前已比较完善和有效的实验方法与测量手段，研究人类的力量和美德等积极方面的心理学思潮。②

Positive Psychology，大陆翻译为"积极心理学"，台湾翻译为"正向心理学"，香港翻译为"正面心理学"。一些研究表明，积极情绪使人们提高了认知的灵活性，能重新解释所给出的信息，增强了对不同认知状态的变通能力，并可以激活记

① SELIGMAN M E P，CSIKSZENTMIHALYI M. Positive psychology：an introduction［J］. American Psychologist，2000，55（1）：5

② 王变云．大学生自我决定和积极心理健康的关系［J］．辽宁医学院学报（社会科学版），2013（1）：41-44.

忆中储存的遥远信息。①

（一）积极情绪的价值

1.积极的情绪会带来健康

彼得·沙洛维（Peter Salovey）和同事讨论了情绪和身体健康的关系。他们指出，在这个研究领域，大多数研究都偏向于病理性质，因此，对于情绪和身体健康的了解大多局限于负面情绪是如何导致疾病的，而对于积极情绪如何增进健康却知之甚少。然而，由于积极情绪和消极情绪呈负相关，他们认为用前者代替后者将会有预防上和治疗上的效果。他们所做的研究包括情绪对生理和免疫系统的直接影响，以及对情感的间接影响。②

积极情绪能够降低传染性疾病的感染风险。马斯兰和科亨（Marsland & Cohen，2006）等人研究了积极情绪与个体免疫反应的直接关系。他们对81位21～55岁无乙型肝炎的被试进行了为期6～10个月的研究。研究者对被试进行了三次重组乙型肝炎疫苗的注射，时间跨度为6个月，此后研究者抽取了全部被试的血样，并让被试完成一份含有88个项目的问卷以评估他们的积极情绪、消极情绪以及外向性等指标水平。研究结果表明，积极情绪得分高的被试存在更高水平的乙肝病毒抗体反应。对于鼻病毒与流感病毒的研究也表明，积极情绪是通过增强个体的免疫功能来降低个体对于病毒的易感性的。在研究当中，积极情绪得分高的个体往往存在更高水平的免疫反应。

积极情绪也能够影响非传染性疾病的病情、病程及死亡率。例如，积极情绪能够用于预测疾病的疼痛等级（Zautra，Johnson & Davis，2005）。研究发现，这种作用可能是由于积极情绪能够增强病人的疼痛耐受性。其他一些研究还表明，积极情绪能够影响慢性疾病的病情（Sepah & Bower，2009）。例如，中风病人以及髋骨骨折病人的功能恢复与积极情绪存在正相关关系，研究者认为，这是因为积极情绪影响了病人应对疾病的方式，从而影响病情变化（Seale，2010）。③

积极的心理和情绪状态对保持或促进生理健康有很大的意义。积极的情绪状态（如乐观）可以增加人的心理资源，使人相信结果会更好。在面对压力事件时，常处于积极情绪状态的人更不易生病；而对于病人来说，那些处于积极情绪状态的人更愿意接受医生的建议、配合治疗并进行锻炼。④

2.积极情绪可以培养儿童创造力，促进天才的养成

埃里克松（Ericsson）通过研究提出了自己的观点：创造力是源于普通认知过

---

① BOLTE A，GOSCHKE T，KUHL J.Emotion and intuition：effects of positive and negative mood on implicit judgments of semantic coherence［J］. Psychological Science，2003，14（5）：416-421.

② KIM U，PARK Y S. The challenge of cross-culrural psychology：the role of the indigenous psychology［J］. The Journal of Cross-Cultural Psychology，2000，31（1）：68.

③ 董妍，王琦，邢采. 积极情绪与身心健康关系研究的进展［J］. 心理科学，2012，35（2）：487-493.

④ LAUREN B，ABRAMSON A.On the mechanisms by which optimism promotes positive mental and physical health：a commentary on Aspinwall and Brunhart［M］// GILLHAM J E. The science of optimism and hope：research essays in honor of Martin E. P. Seligman. Philadelphia：Templeton Foundation Press，2000：201-212.

程的一种脑力活动，更多的是培养出的而非与生俱来的才能。[①]

关于天才的研究表明，天才儿童在自己具有天赋的领域有很强的成就动机和坚持性，而天才的产生与父母和家庭环境有很大关系，天才通常是在那些富裕并有丰富的智力或艺术刺激的家庭中产生的。[②]

如果创造力和天才是后天培养的，那么，又该如何培养创造力和天才呢？有很多研究者提出了自己的培养方案。比如，斯坦伯格（Steinberg）等人依据创造力投资理论提出了发展创造性潜能的12种策略。关于创造性的生理激活，有人从脑机理方面进行了实验研究，首次发现在完成发散思维任务时，高创造性被试（创造性测验得分高者）两侧额叶都被激活，而低创造性被试只有单侧额叶被激活。[③]

基于群体层面的积极社会环境研究主要研究人类幸福的环境条件（家庭、学校、社会），以及影响天才发展，体现、培养、发挥创造力等的社会环境因素。卡塞尔（Kasser）等人对18岁以下的青少年的研究表明，“母亲冷酷、挑剔、爱控制人、不民主”的青少年更可能关注外部、实利的价值，而“母亲温和、易接受人、民主”的青少年则更有可能发展内在的价值。威廉姆斯（Williams）等人的研究证实，当孩子们的周围环境和师友提供了最优的支持、同情和选择时，他们最有可能拥有良好的心理健康和人际关系；反之，他们容易出现不健康的情感和行为方式。[④]

3.积极情绪可以感染、影响他人

积极情绪和消极情绪可以在极短的时间内从一个人传染给另一个人，在一眨眼的工夫内，会让周围的人都快乐起来，也会使周围的人都愤怒。当事人甚至不会察觉到这种情绪的蔓延。如果哪一天你的领导心情不错，你的同事们都会被感染，大家的默契程度会提高，做起工作来也更得心应手；如果哪一天领导情绪低落，大家都不敢说话，工作积极性不高，工作效率也受到影响。

精选案例 4-9

莉莉的“遭遇”

莉莉是个爱美的女孩，她下班回家的路上有一家首饰店，店里的每个首饰都是她喜欢的，只是她现在的经济条件还不允许她购买。每次走到这里时，她都会停留一会儿，看有什么新品上市了，还经常让营业员拿出一些项链、戒指之类的让她试戴，但她从来没买过。这次，莉莉刚进门就看到营业员——一个她已经熟悉的女孩，始终低着头，好像情绪不太好。其实是营业员在工作时间发短信，受到了经理的严厉批评。按规定，店员在工作时间内是不能使用手机的。莉莉不知道这些，她朝女孩勾了个手指，使眼色让她过来，想让她拿出刚到货的一款项链让自己试戴一

① STEINBERG R J. What is the common thread of creativity? Its dialectical relation to intelligence and wisdom [J]. American Psychologist, 2001, 56 (4): 360-362.
② PERVIN L A, JOHN O P. Handbook of personality: theory and research [M]. 2nd ed. New York: The Guilford Press, 1999: 629-652.
③ 崔丽娟，张高产．积极心理学研究综述［J］．心理科学，2005（2）：402-405.
④ 田剑．积极心理学的心理健康教育启示［J］．学校党建与思想教育，2010（27）：83-84.

下。这次，这个女孩慢腾腾地走过来，一边拿一边慢条斯理地问她："你买吗?"谁都听得出来，这话有轻视的意味。这句话严重地伤了莉莉的自尊心，她也一下子来气了，冲着女孩说："我买不买你都要给我拿出来。我是顾客，是你的上帝!"莉莉心情很不好地试戴完毕，然后很没礼貌地摔门而出。一路上，莉莉在心里不停地骂："神气什么，不就是个营业员吗！我买不起，难道你买得起吗?"一路上她什么都没想，只顾着骂那个女孩了，以至于在进单元门的时候跟楼下的邻居撞了个满怀，从来不骂人的她居然本能地吐出一句"神经病"。电梯等了好久还不下来，莉莉的心情糟透了。这个时候，有一个女人推了一个1岁左右的小男孩走过来。小男孩长得很可爱，是个自来熟，当推车停到莉莉身旁时，他一边双手乱舞，一边冲着莉莉使劲地笑。妈妈随即也弯下腰来，对小孩说："宝宝，叫阿姨……阿姨……"小家伙看来今天心情不错，对着莉莉叫完"阿……姨!"，仰着头，看着莉莉。莉莉不得不冲着他说："乖!"顺便也去摸孩子的小手，莉莉的手被他的小手抓得很紧。孩子拉着莉莉的手笑出声来。这下，莉莉真心地被小孩逗笑了，满腔的不愉快突然全部无影无踪。

资料来源　水淼. 20几岁要懂得的处世心理学［M］. 北京：北京航空航天大学出版社，2009.

店员因为领导的批评而愤怒，在几句话间就将这种情绪传染给了莉莉，由于愤怒，莉莉眼中的所有人都非常可憎。每个人、每件事都那么坎坷。小男孩用天真灿烂的笑容消除了莉莉的愤怒，一句话、一个动作就把快乐传染给了莉莉。我们既不要让他人的消极情绪影响到自己，也不要把自己的消极情绪传染给他人。同时，自己要用积极的情绪感染他人，因为每个人都希望自己是快乐的，如果你传递给他人的是积极情绪，必然会更加容易被他人接受。积极的情绪会让我们热爱生活，坚信美好的事物。

（二）保持积极情绪的策略

1.用积极的心态面对遇到的人和事

给为你服务的餐厅服务员或收银员善意的言语，给擦身而过的行人一个微笑，让别人感受到你对他们的好感，别人也会对你怀抱善意，在善意的环境里，心情如何能不愉快？当一名志愿者，到敬老院或者慈善机构提供服务，帮助别人能够让你获得一份特别的愉悦，你付出的越多，你得到的回报也就越多，人际关系也越顺畅。给朋友或同学发条信息，花些时间在朋友身上会让你的心态越来越好。

2.舍弃负能量

找出陈旧的、腐朽的、消极的负能量，找出它们产生的原因，然后舍弃掉，不再犯同样的错误。这是给生活带来正能量、时刻保持积极心态的最好办法。把柜子里不用的、不穿的拿出来捐出去，让别的人能够从中受益。把家里打扫得干干净净，把占地方的、没用的垃圾全部丢掉。不再勉强自己，不再把别人的观点和理念强加在自己身上。不要为了别人的想法而活，不要一直走同样的路、吃同样的饭，让自己的心灵也充满活力，充满积极的情绪。

3.完善自己的个性

傲慢、贪婪、好胜、自卑、虚荣、妒忌等不良的性格和品质都易形成各种负面的消极的情绪。完善自己的个性，把这些不良的品质都剔除，减少消极情绪的产生，时刻保持健康向上的心态。心直口快、心里藏不住秘密的人更容易感染他人，而内心较为脆弱的人则更容易接收他人的情绪。只有心胸博大，才能保持自己的自然本性，拥有阳光般的心情。

4.规划好时间，让自己在这一天内完成一些比较实际的事情

不要给自己制定不切实际的目标，那样的话一开始你就把自己放在了一个易于失败的位置上。如果你有一个很庞大的计划，那么不如先将这个计划分割成若干个小的计划，然后再看应该如何去执行和实现这些具体的小计划，从小计划着手做起。还有，不要忘了在每个小计划完成的时候为自己庆祝一下，我们应该学会去享受通过自己努力所取得的成绩。所以，你现在可以停一下，给自己在今天所取得的成绩一个小小的奖励，尤其是那些看起来并不是轻易就能够完成的任务。

5.做自己，不受他人影响

不要认为周围的事和自己都有关系，都去插一脚；不要因为别人的消极情绪而受影响；更不要过分在乎别人的观点、看法。别人的观点都是次要的，只要认定自己的目标。

思政链接4-2　疫情防控心理调适指南

八、善用沟通的力量

（一）沟通的内涵

沟通，是指两个或多个个体或群体之间交换信息和分享思想及感情的过程，它是管理者进行有效管理的重要途径和关键条件。[①]

人与人的沟通过程包括输出者、接收者、信息、渠道等四个主要因素。

里维特（Leavitt）按照任务的组织方式和人员的互动特征，区分了五种沟通模式：轮式、Y式、链式、环式和全方位式。一般来说，传统组织中的沟通结构是层级式、集权式的，而虚拟组织中的沟通结构更多是分布式、网络式的。[②]

沟通对于任何人的人际关系都是非常重要的。什么叫人际关系？简单地说，我

① 王重鸣. 管理心理学［M］. 北京：人民教育出版社，2001：234.

② DESANCTIS G，MONGE P. Introduction to the special issue：communication processes for virtual organizaitons［J］. Organizational Science，1999，10（6）：693-703.

们每个人都有能量，不同的能量相碰撞，就产生磁场，产生磁场后，彼此调整自己的频率，就形成人际关系。

所谓沟通就是对准频率，频率不对，就会听而不闻、视而不见、沟而不通。我们要调整自己的频率，而不是叫别人调整频率。先观察对方的频率，把自己的调得跟他的一样，他就很容易跟你沟通。

中国人的人际关系实际上是人伦关系，所以在沟通的时候，需要融合伦理的观念，忌讳没大没小，否则就会破坏人际关系。比如，打招呼这件简单的事情，你若是遇到熟悉的同事、同学，大可拍拍他的肩膀："老张，你好啊！"若是遇到领导或长辈，还以此种方式打招呼，对方心里就会不高兴。若是遇到你的下级或晚辈，你只需等着对方和你打招呼就行了。

中国社会特别重视关系，彼此的关系良好，就算偶尔说错话，也不要紧；若是关系不好，那就会鸡蛋里挑骨头。不过，也有本来关系很好，一句话伤了和气，便老死不相往来的。这就更加促使我们重视沟通的重要性。

人际关系与沟通，可以简称为人际沟通。在我们的日常生活当中，人际沟通是不可或缺的技能，必须勤加练习、多加磨炼，养成小心应对、用心体会、虚心检讨的良好习惯。一方面使自己的沟通能力不断提高，另一方面使自己的人际关系获得改善。与其讨好别人，不如用心保持和谐、互动、互助的良好状态，透过良好的沟通来互相感应。若能心意相通，大家都愉快，那就是良好的人际关系。在愉快中把正当的事情办理妥当，则是我们共同努力的目标。人际沟通注重和每个人进行良性的互动，既不能偏重某些人，使其他人受到冷落，也不应该只顾自己，想说什么就说什么，爱说什么便说什么；否则，你只是在发表意见，根本不是在进行沟通。善于沟通的人，会随时顾及别人的感受，以免无意中破坏了自己的人际关系，造成恶劣的沟通效果。①

然而，在人际关系中，常常会出现无效的沟通，说者滔滔不绝，听者左耳进、右耳出，完全不在意说话人的感受。这种无效的沟通对人际关系不会产生任何有益的影响。夫妻之间、朋友之间、同事之间若出现了无效沟通，不但容易引起争吵，造成误解、嫌隙，还有可能导致夫妻分道扬镳，朋友变成仇敌，领导给你小鞋，同事给你白眼。因此，在沟通中寻找有效沟通的途径尤其重要，尽量避免无效沟通，才能善用沟通的力量。

（二）达成有效沟通的策略

有效沟通是指通过沟通的过程，使信息真实迅速地得到交流，并使组织中需要此信息的个体达成共识，实现沟通的目的。沟通的有效性包括速度、范围以及沟通的目的等内容。②

要达成有效沟通须具备两大必要条件：首先，信息发送者清晰地表达信息的内涵，以便信息接收者能确切理解；其次，信息发送者重视信息接收者的反应并

① 曾仕强. 沟通的艺术 [J]. 书摘，2009（1）：97-100.
② 章波. 关于企业管理有效沟通的探讨 [J]. 大众科技，2005（12）：138-141.

根据其反应及时修正信息，免除误解。这两者缺一不可。应该说，随着管理信息系统的日臻完善，人与机器、机器与机器之间的信息交流越来越方便，此类沟通出现的障碍也越来越少。在人际关系中，有效沟通和无效沟通带来的效果是天差地别的。①

达成有效沟通的具体策略如下：

1.学会倾听

精选案例 4-10

林可莱特的访问

一天，美国知名主持人林可莱特访问一个小朋友，问他："你长大后想要做什么？"小朋友天真地回答："我要当飞机的驾驶员！"主持人接着问："如果有一天，你的飞机在太平洋上空所有的引擎都熄灭了，你会怎么办？"小朋友想了想："我会先告诉坐在飞机上的人绑好安全带，然后挂上我的降落伞跳出去。"当现场的观众笑得东倒西歪时，林可莱特继续注视着这个孩子，想看他是不是自作聪明的家伙，没想到，孩子的两眼含着泪水，林可莱特这才明白，原来孩子的悲伤之情非笔墨能形容。于是林可莱特问他："你为什么要这么做？"小孩子的答案透露出一个孩子真挚的想法："我要去拿燃料，我还要回来。"

资料来源　靳昕．我还要回来［J］．视野，2007（13）：29.

大多数人都不懂得如何有效倾听，就像例子中大多数人的倾听都止步于笑得东倒西歪，而主持人如果也没有注意到孩子的悲伤之情，那么这个勇敢的孩子或许就会被人误会了。

有效的沟通并不仅仅取决于如何表述，很多人只重视表达的技巧，却不知倾听更需要技巧。大多数人虽然听力不错，但是无法从庞杂的信息中找到自己想要的，不具备有效倾听的能力。调查研究表明，在刚刚听完其他人士谈话后，无论被测试者认为自己听得多么认真，也仅能记住一半的内容。帮助人们改善倾听效果的首要任务是教会他们在倾听的同时，如何有效地利用思维空间与时间。

（1）倾听技能是可以通过训练掌握的

通常可以从四个方面来对倾听者进行训练，以达到良好的效果：一是倾听者能够从之前得到的信息预测出谈话者最终想要表达的内容，此即倾听的推测能力。二是倾听者听到谈话的内容后，进行分析，判断表达者所说的内容是否合理，论据是否成立，谈话内容是否连贯，有无矛盾之处，此即倾听的逻辑能力。三是倾听者不时对表达者之前所说的内容进行小结，时时保持精力集中，这是倾听者的总结能力。四是倾听者除了注意谈话过程中的表面意思之外，寻找对话中隐含的第二层意思，并且通过观察表达者的微表情，判断表达者对自己真实的态度，这是倾听的推

① 程正敏，徐为列．有效沟通的内涵剖析［J］．企业经济，2004（9）：20-21.

理能力。这四个方面相互协调，能有效改善倾听者精力不集中的状态，使之获得最大的信息量，从而达到最佳的倾听效果。

（2）要抓住倾听的重点

在一段对话或者倾听的过程中，想要记住所有的内容显然是不现实的，一场一个小时的演讲包含12 000到15 000字，试图记住所有的东西必然导致什么都没有听到。因此，我们在谈话、倾听的过程中要注意抓住重点，在谈话开始前把握住这场对话或者这次演讲的主旨，在谈话或者演讲过程中，不过分在意和主旨无关的东西，紧紧抓住主旨，进行理解性记忆，就能很好地保持倾听时的注意力，最大限度地获得最多的信息。

（3）要注意感情的作用

在绝大多数情况下，人们的倾听能力会受到感情、喜好的影响。在接收信息的过程中，对于我们难以接受或者不愿意接受的东西，我们会本能地排斥，导致忽略掉一些重要的信息。与此相反，对于我们乐于接受的信息，我们会集中注意力，力保不错过一个字。感情起到了沙漏的作用，从沙漏留下来的只是一小部分我们喜好的信息，其他被潜在意识排斥的信息都逸散了。

我们可以用以下方法加以训练，克制感情的反作用：第一，保持客观。在倾听过程中，尽量不带主观感情因素，等对话或者倾听结束再细细揣摩和评价，并做出决定。第二，要提醒自己，自己的想法和观点未必全部都是正确的。在倾听过程中，人们总是寻找与自己的观点一致的证据，而对证明其错误的论据不是忽略不计就是根本不去思索其中的道理。证明自己的错误是不易而痛苦的，但是在追求真理的过程中谁都无法断言自己永远正确。在倾听过程中，无论是与自己的观点相左的信息还是一致的信息都要认真倾听，以防遗漏。

2. 懂得表达

表达有三种方式：口头表达、书面表达、身体和行为表达。口头表达用词浅显易懂，句子短小，语序灵活，是最普遍的表达方式，但口头表达也是最有难度的，上者可以让人泪流不止，下者却让人哈欠连天。书面表达是在口头表达的基础上产生和发展起来的，可以永久保存，一般比较正式。

精选案例 4-11

毛遂自荐

战国时，秦军在长平一线大胜赵军。秦军主将白起领兵乘胜追击，包围了赵国都城邯郸。大敌当前，赵国形势万分危急。平原君赵胜，奉赵王之命去楚国求兵解围。平原君把门客召集起来，想挑选20个文武全才一起去。他挑了又挑、选了又选，最后还缺一个人。这时，门客毛遂自我推荐，说：“我算一个吧！”平原君见毛遂再三要求，才勉强同意了。到了楚国，楚王只接见平原君一个人。两人坐在殿上，从早晨谈到中午，还没有结果。毛遂大步跨上台阶，远远地大声叫起来：“出兵的事，非利即害，非害即利，简单而又明白，为何议而不决？”楚王非常恼火，问平原君：“此人是谁？”平原君答道：“此人名叫毛遂，乃是我的门客！”楚王喝道：“赶快退下！我和你主人说话，你来干吗？”毛遂见楚王发怒，不但不退下，反而又走上几个台阶。他手按宝剑，说：“如今十步之内，大王性命在我手中！”楚王见毛遂那么勇敢，没有再呵斥他，就听毛遂讲话。毛遂就把出兵援赵有利楚国的道理，做了非常精辟的分析。毛遂的一番话，说得楚王心悦诚服，答应马上出兵。过了几天，楚、魏等国联合出兵援赵，秦军便撤退了。平原君回到赵国后，待毛遂为上宾。他很感叹地说：“毛先生一至楚，楚王就不敢小看赵国了。”

资料来源 唐彩萍，舒敏. 课本里的成语故事［M］. 福州：福建少年儿童出版社，1998：77-78.

毛遂如何能在简短的几个行动、一段对话中获得楚王的尊重，表达出赵国的诉求呢？只要有战略地表达自己的想法，想要像毛遂一样，不难。

一开始要直切主题。任何沟通都是有目的的，无论是推销为了业绩，还是闲聊为了增进感情，一开始就要表明此次谈话和受众的关系。尽量减少冗余信息的陈述，采用从主题开始讲起，从主干到末节、从主题到细节的战略。从对方的角度思考这次谈话的内容，以听者的利益为出发点，吸引受众的注意力，做到换位思考。从新的角度介绍熟悉的事情，让听者能换一个角度考虑，获得听者的尊重。

接下来要吸引注意。一是由浅入深，以主题为出发点，引出论据，得出结论，给人以顺理成章的感觉。二是要在表达过程中制造几个悬念。三是可以举出身边的例子作为论据，形象生动，令人信服。

最后要直奔主题，得出结论。一旦引发讨论就要结束，以即将得出结论的气氛，引起人们的关注；最好得出普遍性结论，上升到一定的高度；得出最后的行动目标和大概计划。

口头表达时要充分利用声音和体态，注意声音的高低和长短，以及表情等。手势和身体语言的运用可以帮助我们增强传达的效果，可以在口头语言不够用，或者不方便用时作为补充工具。例如，闭目养神意味着不想再继续这次谈话；手舞足蹈说明兴致很高，表现出对谈话浓厚的兴趣；垂头丧气说明兴致极差，最好快速结束这次谈话等。

行为语言是通过行为展示某种需要。这种语言是高级管理者必须掌握的技能。它是一种无声的影响和命令，其效果是任何语言和文字都无法达到的。比如，在沉默中，一个人使用的行为语言有助于展示他想要的某种结果。非语言的渠道通常用于表达那些对于直接语言沟通来说过于敏感的信息。因为信息是微妙的、模糊的，并且经常具有试探性，所以它们必须被谨慎地解读，以便认识它们潜在的丰富含义，这些隐含信息增强或者抵触了语言表达的内容。①

① 陈辉才，唐良耀. 浅谈管理者如何进行有效沟通［J］. 人民论坛，2010（8）：133-134.

复习要点

主要概念

宽容　感恩　尊重　得意忘形　沟通　有效沟通　倾听　积极心理学

复习思考题

1. 生活中情绪管理的价值有哪些？
2. 都市人为什么不应该有心墙？
3. 为什么情绪管理是生活中最重要的技能？请举例说明。
4. 控制自己情绪的方法有哪些？
5. 生活中情绪管理的对策有哪些？请举例说明。
6. 请简述宽容的内涵和种类。
7. 感恩的测量方法有哪些？
8. 感恩的策略有哪些？请举例说明。
9. 平静化解矛盾的策略有哪些？

案例分析题　**不同国家的减压习惯**

在生活中，人们都会遇到不尽如人意的事。同事钩心斗角、夫妻不睦、工作效率低下……这一切让人压力很大，导致情绪失衡，对心灵造成创伤。每个人都有自己的减压方式，研究发现，不同国家的人民基于不同的文化背景和生活习惯，也有他们各自独特的减压习惯，能使生活变得轻松。

法国人下班回家并不急于做饭，而是先倒上一杯葡萄酒，配上腰果，作为零压力之夜的开始。红酒是法国文化的一部分，法国人品尝红酒是感受文化的过程，能巧妙地将压力转移。喝红酒几乎融入他们生活的点点滴滴，也为他们带来轻松和愉悦。

俄罗斯人会采用蒸桑拿和热水浴的方式减压，常年的寒冷使他们养成了这种生活习惯。坐在桑拿间里被蒸得大汗淋漓，或感受热水淋在皮肤上的温暖，都会让心灵感到安稳。美国耶鲁大学的一项研究证实了这种热水浴减压的效果。

同样寒冷的丹麦有另一种苦恼，那里的冬季天黑得早，长夜和严寒是季节性情感障碍的促发因素。常年在这种自然环境下生活的丹麦人会到户外呼吸新鲜空气、晒太阳，这会让他们的心情豁然开朗。

比利时一项研究称，与朋友分享乐趣能让人体释放“减压激素”——后叶催产素。这也是为什么爱尔兰人喜欢组织温馨的家庭聚会的原因，其乐融融的氛围能缓解压力。当然，他们不把聚会当成负担，朋友简单相聚就好，没必要追求尽善尽美。

与丹麦同在北欧的瑞典，在上午10点和下午3点有专门的“咖啡时间”。一到时间，人们就会结伴走向咖啡厅，享受咖啡和甜点。这是瑞典人从1700年以来形成的文化习俗，他们不会为这种“懈怠”感到愧疚，反而能提高效率，正所谓“磨刀不误砍柴工”。美国麻省理工学院的研究称，这种“咖啡时间”能让工作效率提高10%～15%。

在炎热的泰国，人们习惯在下班后享受伴侣的按摩。为对方揉揉脖子、捏捏肩膀，既能舒缓压力，又能增进感情。已有研究证实，按摩能刺激大脑释放血清素，这是一种天然的抗抑郁剂，泰国人早已将这一研究结果用于生活中。

土耳其人会通过欣赏美的事物来减压，如听听轻音乐或欣赏风景画。他们还会在记事本里记下幸福的往事，有压力时就读一读。美国哈佛大学的压力管理专家艾伦·兰格博士认为，压力常会带来消极的想法，这时将注意力集中在美好的事物上，就能将消极的想法赶出大脑。看喜剧也是常用的减压方法。英国牛津大学的研究发现，开怀大笑能让胃部肌肉收缩，促进能产生愉悦感的内啡肽的释放。

各国的这些减压小习惯给我们带来启示：任何习惯化的行为都可能是我们的减压阀。对我们来说，睡前倒一盆热水，撒一点浴盐或小苏打，一边把脚泡进齐踝的热水中，一边读杂志或小说，浑身暖暖的，不正是“最中国”的一种减压方法吗！

资料来源　杨东. 各国有自己的减压习惯 [N]. 生命时报，2012-12-14（6）.

> 讨论题：

1. 请运用你所学到的情绪管理知识，分析不同国家的减压习惯及其借鉴意义。
2. 结合实际谈一谈我们在平时生活中应如何减压。
3. 举例谈谈你在生活中是如何减压的。

在线测试

考试焦虑测试　　性格倾向测试　　自信心测试

第五章

工作中的情绪管理

热情，像熊熊的火焰，是一切的原动力！有了伟大的热情，才有伟大的行动！可是，要是缺乏路程的理智，就会迷失方向，变成盲目的行动。要是把热情和理智结合起来，就会无往而不胜。

——［中国］王若飞

伟大的热情能战胜一切，因此我们可以说，一个人只要强烈地坚持不懈地追求，他就能达到目的。

——［法国］司汤达

学习要求

1. 理解和掌握工作中情绪管理存在的问题
2. 理解和掌握工作中情绪管理的对策

第一节 工作中情绪管理存在的问题

情绪管理是人力资源管理工作的一个重要环节，它的实质是一种资本管理，有助于增强企业的核心竞争力。随着市场经济的不断发展，我们逐步走向了知识经济时代，在这个时代从产品型经济转变为服务型经济是最显著的特征。此时员工的情绪管理已成为影响团队绩效的重要因素，情绪管理的重要性不言而喻。加强情绪管理，使它形成一种有效的机制，在企业团队中发挥作用，使员工真正成长为自己情绪的主人，那么，企业或团队的管理者收获的不仅是成就感，还包括员工的成长，最终将使员工成为团队的战友、企业的朋友。

在企业竞争环境日趋严峻的新形势下，受社会环境、工作压力、心理因素等影响，员工的思想也日趋多样化、复杂化，其中也存在消极、低沉、悲观的不良情绪。具体问题如下：

1.社会不良因素的影响

一些社会成员思想道德滑坡，人生观、价值观扭曲；社会心态失衡，拜金主义、享乐主义、利己主义等思想滋生蔓延。这些社会不良的因素不可避免地会影响到企业员工，对员工思想产生负面影响。

2.员工发展困惑

在企业发展过程中，员工面对的竞争越来越激烈，要求越来越高，员工升职、培训、转岗不顺利，实现自我价值的需求得不到满足，或者因体制不完善、公平竞争机制缺失、对角色期望的迷茫，看到不如自己的人升迁了，自己的期望得不到满足，都易出现消极情绪。

3.员工主人翁地位得不到落实

企业管理者的能力和修养水平参差不齐，少数领导作风不民主、管理水平不高、民主意识差，让员工产生不信任心理，导致员工心灰意冷。个别管理者缺少应有的文明内涵和思想修养，当员工遇到难以解决的矛盾和问题时，不去积极地解决而是能拖则拖、能捂则捂，或者管理者工作作风漂浮，工作不务实，不能主动听取员工意见，员工合理化建议得不到重视，主人翁地位得不到落实，导致员工以“不积极”来表示无声的抗议。

4.经常加班，压力大

随着企业改革的不断深入，新体制、新观念、新知识对员工提出了更高要求，因工作压力大，员工常常处于紧张的工作状态，有的企业加班加点无报酬，年假制度不能很好地落实，尤其管理者只注意生产，不关心员工八小时以外的精神文化生活，员工一直处于精神疲劳状态，焦虑、压抑的情绪导致注意力分散，工作责任心缺失。

5.利益分配不公

利益分配不合理，管理者与员工收入差距过大，奖励和惩罚不对称，背离了

“按劳分配、多劳多得”的原则，员工渴望通过自己的努力获取相应的报酬来展现自我价值，却因不合理的分配机制产生不满情绪，从而抑制了工作积极性和主动性。

情绪是出于主观意识并受客观环境影响的，每个人作为社会的个体都具有不同的情绪变化，员工的情绪决定其工作态度以及工作效率，它是影响企业管理以及企业发展的重要因素之一。做好企业员工的情绪管理工作，将对企业的建设发挥出积极的作用。

第二节　工作中情绪管理的对策

经典文摘 5-1　　对症下药：有效进行员工情绪管理

国内某知名网站的一项关于职场人压力状况的调查显示：48.6% 的职场人表示压力很大，44.4% 的职场人表示压力处于一般状态，完全没有压力感的职场人只占7%。再结合在国内轰动一时的“富士康13连跳事件”，企业不得不正视并思考这样一个问题：在当前的整体职场高压氛围下，如何引导员工释放压力以及由其而导致的不良情绪。

常言道，“怒伤肝，气伤脾，悲伤心，忧伤肺，恐伤肾”。从个体角度来看，不良情绪是一种心理疾患，它会伤害自己，使自己失去真正的快乐；从群体角度来看，不良情绪是一种流行病症，这种情绪感染具有人际蔓延的特性，必须加以引导和疏导，对企业员工进行情绪管理。

情绪管理是指通过研究个体和群体对自身情绪和他人情绪的认识、协调、引导、互动和控制，充分挖掘和培植个体与群体的情绪智商，培养其驾驭情绪的能力，从而确保个体和群体保持良好的情绪状态，并由此产生良好的管理效果。

简单地说，情绪管理是对个体和群体的情绪进行感知、控制、调节的过程，其核心是将人本原理作为最重要的管理原理，使人的个性、人的情绪得到充分发展，人的价值得到充分体现；它从尊重人、依靠人、发展人、完善人出发，提高人对情绪的自觉意识，控制情绪低潮，保持乐观心态，不断进行自我激励、自我完善。

对于企业来说，进行情绪管理，必须要及时发现员工不良情绪的产生，并剖析其原因，然后才能对症下药，调整员工情绪。

不良情绪产生的显性原因在前述职场人压力状况调查中有显示：六成职场人表示压力来源于职业发展的困惑，升职与加薪总是不顺利；其次是面临着日新月异的社会环境，新的任务要求越来越高，来自新人的挑战也在冲击着职场人；排在第三位的压力来源是工作量太大，所占比例为38.4%；人际关系复杂、老板要求苛刻，也是造成职场人压力大的原因之一。

不良情绪产生的隐性原因，则可以通过中医的“望、闻、问、切”来发现和剖析。

所谓望，就是观察：通过观察员工的精神状态、工作的积极性、工作态度等，及时把握员工情绪状态，了解组织情绪的走向。

所谓闻，就是感受：通过换位思考切实把握员工对企业制度、规范、工作环境、工作内容、工作业绩等的实际体会。

所谓问，就是交流：针对企业中出现的抱怨、忧虑、烦躁、紧张、沉闷等消极情绪，可以采用个别交谈或谈心的形式，具体细致地对员工情绪做深入的了解。

所谓切，就是评估：设计专门的评估手段和评估指标，通过科学的方法对员工情绪进行评估，并对评估结果进行分析，精确把握员工情绪的特征。

而调整员工情绪、对症下药，可以通过一系列组织干预措施，从两个方面入手：一是改变引起情绪的事情本身；二是改变员工对事情的看法，即改变认知。

(1) 营造情绪氛围，提升个体感受

每个企业都有一定的氛围，表现为组织的情绪，如愉快的工作氛围、沉闷的工作氛围、复杂的人际关系等。这种组织情绪会影响员工的工作效率和心情，甚至会成为一个员工是否留在企业的原因。整个组织的情绪氛围会影响和改变员工的情绪，尽管员工和组织的情绪是相互影响的，但是组织对个体的影响力量要比个体对整个组织的影响力量大。因此，从企业发展的角度来看，必须要营造良好的情绪氛围。

(2) 建设企业文化，理顺组织情绪

在现代企业中，企业文化逐渐成为新的组织规范。事实上，企业文化对员工不仅具有一种强有力的号召力和凝聚力，而且对员工的情绪调节起着重要作用。一般而言，员工从进入企业的那一刻起便开始寻求与企业之间的认同感，如果企业文化中有一个员工愿意为之奋斗的愿景和使命，一种被员工认同的价值观和企业精神，那么这个企业就能够激励员工超越个人情感，以高度一致的情绪去达成企业的目标和愿景。在核心价值理念中，像惠普公司的“尊重个人的主观精神”，默克公司的“我们从事保存和改善生命的事业”等，激励了一代又一代惠普人、默克人热爱自己的公司和事业，共同追求公司的基业长青。

(3) 开放沟通渠道，引导员工情绪

积极的期望可以促使员工向好的方向发展，员工得到了信任与支持，也会将这种正向、良好的情绪带到工作中，并使这种情绪感染更多的人。

企业必须建立良好的沟通渠道，让员工的情绪得到及时的交流与宣泄。如果交流沟通渠道受阻，员工的情绪得不到及时的引导，这种情绪会逐步蔓延，影响到整个团队的工作。

(4) 匹配工作条件，杜绝消极情绪

工作环境等工作条件因素对员工的情绪会产生很大影响，在实际工作中，需要将工作条件与工作性质进行匹配，从而避免消极情绪的产生。例如，IT行业的工作具有强烈的不确定性，非常强调员工的团队合作能力，如果将工作环境设计成开放式结构，在办公用具的摆放、员工工作空间等方面相对宽松，则有利于团队成员间的交流；又如，广告业的工作特点是创新和个性化，因此工作场所墙体的颜色可刷成利于激发灵感的颜色。

(5) 培训情绪知识，增强员工理解能力

情绪心理学家伊扎德（Izard）指出，情绪知识在决定人们的行为结果时可能起到调节作用。情绪知识是员工适应企业的关键因素，企业可以通过有针对性的“情绪知识”培训，增强员工对企业管理实践的理解能力，激发员工的工作动机以适应组织的需要。

(6) 引入EAP，疏导不良情绪

人的情绪是呈波浪形变化的，不是一成不变的，因而不良情绪的产生是不可避免的，但“堵不如疏”，与其压抑它，还不如给它恰当的机会释放出来。EAP（Employee Assistance Program），即员工援助计划，又称员工心理援助项目、全员心理管理技术，是由企业为员工设置的一套系统的、长期的福利与支持项目，通过专业人员对组织的诊断、建议和对员工及其直系亲属提供专业的指导、培训和咨询，帮助解决员工及其家庭成员的各种心理和行为问题，从而构建出一个良好的情绪氛围。目前在美国有四分之一以上的企业员工常年享受着EAP服务，而在国内，如联想等企业也早已开始实施EAP。

资料来源　荆泽峰. 对症下药：有效进行员工情绪管理［J］. 21世纪商业评论，2011（6）.

一、让情绪化为工作的助燃剂

在心理学研究历史中，把动机与情绪联系起来的观点早已存在，但是，动机与情绪二者间关系的性质仍是一个没有真正解决的问题。近年来，许多情绪心理学家从不同的角度对情绪与动机的关系进行了大量的研究。他们的研究表明，情绪具有特殊的动机功能：它能以一种与生物动机或生理动机相同的方式激发和指导行为；它能作为一种特殊的心理背景影响行为的动机状态；甚至它本身就构成了一种基本的动机系统。情绪心理学家的这种研究开拓了动机研究的领域。[①]

弗洛伊德（Freud，1916）赋予情绪明确的动力性质，他提出情绪是“一个欲表露的源于本能的心理能量的释放过程”。因此，对于情绪或情感，他实质上所持有的理论是关于内驱力的理论。他把情绪与动力过程联系在一起，把情绪视为一种能量释放的过程，而内驱力则是在此过程中产生的更为本源的力量。弗洛伊德以内驱力和能量释放的心理分析观点，深入地研究过两种主要的复合情感：焦虑和抑郁。他认为焦虑和抑郁都是由能量压抑所引起的，而能量的压抑总是与内驱力的冲突联系在一起的。[②]

情绪是员工高绩效和个人成功的必要保证。情绪多变，作用可好可坏、不稳

① 郭德俊. 动机心理学：理论与实践［M］. 北京：人民教育出版社，2005.
② 郭德俊. 动机心理学：理论与实践［M］. 北京：人民教育出版社，2005.

定，却时时影响着人的言行。在某种意义上，情绪有时比适应性或才能更重要，是人生成功的重要因素。哈佛大学一项研究显示，成功、成就、升迁等，有85%是因为我们有着正确的情绪，而仅有15%是因为我们的专门技术。只有让员工具备积极的动力情绪，把消极的情绪转化为工作的动力，他们才会有持续的工作动力，具有乐于奉献的精神，从而愿意并且能够为企业的发展不断贡献才智、创造价值，同时在这个平台上自我成长。

我们的工作中充满了情绪的“流弹”，稍不小心就会“受伤”和“中奖”。“情绪的力量是巨大的”，这种力量可以从两个方面发挥作用：一是负面情绪的消极破坏作用；二是正向情绪的积极动力作用。对于大多数人来说，这些情绪就像一个个魔鬼或天使，魔鬼破坏了我们的好心情，天使让我们充满正能量，工作、生活更加向上。于是，我们难免对负面情绪采取逃离乃至对抗的态度。结果自己变成“穷寇”——越是害怕，越是被负面情绪包围。

积极情绪能够激发人的活力，提高人的工作效率，能够使人的情绪维持在最佳的活动状态，推动人们实现工作目标。毫无疑问，积极情绪是我们工作的动力，那么如何对待消极情绪，把消极情绪转化为工作动力才是关键。人人都明白负面情绪的危害，这需要重视。不过，负面情绪也不是洪水猛兽，完全不必谈虎色变，更不能用“一棍子打死”的办法来对待负面情绪。正视负面情绪中的正面诉求，进行有效引导和疏导，反而能够从中找到推进自己职业发展的新动力，迎来自己职业生涯的新春天。职场成功的关键就是面对和控制自己的情绪。当负面情绪来临时，一个成熟的对自己情绪有充分控制能力的人是去接受它、控制它，而不是逃避它，甚至被它控制，为自己找到懈怠的理由。

精选案例 5-1

史蒂芬·霍金

史蒂芬·霍金（Stephen Hawking）1942年1月8日生于英国牛津，那一天刚好是伽利略逝世三百年。可能是因为他出生在第二次世界大战期间，他小时候对模型特别着迷。他十几岁时不但喜欢做飞机和轮船模型，还和学友制作了很多不同种类的战争游戏，反映出他研究和操控事物的渴望。这种渴望驱使他攻读博士学位，并在黑洞和宇宙论的研究上获得重大成就。

霍金十三四岁时已下定决心要从事物理学和天文学的研究。十七岁那年，他得到了自然科学的奖学金，顺利入读牛津大学。大学毕业后他转到剑桥大学攻读博士学位，研究宇宙学。不久他发现自己患上了会导致肌肉萎缩的卢伽雷氏病。由于医生对此病束手无策，起初他打算放弃从事研究的理想，但后来病情恶化的速度减慢了，他便重拾信心，排除万难，从挫折中站起来，勇敢地面对这次的不幸，继续醉心研究。

20世纪70年代，他和彭罗斯证明了著名的奇性定理，并在1988年共同获得沃尔夫物理奖。他还证明了黑洞的面积不会随时间减少。1973年，他发现黑洞辐射的温度和其质量成反比，即黑洞会因为辐射而变小，但温度却升高，最终会发生爆炸而消失。

20世纪80年代，他开始研究量子宇宙论。这时他的行动能力已经出现问题，后来由于得了肺炎而接受穿气管手术，他从此再不能说话。他全身瘫痪，要靠电动轮椅代替双脚，不但说话和写字要靠电脑和语言合成器帮忙，连阅读也要别人替他把每页纸摊平在桌上，让他驱动着轮椅逐页去看。

2018年3月14日，霍金逝世，享年76岁。霍金逝世后，引发全球各界悼念。霍金一生贡献于理论物理学的研究，被誉为当今最杰出的科学家之一。他的著作包括《时间简史》《黑洞、婴儿宇宙及其他》等。

资料来源　夏军. 美育：高中版 [M]. 长春：吉林人民出版社，2005：219-220.

霍金在科学上的成就都是他在病发后获得的。他凭着坚毅不屈的意志，创造了奇迹，也证明了残疾并非成功的障碍。他对生命的热爱和对科学研究的热忱，是值得年轻一代学习的。

不论是谁，当发现自己身患绝症的时候都不会充满正面情绪。这时我们面临两种选择：第一种是被这突如其来的“流弹”炸得“血肉横飞”，从此对工作、事业绝望，被负面情绪控制，一蹶不振。霍金选择了第二种：他没有畏之如虎，经过努力，反而坦然接受。他排除万难，继续醉心研究。他仿佛获得了不竭的动力，在病发后获得了更大的成就。

只要能做负面情绪的主人，化负面情绪为工作动力，我们就能获得不小的惊喜。

保持饱满的热情，充满积极情绪，是努力工作最重要的动力。然而不幸的是，没有谁能永远保持饱满的热情和积极的情绪。隔三岔五由于各种原因总会出现长短不一的低落情绪，而且这种现象是每个人在职场生涯中都会出现的、非常自然的一部分。这时工作动力自然会低下，如果不能及时消除自己的负面情绪，很容易把这种情绪带入工作中进而传染给同事和朋友，从而导致整个团队的工作不能高效运转，给自己的职业生涯带来不好的影响甚至影响组织的运作。所以，我们一定要学会及时赶走工作中的负面情绪！

当我们在工作中陷入负面情绪时，可采取以下几种方法来化解：

1.大胆承认自己已经陷入负面情绪

对于负面情绪，我们越抵制，越否认，越不利。如果我们对自己的负面情绪视而不见，它会越来越严重，直到影响正常的工作，而且可能情况会变得更糟。如果我们不肯承认陷入了消极状态，还会失去更多，作为下属会失去上司的信任，作为上司会失去对下属的公信力。这个时候，不如与相关同事或者家人讨论一下自己的困境，让他们知道现在的状况，向他们寻求一些建议和帮助。

2.不要在任何情况下忽视一次小小的胜利

在工作中，作为团队中的一员，我们可能会忽略掉团队成员在某些方面的投入或者取得的成绩。我们应该和同事一起庆祝每一次小小的胜利。如果对抗负面情绪的方法没有起作用，那么我们要和同事一起寻找能最终解决问题的办法。要知道，积极的结果常常是很多小的积极的行动累积导致的。

3.对于同事的成绩，不吝惜每一次赞扬

作为团队中的一员，我们往往会陷入一个误区：团队的荣耀是整个团队共同运作的结果。事实上，每个人都希望因为自己的努力而获得的成就能够得到同事或者上司的赏识。所以，要在团队中培养一种风气：互相赞扬，互相鼓励，共同排除负面情绪。

4.不要到处抱怨、长久地待在负面情绪中不能自拔

不得不承认，这很困难。在遇到负面情绪时，人人都想要抱怨，但是，保持积极向上的心态，在那些消极的小火苗燃烧起来之前就将它们扑灭，才是真正的上上策。

5.对事不对人

当我们陷入消极情绪时，应该把焦点从某个人身上移开，只针对具体的事件；否则，我们对此人的看法很可能越来越糟，进而让消极情绪更加严重。

6.别怕表达你的想法和感觉

别怕让同事知道你现在的情绪很消极。很多有负面因素的问题都会因为团队人员的开诚布公而得以解决。

二、不要丢失工作的激情

大多数人都会产生相同的疑问：每天重复同样的工作让我觉得好累，我真的不想去上班！刚踏入职场时踌躇满志的那个人去哪里了？确实如此，不知道从什么时候开始，刚毕业那会儿的蓬勃朝气、浑身斗志、初生牛犊不怕虎的干劲都已经踪迹全无，人也被忙碌的工作和烦琐的家务事打磨得全无棱角，日复一日，年复一年，说得严重一点就像行尸走肉一般早早开始期盼退休生活的到来。每天早上醒来的第一个念头便是，如果我生病了该多好，这样我就不用去上班了；每天繁重的工作压在心头，可就是没有斗志，宁可坐在电脑面前发呆，也迟迟不愿意开始工作，不得不把工作拖到最后一秒才完成，甚至拖到上司发火才能够完成；对什么都没有兴趣，朋友、同事在一边嬉笑怒骂，自己仿佛是一个局外人，懒得哭、懒得笑，颜面枯槁，形容憔悴，就像丢了魂一样；对于自己能做什么，以后职业该怎么发展完全没有头绪，觉得自己仿佛是困在一座围城里出不去了，产生许多绝望的情绪。这就是日益普遍的工作倦怠。中国人力资源开发网发布的《中国职场人士工作倦怠现状调查报告》显示，有74.6%的职场人有工作倦怠的现象。

工作倦怠虽然不是病，但是一旦出现，对人会有很大的负面作用。轻的会让人对工作失去兴趣，产生很强的疲劳感；严重的会让人出现嗜睡或者失眠、记忆

力下降、精神恍惚、吃不下饭甚至呕吐的情况。联合国的一份报告把现代人的这种不是疾病的状况称为“亚健康”状态。长期处于这种状态，会诱发一些慢性疾病。

不仅如此，如果对工作产生倦怠心理，还会严重影响员工的职场表现，一系列的连锁反应就会随之出现——工作上不断犯错、工作绩效一泻千里、升职加薪遥遥无期、在上司和同事心中的地位和印象一降再降。这些连锁反应会过早地扼杀职场人士的前途，让人早早在职业道路上止步。

工作有激情才有成就，没有了激情，就注定只有灰色的未来。因此，如何爱上工作，不再感觉上班是受罪，如何焕发新生，点燃对职业的激情，成为困扰职场人士和企业管理者的一个难题。

精选案例 5-2

三个石匠

有三个石匠同样都在从事雕塑职业。有人问他们：“你在这里做什么？”他们中的一个说：“你看到了吗，我正在凿石头，凿完这个我就可以回家了。”在他心里，工作是一种惩罚。另一个人说：“你看到了吗，我正在做雕像。这是一份很辛苦的工作，但是酬劳很高。毕竟我上有老下有小，他们需要温饱。”他视工作为负担。而第三个人则放下锤子，骄傲地指着石雕说：“你看到了吗，我正在完成一件艺术品。”这种人心里只有一个信念——“工作是快乐的”。

工作就是一种心情，美国第一位亿万富翁洛克菲勒曾这样诠释工作：“如果你以工作为一种乐趣，人生就是天堂。”

资料来源　洛克菲勒. 洛克菲勒写给儿子的38封信：详解版［M］. 梁素娟，编译. 北京：北京联合出版公司，2016：59-60.

精选案例 5-3

老人的草帽

非洲的某个土著部落迎来了美国的旅游观光团。部落里的人虽然还没有什么市场观念，可是面对这样一个赚钱的机会，自然是不会放过的。

部落中有一位老人正悠闲地坐在一棵大树下面，一边乘凉，一边编织草帽。他会把编织好的草帽放在身前，供游客们挑选和购买。他编织的草帽，造型非常别致，颜色搭配也非常巧妙。游客们纷纷驻足围观，并开始掏钱购买。

这时候，一个精明的商人看到老人编织的草帽，脑子里立刻盘算开了，他想：这样特别的草帽如果运到美国去，一定能卖上个好价钱，至少能获得10倍的利润吧。想到这儿，他激动地对老人说：“老人家，这样的草帽多少钱一顶啊？”

“10元钱一顶。”老人冲他微微一笑，继续编织着自己的草帽。他那种闲适的神态，真让人觉得他不是在工作，而是在享受。

“天哪，如果我买10万顶草帽回到国内去销售的话，一定会发大财的。”商人欣喜若狂，为自己天才的头脑沾沾自喜。

商人接着问：“老人家，假如我在你这里定制10万顶草帽的话，你每顶草帽给我优惠多少钱啊?”

他本以为老人一定会高兴万分，可老人却皱着眉头说：“这样啊……那就要20元一顶了。”

商人顿时傻了眼，不由得冲着老人大叫：“为什么?”

老人给出了他的道理：“在这棵阴凉的大树下，没有负担地编着草帽，对我来说是一种享受。可是如果要编织10万顶草帽，我就不得不夜以继日地工作，不仅疲惫劳累，还有了精神负担，难道你不该为此多支付我一点钱吗?”

正如老人所言，当劳动不能成为一种享受，而变成一种循环往复的单调行为时，确实会令人感到乏味。而只有真正热爱工作的人，只有具有激情的人，才是真正幸福的人。

资料来源　何竟源. 打工，请多替自己想想 [M]. 西安：西安交通大学出版社，2009：55-56.

从上面两个案例中，我们可以明白激情在职场之中的重要性，当一个员工拥有激情的时候，在同样的薪资待遇下他可以发挥出更大的潜力，为社会、企业、家人、自己创造更大的价值。

激情，是一种强烈的情感表现形式——往往发生在强烈刺激或突如其来的变化之后，具有迅猛、激烈、难以抑制等特点，人在激情的支配下，常能调动身心的巨大潜力。从这个字面意义上可以得知，激情往往是一种积极主动的行为，且人的行为在激情的指引下可以发挥出巨大潜能。

一个成功的职场人一定是一个在工作中始终保持激情的人，无论从事什么样的工作，无论这个工作是单调重复的还是复杂多变的，他总能出彩，总能让上司看到他的特别之处，所以他很容易进步，获得升职加薪的机会，实现自我价值。而厌倦工作、没有激情的人，在长期的工作中，不但会使自己的身体处于亚健康状态，比如经常感到头痛、疲倦、全身无力，心情压抑，经常莫名其妙地大动肝火，对于生活也感到厌倦，而且可能引起不良心理反应，造成严重的心理疾病。因此，这些人要想进步很难，不是同事和上司阻止了他们在职业道路上的发展，而是他们自己毁灭了自己的职业道路。

长时间在某一环境下从事同一项工作，既有有利的一面——很容易成为技术娴熟的工作骨干，也会产生不良的影响——日复一日地重复相同而琐碎的事务，人就会麻木，就会产生工作倦息。这时候，在工作中很容易犯错误，再加上同事的非议和上级的批评，会产生更大的工作压力，这样就很容易让人无助，丧失工作的激情。出现这种情绪，主要是因为这些人只知道重复工作，而没有明白自己工作的价值，无法实现自我价值。只有在工作中树立起使命感，明确自己干好工作是对自我价值的实现，是创造社会财富，才能在工作中产生前进的动力。

对工作保持激情和新鲜感，会让你精力充沛、提高工作效率。在工作中保持激情，你也会因此感到快乐，工作成绩也会跟着水涨船高。

初入职场，人们不但干劲十足、激情高涨，而且对自己的职业前途也寄予“厚望”。但慢慢地就会发现，日复一日，自己做的是同样的工作，感觉自己变成了机器人，每天还没上班就希望早点下班，才到周一就盼望周五，一点儿也没有了原先的激情。每一次工作中出现不顺心的事，就会“鼓励”自己换个工作环境，然而每一次跳槽后，开始时也能保持一段激情澎湃的日子，不久又依然陷入倦怠的围城。我们就好像被施展了巫术，高涨的工作激情永远都找不回来了。其实，激情就像一件玻璃艺术品，需要我们小心维护和保持。

绝大多数的人都有这样的错觉：认为激情是完全无法控制的，它想来就来，想走就走，就像不可捉摸的天气。其实，激情都来自我们自己，我们才是激情的创造者。在工作中保持激情的具体方法如下：

1.和工作谈恋爱

爱因斯坦曾经形象地解释过相对论：在孤独黑暗、冰冷的房间里待1分钟就像1个小时那么漫长，在火炉边和相爱的人聊天，1个小时就像1分钟那么短暂。在恋爱的时候，人们是激情澎湃的，即使经过一天的艰辛，只要是与自己所爱的人在一起，也会感到无穷的快乐。

精神状态是可以互相感染的，如果你始终以最佳的精神状态出现在办公室，工作就有效率而且有成就，那么你的同事一定会因此受到鼓舞，你的热情会像野火般蔓延开来。

一个企业的员工晚上11点给他的部门经理发了一封电子邮件，第二天早晨在上班路上给领导发短信：“我昨晚给您发的邮件收到了吗?”此时，这个员工潜在的心理活动是想让他的领导知道他昨晚工作到很晚（因为领导能够在邮件上看到系统标注的发送时间），并期望由此获得领导的好感与肯定。很快他就收到了领导回的短信：“我昨晚给你回的邮件，你看到了吗?”员工赶到单位接收邮件，看到邮件的回复时间是凌晨2点。此时我们设想一下该员工会怎么想：原来上司工作到这么晚。他会不会充满工作的动力和激情？大家可以设想一下：下次员工晚上11点给领导发了邮件会如何？我们还可以设想一下：这个公司里如果有几个这样的领导，会怎样？这个公司的大部分员工如果都是这样，会怎样?

2.享受过程，精彩在当下

生命是一个过程，不是一个结果，如果不会享受过程，结果是什么大家都知道。生命是一个括号，左边括号是出生，右边括号是死亡，我们要做的事情就是填括号，要用靓丽多彩的事情、好的心情把括号填满。

有人问一位禅师：什么是活在当下？禅师回答：吃饭就是吃饭，睡觉就是睡觉，这就叫活在当下。

电影《血战台儿庄》里有一个镜头：在硝烟弥漫的战壕里，尸横遍野，一个稚气未脱的小战士在战斗的间隙，用一根草棍挑逗着一群搬家的蚂蚁。这个小战士就是活在当下，享受每一个精彩的瞬间。

一个人被老虎追赶，他拼命地跑，一不小心掉下悬崖，他眼疾手快抓住了一根藤条，身体悬挂在空中。他抬头向上看，老虎正在上边盯着他；他往下看，万丈深渊在等着他；他往中间看，突然发现藤条旁有一颗熟透了的草莓。现在这个人有上去、下去、悬挂在空中和吃草莓四种选择，你说他干吗——吃草莓。他吃草莓这种心态就是活在当下。他现在能把握的只有那颗草莓，就要把它吃掉。如果拿这个问题问幼儿园的孩子，孩子一定毫不犹豫地回答吃草莓。孩子比我们大人快乐，因为他们活在当下。[①]

活在当下，就是做好每一天的工作，让这一天的工作充实而有意义。

思政链接 5-1　新时代的“工匠精神”

三、合理释放负面情绪

心理学上把焦虑、紧张、愤怒、沮丧、悲伤、痛苦等情绪统称为负面情绪，这是因为此类情绪体验是不积极的，身体也会有不适感，甚至影响工作和生活的顺利进行。

工作中的压力，生活中的烦恼，总是让我们不知不觉地积累起不小的负面情绪。情绪的潮起潮落，负面情绪的产生和排解，都是极为正常的事。既然我们无法避免负面情绪，那么我们就大方地承认自己存在负面情绪，允许自己不快乐。“人在江湖，身不由己”，身在职场中我们或多或少都会有压力，在处理这些压力时也通常伴有职场情绪的产生，而如何调节和管理这些职场情绪，已经成为职场人士的必修课。

承认了负面情绪的存在，我们就要找到原因，知道是什么导致了负面情绪，它也许和我们的身体有关，也许和最近工作压力过大有关。总之，肯定是有原因的。只有先发现、承认负面情绪的存在，才能进一步对症下药。有时我们会发现，没有特定的原因，就是无端地烦躁不安，这很有可能是由长期的疲劳工作和心理倦怠导致的。这是在提醒我们，必须安排一个假期去好好放松一下了。事实上，能够发现并坦然承认负面情绪的存在并积极找到解决方法的人，比起身处负面情绪还不自知的人，更容易走出负面情绪的包围。

① 林霄汉．别让心态害了你［M］．北京：中国长安出版社，2006：226．

“磨刀不误砍柴工”，当有负面情绪存在时，我们可以休息一下，允许自己暂时懈怠，等情绪调整过来了，重新上路。迫于无奈的话，可以隐藏负面情绪，但是不宜隐藏太久。总之，我们要记住，我们有不快乐的权利，也有及时排解负面情绪的义务。

（一）负面情绪的危害

负面情绪的危害不小，它不仅影响我们的职业发展，当我们把工作中的负面情绪带回家时，还会影响家庭关系，甚至影响我们身体和心理的健康。

1.阻碍自身的发展

长期陷入负面情绪、不能及时进行自我调节，会妨碍个体正常的心理功能，如注意力，记忆、思考、抉择的能力，同时导致社会功能的下降，如学习、工作、家务、社交能力减弱。

2.影响身体健康

生理和心理学研究认为，应激状态可使人抵抗力降低，易患疾病。“一切顽固的忧愁和焦虑，可称为不良情绪，这种情绪强烈、长期存在，足以给疾病大开方便之门”。情绪在一些躯体疾病中起着重要作用，而人的疾病状态反过来也可引起情绪变化，两者互为因果。常见的心血管疾病、消化性溃疡、糖尿病、哮喘、甲亢等都与长期的负面情绪有关。我国自古就有“喜伤心、怒伤肝、思伤脾、忧伤肺、恐伤肾”之说，当人的情绪变化时，往往伴随着生理变化。

3.不利于家庭生活和工作

当员工带着不良情绪回家后，配偶不得不容忍他（她）的懒散表现，承担更多的家庭责任，这会增加夫妻间的矛盾，影响家庭的美满和谐，也会影响到配偶在工作中的表现，管理学家将这种现象称为连锁现象。

4.导致某些精神疾病

压抑、暴躁、恐惧、焦虑状态如果持续发展的话，还会导致某些精神疾病，如精神分裂症、双相情感障碍、痴呆、强迫症、恐惧症、疑病症等，在生活、工作中也容易导致事故发生。

2013年媒体接连报道的上海闸北袭警案、贵州瓮安县“6·28”事件，以及日本加藤智大杀人案等，引起社会广泛关注。这些案件与负面情绪的积蓄有很大关联。拿2013年7月1日轰动全国的上海袭警案来看，28岁的杨佳持刀捅伤大门保安后，闯入上海市闸北区政法大楼多个楼层疯狂袭警，造成6名民警不幸牺牲，另有3名民警和1名保安受伤。在接受媒体采访时，杨佳的父亲杨明回忆说，儿子从小性格孤僻，不喜欢与人交谈，唯一的爱好是看书。父母离异后，父子俩偶有短暂的交谈，但内向的儿子很少跟他说心里话。

在“复旦大学投毒案”中，林森浩和黄洋两人因为生活中的琐事积怨已久。林森浩本身是一个性格内向的人，在他和黄洋产生矛盾的时候，他没有想办法去积极地解决，而是将这种消极情绪累积在自己的心里。直到爆发“买水票”的矛盾，林森浩的情绪彻底被激发了，便产生了对黄洋的投毒行为。[①]

往往一遇到小事就表现出愤怒的人，攻击性未必强，因为他们内心的愤怒能得到及时宣泄；而那些暂时保持沉默的人，往往将一些因看似不起眼的小矛盾而产生的愤怒叠加埋藏于心，最终难以消化，一旦爆发，将具有很强的杀伤力。

可见，负面情绪积蓄所造成的危害很大。积蓄负面情绪，相当于急症转化为慢性病，必然会消耗心理能量，不如及时将负面情绪发泄出来，避免贻害身心健康。所以，偶尔"发狂"有益无害，但须选对方式和地点，不要给其他人造成麻烦，以免影响人际关系。[②]

（二）释放负面情绪的方法

学会释放负面情绪是职场人重要的生存技巧。适度地释放负面情绪，能倾吐胸中的抑郁和苦衷，缓解紧张情绪，就像夏天的暴风雨能够净化周围的空气一样。具体方法如下：

1.不要传染负面情绪

如果你需要倾吐自己的感受，那就向你的家人和密友吐露，没必要在同事面前唉声叹气。负面情绪是可以传染的，最好不要让整个团队的人都受到影响。这只会让大家对工作失去动力，沉浸在沉重的气氛中。

2.找到负面情绪堆积的原因

不妨细细回想一下，你是从何时开始对工作产生负面情绪的。是因为你的任务、上司、同事、办公环境，还是上下班的时间？只有对症下药，才能药到病除。如果你连自己处在负面情绪中都不自知，那么负面情绪就会一直堆积，直至爆发，给自己的事业乃至人生造成巨大的危害。

3.积极改善与团队里同事的关系

有的人之所以会厌恶自己的工作是因为厌恶同事，那么改善和同事之间的关系、多交新朋友是最好的解决之道，还可以试着成为新晋同事的良师益友。在工作中，同事之间有着良好的关系会使团队的工作气氛融洽和谐，身处其中自然不会产生过多的负面情绪。

4.思考什么才是你真正想要的工作

如果既不是公司的问题，也不是同事的问题，那一定是这份工作本身的问题了。那么，你到底想要什么样的工作呢？选择一份让你有激情的工作，想好什么样的工作才能让你兴奋起来。想转行？公司其他部门有没有适合你的职位？仔细想想，三思而后行。

5.自己调节好压力

有时候，压力大或是疲劳会让我们感到痛苦，要学着去平衡工作与生活。如果你的工作环境或你的同事快把你逼疯了，学着保护自己，让他们影响不了你。好好培养一项兴趣爱好，并且尽力做好它。学会排遣自己的压力，适当运动、听音乐、

① 杨珊珊．犯罪心理学：国内卷［M］．北京：台海出版社，2016．
② 史宇．偶尔"发狂"，有益健康［J］．家庭健康，2008（9）：30．

唱歌都是很好的方式。不要一直处于紧绷的状态，有张有弛才能自如应付繁杂的工作。

四、降低自己的期望值

现实社会中不会出现十全十美的职业、上司和工作环境。极有可能出现的是：你觉得上司很棒，既有个人魅力也有很强的工作能力，跟着他能学到很多，但是这份工作内容却无趣和乏味；或者你对薪资、上司都很满意，可是上下班要花费3个多小时……总之，尽如人意的工作是很难找到的。

在努力工作中等待被上司赏识、提拔、加薪是一件很焦虑的事。事实往往是，我们努力工作了很久，每天都能做到最好，却发现上司根本没看到。这种时候，我们可以给自己一些表扬，为自己按时、高效地完成工作而自豪。如果在每天下班的时候你都能对自己说，今天我的工作完成得很好，我在一小步一小步地实现自我价值，你就会对自己和这份工作感到由衷的满意和欣慰。

但是，能做到这些的毕竟是少数人，大多数人在刚开始工作时会对身边的一切抱有很高的期望，希望一切工作顺利进行，随时得到周围人的指点和帮助，工作成果被同事羡慕、被上司赏识，升职、加薪步步实现。事实上这是最理想的状态，这种状态在现实中很少存在。一旦我们在工作中变得好高骛远，我们就会不断被现实打击，对工作失去动力。

抱有过高期望的人，很难真正热爱自己的工作，他会不断制造各种麻烦，周围的同事会疏远他，大多数人无法满足他不切实际的期望，他会希望每个人都按照他的意思去做事，如果他们不做（大多数情况下都是如此），他就会变得沮丧、焦虑。

请记住一件事情：以大多数人对于自己的要求以及对于现实的判断能力来看，在90%的情况下，别人都会让你失望的，那不是他的错，而是你期望太高。如果你降低你的期望值，你会发现生活美好了很多。如果你的成功是基于过高的期望，大概，你不会成功。

你必须以对别人比较低的期望值来构筑自己的未来。举个例子，对于明年的业绩，如果手下人跟你说明年能做3 000万元的业绩，那么你最好不要真的这么想，你要做好只有500万元业绩的准备，赶紧去想办法补足其余的。

很多人跟自己的直接上司搞不好关系，其实是因为对直接领导期望过高。有了功劳他上，有了责任你扛，有的时候你就是他的小厮，让你吃苦打杂，对你呼来喝去，有的时候他拿不出什么好办法却打压你的方法……这是正常的期望值。他友善，他谦虚，他耐心，他脾气很好不乱骂人，他总是能看到你的努力和成绩，他总是在你失败的时候循循善诱，他总是会给你公平的待遇，他总会体谅你的苦衷……拜托，你想要的是圣人或者大侠，这属于过高的期望值。[①]

① 胡震宇. 为什么你还没有好工作［M］. 北京：北京航空航天大学出版社，2009：53-54.

如果我们期望值过高，后果可想而知，巨大的落差会带来巨大的失落感，你会觉得这公司真糟糕，怎么会让这么个烂人做领导。原来可能他只有20分糟糕，而在强大的失落和愤懑中，你感觉有80分。如果你期望值比较低，原来就预计他有40分糟糕，结果发现只有20分，你反而会觉得这份工作还不错，没有你预期的那么糟糕。如果你都已经预期他会抢功劳、推责任、拍老板马屁，那么你还想不出办法来避免这些事情吗？这样做，不论结果怎样，都是惊喜。[①]

精选案例 5-4

甲的烦恼

领导对甲说，将来升你做主管。结果等了一段时间，甲没有升乙却升了。甲很生气，而且处处觉得乙的能力不如自己，总觉得乙是靠拍马屁升职的，期望有一天领导能发现真相，结果他却发现乙居然跟领导处得很融洽，于是对领导也失去了信心，最后辞职走人。

甲显然对周围的人期望过高，争夺功劳难道不是一个正常的期望值吗？难道指望周围的人对老板说这都是你的功劳，他们什么都没有做？领导为什么私下说让甲做主管，而不是公开或者对老板说？甲因此而产生了不切实际的期望值，从而觉得自己受了委屈，如果没有这样的期望值或许矛盾还不至于这么尖锐。别人客气客气，或者说说好话，有些时候是不能当真的，当了真就会有不正确的期望值。对于领导，甲也有不正确的期望值，乙花那么多时间和领导相处，难道你指望领导是块木头？再退一万步，就算甲真的比乙强很多，对于一个领导来说，他应该选择一个能和团队融洽相处的员工，还是一个和别人搞不好关系但能力强很多的员工？如果是销售，答案还有可能是后者，如果是内勤，简直一点可能都没有。如何避免这种窘境？也只有降低自己的期望值。

资料来源　胡震宇. 为什么你还没有好工作［M］. 北京：北京航空航天大学出版社，2009：54-55.

事实上，我们的很多烦恼并非来自外界各种因素和我们作对，而是来自自己不适当的期望。因为我们不愿意或者没有勇气面对自己本身存在的问题，所以才从外界寻找指责的对象。实际上这种指责除了推卸自己的责任之外，于事无补。只有做好自己应该做的事，只有检查自身，找到问题的根源，问题才能真正得到解决，我们的那些烦恼，我们所谓的怀才不遇、各种逆境，才能得以摆脱，因为这是我们强加给自己的烦恼。

如果烦恼来自不适当的期望，那么我们应当学会降低自己的期望，那样生活会有更多惊喜。我们总是会有各种各样的期望，有的时候甚至没有意识到这种期望的存在。“我要是能去某某公司工作就好了”，当你说这话的时候，其实你已经想到了

① 胡震宇. 为什么你还没有好工作［M］. 北京：北京航空航天大学出版社，2009：54.

那家公司的工作环境和福利待遇以及薪金。这一切都在你潜意识里如此迅速地发生，以至于你自己都没有意识到你已经产生了这样的期望，而如果你到了那家公司以后发现现实和你的期望不符，你就会感觉很生气或是失落。

同样，在跟同事相处的时候，也容易产生不适当的期望。大部分人都非常期望团队里的成员去做他们“应该”做的事。不过，让一个团队完全去适应你的方式几乎不可能。如果觉得对方没有按照自己的方式去做就气愤而横加指责的话，那可能真是自寻烦恼。

同样的问题也会发生在我们身上。我们总是很爱自己，所以对自己也会有强烈的期望。当我们想要什么而没有得到，特别是别人已经得到的时候，就会感到失落甚至痛苦。当我们预期什么可以做到，而自己并没有做到的时候，就会面临挫折和沮丧。这时候，应该反思的是：我们的预期真的合理吗？有人特别期望成功，可是发现身边根本没有能让他成功的事情，于是感觉不受重视，认为怀才不遇。事实上，人们通常倾向于给自己较高的期望，而这种期望本身又让自己备受压力。这就是我们总是会感到压力太大的原因。[①]

五、不要把工作或者工作情绪带回家

人是社会化的动物，人在社会中既要赚钱养家，又要处理好家庭和工作的关系。这二者哪一个出了问题，都无法使人保持健康的身体和愉快的心情。不要经常把工作带回家，弄得自己身心俱疲，只要合理安排好时间，就能游刃有余地处理好工作，只要懂得把工作中的压抑丢在家门外，就能有更和睦的家庭关系，能更好地处理工作中出现的问题。

我们总是既想在工作上做出一番卓越的成就，又想过自在惬意的生活。可是，正所谓“鱼和熊掌不可兼得”，结果往往是得到这个的同时，也失去了那个。

我们之所以总感觉疲惫，是因为忽略了一个简单的道理：工作就是工作，生活就是生活。假如你错把谋生的工具当成人生的目标，而且太把它当回事儿，无疑会让自己陷入不能自拔的压力之中，把自己弄得一团乱。

“工作”与“生活”是两回事，应该用两种不同的态度来看待。工作上，不管你是医生、律师、教授还是司机，你所扮演的角色只是“职务”，回到繁忙的生活中，你要演的才是“自己”。因此，每个人都要学会将工作与生活区分开来，倘若混淆界限，让工作占去大部分的生活时间，绝对弊大于利。只要你愿意，工作是永远都做不完的。

同样的道理，家庭从来都不是一个人的世界。本来是非工作时间，你非得把成堆的工作带回家，好端端的休息日，你却在家里埋头工作，把家人晾在一边，如何尽到为夫为妻为父为母为子女的义务？

---

① 佚名．烦恼来自不适当的期望［EB/OL］．［2022-05-16］．http：//www.360doc.com/content/09/0105/13/91679_2266328.shtml.

骆家辉的第二个孩子出生后，他辞去原来在政府的职务，到一家小公司工作，为的就是能空闲出时间，跟孩子交流。每天下班后到晚上九点孩子睡觉之前，他会陪孩子玩。直到孩子们睡去，才处理自己的事情。张大春在《认识几个字》里也说，每天晚餐后有两个小时是他跟太太与孩子的亲子交流时间。这样的处理方式才是一个男人应该选择的，但是，这不代表我们在工作时间要分心考虑家庭。一个成功的职业人，在工作时间段是很少一日三餐都回家吃的，或者花很多工作时间在家人身上。

事实上，我们要讨论的是，我们是不是花了太多时间工作。这才是真正影响家庭生活和睦、融洽的因素。在工作时间内不能集中精力、提升效率、努力工作的人，始终是不可能按时按量完成工作的。在一天不佳的表现后，他们往往又不得不把工作带回家。心理学家研究显示，习惯将工作带回家的人，无论是他的心理，还是生理，都较一般人容易疲惫，情绪也容易变得暴躁，很容易和家人产生摩擦，久而久之，便会影响到家庭的温馨与和睦。

做到“不把工作带回家”的具体策略如下：

1.制订详细的工作计划

工作计划甚至要细到早、中、晚餐在哪里吃，和谁吃，吃饭时要讨论什么，每天哪个时段要跟谁沟通，获取什么信息；每天的工作分多少个时段，每个时段要干哪些工作，哪个时段要进行适当的休息；每天要见哪些人，要谈哪些话题，给每个话题安排多少时间，等等。

2.具有很强的执行力

制订一个计划对很多人来说都能做到，但是具体到执行，大部分人都会懈怠。如果只有计划，不去执行，终究只是纸上谈兵，永远无法掌控自己的节奏，再好的计划也只是一纸空文，一个幻想而已。

3.具有较高的工作质量

如果一心投入工作，追求较高的质量和效率，我们就没有时间抱怨、消极、怠工。不管何时何地，只要是在工作时间，我们就要专注、高效地工作，我们要学会心无旁骛，全身心投入。只有如此，我们的工作技能和质量才能真正提高。我们要在工作中解决战斗，不要让战火燃烧到家里，家是一个安静的港湾，而不是第二个战场。

4.保持高质量的家庭生活

何为工作和生活之道？一张一弛。如果有人一年四季都紧绷在工作中，那么这样的人是不需要家庭的超人。大家都知道一根弦一直绷得太紧，一定会断掉，一个人如果长时间工作，他的身体和心理都会产生巨大的变化。家是我们的港湾，是人生奔向辉煌的加油站。当满满五天、连早餐都不在家吃的工作过去之后，你有没有安排一个温馨、和睦、高质量的家庭聚会？有没有获得完全的放松，完全摆脱掉工作负荷和压力？

除了不把工作带回家，最好也不把工作中的情绪带回家。对家人撒气，忽视家人的感受，最终也会使家庭像一个战场，让人望而却步。

很多职场人经常抱怨，工作上越是烦的时候，孩子越容易添乱，他们会习惯性地把问题的根源推到孩子的身上，认为孩子不懂事，在自己心情低落、烦躁不安的时候只会火上浇油。其实之所以会出现这种情况，往往是因为我们不懂得怎样处理家庭和工作之间的关系，我们不是工作的奴隶，回家之后我们的角色定位发生了变化，我们更多的是孩子和伴侣的依靠。我们要给自己提个醒，生活和工作一定要分开，工作的时候就应该认真工作，生活的时候就应该积极生活，把握好二者的平衡。

会克制、会忍耐、会调节、会沟通，遇到不开心的事情，及时排解出去，遇到难题，及时想办法解决。从进入公司的大门开始，就把家事放下；下班以后，就是私生活的开始，尽量把工作都放下，和家人一起在温暖的小窝里体会家的乐趣。只有这样，我们的身心才能更加放松，才会有更多的精力兼顾工作和家庭。

六、学会放松

许多人在做一个大项目或者非常忙碌时，都不希望自己松弛下来，总觉得一旦放松下来，就再也回不到紧张、高效的工作中。因而，他们不容许自己享受轻松快乐。这是一种不幸的自我否定状态。似乎大多数人都这样想，如果自己显得很轻松快乐，那么同事和上司就会认为自己“工作很轻松，一定不努力”，这样的逻辑就会导致，即使我们明明可以用轻松愉快的心情完成工作，也必须装作很忙碌很累的样子。

放松的目的是对我们的生理机能和心理状态进行调整，让紧绷的弦略作松弛，保持恰到好处的韧劲。既让马儿跑，又不让马儿吃草，这是违反自然规律的。要让老黄牛保持勤劳，就要让它停下来吃草，然后它才能更好地犁田；想让行者走得更远，就要让疲惫的他稍事休息，看看沿途的风景，再继续新的征程。

几种放松的具体方法如下：

1.松弛训练

在紧张的工作、学习之余，可以从事各种娱乐活动，调节自己的生活，松弛紧张状态。如果在工作、学习中遇到了难题或必须完成的紧急任务，首先应该稳住自己的情绪，不必紧张，也不要急于求成，以免乱了方寸，进而要相信自己的能力，并对困难做冷静的分析，制订出必要的应对方案。此时，还可做些松弛性的自我暗示：“事情再难、再急，也必须一步步去做，焦急紧张是无济于事的，一定能闯过难关，完成任务！”这样紧张感会被驱散，而解决难题或完成任务时，成功又会成为良性刺激，使人的心理得以进一步放松。

2.适当安排计划

若所拟的工作计划不符合实际，便会受到挫折而引起情绪紧张。有的心理学家建议，在工作进度表中可安排一小段“真空时间”。在这段时间，完全“真空”，不预先安排任何事情。每次到这段时间时，可利用它来完成先前未能做完的事情，或是着手准备下一步的工作。这样既有助于完成计划，又能支配自己的工作，使内心较为轻松。

3.真诚相处

在与别人交往时，应真诚坦荡，与人为善。虚伪不仅使人厌倦，而且自己也会因此而有不安全感，如不自觉地猜想别人会不会得知真相，别人是否在背后议论自己，并为此惶惶不安，导致关系紧张。

4.升华法

紧张的情绪也可予以升华，转用于学习或工作中。当情绪突然紧张起来时，往往精力特别集中，有可能把事情做得更好。而随着任务的顺利完成，内在的紧张感也得以渐渐消失。①

5.音乐疗法

音乐与人的生活息息相关，它能通过心理作用影响人们的情绪，陶冶性情，从而达到消除疲劳和振奋精神的目的。美妙动听的音乐，不仅可以使人心情舒畅，从中得到美的享受，还可以培养集中注意力的能力，松弛紧张情绪。

6.自我调节法

自我调节法是心理疗法的一种有效手段。当你疲劳时，要学会休息，休息并不是简单的睡觉或不学习，它应该是一种对精神和肌体的有效调节。例如，疲劳时，到户外尽情地活动一番，和同学聊聊天，去游乐园，看看电影，使自己彻底放松一下。平时的生活要有规律，合理安排时间，做到有张有弛，劳逸结合，不可凭自己的兴趣和热情甚至一时冲动来对待学习和生活。当遇到困难与挫折时，要保持宽容、大度、自我安慰的心态，使自己尽快从困境中走出，这样就能达到心理平衡，心情舒畅，消除疲劳。

7.身心放松法

采用一种特定的身心放松方法，可缓解人的紧张和焦虑情绪，使人的脑力劳动效率提高，抗疲劳能力增强。其具体步骤如下：

① 选择一个空气清新、四周幽静的环境。

② 暂时有意识地放下或忘记自己心目中的学习或工作事务。

③ 选择一种自我感觉较舒适的姿势，站、坐、躺均可。

④ 活动身上的一些大的关节与肌肉，动作不需要规范，但做的速度要均匀、缓慢，直至关节打开、肌肉放松。

⑤ 保持呼吸自然、流畅，尽可能不用意识支配呼吸，并达到在悠然自得中忘掉呼吸的境界。

⑥ 集中注意力，把意念归于某一对象或有意识地注意放松整个身体，而达到一种清静的清醒状态。

⑦想象一些美好的事情，以达到忘我的境界，这是调节身心平衡、战胜疲劳的关键。

---

① 李达昌. 教师保健养生手册：下册［M］. 北京：中国物价出版社，1999：1033-1034.

8.做减压操

放下手中的事情，找一个通风的地方，或者一个你可以很自在地享受而不受打扰的空间，舒服地坐下来（条件允许的话你也可以躺下来），闭上双眼，告诉自己现在可以什么都不去想了。

首先，慢慢握紧双拳。此时，你能体会到紧张的感觉（拳头、双手、手臂都处于紧张状态），这样保持握紧拳头10秒钟。接着，松开双拳，放松手指，放松手臂，体会放松的感觉，保持15~20秒的放松。然后再握紧，再放松，再握紧，再放松，重复做3次。

接着，弯曲手肘，慢慢收紧肱二头肌、肱三头肌，体会紧张感。然后放松，伸展手肘，放松肱二头肌、肱三头肌。依此重复做3次。

头部向前弯曲，直到你的下颚接触到胸部为止，紧绷10秒。然后放松，注意头部要挺直。接着收紧肩膀，向后耸肩，然后放松肩膀，再向前方提肩，收紧肩，然后放松。依此重复做2次。

现在，抬高眉毛，收紧前额，接着放松额头，再尽力张大嘴巴，然后放松，闭起嘴巴，绷紧下颚，你可以用舌头用力抵住上下颚或者咬紧牙关。接着张开嘴巴，尽可能地伸长舌头、放松，然后再次尽力卷起舌头、放松。

用力睁大双眼10秒，然后闭上双眼，放松眼部肌肉10秒。接着做一次深呼吸，闭气10秒，缩紧胃部肌肉，然后缓缓吐气，放松15秒。吸气，然后挺起腹部绷紧10秒，再呼气，放松腹部15秒。

站直身体，收紧臀部肌肉10秒，然后放松臀部肌肉15秒（这个动作不但能放松身体，还有提臀美体的作用）。

伸直并抬高右脚，绷紧10秒，接着放松腿部肌肉，脚放回地面，换左脚做一次。然后把脚趾上翘绷紧10秒，放松脚趾，然后向下屈指并保持绷紧10秒，再放松15秒。

做完这套减压操，全身就会进入松弛状态，能感到四肢温暖、神清气爽。总是感到疲劳的人，不妨多做这些练习。[①]

总之，只要我们敢于放松，敢于享受，人生就会豁然不同，工作和生活会更有意义，别人也会更加喜欢你。

七、给自己设定一个目标

目标，对人生起着导向作用。你拥有了什么样的目标，就会有什么样的人生。所以说，目标是前进的灯塔，计划是行动的方案。没有目标，所谓的计划就没有明确的方向，像无头的苍蝇只能是四处乱撞；没有计划，目标只是一句空话，没有任何意义。人人都会有自己的理想，这个理想也就是我们为之奋斗的既定目标，要实现这个目标，我们就要刻苦努力去做好每件事，为实现目标铺平

① 吉本小菊花. 再放松，向压力说再见［M］. 南昌：二十一世纪出版社，2010.

道路。

思政链接5-2　后浪

经典文摘 5-2　　　　一则寓言

一个农夫养了一匹马和一头驴。有一次，农夫骑着马去了一个很远的地方。很久以后，农夫骑着马又回到了家里。马向驴谈起自己的旅途经历，驴惊羡不已。但是，马却说："其实，我和你所走的距离都是差不多的，只是我和农夫都有一个遥远的目标，我们一直朝着这个目标前进，才看到了广阔而壮丽的世界。而你一直都是蒙着眼睛围着磨盘转，自然看不到外边的精彩世界。"

简单的寓言告诉我们一个深刻的道理。在这个世界上，现在的社会，绝大多数人的智商和体力是没有差别的，但是大家的人生却浑然不同，成就也有着大壤之别。我们能否成功，重要的是看我们有没有努力，而是否努力最重要的一个因素就在于我们是否给自己树立了一个远大的目标。美国成功学大师卡耐基曾说过："人一生命运的差别并不在于天赋或机遇，而在于有无人生的目标。"我们的人生和我们的职业生涯同样如此，大部分人有着相同的起点，有的人浑浑噩噩，麻木地混着，没有目标，没有驱动力，只想着快点混到退休；有的人则不然，他们有明确的目标、强大的动力，工作的时候专注、高效，能得到上司的赏识，收获成功。在人生的道路和职业生涯中，只有做到有的放矢，明确自己的目标，才能拥有强大的驱动力，才能竭尽所能地努力，实现自己的社会价值、人生价值；否则，我们只会像那头驴，和马相比我们走过了同样的时间和距离，但是永远在原地打转，白白消耗自己的精力和体力。

资料来源　姚望．让生命选择卓越［M］．武汉：华中科技大学出版社，2012.

要想在职场中风生水起，就要准确地给自己定位，给自己设定一个可行的目标是很重要的。有了目标的指引，我们才能清楚地知道自己要干什么，自己的劲儿要往哪儿使，进而才能矢志不渝地朝着目标奋斗、前进。

这就好比一个胖人和一个瘦人比赛走路，看谁走得远。平常人总会认为瘦人肯定会比胖人走得远，因为瘦人身材苗条，行动敏捷，而胖人体型臃肿，行动自然也就缓慢了许多。可事实上，身材苗条的人到最后并不一定比身材臃肿的人走得远。原因其实很简单，胖人由于体型过于肥胖，看不清过于靠近的目标，所以只能选择稍远处的一个目标，然后朝着目标前进。当接近目标时，他又会选择另一个目标，继续向新目标前进。就像龟兔赛跑的寓言，到底最后是谁赢，不可断定，在路上会发生很多事情，有的人会懈怠，有的人默默努力反而后来居上。目标就是催我们奋进的号角，是不断鞭策我们前行的皮鞭。

我们也应该为自己的职业生涯制定明确的目标，坚定地实现自己的目标。目标就是我们努力的依据，它能时时刻刻对我们进行鞭策。它就像我们工作中的指路灯，不会让我们在黑夜里迷失方向。同时，目标也是我们工作中一个个看得见的射击靶。随着你努力实现这些目标，你会产生一种强烈的成就感，你的思维方式和行为方式也会渐渐地改变。

也许大家都会疑惑：我已经给自己制定了目标，为什么我的工作依然没有任何起色呢？其实，制定目标并不像我们想象的那样简单，也要遵循一定的原则，具体如下：

1.要制定适合的目标

你在制定目标的时候，一定要从自己的职位、工作能力等方面的实际情况出发。你的目标对你来说至少是合理的，不要好高骛远，如参加工作3年就要求年薪数十万，也不能过于简单，那会使得自己懈怠。有的人刚进入职场就想升职加薪，这种好高骛远的目标不仅不能成为他们成功道路上的指明灯，还会把他们带入更大的误区。

2.制定的目标一定要具体，要有准确的方向

很多年轻人说："我的目标就是让自己出人头地。"什么叫作出人头地？出人头地的标准又是什么样的呢？这就好比你乘坐出租车，你只告诉司机向前开，而不告诉司机具体位置，司机肯定会感到很迷惑。所以，如果目标不具体，就无法衡量你的目标是否实现了，那样只会降低你的积极性。向目标迈进是动力的源泉，如果你无法知道自己向目标前进了多少，你就会泄气，最终很可能选择甩手不干。所以，制定的目标一定要具体，要有准确的方向。

3.制定的目标要有时间表

建房子的时候会有一个工程期限，如果不能按时交工，那就只会成为"胡子工程"。同样，我们不能让我们的目标成为"胡子工程"，必须给目标配上一个明确的时间表，这样才能激励自己不断地向目标迈进。

我们通常将工作中的目标分为长期目标和短期目标，二者都有一定的阶段性。长期目标是我们工作的最终奋斗目标，是我们前行的主要线路。只要我们保持自己的主线稳定，长期目标不偏离正确的方向，即使我们在前行的过程中走错了节拍，也不会产生严重的后果。短期目标是长期目标的具体实施步骤。只有先实现多个小目标，最终才会实现长期目标。我们对待长期目标和短期目标的态度也必须不同。长期目标作为主线，根据我们的实际情况确定之后，一般是固定不变的，而由长期目标派生出来的短期目标，则相对灵活。我们应该用变化的眼光来看待短期目标，根据自己的实际情况和工作环境的变化适时地进行调整和修正，使短期目标向长期目标靠近。

一个没有目标的人，就像一艘没有舵的轮船一样，只能随波逐流，无法掌握轮船前行的方向。"千里之行，始于足下"，所有的成功都不是一蹴而就的，而是一步

一步实现的。成功人士之所以能够取得成功，就是因为他们总是为自己的生活设定各种目标，然后再付诸实践。所以，当你还在迷惑的时候，不要忘了给自己设定一个目标。有了目标的指引，并为之奋斗，你的人生航船一定能到达成功彼岸。

每一个成功的职场人都善于规划自己的工作和职业道路。他们知道自己要达成哪些目标，安排好优先顺序，并拟订一个详细计划。所以，有人说："没有计划，就是在计划失败。"有计划、有目标的人，一天能当两天用，可以创造出几倍的价值。

职业生涯目标的设定是职业生涯规划的核心。一个人事业的成败，在很大程度上取决于有无正确、适当的目标。设定职业生涯目标是继职业选择、职业生涯路线选择后，对人生目标做出抉择。这一抉择是以自己的最佳才能、最优性格、最大兴趣、最有利的环境等信息为依据的。

八、正确面对批评和过错

无论是在生活里，还是在工作中，我们都会受到一些批评。这些批评要么来自我们的长辈，要么来自我们的上级，也可能来自我们的朋友或同事。一般而言，对于父母的批评，许多人都能够正确对待，不管对错与否，也都可以接受，因为父母教子是天经地义的。对于关系密切的朋友或交往不错的同事提出的批评，可以理解，也都可以坦然受之。即使当时理解不透、接受不了，也不会有太多的想法。但是，对领导的批评，不同的人有不同的态度。有的当面不说，背后说三道四，有的无所警示、满不在乎、我行我素，还有的耿耿于怀、记恨在心等，反正受到领导批评心里就不高兴。

"金无足赤，人无完人。"无论是谁，由于自己的工作作风、工作经验、工作效率、工作质量以及其他方面的原因，特别是因对领导的意图领会不够、客观条件影响、工作能力所限、思想精力不够集中等，出现失误在所难免。因此，在实际工作中，一旦有人真的出现了失误，领导一般都会站在全局的立场对下属的失误做出公正、客观的评价和善意的批评，并会及时提出正确的建议和补救措施。这个时候应该正确面对批评和挫折，具体策略如下：

1.正确看待批评

领导与下属天天在一起工作，磕磕碰碰在所难免，有些摩擦也不为过。人非圣贤，孰能无过？对某个人来说，受自身文化水平、阅历、品德修养以及心态等方面的局限，有一些问题往往自己意识不到，却对工作造成过失以至犯错误，因此受到领导的批评也在情理之中。应该说，领导，特别是有责任心、讲原则、肯对组织负责也对下属负责的领导，在下属出现错误时应该及时予以批评，而不是对其姑息迁就、放任自流。试想一下，如果我们犯了错误、出了问题，领导不闻不问、视而不见，甚至"高抬贵手"，表面上看起来这个领导真好，是个十足的大好人，下属也会对他感恩戴德，然而，这样的领导是在放纵我们，于无形之中推了我们一把，使我们更加快速地滑向错误的深渊。

正确的批评与帮助是个人成长进步的“助推器”。当你思想“抛锚”时，批评会使你奋发进取，再创辉煌；当你盲目乐观、自我感觉良好时，批评会使你保持头脑清醒，防止思想滑坡；当你不知不觉误入歧途时，批评会使你悬崖勒马，走上正道。

2.虚心接受批评

中国有句老话叫作“说起来容易做起来难”。事实上也是这样，有的人只能接受表扬，而不能接受批评，一旦受到领导批评就觉得自己丢尽了面子，在同事面前抬不起头来，再也无颜面见人，更有甚者以为没了尊严，失去了活着的意义。其实，大可不必如此。一个人在一生当中不可避免要犯多次错误，关键在于犯了错误以后，特别是领导批评过之后，该怎么办？我们应该对照领导的批评去深刻地反省自己，从错误中总结经验、吸取教训，以指导自己今后的工作和生活。

恰恰相反，有些人不会深刻反省自己、检讨自己，也就不会找出自己在工作中存在的不足、避免以后犯同样的错误，反而觉得领导不近人情，不给自己面子，在找自己的“麻烦”，于是就开始同领导对着干，向同事发牢骚，说领导的“不是”，讲领导的“隐私”，公开自己与领导的矛盾等。这样做，危害是很大的，不仅有损领导的声誉和威信，在不明真相的群众中造成负面影响，而且可能导致内部不团结，给工作造成不必要的损失，同时自己也会给他人留下“这个人不好相处”“素质低”的坏印象，最终影响自己的工作。因此，对待批评要有正确的态度和宽阔的胸襟：第一，不要把批评当成见，领导的批评是对部属真正的爱护和高度负责的体现。第二，不要过多地计较批评的言辞和场合，只要批评对自己有帮助，就应该“闻过则喜”。第三，不要小肚鸡肠，真正做到慎听“好话”，善待“挑刺”。法国作家雨果说过：“世界上最宽阔的是海洋，比海洋更宽阔的是天空，比天空更宽阔的是人的胸怀。”要成为一名优秀的员工，要能忍受各种误解和刁难，更何况是善意的批评呢。

3.善于改正缺点和错误

犯错乃是人之常情，古话说得好，“知错能改，善莫大焉”，我们一定要正确对待上司的批评，虚心接受上司的意见，正确对待自己在工作中的缺点和错误。一般来说，领导在批评员工时，基本上都会本着“惩前毖后，治病救人”的原则以及坦诚和负责的态度，因此，我们也就没有必要过度紧张，也没有必要想太多，要本着“有则改之，无则加勉”的态度去对待领导的批评，要有承认错误的勇气，千万不要因怕受批评、丢面子而不敢承认错误，推卸责任，甚至捏造事实、编造假象，用大错误去掩盖小错误，使自己陷入由自己搅起的错误旋涡之中，且越陷越深，避免使自己的大好前程就这样断送在很小的事情上。

人的缺点、错误是客观存在的，工作中有“过”并不可怕，关键是要“思过”“改过”。缺点、错误和问题如同一个人身上的恶疮，只有敷药去毒，方能痊愈。讳疾忌医，恶疮就会溃烂。战国时期，齐桓公之所以“病入骨髓”而死，不是扁鹊的医术不高明，而是齐桓公不听劝告，总认为“寡人无疾”。有的人对待别人提出的建议、规劝和批评，不理解、不接受、不悔改，明知不对，依然如故，甚至反其道而行之，最终后果不堪设想。积极追求进步，就是不断自我否定、自我修正、自我提升的过程。一个人的成长和进步，离不开领导和同事的批评、帮助和不断的自我塑造。当我们的一些行为发生偏离乃至出现错误时，有人及时给我们指出，使我们在错误的道路上及时刹车，没有进一步滑坡，帮助我们明确方向，这是好事。很难想象，一个不能正确接受他人批评的人，一个失去他人帮助的人，要想取得进步该有多么困难，要成功几乎是不可能的。

帮助我们进步的人是真心爱护我们的人，是有恩于我们的人，我们应该感谢他们给予我们爱护和帮助。

4.正确认识批评的作用

批评是一种责任。开展批评和自我批评，是上司对下属、对团队负责的表现。对待批评，我们应有感激之心、宽容之心。俗话说，“忠言逆耳利于行，良药苦口利于病”，即使批评有偏差，也要以有则改之、无则加勉的态度来对待。

批评是一种帮助。很多人意识不到自己的不妥之处，总是处在“当局者迷，旁观者清”的情况。如果有人及时指出，就可以少走弯路、少犯错误。我们要认识到批评是教育的一种重要手段。当有人在工作中屡次犯错且不知悔改时，只有开展严肃的批评，才能起到振聋发聩、促人猛醒的作用。

批评是一种管理。卡耐基认为，批评是调整人的行为的常用手段，也是管理者必须掌握的基本技能。这一观点很有借鉴意义。每个组织都应该把学会批评别人和接受别人批评作为一项基本教育。一个能发现下属问题、批评下属的领导是好领导，一个能接受上司批评、敢于改正自己错误的员工更是好员工。

批评是一种监督。当我们在职场上风生水起、顺风顺水的时候，需要有人提醒我们，当我们因为洋洋得意、目中无人犯了小错的时候，需要上司和团队中其他成员的批评，帮助我们及时认清自己的问题，避免犯更大的错误。

批评是一种素养。是否敢于开展批评、是否乐于接受批评，可以检验一个员工的胸襟和素养。去除私心杂念，批评就不难了。对批评者而言，少了私心杂念，就不怕得罪人，敢于指出他人的缺点和错误；对被批评者而言，少了私心杂念，就会闻过则喜，听得进不同意见，容得下尖锐批评。

九、用积极化解抱怨

在工作中，我们常常会听到各种各样的抱怨，或者常常让别人听自己的抱怨，然而不幸的是，在大多数情况下，我们抱怨完或者听别人抱怨之后，心情会更加糟糕。虽然学会有效的抱怨有助于化解心理压力，但是我们也可以采用更加有效的方法，就是用更加积极的工作去化解抱怨。

在职场上，抱怨是一种可怕的传染病。经常抱怨的人会变得消极，不思进取。抱怨还会让人陷入可悲的恶性循环：越是觉得自己“不幸”，越是觉得环境“不公平”，就真的会对一切都无能为力，让更多的“糟糕”和“麻烦”找上门来。

无论你再怎么抱怨，再怎么不开心，饭还是要吃的，觉还是要睡的，工作还是要做的，未来的事情永远只属于自己。买房子也好，娶老婆也罢，压力只有自己扛，与其有时间去抱怨，倒不如踏踏实实静下心来，好好提升自己的基本功，用事实证明自己的实力。

当然，除了专业技能外，其他的辅助技能也是非常必要的，比如沟通能力、人际关系处理能力、管理能力等。更重要的是，要为自己的未来做一个规划，清楚地知道自己的目标是什么，应该怎么努力才能实现。适当的时候也要充充电，不要舍不得那半个月的工资，这也算是为自己的未来进行投资。如果你现在不学会“舍”，以后将永远也“得”不到。

有时候，一个人之所以发展得不好，不是因为没有机遇，而是因为没有准备好，导致与机遇擦肩而过。发展机遇时时都存在，但只有准备好了才能抓住机遇。要是一个人真的练就了一身令人刮目相看的真本事，说不定明天就会被人请去做某世界500强企业的总裁。

精选案例 5-5

苏珊的奶奶

今年刚满30岁的苏珊是美国一家化妆品公司的创办人。小时候，她和奶奶一起在乡下生活。奶奶开了一家小杂货店，为人慈祥又和气，邻居们都喜欢和她聊天。每当那些喜欢抱怨、爱发牢骚的邻居到商店买东西时，奶奶总是会把苏珊拉到身边，让她看自己和邻居说话。

有一次，邻居爱普生前来买香烟。奶奶问他：“今天怎么样啊，爱普生老兄？”

爱普生长叹一声说道：“唉，今天不怎么样啊，哈德森大姐。你看看，这天气这么热，气死人了。这种鬼天气，真要命啊！”

奶奶一边给他拿香烟，一边附和着说：“是啊，是啊！嗯，嗯……”一直抱怨了十多分钟，爱普生才离开了小店。

又有一次，邻居汤姆一进店门就向奶奶抱怨道：“哈德森大姐，真是气死我了！我再也不想干犁地这活儿了！尘土飞扬不说，驴子还不听使唤。我真是干够了！你看看我的腿、脚，还有手、眼睛、鼻子，到处都是尘土，我真是干够了！”

奶奶仍然是那副老样子，一边给他拿东西，一边附和着说：“是啊，是啊！嗯，嗯……”

等汤姆发完了牢骚离开小店，奶奶把苏珊拉到身前，问她：“孩子，你听到这些喜欢抱怨的人说的话了吗？”苏珊点点头。奶奶接着说：“孩子，在每个夜晚都会有一些人——不管是白人还是黑人，不管是富人还是穷人——酣然入睡但是再也不会醒来。那些与世长辞的人，睡觉时不会感到暖和的被窝已变成冰冷的灵柩，身上的羊毛毯已变成裹尸布，他们再也不能为天气热或驴子不听话而唠叨一分钟。孩子，你要记住：不要抱怨，因为抱怨不能解决任何问题。如果你对现状不满意，那你就设法去改变它。如果改变不了，那就改变你的心态去面对这些问题，但你一定不要去抱怨什么。”

长大后，苏珊牢记奶奶的话，无论遭遇多大的挫折，她也从未抱怨过什么，最终靠自己的勤奋和智慧打拼出了一片天地，成了业界有名的女强人。

资料来源　佚名. 抱怨无用　唯有改变 [N]. 山西青年报，2018-01-29（09）.

其实，我们与案例中的爱普生和汤姆何其相似，相信大多数人都能在他们身上找到自己的影子。一件小事、一句无关紧要的话，甚至天气不好，都能让我们陷入长时间的烦恼，沉浸于懊恼和悲伤中不能自拔。然而，天气绝对不会因为你抱怨而转凉，驴子也不会因为你发牢骚而变得听话些。尤其是当你面对的是一个不会体谅别人、不会自省的人时，情况会更加糟糕。你一定要清楚，烦恼、抱怨、愤怒都没有用，即使你抱怨连天，它也不会为你失眠，唯一的办法就是学会改变。

抱怨，其实是给自己的思想“套上枷锁”，让自己的行为被负面的思维所左右。更可怕的是，很多人还不知道，正是爱抱怨的习惯毁掉了自己的前程，甚至导致了人生的悲剧。

抱怨会破坏人际关系。没有人会喜欢一个消极、负面的人，更没有人愿意忍受他的牢骚和坏脾气。不满的情绪，必然会破坏内心的平静，进而影响自己和整个团队的工作，接下来势必会带来更多的相互抱怨，甚至成为致祸的根源。俗话说，“病从口入，祸从口出”，古往今来，因为不能管住自己的嘴巴而身败名裂甚至为此丢掉性命的人数不胜数。当今社会我们虽然不可能因为抱怨几声就掉了脑袋，但是因为抱怨丢掉工作、丢掉人脉的例子比比皆是。既然如此，我们又何必非得抱怨呢？毕竟，抱怨不是我们的目的，只是一种最拙劣的手段。

美国黑人亿万富翁约翰逊曾经说过一句名言：“遇到障碍我会诅咒，然后搬个梯子爬过去。”的确，人生总会有各种挫折和阻碍，关键是你如何对待它们。只有积极应对，才能抵御外来的侵袭。心若改变，态度就会改变；态度改变，习惯就会改变；习惯改变，人生就会改变。当自己改变后，眼中的世界自然也就跟着改变了。少抱怨他人和社会，多检查、改变自己，这才是人生的真谛。美国知名牧师威尔·鲍温曾发起一项“不抱怨”活动，邀请每位参加者戴上一个特制的紫手环，只要一察觉自己抱怨，就将手环换到另一只手上，以此类推，直到这个手环能持续戴在同一只手上21天为止。觉得很难吗？不到一年，全世界就有80个国家、600万人热烈参与了这项活动，学习为自己创造美好的生活，让这个世界充满平静、喜乐、活力四射的正能量。我们也可以成为其中的一分子，戴上紫手环，接受21天的挑战，为自己创造心想事成的无怨人生。

精选案例 5-6

少些抱怨，多些宽容

2006年4月下旬，从北京、上海到成都、广州、南京……全国所有知名外企都在疯狂转发一封来自EMC大中华区的电子邮件：EMC大中华区总裁陆纯初和他的高级女秘书瑞贝卡因工作琐事发生激烈争吵，导致后者被迫离职。这起本该在企业内部消化的事件数天之内成为网络舆论热点，并最终以当事人双输收场。

一家外企老板和女秘书之间工作纠纷的邮件来往，由于网络的扩散，迅速传遍全国。对观望的局外人来说，只是增加了一个娱乐话题；而对当事人而言，却要承担事件扩大化的苦果。女秘书瑞贝卡迟迟找不到工作，总裁陆纯初也黯然离职。话题会慢慢冷却下来，但对每一个即将进入或正在职场中打拼的人来说，从中吸取到的教训将一直管用。做一个职业人，就要遵守职场的游戏规则；身在职场，对其中的灰色地带，要理性和宽容对待。

瑞贝卡在网络上赢得了“史上最牛女秘书”的称号，因为她用一封咄咄逼人的邮件回复总裁，并让EMC大中华区的所有人都收到了这封邮件。这种做法看上去十分过瘾，事实上相当不职业。

面对大中华区总裁的责备，一个秘书应该怎样应对？一些在外企工作多年的人士说，正确的做法应该是，同样用英文写一封回信，解释当天的原委并接受总裁的要求，语气要注意温婉有礼。同时，给自己的顶头上司和人力资源部的高管另外去信说明，坦承自己的错误并道歉。而瑞贝卡的做法大相径庭，在职业人士看来，她违反的不是职场潜规则而是明规则。这样的方式对当事人没有好处，在职场中也没人愿意接受。

瑞贝卡的非常之举也引起了人们的诸多猜测。是总裁和秘书积怨已久？是两种文化的故意对抗？其实，事情的起因很简单：老板和女秘书对工作时间和职责范围看法不同，以及从中体现出背后的文化冲突。类似这样的灰色地带，不管是在国企还是外企，都是同样存在的。

工作时间的限定、职责范围的明确、管理方式的差异，种种微妙之处，既没有明确的公司规定，也不属于法律范畴。对职场中的灰色地带，不同企业有不同的处理方式。当事人身处其中，应该尊重自己的企业文化。任何行为，如果没有突破公司业务的管理范畴，就要按照公司内部的方式处理。动辄违背这种规则，就有可能带来不必要的伤害。

一个外企大中华区的总裁，因为一封没有充分考虑措辞是否严谨的工作邮件，落得离职；一个女秘书，因为一个意气之举，被迫离职；一个公司内部矛盾，因为网络的迅速传播而使公司陷入公关旋涡，或多或少影响到公司的名声和业绩。一个简单的企业内部事件，最后导致了社会成本的巨大浪费。

试想，如果女秘书和老板能以私密的方式沟通和解决冲突，如果双方都能以更职业的心态对待工作、处理上下级关系，“史上最牛女秘书”事件可能就不会发生。

资料来源　袁磊．EMC陆纯初离职双输收场 女秘书事件教会宽容［N］．深圳商报，2006-05-10．

“史上最牛女秘书”事件当时在互联网上掀起了大讨论。其实，这是一个典型

的情绪事件，如果双方能管理好情绪，这本是一件很容易处理的事情。员工和老板相处，最主要的是沟通。沟通一定要主动，不一定非要在工作时沟通，还可以在非工作场合进行沟通，如在郊游时、在生日会上，这样好多问题都会迎刃而解。工作中的特殊情况（如突发事件）应该特殊对待。职场中人要珍惜自己的工作，否则会对自己的发展不利。

总之，抱怨是一种致命的病毒，一旦染上，后果非常严重。对于职场人士来说，保持一颗平常心是化解心中抱怨的最有效补品。拥有一颗平常心，才能减少不必要的抱怨和牢骚，并让自己更加理智地面对问题，让自己的生活与工作都保持在快乐的环境中。

复习要点

主要概念

工作激情　期望值　放松　批评

复习思考题

1. 工作中的情绪管理存在哪些问题？
2. 工作中的情绪管理对策有哪些？
3. 如何让情绪化为工作的助燃剂？请举例说明。
4. 如何才能不丢失工作的激情？请举例说明。
5. 如何合理释放负面情绪？请举例说明。
6. 如何降低自己的期望值？请举例说明。
7. 如何不把工作或者工作情绪带回家？请举例说明。
8. 如何学会放松？请举例说明。
9. 如何给自己设定一个目标？请举例说明。
10. 如何正确面对批评和过错？请举例说明。
11. 如何用积极化解抱怨？请举例说明。

案例分析题

新生代职场画像

为更好地了解新一代职场青年就业现状，2022年8月25日，国内领先的人力资源服务商前程无忧发布了《2022新生代员工职场现状调研报告》（下文简称《报告》）。此次调研走近职场新生力，洞察新老员工的心理诉求和价值主张，从就业现状、职场冲突等方面切入，找寻彼此接纳的对话方式，试图呈现真实的“新生代职场画像”。

一、36.3%新生代员工处于被动求职状态，离职率呈明显代际递减趋势

《报告》表明，49%的新生代员工对职场现状比较满意，42.3%的受访者觉得一般，仅有8.7%的人对职场整体状况不太满意。满意度是工作客观条件和从业者主观感受的总和，综合体现了从业者对工作的获得感程度。从行业来看，来自计算机/互联网/通信/电子行业的职场人对工作满意度最高（21%）。

在参与调研的新一代职场青年中，九成受访者目前正处于在职状态，处于离职、灵活就业、创业状态的人员占比8.7%。《报告》发现，在职的新生代人员中，有29.3%在主动寻找新的工作机会，其中，物流/运输行业（40%）比例显著高于平均水平（29.3%）。还有36.3%的员工处于被动求职状态、随时考虑其他的合适机会。

有调研显示，80后的第一份工作平均3年半一换，90后则是19个月，95后更是缩减到7个月。《报告》发现，在入职1年以内的新生代人群中，已有35%拥有两段及以上的工作经历。由此可见，随着时代发展，职场人第一份工作的平均在职时间呈现出代际显著递减趋势。

二、44.7%职场新人受同事关系困扰，“WLB”“拒绝画饼”成高频词

《报告》显示，半数职场人对于工作的态度是“完成领导交代的任务、实现稳步晋升”。与有1~3年工作经验的前辈们（8.8%）相比，刚步入职场的00后（13.2%）选择“工作内容感兴趣比较重要”的占比更高。还有18.1%的职场新生代在工作中“追求理想和自我实现”，而有3~5年工作经验的职场人选择“追求理想”的比例仅为9.4%。

有多位90后员工在访谈中表示，新生代员工普遍拥有主见，希望能在工作中追求自我价值的实现。在访谈过程中，“WLB”（work life balance）、“拒绝画饼”等词则是00后员工口中的高频词。显然，他们的自我性更明显，个性释放和自我价值的实现是一个重要的心理诉求。

据前程无忧《2022职场人心理状态洞察报告》，受访者在职场中面临困境与挑战较为普遍。在具体的困扰情绪中，焦虑是最凸显的负面情绪（31.7%）。虽然刚进入职场不久，但00后也会被职场问题所困扰，此次调研结果显示，最多困扰新生代员工的是职场人际关系和薪酬待遇问题。

44.7%的受访者受困于“人际关系复杂、同事相处不够融洽”，更有18%的新生代员工体验过“被老员工排挤、相处不和谐”的滋味。此外，有25.7%和25.3%的受访者被“工作强度大”“薪资没有竞争力”等问题所困扰。还有23.3%的职场新人认为自己成了“工具人”，找不到工作的价值和意义。显然，这代新人更关注精神感受，强调爱和自主，擅长个体发光。

三、58.3%老员工面对新晋员工更有危机感，企业亟须创新管理理念

《报告》表明，在面对刚毕业的新晋员工时，58.3%的老员工会产生危机感。他们担心自己在激烈的职场竞争中处于劣势，感受到压力或遭遇“职场危机”。

《报告》发现，在沟通方式和工作态度上，新生代员工和前辈们存在明显的代沟。有22.7%的受访者认为这代年轻人个性鲜明、不符合公司的企业文化和工作氛围；21.3%的受访者认为职场新人对待工作不够积极主动、做事散漫、会耽误工作进度；还有16.3%的受访者认为出现了“薪酬倒挂”现象，引发众多不满。

与此同时，19%的新一代职场青年不满意领导和上司的管理方式，他们向往公平的职场环境和友好的工作氛围。而年轻人的流失无疑是企业最不想见到的局面，这不仅会增加招聘和管理成本，也容易使得企业内部形成消极氛围。因此，面对新生代员工的挑战和要求，雇主单位或许可以从创新管理理念和模式入手、应势而为做好代际管理，真正实现青年人才为我所用。

资料来源　解丽. 为“新生代职场画像”《2022新生代员工职场现状调研报告》发布 [EB/OL]. [2022-09-17]. https: //baijiahao.baidu.com/s? id=1742102240776580769&wfr=spider&for=pc.

> 讨论题：

1. 结合案例内容，分析新老员工有哪些心理诉求和价值主张。

2. 结合案例内容，分析新老员工面临哪些职场困扰。

3. 请运用你所学的情绪管理知识，分析雇主单位应如何帮助员工管理好情绪、克服困难。

在线测试

意志力测试　　自律能力测试　　成就欲望测试

第六章

员工压力管理

故天将降大任于是人也，必先苦其心志，劳其筋骨，饿其体肤，空乏其身，行拂乱其所为，所以动心忍性，曾益其所不能。

——［中国］孟子

只要有坚强的意志力，就自然而然地会有能耐、机灵和知识的。

——［俄国］陀思妥耶夫斯基

学习要求

1. 了解压力管理研究中存在的问题
2. 理解和掌握员工压力大的原因
3. 理解压力的好处
4. 理解和掌握员工压力管理问题的解决措施
5. 理解和掌握员工个人层面压力管理的具体方法和对策
6. 理解和掌握组织层面压力管理的具体方法和对策

第一节　员工压力管理存在的问题与解决措施

员工压力管理是情绪管理的一个重要组成部分，它关注的是从组织层面和员工个人层面如何采取行之有效的措施来进行员工压力管理，促进情绪管理理论的完善与发展。随着情绪管理理论的蓬勃发展，对于员工压力管理的研究也逐渐深入、细致。员工压力管理在早期不受重视，如今已引起各方普遍关注和大力支持，伴随其发展的是越来越人性化的企业经营理念和管理哲学。

一、压力管理研究中存在的问题

近年来，在全世界范围内，压力因素导致员工过劳死的事件时有发生，这也暴露出当前企业员工面临着前所未有的巨大压力，而且在员工的压力管理中存在着诸多问题。总体来说，当前我国压力管理研究中主要存在以下问题：

1.压力管理理论落后

压力管理最早是在1936年由汉斯·塞利提出的，经过80多年研究，发展较为成熟。我国的压力管理研究起步较晚，多是借鉴、验证和应用国外的研究成果，尚未形成符合中国国情的压力管理的新理论和方法。

2.定量研究进展缓慢

我国关于压力管理方面的研究多是停留在定性研究的水平上，具体的高标准的定量研究应用较少，进展缓慢。比如，我国关于压力管理的量化工具——工作压力量表——多是直接借用外国的工作压力量表，但是由于国内外文化背景、经济社会发展水平、社会制度组织形式等方面存在诸多差异，完全照搬国外工作压力量表的做法的科学性和有效性大打折扣。同时，由于不同研究部门之间缺乏统一的工作压力量表，其研究成果之间缺乏可比性，不利于不同研究成果的积累和交流，所以目前国内迫切呼唤标准化的符合中国国情的工作压力量表。

3.缺乏长期深入、系统化的调查研究

目前，在压力管理方面，我国还缺乏从压力测量操作、压力水平测定、压力原因分析、压力后果鉴定到压力应对策略与效果等整个流程的有针对性的长期的跟踪研究。

4.缺乏对压力变量和其他变量的关联性的深入研究

当前我国的压力管理研究往往把压力因素作为一个独立变量，而忽略了压力因素与其他变量之间的相关关系，对潜在压力变量缺少必要的认知和控制。

5.相关的实证研究不足

无论是数理实证还是案例实证，都不失为实证研究的必要手段。当前我国基于实证研究的压力管理研究发展较为缓慢也是不可否认的现实。没有实证研究支撑的科学研究仅仅是未被证实的理论猜想，对经济社会发展也没有真正的指导意义。因而，需要进一步加强基于组织特色的压力管理实证研究对理论进行检验和修正，同时，通过运用纵向研究设计手段，控制偶发性因素，对稳定性变量和压力的关系进行检验。

二、员工压力大的原因

向员工适度施压有助于提高效率，但据美国心理学会报告，3/4的职场人士认为来自上司的压力会使工作变成负担。因此，企业应留意以下几个方面的问题，衡量员工的压力是否太大：

1. 是否及时表扬员工

对按时完成任务的员工，应及时给予表扬，以激发他们的积极性。关切的询问也很有必要，如："我能给你帮上什么忙吗?"

2. 下达指令是否具体

工作职责不明确会增加员工的压力。下达指令清晰具体、分工明确、责任到人，才能让员工尽职尽责地投入工作。

3. 分派的工作是否超出员工能力

如果在大部分人都满负荷工作的情况下，还给他们增加额外的工作，那就很容易压垮员工。因此，分派任务不能超出员工的能力。

4. 员工有没有发言权

在分配工作时，要给员工估算工作量的权利，否则员工只能硬着头皮去应付，难以保质保量完成任务，还会降低工作满意度。因此，应营造家庭式工作氛围，给员工发言权。

5. 是否因材施用

应根据员工的专长和兴趣分配任务，否则会导致他们产生挫败感和失落感。

6. 办公环境如何

噪声、拥挤和办公桌椅不舒适等都会让员工产生压力。应尽力为员工创造安全、便利、舒适的工作环境，如安静、宽敞的开放式办公环境，帮助员工放松身心。

7. 对员工态度好不好

调查显示，有35%的员工在职场中有被上司欺负的感觉，不仅压力增加，还会导致失眠、焦虑和抑郁。对员工严格要求没错，但不能带着情绪责骂员工。因此，上司应时常反省自己的言行是否会让员工感受到敌意。

8. 上司善不善于减压

如果上司本人不会减压，那他的消极情绪会在办公室传开，削弱员工士气。因此，上司不妨听听音乐、伸伸懒腰、看看轻松的笑话，表现出自己就是一个善于解压的好上司。[①]

---

① 巴拉德. 员工压力大的8个原因 [N]. 生命时报，2013-03-15（10）.

三、压力的好处

长期压力会损害健康，但短期压力往往让人既紧张又兴奋。微软旗下的MSN健康网总结了压力的五个好处，具体如下：

1.压力让生活更有希望

汉斯·塞利曾提出“良性应激”概念，它指对健康有益、能让人体会到成就感等积极感情的良性压力。美国职业压力协会主席丹尼尔·柯什博士认为，结婚和晋升就属于“良性应激”事件，人们在感到紧张和有点害怕的同时会有兴奋、激动的感觉，给生活带来意义和希望。

2.压力能激发创意

柯什博士说：“短期压力能让人把注意力集中在现实情境中，排除外界干扰。人们此时更愿意尝试新事物，表达具有创意的想法。”

3.压力让人更积极

德国弗赖堡大学的学者在2012年通过试验发现，压力能让人表现出更积极的行为，更容易信任别人，办事更可靠，更愿意共享资源。

4.压力让人头脑清醒

美国新墨西哥州立大学学者研究发现，短期压力会导致压力激素水平剧增，相当于在大脑中点亮一盏灯，让人能更清晰地思考问题。

5.压力让人更敏锐

美国新墨西哥州立大学科学家斯特布尔说：“短期压力向人们提供了处理紧急情况所需的体力和精力。比如，在开车或参加面试时，压力能让人更机警、敏锐。”①

四、压力管理问题的解决措施

提姆·昂（Tim Ang）认为，组织解决压力管理问题的对策包括七个方面：

① 职业生涯规划。良好的职业生涯规划能帮助员工建立现实、客观的目标，使员工合理定位，处于最佳压力水平，发挥最大效率。

② 优化人力资源配置。组织应确保人岗匹配，如果员工无法满足岗位要求，就会产生较大的心理压力。

③ 适应性培训。企业应对员工进行知识、技术、技能培训来提高其对任务的胜任能力，增强员工的工作能力，减轻其对任务压力的体会。此外，还要对员工进行沟通能力、人际交往能力以及谈判技巧方面的培训，帮助他们减轻人际压力，克服工作中的困难。

④ 改善工作环境。改善工作环境和条件有利于员工减轻疲劳，更加舒心、高效地工作。

⑤ 进行工作再设计。工作再设计是指为了有效地实现组织目标，恰当地处理人

---

① 王小雷. 压力的五大好处［N］. 生命时报，2013-08-23（10）.

岗关系，使得重新设计的工作能够帮助员工提高对环境的适应度，消除工作疲劳感。

⑥ 塑造合作上进的企业文化。良性的企业文化可以产生凝聚力和组织认同感，减轻员工压力。

⑦ 构建人性化的管理机制。企业可通过订阅心理健康类杂志、开设宣传栏、开办讲座等形式帮助员工纾解心理压力。

靳娟认为，组织压力管理的对策包括五个方面：

① 工作分析。在工作分析中，既要关注工作的压力特征，也要考虑岗位对员工抗压能力的要求。

② 人员招聘与选拔中的压力承受性测试。通过压力面试等方法测试求职者的抗压能力。

③ 合理的人力资源配置。实现人事相配，减少因个人能力、气质、性格与工作不协调产生的压力。

④ 绩效考核中的压力管理。在人员绩效考核中，建立准确、公正的绩效评估体系与程序，减轻考核给员工带来的心理压力。

⑤ 职业生涯管理中的压力管理。组织帮助员工合理制定职业生涯规划，保持企业内部晋升通道畅通，消除员工因前途不确定产生的压力。

耿祥礼认为，组织压力管理的对策包括九个方面：

① 工作扩大化和丰富化。

② 合理的人力资源配置及工作安排。

③ 加强职业生涯规划管理。

④ 强化组织沟通。

⑤ 增强薪酬及考核体系的公平性和完善性。

⑥ 提升培训方案的针对性。

⑦ 实施员工援助计划。

⑧ 构建和谐的心理契约。

⑨ 建设合作的企业文化。

赵勇认为，组织压力管理的对策包括：

① 改善员工的工作环境和工作条件。

② 塑造优秀的企业文化。

③ 做好员工培训工作。

④ 帮助员工做好职业定位及职业规划。

⑤ 建立良好的沟通机制。

⑥ 建立完善的员工福利保障体系。

综上所述，本书认为组织压力管理的对策主要包括两个方面——个人层面和组织层面。

个人层面包括：

① 保持乐观心态，正确认识压力。

② 进行科学的时间管理。

③ 建立良好的人际关系，加强沟通交流。

④ 建立自信，培养幽默感。

⑤ 主动向心理专家寻求帮助。

⑥ 加强体育锻炼，进行生理放松训练。

组织层面包括：

① 改善工作环境和工作条件。

② 塑造优秀的企业文化。

③ 建立良好的组织沟通机制。

④ 进行工作再设计。

⑤ 建立完善的员工福利保障体系。

⑥ 加强职业生涯规划管理。

⑦ 实施员工援助计划。

⑧ 建立公正的绩效评估体系。

⑨ 做好员工培训学习工作。

员工压力管理，既是组织的责任，也是员工个人的责任。在压力管理过程中，组织起着中介的作用，而真正起推动作用的还是员工本身。压力管理的目的并不是彻底消除压力，而是学会一套有效应对压力的方法，调节、缓解和分散压力，使员工拥有一种积极的、乐观向上的心态，将压力尽可能控制在最低限度，并遏制消极的压力反应。人力资源建设中的压力管理不是一蹴而就的，需要企业和个人共同努力将各种压力控制在有利的范围内，使压力在过度和匮乏之间保持平衡，形成科学健全的压力管理机制，降低因压力造成的各种成本，实现企业最佳绩效。

思政链接6-1 “职场小白”如何快速成长

第二节　员工压力管理的具体方法和对策

经典文摘 6-1　　四种梦境暗示压力过大

四种梦境暗示压力过大：(1) 房屋着火。这表明你最近承受着巨大压力。(2) 开车时刹车失灵。这暗示你的工作强度太大，需要适当调整。(3) 溺水。这意味着你背负的责任太重，感到窒息。(4) 流血。梦到自己或者别人流血，都表明你过度投入工作、生活，精力和体力没有得到及时恢复。

资料来源　韩真. 5种常见梦境反映心理问题 [J]. 科技致富向导，2010 (28)：40.

一、员工个人层面压力管理的方法和对策

1.找出压力源

造成压力的原因有多种，在进行压力管理时，第一步是弄清楚压力的来源，确定造成压力的主要原因。造成压力的有主观原因也有客观原因，只有先分清楚压力的来源，才能对症下药，实施有效的压力管理。

作为个体，我们应该认识到：首先，压力是客观存在的，是人人都无法逃避的事物。在现代社会，竞争是一种常态，一个人若想在工作中获得成功，就必须面对竞争，在竞争中成长。有竞争，就免不了会产生压力。其次，压力的存在并不一定是一件坏事，适度的压力能够使我们保持高昂的斗志和积极饱满的精神风貌，进而能够更好地激发个体潜能，提高工作效率。

2.保持积极心态，提高心理抗压能力

积极乐观的心态是应对压力的有力武器，保持积极的心态可以增强个体的活力，减轻个体的压力感受。常言道："笑一笑，十年少。愁一愁，白了头。"这句话十分贴切地说明了保持积极心态的作用。每个人在一生中都会有许多烦恼和不如意，乐观是希望的灯塔，它能够指引你从危险步向坦途。世界上没有绝望的处境，只有对处境绝望的人。

3.运用生理解压技术，提高生理抗压能力

掌握一些简单、便于操作的压力应对技术，如肌肉放松、压力日志等，可以明显改善个体的压力状况。良好的生活方式有助于个体保持身心健康，从而减轻压力的影响。应对压力最根本的方法就是让身心放松，减缓新陈代谢，深呼吸、静坐、自我心理暗示等都被证明是行之有效的放松方式。健康的运动方式和科学的饮食习惯是缓解压力的有效途径。体育锻炼通过释放在压力反应中产生的天然化学成分，可以使身体恢复到正常的平衡状态，达到放松的目的。合理的饮食和均衡的营养可以塑造健康的身体，能够预防和控制各种疾病，还能够减轻烦躁、疲劳等不良情绪，提高应对压力的能力。我国中医理论中早有"食疗"的说法。在日常生活中，了解每种食品的基本营养成分、性味和作用，有针对性地进行食疗，是自我调养身体的有效方法。在压力管理中，善用饮食疗法能达到事半功倍的效果。一般来讲，含糖量高的食物会刺激、延长压力反应，高胆固醇的食物对身心健康不利。在身心健康中，身体健康是基础，有了健康的身体，心理的健康才有坚强的后盾。具有良好健康状况的人对压力有更强的承受能力；相反，不良的健康状况会成为心理生理系统的负担，增加在压力状况下受到损伤的程度。

4.进行科学的时间管理

每个人都应该认识到自己是时间的主人，自己要安排好做事的时间，而不是由事情来占满自己的时间。这反映了一个人面对工作是主动者还是被动者。如果一个人能合理安排好自己做事的时间，就是工作的主动者，有能力支配、掌控自己的生活，即便工作忙碌，也不会感到很累，不会感受到很大的工作压力。与之相反，如

果一个人不能很好地掌握、安排自己的时间，就是工作的被动者，会经常感到疲于奔命，有较大的压力感受。

也有很多人在面对压力的情况下会选择拖延时间。当一个人必须要做一些事情时，通常会有较强的压力感受。通过做一些不重要的事情来推迟处理必要的事情这一方法会使压力得到暂时缓解，但这么做的后果是，完成为拖延时间而做的不重要的事情后再开始着手必须要做的事情时，才意识到已经浪费了太多时间，这时压力水平将瞬间陡增。实际上，这是时间管理中非常典型的错误。我们应该在一开始就认识到这只是在拖延时间，而拖延时间就是偷走时间，只会使事情越积越多，要不断提醒自己直接专注于必要事情的处理。

休息时间与工作时间要严格分开。请记住：不会休息的人就不会工作。当你感受到巨大的工作压力时，最好先暂时放下工作，休息一下。短暂的休息能够使你精力更旺盛，效率也更高。工作只是生活的一部分，而不是全部。那些无时无刻不在想工作、干工作的人，只能永远活在工作压力的巨大阴影下。在这一点上，以下这位朋友的做法值得学习。

精选案例 6-1

工作休息时间

我喜欢赚钱，也喜欢竞争，但最终要把握一条：工作是为了生活。如果工作和生活发生冲突，何不暂时把工作忘记？每当承受不了工作压力的时候，我就请假休息。动手装饰自己的时尚小屋；做顿晚饭，请朋友们来会餐；邀几个朋友去逛街；参加小区的太极拳训练班；利用业余时间学学跳舞；养些花花草草。每当休息之后再工作时就感觉心情舒畅、精力充沛、兴致勃勃，周围的人都说我状态越来越好了，纷纷向我请教秘诀。我的秘诀就是：工作时间和休息时间严格分开，做到井然有序、劳逸结合。

5.建立良好的人际关系，加强沟通交流

要在工作中与同事建立愉快的、有益的合作关系。当今社会的基本格局是竞争与合作并存，冲突与融合同在。成功的职场法则是在保持自身独立性的同时，积极寻求与他人的合作，只有合作才能赢得更大的发展可能。在这方面，合作、分享、互助的人生态度能够帮助你建立良好、和谐的人际关系，而良好的人际关系会是你在职场上无往不利的利刃。但是，请不要奢望在工作单位交到知心朋友，利益可能会使人们反目成仇。

要注意与上司建立有效的、支持性的关系。这无疑也是一直以来困扰众多职场人士的难题，也是员工压力的主要来源之一。与上司搞好关系无疑是你在职场安身立命的关键。但是，搞好关系并不是指没有距离。与上司和谐相处的首要原则就是要站在上司的角度想问题，理解上司。换位思考可以帮助你避免走进思维压力的困境。压力多由心生，精神层面的理解和认同能够使你在与上司的交往中产生的压力不攻自破。

此外，我们还应该在日常生活中有意识地扩大自己的交际圈子，多建立一些非工作关系的人际交往关系，这些朋友在关键时刻能够成为我们的倾诉对象，为我们排解压力。我们都有过这样的经历：当我们的自我压力感过大时，通过与朋友、家人、同事聊天可以排解压力，使心情豁然舒畅。来自朋友的支持与关爱有助于调节压力。向亲友倾诉能够使我们获得许多心理上的支持或者从他们身上获得走出困惑的建议和指导。加强与他人的沟通交流能够获得他人的安慰、关心和帮助，能够从中获得社会支持与归属感，帮助你纾解来自生活和工作中的各种压力。

6.建立自信，懂得幽默

自信是自己相信自己的愿望或者理想一定能够实现的一种心理状态。有自信的人倾向于相信自己拥有的资源可以应付所需，当遇到有压力的事件时，会将其视为挑战而非威胁，仍有信心直面压力。自信不足的人会视压力为威胁而惊慌失措。所以，自信也会影响我们对压力的承受能力。

幽默是对人生的感悟，它既是一种人生情趣，又是一种人生态度。懂得幽默能够使你与周围的人相处更融洽、更滋润。幽默是一种人生境界，懂得幽默的人能用幽默的语言和方式排解生活中的烦恼和惆怅，让自己拥有幸福快乐的人生。在生活中，我们要培养幽默感，减少压力。

精选案例 6-2

幽默推销

一名大学毕业生急于找工作，因经济不景气，到处人满为患，故而奔波未果。窘境中，他心生一计。一天，他到一家报社去，对总编说：“你们需要一个好编辑吗?”“不需要!”“那么记者呢?”“不需要!”“那么排字工人呢?”“我们现在什么空缺也没有了。”“那么，你们一定需要这个东西。”这名大学生从公文包里拿出一块精致的牌子，上面写着“额满，暂不雇用”。总编看了看牌子，笑着说：“如果你愿意，请到我们广告部来工作。”幽默，使他成功地把自己推销了出去。

资料来源　郭英玮. 实用商务大全：教你经商百事通［M］. 北京：群众出版社，1997：484.

7.主动向心理专家寻求帮助

当我们处于高度紧张的精神状态，采用以上几种方法又收效甚微时，我们要尝试主动向心理专家寻求帮助。心理专家受过专门训练，能够客观深入地剖析我们所面临的问题，并提出专业的应对措施，帮助我们找到缓解压力最快速、有效的手段。

精选案例 6-3

心理咨询很有效

一名刚毕业的大学生向心理医生咨询自卑问题。原来，她从中学时代就觉得自己又矮又黑、家境贫寒，在日常与人交往中感到很不自信，渐渐地就不愿意与人交往，步入社会后这种想法更加严重地困扰着她，影响了她的工作和交友。她知道这是由于自卑，也知道自卑不好，但就是无法自拔。听完她的述说后，心理医生对她进行了细致的辅导。在医生的指导下，她明确地认识到自己的优势和劣势，找到了自己在生活和工作中的位置，慢慢地她变得乐观开朗起来。之后，她在工作中的表现也越来越好，和同事之间的关系也变得十分融洽。

二、组织层面压力管理的方法和对策

1.优化人力资源配置

组织在招聘中应考虑应聘者的个性、能力与目标岗位的匹配情况，力求避免人员上岗后因无法胜任工作而给他们造成巨大的心理压力。要明确每个职位的工作任务、工作职责、工作权限、工作条件，以及完成特定工作的人员所必须具备的生理心理条件、知识、技能和经验等要求。在此基础上进行人力资源配置，力求实现人岗匹配、人事相宜，从源头上减少员工因角色模糊、角色冲突而引起的心理压力。不同的人由于成长环境和教育背景不同，其能力本身存在差异，有些人擅长对事物细节的感知，有些人有较强的记忆能力，有些人则侧重于抽象思维。不同的工作岗位也需要不同的能力，高层的管理岗位需要决策、计划、指挥、协调能力，基层管理者需要业务处理、专业技术、人际协调等事务性能力。

过去，我们总是提"一切服从组织安排"，这种忽略个人意愿，与个人能力、兴趣相背离的工作制度和安排往往使得员工的能力和岗位要求错位，不能调动员工的工作积极性，也因此造成工作绩效低下。一个人自己做出的选择最能够让他无怨无悔，即使工作辛苦劳累也能够甘之如饴，因为这是自己的选择。一个人只有做自己喜欢并擅长的工作，才能够从工作中获得满足感和成就感，从而有效地减少工作中的压力感受，也才会在最大程度上实现人生的价值。这是现代管理学中的黄金法则。在当今"以人为本"的市场经济背景下，把最合适的人配置在最合适的岗位上，让有不同意愿、不同专长的人各得其所、各展所长是企业管理者应当思考的问题。从这个角度来讲，优化人力资源配置、做到人岗匹配是减少员工工作压力的根本途径。

精选案例 6-4

保安的优化

我国南方的某工厂建成后，需要雇用一批保安人员，当时规定的聘用资格为高中毕业生，且有2年警察或保安工作经历。结果，依据这一标准雇用的保安由于文化水平较高，感觉到整天只检查进出人员证件太过单调、乏味，大材小用，因此常常对工作敷衍了事、不负责任，离职率很高。一年之后，公司决定改变策略，只招收初中毕业的人来当保安。结果反而令人意外，他们都很热爱本职工作、责任心强、缺勤率低，工作表现十分出色。

2.明确工作职责，改善薪酬福利待遇

工作职责不清、相互扯皮、推卸责任是造成组织效率低下、员工压力感重的一个重要原因。明确工作职责可以有效降低整个组织系统中的压力水平。为了有效避免工作中的推诿、扯皮现象，可从以下方面着手：首先，健全工作职责的制度约束机制，推行以制度管人管事。针对一项工作的全过程设置岗位责任制、失职追究制等制度，明确工作职责，规范员工工作行为。其次，要充分信任员工，关心员工生活，激发其主观能动性和工作自信心，并不断改善员工的薪酬福利待遇。

薪资收入是员工生存的基本保障，也是一个能在很大程度上激励员工努力工作的基本因素。薪酬福利待遇是减轻员工思想包袱、消除工作压力的重要因素。企业不要吝惜为员工投入，坚持把员工利益放在第一位，尊重员工所做的贡献，这将会形成一个良性循环，带来一流的顾客服务水平和良好的投资回报。“星巴克之父”舒尔茨曾说过：“尊重员工使我们挣了很多钱，使公司更具竞争力，我们何乐而不为呢。”可见，舒尔茨早已深谙鱼水之道，也难怪星巴克在星罗棋布的咖啡店中能稳坐前排、业绩骄人。

“天下熙熙，皆为利来；天下攘攘，皆为利往。”《史记》中的这句话在一定程度上道出了生活的真谛。现代社会，生活节奏快，工作压力大。人这一生，吃、穿、住、用、行，孩子上学、老人养老、家人看病，步步都离不开钱。“一分钱难倒英雄汉”诉说了关键时刻没钱的无奈；“贫贱夫妻百事哀”道出了普通家庭生活的艰辛；“囊中羞涩”又是多少工薪阶层现实生活的写照。不得不承认，对于大多数人来说，许多痛苦与压力都来自收入的低下和物质的匮乏。人力资源是组织发展最重要的资源，为了维持长久的市场竞争力，组织在取得发展的同时，必须要留住优秀的员工。组织要切实关心员工生活中的困难，遵循市场的规律，改善员工的薪酬福利待遇。合理的薪酬体系是减轻员工压力的重要举措，能帮助员工建立稳固的大后方，形成职业的安全感，进而提高员工的忠诚度，减少员工的压力感。这也是组织留住人才、谋求长远发展的根本之道。

3.工作扩大化和丰富化

由工作的重复性而导致的单调乏味感也是员工产生压力的主要原因之一。对于许多人来说，没有什么比“按部就班、得过且过”这种生活状态更令人感到失望了。求新求变是生物的本能，因循守旧的物种早已在宇宙规律的操纵下惨遭淘汰，悻悻地退出历史舞台。人在许多事情上都容易喜新厌旧，几年前高价买下的服装很难再带给我们同样的满足感，它们早已被琳琅满目、形形色色的新款取而代之，被驱赶到了毫不起眼的角落。既然这是人的本性，一味地批判对于解决实际问题毫无帮助，明智的做法是顺应人的本性，把人类心理规律作为我们开展工作的重要准则。

工作的扩大化包括横向扩大化和纵向扩大化。横向扩大化包括：将分工很细的作业操作合并，由一人负责一道工序改为几个人共同负责几道工序；在单调的工作中增加一些变动因素，让员工分担一部分维修、保养、清洗、润滑等辅助工作；采取包干负责制，由一人或一个小组负责一件完整的工作等。纵向扩大化指将经营管理人员的部分职能转由生产者承担，工作范围沿组织结构的方向垂直扩大。比如：生产工人不但承担生产任务，还参与产品试制、设计、工艺管理等技术工作。工作扩大化使岗位工作范围扩大、责任增加，改善员工对工作感到单调、乏味的状况，从而有利于提高劳动效率。

工作丰富化指在岗位现有工作内容的基础上，通过充实工作内容、增加岗位的技术和技能含量，使岗位的工作更加多样化、充实化，减轻员工因从事单一工作而产生的枯燥厌倦情绪，从生理心理层面上满足员工的合理要求。工作丰富化能够为员工提供更广阔的空间，使员工有更多实现个人价值、彰显个人特质、展示自身才能的机会，从而增强员工从工作中获得的满足感，降低员工的压力水平。

4.提供职业生涯指导

企业要关注员工的职业成长需求，并努力满足其职业生涯发展需要。企业应根据组织发展实际并结合员工自身成长需求，有针对性地为员工提供职业生涯指导。良好的职业生涯指导能帮助员工抛弃不切实际、期望值太高的目标，而建立现实的、客观的SMART式发展目标。组织应根据员工的胜任力特征，将其安排到合适的岗位上，做到能-职匹配，使员工处于最佳平衡状态，既不会因为定位过高而面临过度压力，也不会因为定位过低而缺乏前进动力。

企业要鼓励员工对自己的职业生涯负责，针对员工个人的工作反馈提供帮助，并提供员工感兴趣的组织工作岗位信息和职业发展机会信息。组织要制定长期发展目标和详细规划，并向员工宣布，争取他们的理解和认同，然后以此为依据，帮助员工做好培训、发展、自评，指导员工制定职业生涯规划。研究表明，具有预见性的职业发展能让员工产生工作上的安全感与稳定感，这些都可以减少因未来发展的不确定性使员工感到茫然、产生压力的可能性。工作缺乏安全感，业绩考核任务繁重，因走到职业生涯高原而灰心丧气，因得不到晋升而苦恼，这些都会使员工产生较大的心理压力。对于员工来讲，最大的职业威胁莫过于失业，而很多人都未充分认识到职业生涯中晋升不足或过度也会给员工带来莫大的压力。这些压力会导致员工情绪上产生很大波动，包括对未来的担忧、恐惧、厌倦和逃避等。

在组织结构日益扁平化的今天，员工成长、晋升的空间越来越小，组织应该如何解决好新形势下的老问题呢？针对这一不可回避的现实，我们需要尝试对员工职业成功进行新的定义，比如可以建立广义晋升的概念，推行员工横向调动，使员工在横向调动中获得相应的物质回报和精神乐趣，以这种方式满足其职业生涯发展的需要。

5.建立优秀的、关心员工的企业文化

企业文化是全体员工认同的共同价值观，它具有较强的凝聚功能，积极的企业文化让员工有归属感，能有效缓解其消极压力。企业文化反映一个企业所倡导的价值观，它追求的是个人对集体目标的认同，希望在员工和企业之间建立一种相互依存的关系，希望员工热爱自己的企业，共同实现自己和企业的目标。企业文化具有很强的整合功能，即企业以员工共同认可的主流价值观来积聚员工的精神力量和创造力，最终通过软性的、潜移默化的手段实现企业对员工的价值观引导、激励约束和组织协调。企业文化可以协调组织需求和员工需求，实现二者的共同成长与发展。企业文化具有自我内聚、自我改造、自我调控、自我完善、自我延续五大功能。优秀的企业文化会把组织和员工集结成一个命运共同体，使员工形成对企业的强烈归属感和依赖感。员工不再把工作当成一种任务负担，而是一种实现自我价值的途径，因而工作的成果会使他们产生强烈的精神上的满足感，进而可以在很大程度上缓解员工的精神压力，提高员工工作效率。

推进企业文化建设也可营造良好的工作氛围。优秀的企业文化有助于构建和谐的人际关系，这对于减轻员工的心理压力有非常显著的作用。企业利用这种积极向上的企业文化帮助员工形成共同的价值观，利于不同员工的信息沟通和情感交流，减少工作中的摩擦，营造和谐的工作氛围，这样更有利于激发员工的主观能动性和创新意识。

6.引导员工正确认知工作压力

缓解压力首先要从改变员工思维方式着手，帮助员工塑造积极乐观的心态。压力主要来自内心，同样的事物和境遇，不同的人会有不同的感觉与反应。事物引发的压力感大小取决于我们本身对事物的看法和思维方式。“积极预防、轻松面对”应该成为企业指导员工正确面对压力的主导准则。首先，职场压力是每个职场人士都会遇到的问题，我们应以一种轻松、理性的态度去面对，不必百般避忌、谈压色变。其次，如果我们运用马克思主义辩证法来分析压力的话，会发现压力也并非全无好处，适度的压力能够让组织和个人均保持在最有效率的状态。

德国哲学家黑格尔曾经说过，凡是合乎理性的东西都是现实的，凡是现实的东西都是合乎理性的。我们也不妨在日常生活中尝试运用这一理论，这样一来，一些百思不得其解又无力改变的问题就能暂时被消解掉。

既然这个世界要靠我们的心灵去感知，那么对于任何事情我们都可以选择一个积极的、乐观的视角去诠释。人生是一段历程，我们在征程中不断获得成功或遭遇失败。成功会使我们对未来的道路更有信心，失败也会带给我们前行的动力。

精选案例 6-5

不同的心态，不同的人生

美国有个惯犯，无恶不作，老百姓都知道他，后来他被处以绞刑。他有两个儿子：大儿子跟他一样，也是一个惯犯，杀人不眨眼；小儿子是一个工程师，娶了太太，有三个孩子，过着宁静幸福的生活。在大儿子被处以绞刑之前，记者问他为什么走上这条路，他说："遇到这样的父亲，我有什么办法？"后来，记者又采访了小儿子，小儿子也说："遇到这样的父亲，我有什么办法？只好自立自强。"同样的境遇，不同的人生，可见一个人的心态和对世界的感知力也是极为重要的。

7.指导员工正确处理压力

企业应该充分重视员工面临的压力问题，并给予员工适当的指导，帮助员工从个人主观心态、工作态度和情绪等方面进行自我调节，积极面对各种压力，变压力为动力，以健康向上的态度对待工作和生活。在日常工作中，针对员工的具体情况，企业可以组织一些压力管理主题讲座，开展应对压力的课程培训或者座谈会等，让员工从理论上对压力树立正确的认知。此外，还可以通过建立心理咨询室、压力宣泄室等专业途径来帮助员工分析压力来源，释放过高压力。总之，要通过各种正式的、非正式的渠道为员工进行压力管理提供相关理论和实践指导，让员工掌握应对压力的正确方法，帮助员工尽快从压力不适中解脱出来，以一种积极乐观的心态迎接生活的挑战。

精选案例 6-6

松下的宣泄室

日本松下公司设有压力宣泄室，里面有许多仿真橡皮人，充满怨气和愤怒的员工可以殴打橡皮人出气。比如，营业部的一名销售人员被蛮横的客户羞辱了，他忍着一肚子气回到公司后，可以在压力宣泄室殴打橡皮人出气。有些压力宣泄室也会提供摔盘子、挤毛豆、砸房子（用纸板做的房子）、假机枪扫射等的地方，帮助员工发泄内心怨气，释放压力。

8.制订并实施工作与家庭的平衡计划

家庭的经营需要花费一定的时间和精力，而这往往与繁重的工作相冲突。在一定程度上，家庭与工作是一对既互相矛盾又互为臂助的概念。工作与家庭的冲突也是给员工带来压力的主要原因之一。所以，如何帮助员工有效实现工作与家庭的平衡是一个企业无法回避又责无旁贷的课题。从企业的角度出发，针对员工实施这种工作与家庭平衡计划，可以帮助员工有效地平衡家庭和工作之间的关系，调节二者之间的矛盾，缓解由工作和生活的关系处理不当而造成的压力，较好地保证员工的工作效率。

为了解决这一问题，人们创造性地提出了弹性工作制。具体来讲，就是针对一些在岗要求不是很高的职位，员工可以根据自己的时间灵活地安排假期或在特定时间段内自由决定上班时间。也有一些组织将工作时间分为两部分：核心工作时间和弹性工作时间。在核心工作时间段里员工必须按要求在规定的时间到固定的地点上班，其余的时间就是弹性工作时间，组织只对提交工作成果的最后期限做出规定，在这段时间里，员工可以按照自己的情况自由地安排工作和生活。除此之外，实施家庭和工作平衡计划，必须考虑员工职业生涯所处的不同阶段以及家庭生命周期各阶段的变化和要求，根据具体情况区别对待，不可一概而论。

尊重员工家庭生活的价值观是组织制订并实施工作与家庭平衡计划的基础，组织要倡导家庭与工作同等重要的观念，鼓励员工热爱家庭生活，允许员工向组织谈论家庭需求。像我们熟知的IBM和强生这些大企业，都已意识到这一点的重要性并不断做出努力。它们为员工提供日托服务并提供照顾老人和孩子的假期；为企业内的双职工提供额外的帮助，使他们实现家庭和工作的平衡；对经常出差的员工给予更多关注，帮助他们解决工作与家庭之间产生的冲突，缓解精神压力。

精选案例 6-7

摩托罗拉的员工服务

摩托罗拉设有“员工服务委员会”（Employee Services Committee，ESC），它是一个专门为摩托罗拉员工提供服务的机构。员工服务委员会的委员由来自不同层面的员工组成，其分别占有一定比例，三年进行一次换届选举。人力资源部总监和员工关系经理作为委员会的顾问，为委员会提出建议，并批准委员会的活动计划和活动费用。

摩托罗拉员工服务委员会经常组织各种各样的员工活动，具体包括：（1）社团活动——公司设有众多员工组织与社团，员工可根据自己的兴趣，参加羽毛球、足球等各种俱乐部组织的活动。（2）定点活动——员工可凭员工活动卡，自己或带家人到10多个定点的场所参加保龄球、滑冰、看电影等活动。（3）文体赛事——公司经常组织、举办各类集体文体赛事，包括员工运动会、水上趣味运动会、球类比赛、歌唱比赛、时装秀、才艺展示等，不但丰富了员工的生活，而且增强了团队协作精神。（4）节日赠礼——每逢节日或员工的生日，员工会得到公司提供的新年赠礼、生日赠礼、婚育赠礼、妇女节赠礼、儿童节赠礼、中秋节赠礼等，使公司内部充满了人性化的色彩。（5）家庭日——公司定期举办“家庭日”，让员工和家属们欢聚一堂，让家属了解员工的工作，并对每个家庭对公司工作的理解和支持表示诚挚的感谢。

摩托罗拉员工服务委员会举办的各种活动不仅丰富了员工的生活，减轻了员工的工作压力，让员工以更加健康的身心投入到工作中去，而且大大增强了公司的凝聚力和员工的自豪感，提高了员工的忠诚度。

资料来源　郑大奇．世界500强本土化人力资源管理实战范例［M］．北京：企业管理出版社，2007：369-370.

9.建立畅通的组织沟通渠道

在日常的工作中，员工和直接上级之间接触频繁，难免产生冲突和矛盾。这种负面的情绪如果一直找不到合适的宣泄途径，日复一日、经年累月地在员工心中积蓄叠加，会产生较大的心理压力。这不仅会危害员工自身的生理和心理健康，而且有可能损害员工对工作的热忱以及对组织的忠诚，轻则造成工作效率下降，重则因厌倦和不满而离开。显然，无论哪一种情况出现，都会大大偏离我们所设想的双赢的美好局面。

与人沟通、交换意见，在沟通中吐露内心积愤、发泄满腹牢骚，这种面对面的交流可使员工的不满情绪得到充分释放和排解，也可以使工作中的误会冲突得以消散，疑惑得以解答，员工的意见和建议得到上级的充分重视和及时反馈，人与人之间最终达成一种认识和情感上的共识。组织与员工之间的沟通交流会使员工感受到高层管理者的民主作风，产生一种受到重视的尊重与满足感，进而强化员工的主人翁意识，使得上级指令在基层推行时阻力减小、更加顺畅。

精选案例 6-8

华为公司的沟通渠道

2022年7月4日，华为公司创始人兼CEO任正非与专家委员会秘书处座谈。在此次交流中，任正非整体号召华为全体员工打破年龄、职位、部门、专业、地区界限，多开放思想，不设限地交流分享。

他指出，进入华为公司就没有“天才少年”这个名词了，也没有博士、学士之分，也没有年轻专家、老专家之分，互相之间可开放交流，并表示，华为战略不能由少数人来决定，不能由少数人来设计未来，也不因少数人的批判而改变方向，而应该由几千、几万名专家对撞，来研究未来的方向和走向未来的路径。

2022年4月30日，华为上线“黄大年茶思屋”科技网站，这是一个不受物理位置的约束，线上线下无缝的、全天候的、开放的科学与技术交流平台。线上茶思屋聚焦学术领域的探索、牵引、开放、思辨，只要您走进茶思屋，就可以在这里就科学与技术话题展开思想碰撞、学术交流，畅所欲言，协作共进。

2022年7月，华为内部新建立了“稼先社区”，成立目的为号召全体员工开放。“稼先社区”发布的信息，华为希望可以在全体员工中共享。

资料来源　根据华为心声社区公开资料整理.

10.增强薪酬考核的公平性与完善性

中国传统文化中自古就有“不患寡而患不均”的名言，历史上也有“二桃杀三士”的典故。美国心理学家亚当斯也曾提出“绝对薪酬”和“相对薪酬”的概念。在很多情况下，员工压力不是来自工作本身，而是来自工作之外的各种利益纷争。我国心理学家丁瓒曾提出著名论断：“所有的心理问题归根结底都是人际关系的问题。”“不公平”或许是企业内最常出现的词语之一了。当一个人做出成绩并获得报酬以后，他不仅关心自己所得报酬的绝对量，而且关心自己所得报酬的相对量。“绝对报酬”就是用自己目前获得的报酬与目前投入的努力的比值，同自己过去获得的报酬与过去投入的努力的比值进行比较，只有前者大于等于后者时才认为公平。“相对报酬”就是将自己获得的报酬与自己投入的努力的比值与组织内其他员工的这一比值比较，只有前者大于等于后者时才认为公平。

通过上述比较，员工会得出自己是否受到公平对待的结论，而这种结论会直接影响到他的情绪以及以后的工作表现。一旦员工认为自己受到了不公平对待，就会产生一种心理上的紧张和压力感，这不仅会损害员工的身心健康，还可能影响员工队伍的稳定性，最终危害组织利益。所以，对于组织来讲，要建立公平的激励机制，增强薪酬考核的公平性和完善性，实现公平、公正、公开，坚决不允许有人借助权力因素或者私人感情搞特殊化，要在最大程度上减少员工因工作的不可控性和前途的不确定性而产生的压力。

11.构建和谐的心理契约

心理契约是指对那些书面合同没有或无法明文规定的内容，每个员工在自己心里都有一定的标准，对于自己应该为组织付出什么、付出多少，组织应该给自己什么回报等有明确的认识。心理契约是组织和员工相互之间内隐期望的总和，它是联系组织和员工的心理纽带，也是影响员工行为和态度的重要因素。事实上，员工从一开始进入组织，就对组织产生了某种预期，当这种预期强烈到使组织和员工都认为是无须明说的承诺时，就形成了心理契约。稳定的心理契约对双方来说都是良性压力，但缺乏稳定的心理契约会使双方都体验到失望的情绪，从而感受到压力。当员工感到组织没能履行心理契约或心理契约遭到违背时，常常会通过降低工作努力程度来保护自己的利益，从而在心理上实现交换关系的平衡。工作中压力的出现可能会引起心理契约的破裂，而心理契约不能很好履行也会给员工造成压力。

心理契约的不稳定可以表现在“组织的责任”和“员工的责任”两个方面。组织的责任包括丰富的工作内容、公平的工资待遇、成长的机会、晋升、良好的工作环境、有吸引力的福利等内容；员工的责任包括忠诚、加班工作、接受出差的要求、保守组织机密、在组织中服务一定年限、离职做到提前通报等内容。组织如不能履行心理契约所期望的责任，则会使员工产生期望无法实现的压力感。同样，如果员工感觉自己无法实现组织的过高期望，也会因此产生压力。良好而稳定的心理契约可以减轻员工在工作中的压力感受。当然，只有基于双方现实条件订立的心理契约才能在真正减轻压力的同时起到激励员工的作用。

12.实施员工援助计划（EAP）

EAP是组织为员工设置的一项系统的、长期的福利与支持项目，通过专业人员对组织的诊断、建议和对员工及员工家属提供的专业指导、培训和咨询，帮助员工缓解心理压力，增强组织凝聚力，提升组织形象，最终实现组织业绩目标，改善组织氛围与管理。EAP的实施使得员工能从纷繁复杂的个人问题中得到解脱，缓解心理压力，维护心理健康，进而为企业创造更好的效益。

EAP服务通过帮助员工缓解工作压力，改善工作情绪，提高工作积极性，增强自信心，有效处理同事、客户关系，迅速适应新的环境，戒除不良嗜好等，使企业在节省招聘费用、培训开支，避免错误解聘，提高组织公众形象，改善组织气氛，提升员工士气，改进生产管理等方面获得很大收益。由于EAP成效显著，许多发达国家把它纳入社会保障和福利范畴，它也进一步发展扩大为一种综合性服务。在我国，EAP还是一个新兴事物，有很多人不甚了解甚至根本没有听说过EAP。

EAP对员工压力管理有显著作用。概括来讲，它分直接作用和间接作用。直接作用主要是指EAP专业人员通过为员工及其家属提供心理和行为测评、咨询辅导和治疗服务，直接作用于员工个体，帮助他们习得处理压力的方法，减少或降低由压力产生的不良反应和消极影响，提高员工应对压力的能力。间接作用主要是指EAP在帮助员工处理压力的同时，也会对组织相关的层面起到间接影响。EAP通过间接作用于工作绩效、工作满意度、缺勤率和离职率等因素，能减少工作压力在组织相关层面的负面影响，提高组织效能。

精选案例 6-9

青岛市总工会的“心”服务

近年来，青岛市总工会投入100余万元，在职工服务中心打造了660平方米的心理健康服务阵地，配备心理咨询室、沙盘游戏室、儿童游戏咨询室、身心放松减压室、心理科普体验室、档案室等9个功能室，购置团体协作仪、时间知觉训练仪、逻辑思维测试仪等现代化心理治疗仪器。

为打造职工心理健康10分钟服务圈，青岛市总工会投入1 100余万元，建成以12个区市级分中心为支撑、233个基层企事业单位工作站（室）为触角的心理健康服务阵地，实现全市镇街和重点行业、企业的有效覆盖。

同时，青岛市总工会通过培训选拔组建了2 017人的EAP援助师、313人的危机干预师、105人的专家团和30人的讲师团，定期举办讲师培训和心理专家沙龙活动，全面提升专家、讲师的业务水平。

为满足职工心理健康服务新需求，青岛市总工会借助大屏幕数据展示系统、PC端管理系统、微信公众号、“齐鲁工惠·青岛行”App等载体，建设了“心世界·新天地”职工心理健康服务平台。

该平台包括职工用户版、单位用户版和综合数据版，可通过手机端和电脑端免费为职工提供心理知识普及、自主心理测评、心理咨询等服务。平台配有常驻心理专家12位，不仅可以及时为职工在线解决心理困扰，还能根据后台数据对职工心理进行前期预测、统计分析和后期追踪，为开展职工心理健康服务提供决策依据。

平台启动至今，已实名注册用户15万名，累计服务职工70万余人次。

新冠肺炎疫情期间，青岛市总工会依托“齐鲁工惠·青岛行”App，开展线上心理健康公益讲座直播，累计播出68期，观看人数达221万人次。青岛市总工会还开通了免费心理健康服务热线，安排专人负责，确保24小时内对职工需求进行反馈。同时，制定“职工心理健康公益讲座回执单”，梳理职工反馈意见，电话回访职工后续心理情况，通过总结分析，更有针对性地开展后续工作，形成心理健康服务完整闭环。

资料来源 张嫱，王子枫.“心”服务让职工“心”健康 [N]. 工人日报，2022-02-23（02).

13.加强员工专业知识技能培训

这是一个瞬息万变的时代，互联网技术的出现使得知识更新的速度达到前所未有的高度。身处这样的时代，每个人都感觉到知识更新的巨大压力。人人都害怕追赶不上时代发展的步伐，因此选择在八小时之外不停地充电学习。除了不断学习、终身学习之外似乎再没有什么能够使员工保持永远的竞争力。新时代的“铁饭碗”并不是一个人在一个地方有饭吃，而是一个人一辈子无论走到哪儿都有饭吃。这个时代的生存法则就是要么学习，要么出局。只有不断学习，才能永远优秀，在职场上保持永恒的竞争力。适者生存、物竞天择仍然是当今社会谋求生存的不二法则。

所以，与世间万物一样，人才的知识技能也会在使用中不断损耗，而这种损耗若是长期得不到补充的话，就会让员工感到身心被掏空，并产生力不从心的恐惧感。正是这种恐惧与担忧会使员工本来就超负荷运转的心脏又增加负担，加剧员工的心理压力。对组织而言，明智的做法就是加强对员工的知识技能培训，帮助员工减轻压力，使其维持长久的职场竞争力，进而能够更好地留住人才。

精选案例 6-10

上海工匠学院首届“工匠学历班”开班

近年来，“工匠精神”已经成为全社会关注的高频词。《中国制造2025》提出要实现中国制造向中国创造转变、中国速度向中国质量转变、中国产品向中国品牌转变，完成中国制造由大变强的任务、攻坚重点领域和重大工程。在这一过程中，培养一批技术精湛、能够适应中国制造业转型发展的中、高端工匠显得尤为关键。

在这样的时代背景下，2017年上海市总工会与上海开放大学共同成立了上海工匠学院。学院根据产业工人的需求和特点，为他们提供终身学习的平台和向上发展的阶梯。学院面向“现在工匠”开办“工匠研修班”，面向“未来工匠”开办“匠心学堂”，这两大品牌培训项目为各类工匠、高技能人才和一线产业工人提供了学习机会。在继续做强“工匠研修班”“匠心学堂”品牌培训项目的同时，为进一步向普通劳动者提供接受高等学历继续教育的机会，助力在岗员工能力与学历“双提升”，上海工匠学院首次尝试举办“工匠学历班”，开设行政管理、机电一体化技术、机械电子工程等专业。

2022年9月17日，上海工匠学院首届“工匠学历班”在沪正式开班。学历班由沪上著名工匠亲自担任导师，让学生不仅可以在课堂上提升基础理论水平，还可以和导师组成“师徒”深入学艺，共同研究实践中所遇到的实际问题，开展技术技能创新，实实在在“把毕业论文写在岗位上”。

据了解，首届“工匠学历班”的76名学员中，有20%毕业于上海交通大学、哈尔滨工业大学、华东师范大学等“985”“211”“双一流”高校，其中不乏拥有博士研究生和硕士研究生学历者；56%的学生持有中级以上技能等级。这期学生中，80%从事制造业工作，其中不乏世界五百强或知名企业的从业者；11%的学生荣获过省部级及以上奖项，其中还有获得过国家级奖项和荣誉的。

据此，学校将为他们量身定制人才培养方案，配备工匠导师、引入德国工匠教育在线课程、融合工匠学院教学资源，让他们在接受最新理论知识的同时能解决工作中的实际问题，并在拓宽视野的同时开启创新思维，让这批学员来自于岗位、学习在岗位、未来也将毕业于岗位。

首届“工匠学历班”有一位毕业于华东师范大学计算机应用专业的博士生，他应工作需要再次跨入学校，选择了机械电子工程专业。这位学员表示，希望新专业的学习能够帮助他突破工作上的技术瓶颈，这与工匠学历班“来自于岗位，毕业于岗位”的教学理念不谋而合。

资料来源　许婧.“把毕业论文写在岗位上” 上海工匠学院首届“工匠学历班”开班［EB/OL］.［2022-09-17］.http：//www.chinanews.com.cn/sh/2022/09-17/9854764.shtml.

14.建立完善的员工福利保障体系

赫兹伯格的双因素理论提出，影响员工满意度的有两种因素：保健因素和激励因素。保健因素是指防止令人产生不满意的因素；激励因素是指令人产生满意的因素。企业的薪酬制度是激励员工努力工作、引起员工满意的因素，它能够满足员工维持生活的必要物质需求，是员工在工作上不断追求的物质层面的激励因素。企业的福利保障制度则有所不同，它相当于企业对加入组织的每位成员许下无差别的责任承诺，它能够带给员工职业的安全感，从心理层面上拉近员工和企业的距离，强化两者间血脉相连、利害相依的纽带联系。

从这个层面来看，加强员工福利保障体系建设对于缓解员工压力有很大作用。一般来讲，员工不仅关心企业支付给自己的工资，还很重视企业的福利保障制度。好的福利保障制度能让员工感受到组织对自己的关心与重视，这一因素可以提升员工对企业的整体满意度。

在我国，为什么学子们埋首苦读、熬尽青春，千军万马过独木桥，只为一跃龙门？为什么每逢用工季，众多工厂极尽宣传吆喝之能事，依然门可罗雀，“用工荒”状况年年不绝？为什么一些政府部门、事业单位招考公务员时大排长龙、门庭若市，好一派热闹非凡的景象？因为人们缺乏安全感，他们才要努力进入体制内。体制内人员端着“铁饭碗”，拿着为数不多的薪酬，却满心欢喜，一派安然。究其原因，就是这些部门优厚的福利保障给他们带来的安定感。切不可小看这种安定感，它对于留住人才、安抚员工有巨大的威力。良好的福利保障能将员工和组织紧密地联系在一起，结成休戚相关的利益共同体，使得员工视组织为家，与组织同呼吸共命运，形成强烈的组织归属感，愿意为企业发展付出全力。

精选案例 6-11

“精细服务”提升员工幸福感

如何满足不同职工的不同需求，提供更为精细化和个性化的服务方案和福利选项，成了新时代背景下企业及工会面临的新课题。

“以前，公司外勤交通费是实报实销的，通信补贴实行定额补贴，可大家普遍反映说交通费报销麻烦，通信补贴不够。”中建四局华南公司党委副书记、工会主席韩啸说，职工提了意见，公司就以薪酬体制改革为契机，将交通补贴改为定额发放，通信补贴调整为在标准内实报实销。今年24岁的刘筱颖在中建四局华南公司干了两年，她发现“很多职工的需求真的不同，成家的职工想要粮油食品，单身职工偏爱小家电，当父母的则想给孩子带点礼物”。为此，每逢节假日，中建四局华南公司工会面向职工开展意向调查，根据调查结果定制多个套餐供选择，同时提供邮寄到家服务。这两年来，刘筱颖先后收到了床上用品、随身音箱、电动牙刷和挂烫机等各种各样的节日福利。“家里的日常用品和家用电器公司工会都帮忙备齐了，真是稳稳的幸福感。”

相较于物质需求，精神需求的满足带来的幸福感则更为长久。2005年，任如意（化名）入职广州一家央企从事宣传工作。为了更快适应党政办公室工作环境，他向企业递交了“继续教育基金申请表”，报考中山大学行政管理自考本科专业，利用工作日晚7点至9点上夜校。经过5年工余时间的努力，任如意拿到了毕业证书。按照企业继续教育基金管理使用规定，他报销了共计9 500元的本科学习费。他说：“尽管已经离开这家企业9年了，仍旧感恩它在我追求人生理想的道路上给予我学习成长的机会。”

资料来源　黄细英，彭新启，王艳，等. 又到中秋，细数职工福利之“前世今生”[EB/OL].[2022-09-18]. http://www.nfgb.com.cn/yw/content/post_585701.html.

15.改善企业的工作环境和条件

环境对人的影响不容忽视，昔日“孟母择邻”的故事依然耳熟能详，“蓬生麻中，不扶而直；白沙在涅，与之俱黑”也是已被印证的至理名言，“久居兰室不闻其香，久居鲍市不觉其臭”更说明了环境对于人的超强影响力。封闭的办公场所会使人精神紧张，容易疲劳，增加压力感，而温馨舒适的办公环境能够减轻工作给员工带来的压力。企业应关注工作场所的噪声、光线、舒适度、整洁度、装饰等问题，尽可能地为员工提供一个赏心悦目的工作环境，选择那些宽敞、明亮、通风条件好的房屋办公，还可通过摆放绿色植物、鲜花，养殖观赏性鱼类，张贴照片和风景画等方式进行点缀、增添情趣，进而提高员工的安全感和舒适感，减轻工作引起的精神紧张和心理压力。还可以在工作的间隙播放一些轻松的音乐，安排一些下午茶、水果、点心等，为员工补充身心活力，让人感觉轻松自在、张弛有度，进而使压力情绪得以缓解，工作效率大大提高。

精选案例 6-12

工作环境很重要

张某是某公司的老总，他一向认为良好多变的工作环境能够更好地激发员工的工作热情与创造性。他不主张员工一天到晚待在办公室内，经常会带领员工出去呼吸新鲜空气，享受外面的绿树蓝天。他不主张员工顿顿盒饭了事，偶尔也会带着员工去饭店改善伙食。每次会议选址，他也总有新的点子，在大树下，在公园里，在草地上，在海边，在游泳池等。不同形式的会议每次都能收到意想不到的效果，下属心态放松，发言踊跃，会有许多奇思妙想。

16. 开展文体活动

引导员工从事一些文体活动，既能陶冶情操，又能纾解压力。组织可帮助员工培养书法、绘画、种植花卉、下棋、旅游等业余爱好，借此来舒缓紧张的神经，并增添生活的情趣，让身心得到科学的调节，释放工作带来的压力。此外，组织内部除了日常的既定工作外，也可开展一些有利于组织和谐的团体活动，比如素质拓展训练、周末组团外出游玩，还可开展丰富多彩的文体活动，如联谊会、体育比赛、歌咏比赛等。举办文体活动，不仅能够让员工从生理层面释放压力，而且可以提供一个很好的平台，增进员工之间彼此的交流与互动。此外，还可以组织员工进行体育锻炼。体育锻炼有益于调节情绪和身心健康，减轻压力，尤其是一些非竞技性的活动最能帮助集体缓释压力。这种形式的体育锻炼有助于增强心脏功能、降低心率，使人从紧张的工作压力中解脱出来，并为员工提供发泄不满情绪的渠道。值得推荐的体育锻炼形式有散步、游泳、慢跑、骑自行车等。

精选案例 6-13

文体减压

蒋女士是一名在私企上班的会计，由于工作性质的原因，她经常需要加班，工作十分辛苦，但蒋女士总是精力充沛、神采奕奕，笑得特别开心。尽管她已年过四旬，但从她身上一点都看不到岁月的痕迹，仍然很显年轻。她的同事都很好奇她是怎么协调工作和生活的。她给出的答案是这样的：每当她由于繁重的工作而感到心情烦躁的时候，她都会花两个小时去游泳，直到游得筋疲力尽，她就瞬间感觉特别放松。等心情调整过来以后，她再重新投入工作。这时她就会感觉工作效率特别高，很快就能把手头的工作处理完。

复习要点

主要概念

压力　压力源　压力管理　员工援助计划（EAP）

复习思考题

1.压力管理研究中存在哪些问题？
2.员工压力大的原因是什么？
3.压力的好处有哪些？
4.员工压力管理问题的解决措施有哪些？
5.简述员工个人层面压力管理的具体方法和对策。
6.简述组织层面压力管理的具体方法和对策。

案例分析题　日本社会“过劳”问题及其应对举措

在过劳大国日本，关于过劳及其应对举措的探讨，已经有数十年的历史。

一、日本过劳死典型案例

1.高桥茉莉

2015年12月25日，高桥茉莉从电通公司女员工宿舍四楼一跃而下，结束了她24年的短暂人生。在外人眼中，高桥茉莉是社会精英，拥有让普通人艳羡的履历：毕业于东京大学，就职于日本首屈一指的广告公司。直到她身故，家人才意识到她过得并不快乐。

生前，她在Twitter上留下大量让人绝望的字句：“假日加班准备的材料，竟然被批得一文不值，让人身心俱疲”“人生是为了活着才工作，还是为了工作才活着，我已经分不清”“我真的很想死”……

高桥茉莉的自杀在日本各界引起极大关注和讨论。厚生劳动省调查发现，根据高桥的打卡记录，她曾在一个月内加班130个小时，远远超过电通公司的员工协议规定的一个月最多加班70个小时的上限。

2016年10月，高桥之死被劳动基准监督署认定为“过劳死”。经过谈判，电通公司以支付赔偿金的方式与死者家属达成民事和解。赔偿金额没有公开。按照以往案例推算，预计超过1.6亿日元（相当于人民币1 000万元）。这是日本第一宗被官方认定为“过劳自杀”的案例。

在日本，过劳重灾区远不止广告业。

2. 漫画从业者

漫画家尾田荣一郎是日本著名的工作狂。他的代表作One Piece（《海贼王》）已经连载了22年，至今仍保持着稳定的更新频率。他曾在采访中透露，自己每天早上5点起床，一直工作到夜里2点。每天睡3个小时，此外除了吃饭都是在工作。

作为日本有史以来最成功的漫画家，尾田荣一郎获得了惊人的财富与声望，但过劳不只属于他这样的成功者，也是普通漫画从业者的家常便饭。

“一天平均睡眠时间是0～4小时”“我在一家每月工作600小时以上的公司干活”……2010年10月，一名28岁的日本男子写下这些绝望的网络日记后选择了自杀。生前，他任职于东京都的动画制作公司“A-1 Pictures”，曾参与过《振臂高挥》《神薙》等知名作品的制作。

据日本动画师·演出家协会的调查（受访者728人），日本动画业每天平均工作时长超过10小时30分钟，而且有32.3%的受访者年收入约为100万日元，19.9%的受访者年收入低于100万日元，属于典型的低收入群体。

日本漫画人真的是“为爱发光”。在日本，甚至连僧人都会严重过劳。

3. 日本和歌山县高野町的一名僧人

2017年4月，日本和歌山县高野町的一名僧人对寺院提起诉讼。根据诉状：从2008年开始，他每天上午5：00开始读经和工作，经常要工作到晚上9：00—11：00，每天工作时长近17个小时，并因此患上严重的抑郁症。最终，劳动基准监督署将此案认定为劳动伤害，判定寺院予以赔偿。

日本是全世界过劳最严重的国家之一。据日本劳工问题专家组的调查，2006年，欧盟国家工人平均年度工作时长为1 600小时，而日本工人是他们的近1.5倍——2 288小时，其中，有408小时为加班时间。2016年，日本政府发布的过劳死白皮书显示：1/5的企业员工有过劳死的危险；约21.3%的员工平均每周工作49小时或以上，远高于美国的16.4%、英国的12.5%和法国的10.4%。

二、第一宗有记录的过劳死个案

世界上第一宗有记录的过劳死个案就发生在日本。“过劳死”一词也是日本人发明的。2002年，《牛津英语词典》在线版收录了来自日语的“karoshi”（过劳死）一词。

从第二次世界大战后的一片废墟到亚洲第一个发达国家，正是日本人如同“工蜂”般的工作态度造就了日本经济的腾飞。在战后一代的日本人心中，“为公司出生入死是伟大的”。他们把那些勤奋工作的人称作“企业战士”，他们信奉“加班光荣，休息耻辱”。据Expedia的调查，68%的日本员工对“带薪休假”感到羞耻。在崇尚劳动的社会氛围下，很多人即便早早完成了自己的工作，也不敢正常下班，因为他们不想成为公司的“异类”，影响职业前途。

早年间，日本很多大企业还专门为员工修建了“企业墓园”，用以告慰那些把一生献给工作的员工。《日本经济新闻》说，日本人将“生是公司人，死是公司鬼”的集体主义精神贯彻到了极致。被称为日本经营四圣之一的稻盛和夫，将工作称作一种修行，一种“燃”的精神。他还有句名言：“夜晚我能听见机器哭泣的声音。”

日本在这样无私奉献的社会思潮中迎来“黄金年代”：1984年东京奥运会、持续20年股市房价暴涨、日本贵妇全球扫荡奢侈品……日本作家金子由纪子，在《不被理想束缚的生活》一书中写道：“那是一个芝麻开花节节高的年代。日本经济一路向上，人口增加，都市扩大，在国际社会中的地位也日益提高……”那恰恰也是日本过劳最严重的年代。据统计，1989年，日本因过劳而死亡的人数达到1.7万人，比当年交通事故造成的死亡人数还多。

如今的日本已经成为全世界最富有的国家之一。2019年，日本GDP为5.08万亿美元，位列全球第三，人均GDP也超过3万美元。据瑞士信贷银行2019年发布的《全球财富报告数据手册》，日本成年人中位数净财富约为11万美元，排在全球第八。然而，日本打工人们依旧没有逃脱过劳的命运。

在崇尚集体主义和奉献精神的社会思潮、人口老龄化导致的劳动力匮乏、“男主外，女主内”的家庭结构等综合影响下，过劳早已成为日本这个社会大熔炉不可分割的一部分，没人能够置身其外。

三、日本对过劳问题的重视和应对举措

作为过劳大国，日本同时也是对过劳问题最重视、应对举措最丰富的国家之一。对待过劳问题，日本政府采取产学研管紧密联动的方式，一方面加强技术性研究，另一方面从劳动行政管理和劳动卫生管理角度制定了很多对策和方法，以推动企业加强劳动管理。

日本产业医学研究发现，时间外劳动（加班）会加大员工患脑溢血、心肌梗死等心脑血管疾病的风险：单月的时间外劳动超过100小时，或连续2～6个月平均每个月超过80小时，风险很高。

早在1987年，日本厚生劳动省就发布了620号通知《关于脑血管疾病和缺血性心脏病等的认定基准》。该基准明确：自症状出现或死亡前一周内，从事了在时间和地点能明确与发病或死亡有密切关联的工作，或从事了较以往更加繁重的劳动而死亡的，可以被认定为因工死亡（过劳死）。

过劳死认定基准发布后，又经过多次修订和完善。最近的一次修订是在2010年，主要修改包括：将过重工作的评价时间从1个月扩大到6个月；将工作不规律、工作环境恶劣、因工作导致的心理压力等纳入考虑范围等。

最重要的一点是，针对过劳导致抑郁进而诱发的自杀，日本也制定了“工作上的过重负荷导致精神疾病”的认定标准。一旦被认定为过劳死，将获得超过1亿日元（约620万元人民币）的赔偿。这倒逼企业为了避免员工过劳死、产生大量赔偿费用，而减少用工时长。

同时，日本政府还针对“临时工”制定了一系列政策。2013年6月，日本政府内阁会议决定了2014年财政预算，其中针对解决非正式雇佣问题的预算达2 248亿日元。

日本政府还重新修订相关法律，规定非正式员工在同一企业工作超过5年时，企业须与该员工签订终身雇佣合同，这有效抑制了临时工的过劳现象。

2014年6月，日本《过劳死预防对策推进法》获得国会全票通过。在这项法律中，预防过劳死第一次被明确规定为国家层面的义务。

2019年，日本又在推进法的基础上制定了更为严格和细致的《工作方式改革关联法》。该法明确规定：原则上每月加班不得超过45小时，每年不得累计超过360小时；普通劳动者除拥有每年10天及以上带薪休假的权利外，还增加了每年至少休息5天年假的义务。

此外，日本厚生劳动省还设立每年11月为日本的“防止过度劳累死亡启蒙月”，对过劳死问题展开宣传，各县府道政府也有自己的“县民不加班日”等活动。

企业层面，日本一些大企业也开始主动为员工减压。比如，松下现在允许员工在家办公，并提倡在办公室里穿牛仔裤。但松下公司表示，愿意早下班的员工依旧很少，而且大家都想等其他人都穿牛仔裤之后再穿。

2019年10月1日，日本厚生劳动省正式发布了《令和元年版过劳死等防止对策白皮书》。该白皮书显示，最近两年，日本职员超时工作的现象不断减少，过劳死的现象已经得到了有效控制，员工体验带薪休假的人数也在不断增加。但日本学者认为，政府的数据结果是不真实的，日本厚生劳动省的数据仅反映了企业的观点，并未涵盖员工在考勤系统之外的工作量。他们认为日本上班族的过劳现象被严重低估了。日本的过劳问题是否真正得到缓解，恐怕只有每个打工人自己清楚。

资料来源　杨凯. 困在过劳时代［EB/OL］.［2022-06-05］. http：//news.hexun.com/2021-01-15/202836469.html.

> 讨论题：

1. 造成日本社会过劳问题的主要原因是什么？
2. 如何解决当前社会的过劳问题？

在线测试

问题处理能力测试　　创新能力测试　　人际交往能力测试

第七章

人才赋能系统与情绪管理应用实操

欲修其身者，先正其心；欲正其心者，先诚其意。

——［中国］韩愈《原道》

修养的本质如同人的性格，最后还是归结到道德情操这个问题上。

——［美国］爱默生

学习要求

1. 理解人工智能时代人才管理与发展面临的新机遇
2. 理解人才赋能系统的内涵与理论基础
3. 理解人格 14 心座的原理与优势
4. 理解人才赋能系统的普遍适用性
5. 理解人才赋能系统在管理中的应用
6. 理解和应用情绪与压力调适报表
7. 理解人格 14 心座各项性格描述

第一节　人才赋能系统概述

经典文摘7-1　　做你喜欢的事，就对了

我们想重新装修办公室，便叫了一家设计公司的设计师来公司洽谈。设计师很年轻，初次见面甚至还很腼腆，但坐下来，边喝茶边聊天，谈到与设计相关的话题时，他瞬间两眼发光，初见时的腼腆一扫而光，充满自信，侃侃而谈。无论是谁，从他的神情和谈吐上，都可以感知他身上那份来自心灵深处对设计的喜欢与热爱之情。

尽管我与这位年轻的设计师仅仅是初次相识，之前也没有接触过他的设计作品，但凭着我的经验和直觉，我认为他的设计一定不会差，因为他会用心。一个用心的人，他努力的结果会差吗？他的人生成就会低吗？而这一份用心，源自他的喜欢。

我想起摩西奶奶1960年给一位年轻人回信的事。

摩西奶奶，美国家喻户晓的老奶奶，风靡全球的风俗画画家，大器晚成的典型代表。她76岁开始画画，80岁在纽约举办个展，90岁作品畅销欧美。

1960年，摩西奶奶收到了一封署名为“春水上行”的来信，写信的日本年轻人在信中诉说，自己从小就喜欢文学，很想从事写作，可是大学毕业后，迫于生活压力以及亲人的期许，他找了一份医院的工作，然而心里一直不喜欢这份工作，感到别扭。眼看年近30了，他不知道该不该放弃这份收入稳定的工作，而从事自己喜欢的写作。

摩西奶奶收到信后，结合自己100岁的人生阅历所得，回复他：做你喜欢做的事，上帝会高兴地帮你打开成功之门，哪怕你现在已经80岁了。

这位写信的青年就是大家熟悉的著名文学大师——渡边淳一。

假使渡边淳一在当年没有受到摩西奶奶的启蒙，而是继续从事让自己感到别扭的医院工作，那可以预料，这个世界将缺少一位著名的文学大师，而多一位默默无闻的普通医务工作者。

有一次，一位著名的闽菜大厨招待朋友们一起吃晚饭。满桌的客人，都是文人雅士，个个都对他当晚的厨艺啧啧称奇，大为赞叹。毫无疑问，这位年近60岁的黄姓大厨，那一刻充满了成就感。席间，他对我说：“我这一辈子呀，没有别的嗜好，就喜欢下厨房做菜。一进厨房，除了做菜，其他一切我都会忘记。哪怕连续工作十几个小时，我都不觉得累，内心充满了快乐。”

就如这位黄姓大厨所言，当他沉醉在自己喜欢的工作或是爱好里时，时间对他来说都消失了。他将精力与时间投入其中，不计功利，甚至不强求结果。他的喜欢是纯粹的，如孩童般，对一切保持好奇与尝试的欲望。这样的投入，是令人忘我、感到兴奋的投入，怎么可能不对这个人产生大的回报呢？一分耕耘，一分收获，不是吗？

所以我觉得这位黄姓大厨，很理智也很幸福。理智的是，他能遵循自己的内心，知道自己的梦想和爱好，并坚持一生。幸福的是，他找到了自己的爱好，工作不再单纯是工作，也是生活情趣，是让身心放松的方式。他在快乐中积累了自己的专长，成为了大家。

职场当中的很多人，看似忙碌，实则迷茫，他不清楚自己真正喜欢的是什么，他所做的，是随大流，是按照别人对他的期许和要求去做事情，结果呢？

一家儿童教育机构的余总，和我讲了他的一位朋友的小孩的事情。

孩子上小学的时候，这位朋友看邻居或其他熟人都送小孩去学钢琴，心想，这个不错呀，可以培养孩子的音乐天赋，何况别的小孩都在学，我的小孩不学，以后综合素质怎么和他们比？于是他便让孩子去学钢琴。其间，他用了种种威逼利诱的手段，终于让孩子在小学毕业的时候拿到了钢琴业余十级的证书。拿到证书的当晚，小孩告诉父母："我终于完成了你们交给我的任务了。"从此以后，小孩再也没摸过钢琴。

孩子上初中的时候，余总的朋友看到孩子的很多同班同学业余都在学奥数、补英语，焦虑感一下子又涌上来了。他想，不学，孩子会输在起跑线上啊。于是不管三七二十一，他又逼着孩子周末去学奥数，去上英语补习班。可是，他的小孩对数学、英语根本不感兴趣，又适逢青春叛逆期，被父母逼着，一下子厌学情绪就爆发了，不仅业余补习的没学好，甚至还波及正常的功课。初中三年，余总的这位朋友为了小孩的学业可谓身心俱疲。

孩子上高三那年，余总的朋友想，一定要让孩子去学医，既体面，也好找工作，收入也不低，便又自作主张，在小孩填报高考志愿的时候，一律让其填上了医科院校。

小孩也算争气，考上了一所省级医学院，但是在校的五年，因为他对学医压根就不感兴趣，所以大部分的时光都在玩游戏，还谈起了恋爱，很多课程是靠补考才勉强过关的。就这样，这个小孩在浑浑噩噩中毕业了，进了一家地方医院工作。

满以为功德圆满的这位家长，在小孩上班的第三个年头，又再次经受了打击。一天晚上，小孩回家很平静地告诉父母："我已向单位提交了辞职报告，明天开始，不去上班了。我要重新开始，去北京学画画！"

目瞪口呆的父母，此时已经没有能力去左右孩子的决定了，也就在这一刻，他们才回想起孩子上小学时，学完钢琴，还流连在少年宫看美术班同龄人画画，如醉如痴；才回想起孩子上初中时，多次提出想学画画；才回想起高考前夕，孩子一直说要报考艺术院校。到这时他们才彻底明白，小孩喜欢的原来是艺术！是画画！

可是，从孩子刚上小学开始算起，到父母惊醒这一刻，时光已经过去了20年！

人生有多少个20年哪！假使孩子上小学时，家长就注意培养他的兴趣爱好，高考之后，孩子上的就是艺术院校，那么这个小孩在成长旅程中，是不是会少走很多弯路，而更加精彩呢？更重要的是，这个小孩是不是会更快乐，心理的阴影面积不会那么大呢？

人这一生，还有什么比拥有快乐更幸福的事？

人生长短，弹指一瞬，日常的重复，让人产生错觉，会认为一切来得及，还有时间开始做自己喜欢的事。大学毕业，先冲着挣钱养活自己而去，哪有那么多喜欢的事供自己选择。这一去可能就是三五年，舒适区也就慢慢形成了。人性里都有“懒”的成分，要离开舒适区，那要有多大的勇气和决心？躺在这样的温床上，认为小日子过得还滋润，三五年内又不想挪窝，这一来二去，转眼便已到中年。这时放眼职场中的种种机会和自己内心的爱好，已经是有心无力，多少人就这样懵懂一生而碌碌无为。

有人说，真正的自由不是想做什么就做什么，而是不想做什么就可以不做什么。理想很丰满，现实很骨感，很多时候，人生并不会让你拥有过多的选择，我们常常不得不去面对一些不是那么喜欢的人和事，但一时的面对并不意味着要用一生去坚守。无论何时，我们都要知道自己的梦想和爱好，守住初心，等待实现的时机，一旦有机会，便要毫不犹豫地转身，无论时间早晚！

你要记住，成功一定要靠天赋，而天赋恰恰就在你的爱好里！

资料来源　涂满章. 数字化时代的人才管理新思维［M］. 北京：企业管理出版社，2019.

一、人才赋能系统构建：人工智能时代人才管理与发展面临的新机遇

人工智能是一种工具，可以帮助组织更有效地加强人才管理工作，提高效率。现在很多企业都在使用智能应用系统开展人力资源管理工作，如人才赋能系统，就是结合心理学、脑神经学、人力资源等专业理论和互联网技术，与专家携手打造的专家系统平台，在探索提升自我、职业生涯发展、企业人才管理等方面，通过SaaS（Software as a Service，软件即服务）提供精准的解决方案与顾问级的服务，如图7-1所示。这样就在很大程度上提升了人才选、用、育、留、储的工作效率。在企业中运用传统的方式开展人才盘点、面试、招聘工作将耗费大量人力，如帮一家有400人的企业做人才盘点，需要花费16个月的时间成本和100多万元的资金成本，而运用人才赋能系统来盘点，不仅可以在一个月内完成，而且可以减少2/3的资金成本，最终形成的人才盘点报告比通过传统方式获得的更为精准。与此同时，发挥人的潜能，充分实现人才的价值，也是人力资源管理中的重要命题。在人力资源管理领域，如何将人工智能精准地运用在人才发展领域是一个值得深思的问题，而人才赋能系统的构建及应用是一种适应时代发展、解决组织人才发展问题的有效尝试。

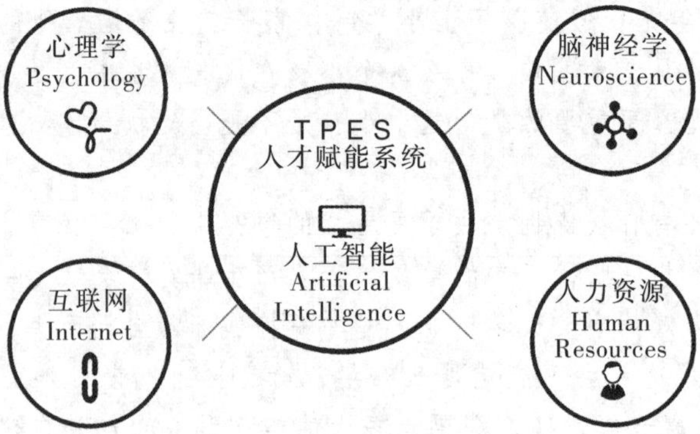

图7-1 人才赋能系统学科构成图

二、人才赋能系统的内涵与理论基础

（一）什么是人才赋能系统

人才赋能系统（Talent & Personality Empowerment System），简称TPES，是由人才发展所需的天赋（Talent）、个性（Personality）、赋能（Empowerment）组成的系统（System），可发掘每个人与生俱来的天赋和人格特质，通过不断地赋能予人，让每个组织每个人在各个阶段都能成就最好的自己，如图7-2所示。

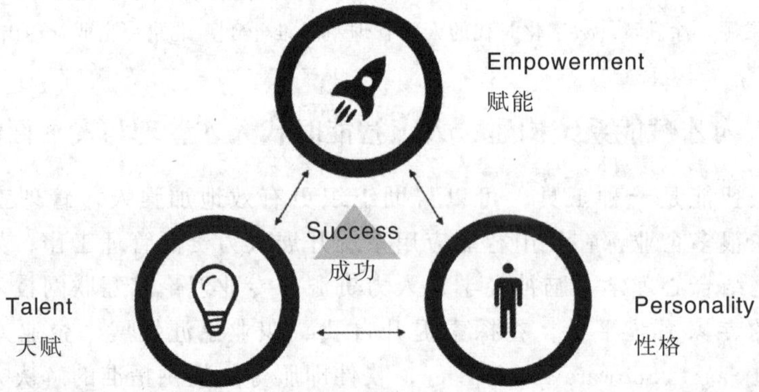

图7-2 人才赋能系统内容构成图

人才赋能系统的核心在于了解、发展人才的天赋、个性、潜能，实现个人优化定位。人才发展具体包括三个过程：

第一，发现（在哪里），即正确认知自我的优点、缺点；

第二，定位（到哪里去），即认准要实现的目标方向；

第三，发展（怎么去），即个人、组织、教育系统等运用有效的方法和工具，发展个体或团队，从优秀到卓越，实现个人成功乃至团队成功，推进企业人才队伍建设，满足企业未来快速发展对各类人才的需求。

（二）人才赋能系统构建的理论基础

构建人才赋能系统的关键在于了解人才“在哪里”，即明确个人的人格特质，进而根据个人情况明确定位，再寻求发展的突破口。因此，人才赋能系统的核心需通过对人才的认知来实现。

该系统建立在人格14心座的理论基础上，依据近百年来的心理学相关研究成果、数万篇论文积累出来的大数据及海峡两岸20年来的累计观察，形成了工作、自我、情绪、人际关系、自我控制、人生哲学6个维度，提炼出14种人格典型来分析人的人格特质，即现有的以人工智能为核心的14型人格的人才发展系统，如图7-3和表7-1所示。这个理论系统十分完整和庞大，利用该系统可以解决对人才进行诊断（在哪里）、明确目标（到哪里去）、发展（怎么去）的问题，进而对人才进行有效赋能，实现突破。

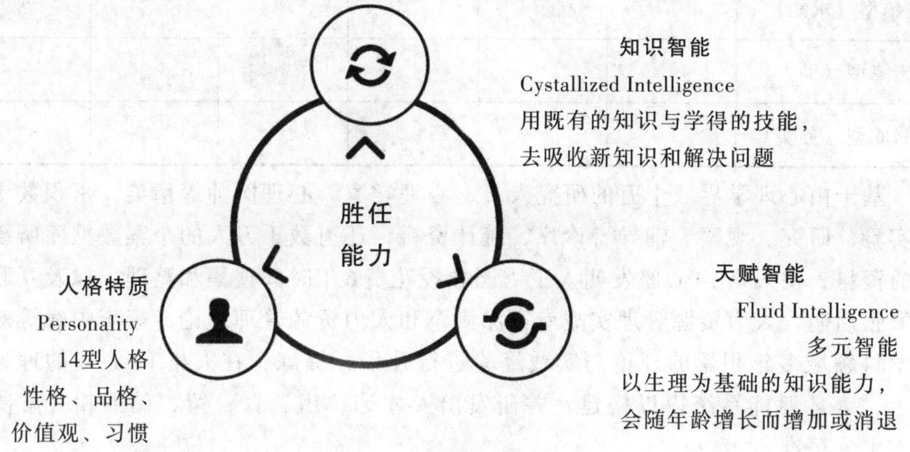

图7-3　性格与能力关系图

表7-1　14型人格特质及其主宰领域

主宰领域 人格特质	工作	自我	情绪	人际关系	自我控制	人生哲学
水牛型（勤奋）	■					
孔雀型（热情）			■	■		
秃鹰型（野心）	■			■		
白兔型（谨慎）			■	■		
猎犬型（警觉）				■		
绵羊型（温柔）				■		
狮子型（自信）		■				

续表

人格特质＼主宰领域	工作	自我	情绪	人际关系	自我控制	人生哲学
变色龙型（躁动）			■	■	■	
猫头鹰型（沉静）		■	■			
黑豹型（冒险）		■			■	
无尾熊型（悠闲）		■				
猫型（求知）		■				■
蜜蜂型（助人）				■		
骆驼型（务实）	■		■			

基于由心理学界数十万的研究人员、心理学家、心理医师等精英，累积数十年的实验、研究、观察、辅导、诊疗、统计资料，还有数千万人的个案数据库所统计出的资料，由人格14心座发明人王秀园教授花费6年时间搜集和整理，以及互联网专家张启明、人力资源管理实战专家涂满章和人力资源管理理论专家李中斌等对相关学科领域多年积累的理论与实践经验进行升华、提炼，在人格14心座的理论基础上，人才赋能系统得以构建，并研发出人才选、用、育、留、储的相关解决方案，十分精准。

三、人才赋能系统的普遍适用性

人才的发展，不只是个人的职业能力的发展，它不是一时之事，而是人一生的课题。不管个人处于人生的什么阶段，均需实现"发现、定位、发展"的突破，实现更好的自我，如图7-4所示。

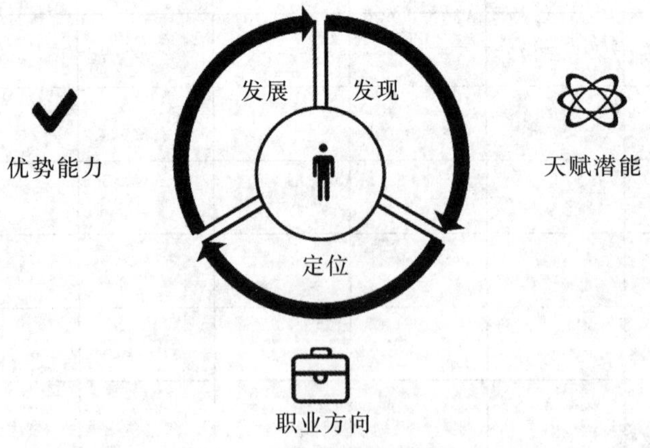

图7-4　TPES赋能飞轮图

在“成长阶段”（从出生到14岁）：个人对未来发展多半是缺乏实际考虑的，更多的是根据自己的喜好来幻想未来的职业。

在“探索阶段”（15～24岁）：许多人对工作仅仅抱着体验的心态。如果当初的体验不错，他们对工作的承诺就会加强；如果当初的体验不佳，很多人便会转向其他工作岗位。

在“建立阶段”（25～44岁）：在早期，个人的职业承诺仍然是飘忽不定的；到了后期，主要任务是在选定的职业中表现出胜任的能力。

在“维持阶段”（45～60岁）：个人最在意的是维持现有的地位，而非进一步提升个人的地位，目标是确保已经获得的安全感、权力和优势。

在“衰退阶段”（60岁之后）：个人会重新调整自己的精力和注意力，来规划这一重大转变。

可见，在不同的人生发展阶段，个体的现状及发展诉求是有差异的，如何根据具体差异进行精准分析并发展、优化，实现最终的卓越，是值得探索的问题，而这恰恰是人才赋能系统具有普遍适用性的关键，具体如图7–5所示。

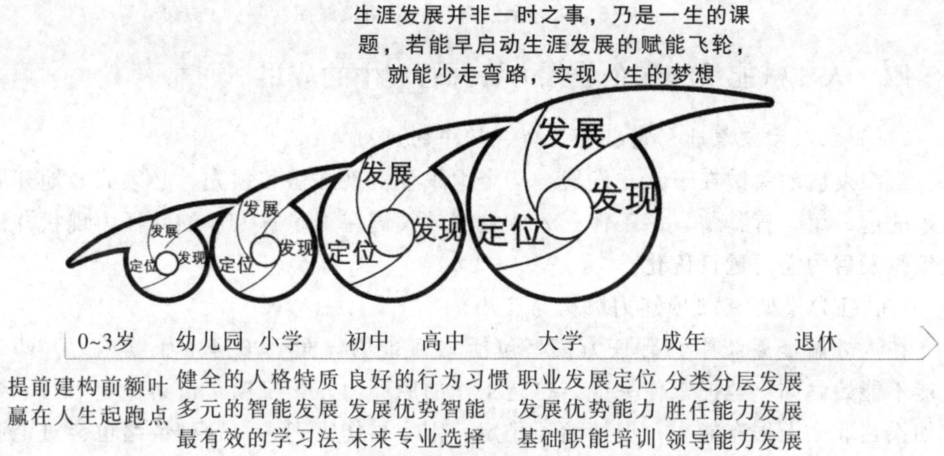

图7–5　人生不同发展阶段的人才赋能系统图

人才赋能系统可以广泛运用于亲子教育、爱情婚姻和工作事业之中，根据人生不同阶段的主要情况节点，通过人格14心座专家系统可以明确个体胜任力（人格特质、行为习惯、综合能力等）现状，发现问题，找到突破口。

例如，在幼儿园和小学阶段，可以重点探索对个体人格特质、多元智能的发展；在初中、高中、大学阶段，重点在于发展良好的行为习惯、多元智能及专业能力，重点突破未来职业发展的定位及发展优势能力；在成年及以后，重点在于明确职业发展方向，优化胜任能力和领导能力等。

可见，人才赋能系统可以帮助个人在不同阶段精准发展不同的能力。它是一套帮助人成功的系统，通过人工智能把复杂的理论知识变成可操作的落地工具和解决方案，让每个人在人生各个阶段都可以实现自我赋能与成长，再赋能予他人，帮助他人成长，最终达成团队赋能和团队成功，如图7–6所示。

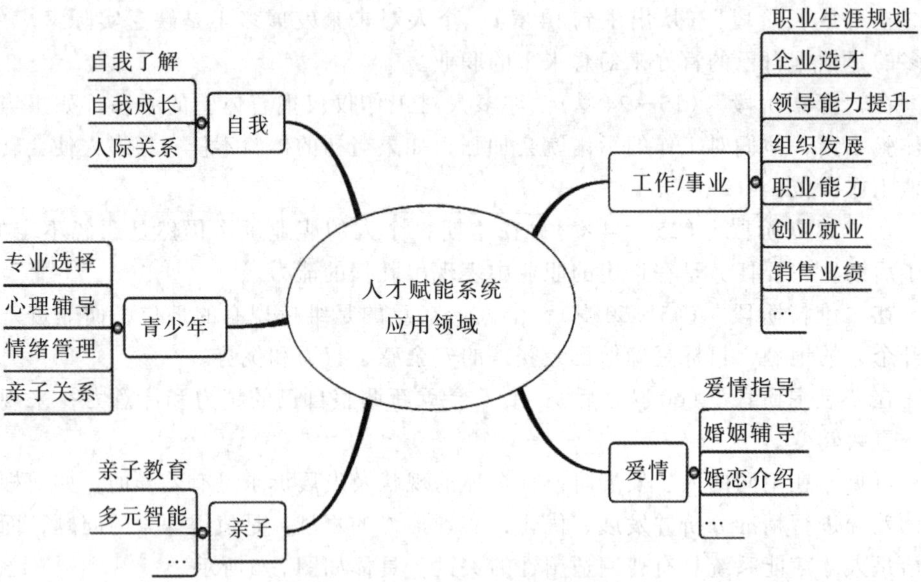

图7-6 人才赋能系统的应用领域图

四、人才赋能系统在企业人力资源管理中的应用

（一）在人才精准选、用、育、留、储中的应用

组织发展的关键在于人才发展，一个组织要实现强盛和领先，必须有效地开展人才的选、用、育、留、储工作。人才发展的关键在于了解人才的胜任力现状并根据组织发展的需要进行优化。

1.胜任力模型中12项能力解析与应用

在人才赋能系统中，胜任力模型包括12项能力。第一项是工作续航力，即个人能不能始终如一地把工作完成，这是工作的原动力。第二项是情绪稳定力。一个人如果在职场上很有能力，但情绪不稳定，则容易伤害别人，这种情绪也会对企业造成伤害。第三项是学习能力，即在职场中需要不断学习，自我赋能。

以上三项能力是核心，必须处理好。能力其实是一个能力圈的概念，在这三项核心能力之外，还有团队合作力、分析思考力、人际社交力，再往外一层是执行力，即面对目标能否完成。再往外还有沟通协调力，这是一个中层管理者所要具备的基本技能。当管理者走到更高层的时候，他的领导力、改革创新力、协调管理力、成就动机就显得更加重要了。

在不同的层面，对能力的要求是不一样的，人才赋能系统在后台可以挑选出与岗位相匹配的能力，确定一个门槛，这样每个岗位的不同标准就建立起来了。用户通过手机扫二维码就可以进行测试，测试完成后在后台可以检测每个人的能力与其所在的岗位是否匹配。

2.精准选人的解析与应用

如何选人？为什么会用错人？组织在招人时往往看到的只是其专业经验，很多因素无法通过面试和简历了解。例如，有的员工，工作能力强，但爱抱怨，常在微博上写一些负面的文章，影响了很多员工的工作积极性，导致其他员工离职，这对组织而言是重大的危机，但通过传统的招聘方式难以发现。对于员工个人来说，找错工作的原因如图7-7所示。

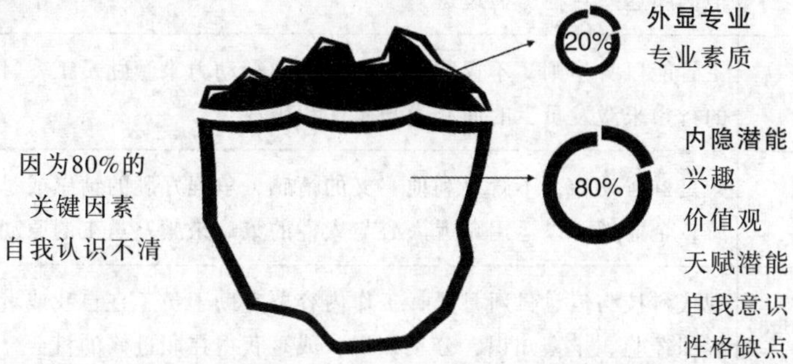

图7-7　个人找错工作的原因图

对组织而言，选择合适的人才的前提是建立一个选人标准，有标准才能找到对的人。组织还需要一个精准的测量工具，对人才进行筛选和检测，进而选对人、用对人。人才赋能系统可以"发现、定位、发展"人才，不仅了解个人的专业知识，还了解个人的通用技能，比如执行力、领导力，同时具体了解组织工作"定位"，建立各行各业的用人标准，明确考量员工的价值观与组织的文化是否融合，全方位来了解个体、岗位、组织、上下级之间的匹配程度。

在面试前，通过人工智能的方式，人才赋能系统可以对应聘者做精准筛选，也可以决定是否需要面试；面试时，面试官可以依据系统提供的报表对应聘者进行提问，来检验这份自评量表的内容是否真实。

3.精准用人、育人、留人的解析与应用

怎么把人用好？一个是组织层面，一个是个人层面。表7-2列出了七种激励方法。组织可以针对人才不同的特性采用不同的激励方法。通过人才赋能系统，组织也可以制订接班人计划，系统可以分析出不同的管理层需要什么样的能力，比如高层缺乏成就动机，进而选择有针对性的激励方法和培训方式。

表7-2　七种激励方法

激励方法	方法说明
信任（trust）	重点在于建立起团队的信任关系，也因为主管与工作伙伴间所建立起的诚信而产生强大的向心力，进而提高工作效率
荣誉（honor）	自我肯定、成就感、良好的自我评估最能激发人们的内在动机，企业要建立明确的晋升、奖励、褒扬制度，以激起人们争荣誉的进取心
前途（prospect）	企业的主管要有知人善任的胸怀与眼界，企业要建立识才、用才、育才、惜才的机制，让员工可以借由一己之力和才能慢慢攀升

续表

激励方法	方法说明
目标（motivation）	主管可以制定适当的长、中、短期目标，鼓舞、激励员工的动机与行为，使他们朝这些目标努力迈进
行为（affection）	主管能以身作则，不仅能用身先士卒的行动力来激励员工，且能以感同身受的行为来激发员工的向心力与工作积极性
情感（emotion）	人是群居动物，不管是利他主义的情感、争强好胜的情感或是自我享乐的情感，企业都可以运用贴近人心与人性的策略来激发员工的原动力
知识（knowledge）	现代科技与信息日新月异，工作内容要有助于员工在自我或者专业领域不断累积经验、丰富知识、分享知识，或是获得在职进修的机会

同时，人才赋能系统可以快速诊断组织问题。传统的方式耗时很长，而人才赋能系统可以提升一倍以上的效率。

如果一个人经过测试后发现不适合目前的岗位，就要看看有没有改变的可能性，解决的办法就是培育和分类分层。首先，个人要找到适合自己的发展方向。企业中的员工可以分为四个层级：新人、独当一面者、中层管理者、高层领导人。每个层级要求的能力不一样，从测试报表中可以知道一个人是否具有相应的潜能以及可以走多远。

企业在培育人才时，要先精准定位，发现其优劣势，看看其有什么弱势能力需要弥补，同时发展其优势能力，即扬长补短。人才赋能系统的企业版报表，可以帮助企业分析员工的人格特质、职业匹配度，进行能力的量化分析及招聘分析，还可以设计个性化的面试问题和激励方法，精准帮助企业吸引人才，再通过有效培育实现人才的发展，进而促成企业有效留人。

（二）在人才自我赋能中的应用

人才如何做好自我赋能？具体包括以下几点：

1. 要能发现自己的天赋

从事自己擅长而感兴趣的事情，成功的概率一般会大很多。自己感兴趣且擅长的事情，就是自己的天赋。人要跑赢别人，首先要站在适合自己的跑道上。

2. 要能定位好发展路径

如果通过第一点发现了自己的天赋，比如自己适合做管理，那紧接着就要规划好发展路径，如初入职者—基层管理者—中级管理者—高级管理者。假使你现在是初入职者，要想更好地发展自己，就要有一眼洞察到高级管理者想法的眼力，让自己当下的规划和行动能够为实现这个最终目标而发力。步步为营，才能步步为赢。

3. 要有发展的行动

发现自己的天赋以后，既要围绕天赋设计发展路径，还要有发展的行动，具体包括三个步骤：（1）进行匹配评估。将自己和眼前岗位的任职标准进行评估，发现优势与短板。（2）学习。针对自己的短板通过学习补强。（3）发展。与上一层目标岗位的任职标准进行匹配程度评估，发现优势与短板，再针对短板补强。如此循环往复，职业发展就能一步步地按自己的设想实现。

组织利用人才赋能系统的智能手段，可以快速地提升组织的品质和人才管理效率。绝大部分人都有自己的人生梦想和目标，也都清楚在当今数字化时代，知识更迭一日千里，不学习，几乎很难出人头地。所以，人们学习的热情都很高涨，很多年轻人更是如此，休息日和业余时间都扑在了学习上。然而，有些人的学习并不能直接促进自己的职业生涯发展，无效学习居多，主要原因在于：（1）没有发觉自己真正的天赋；（2）不会规划自己的发展路径并持之以恒地坚守自己的路径。这样的学习是迷糊的和零散的，自然也就没有效果。

在数字化时代，自我赋能尤其重要。如果被动去学，而不是主动规划、主动作为，终究会因赶不上别人的速度而慢慢出局。但是，自我赋能要有正确的思路和行动策略，否则，终究也改变不了落寞的结局。

总之，企业的发展在于人，而人才发展的根本在于通过自我学习不断革新并超越自己。只有自我赋能，才能笑傲人生。企业只有拥有自我赋能的人，才会有黄金团队，进而驱动组织获得成功。因此，建立人才赋能系统并掌握其智能化应用技能，是企业经营管理者必须面对的重要课题。

第二节 合不合云端人才评鉴系统解析与四大管理技能

管理者首先要弄明白：管理是什么？管理为什么？

彼得·德鲁克说过："管理就是界定企业的使命，并激励和组织人力资源去实现这个使命。界定使命是企业家的任务，而激励与组织人力资源是领导力的范畴，二者的结合就是管理。"这就是德鲁克对管理的定义。

掌握德鲁克管理思想的精髓，首先要从这个定义开始。在这个定义中，德鲁克使用了一个关键词：使命。什么是使命呢？使命就是组织存在的原因。同时，德鲁克认为，仅将管理者定义为"对他人的工作负有责任的人"是不够的，管理者应该是"对企业的绩效负有责任的人"。这也就意味着，管理的"因"是组织与激励人力资源，"果"是让团队实现组织的使命。

基于此，从"人"的角度来说，管理者要能切实掌握并提升四大管理技能。

一、管理者的四大管理技能

（一）慧眼识人

柳传志曾经说过："在我的位置上，两个东西是决不允许出错的：一是决策；二是用人。这两个东西错了其中一个，都有可能满盘皆输。"决策自不待言，那为何用错人了也有可能满盘皆输呢？道理其实很简单：因为事情都是人去完成的，若人都错了，企业里的事情不也会跟着错吗？

同样的道理，部门的所有事情都必须靠人去完成，若岗位上的人是错的，能指望他去履行职责、实现目标吗？

所以，既然管理者的职责是带领人去完成组织的使命，那么管理者首先必须练就一双“火眼金睛”，做到慧眼识才，知道什么人适合，什么人不适合。人对了，事情才能跟着对。

（二）高效用人

人对是基础，更重要的是人到岗后，怎么保证让每个人都全力以赴去履行使命。

这至少牵涉两个基本面：一是管理者如何定义工作，即部门内各岗位在纵向上如何保证清楚地理解“做何事，何结果，如何做”，在横向上如何保证产生协同效应，形成合力；二是管理者如何调动工作激情。工作内容清晰了，还要有人“拼命”，假使人不愿意干，工作内容再清晰，也会因为人的懈怠而最终影响工作结果。

（三）因材育人

海尔的张瑞敏曾经给优秀经理下了一个定义：“最好的经理是教练。”一个管理者仅仅做好高效用人是不够的，还要立足于组织及人才未来的竞争力，通过自身的努力让下属成长、进步。

经理人要承担起教练的责任，至少得明确下述四个方面的内容：一是岗位对人有何能力要求；二是人与岗位的匹配度如何；三是如何针对人欠缺的能力进行培训；四是如何督促和观察被培训者是否应用所学并发生转变。

（四）真情留人

翰威特咨询公司（Hewitt Associates）的全球员工敬业度调查结果显示，关键人才相对稳固的组织与关键人才频繁变动的组织相比，绩效差异至少为40%。

企业关键人才频繁变动，对企业的发展甚至可以说是致命的，所以如何留人从来都是一项重要工作，而留人的成效又和管理者在这方面是否作为紧密相关。成功的经验表明，关键人才相对稳固的企业，其管理者的职业化水准也比较高。这意味着，管理者必须在如何留住组织需要的人才方面担负责任并要有作为。

如何做到？至少应明确三点：一是部门里何为关键岗位；二是关键岗位的任职者是否为关键人才；三是采用什么样的留才策略才能降低关键岗位上的关键人才的跳槽比例。

二、管理者如何快速提升基于人的四大管理技能

管理者提升管理技能的途径通常有两种：一是经验积累；二是借助培训。但是，经验的积累需要时间，无法快速见效；而借助培训时，因为外来老师不了解企业实际，所讲内容往往听起来有道理，实施起来却不管用，落不了地，成效也不明显。

有没有有效而又能快速提升管理技能的捷径？借助成熟、专业而系统的管理工

具，不失为一种好方法。“合不合人才云端评鉴系统”就提供了这样一套工具。凭借这套工具，管理者能明显提升选、育、用、留四大管理技能。

首先，让测评对象通过电脑或手机在线回答140道题，然后形成专业的“人才分析报表”。该报表由“人格14心座”及“12项通用能力”的相关分析内容组成。基于这份报表，管理者便可快速地进入专业化的人才选、育、用、留层面，提升管理技能。

（一）“慧眼识人”解析

假设一家初创型企业，没有太多的现金流支撑员工的高工资，而在收入较低的情况下，员工还要经常加班。此种创业场景，一般就不适合“人格14心座”中“无尾熊”分数比较高的人员，因为这类人员追求“付出”和“回报”的对等。再比如，一家企业的工作人员要经常出差，而且一去就是十天半个月，这种企业就不太适合招聘“绵羊”分数比较高或是环境应变力较弱的人员，因为绵羊型的人通常是比较顾家的，让其长期出差，必定心生抵抗，久了就会产生不良情绪或留不住。

（二）“高效用人”解析

高效用人的关键在于激励，激励的有效性因人而异。例如，主型为“孔雀”的人比较喜欢得到别人的肯定和表扬，若上级能抓住下属的这个特性，平时不吝对其加以肯定和表扬，其工作积极性自然非同一般。再如，通过人才分析报表中的“12项通用能力”分析，发现某一位下属的“工作续航力”分数较低，说明其有“虎头蛇尾”的个性，因而，要用好此人，上级就一定要加大对他的“过程管理”力度，否则，其工作最终会失控。

（三）“因材育人”解析

要想把人培育好，“缺什么补什么”非常关键。如何看到人的优势和短板？凭借经验一定会有误判，而由合不合云端人才评鉴系统得到的人才分析报表，直观而专业地表述了测评对象的环境应变力、改革创新力、领导管理力、人际社交力、分析思考力、团队合作力等12项通用能力的高低，由此管理者可借助该系统做到“因材育人”，进而提升对人才培育的有效性。

（四）“真情留人”解析

留人的关键因素之一在于让人舒心。人不舒心，给其再高的工资可能都不会久留。如果经常安排以家为中心的“绵羊”出差，能让其感到舒心吗？如果只是一味鼓励追求“付出”与“回报”对等的“无尾熊”奉献，但没有实质的回报，能让其舒心吗？如果总是批评喜欢被肯定与表扬的“孔雀”，能让其舒心吗？因此，要让一个人舒心，首先要知道他是什么类型，要什么。合不合云端人才评鉴系统恰恰提供了这种帮助管理者更为客观而专业地看人的工具。

人看准了，基于人的四大管理技能的提升便有了一个很好的基础。

三、未来的竞争是管理的竞争

华为的任正非说:“公司未来的生存发展靠的是管理进步。”从1988年2万元起家到2021年实现全球销售收入6 368亿元，华为的跨越昭示了企业发展的关键在于管理这样一个事实。那么，管理的核心又是什么? 德鲁克一语中的:“管理说到底是人力资源管理，人力资源管理就是管理的代名词。”由此而来，承担管理职责的管理者要成为一名合格的管理者，首先必须成为一名优秀的人力资源经理，“慧眼识人、高效用人、因材育人、真情留人”必然也要成为管理者的最基础的四项技能。提升管理者在这四个方面的技能，实际上也在培育和提升企业未来的竞争力。

我们要时刻牢记，在方向正确的前提下，管理就成了决定企业成败的关键因素，而管理者水平的高低，毫无疑问也决定了企业管理水平的高低。

四、在线测一测，认识不一样的自己

合不合云端人才评鉴系统，凭借其专业性、便捷性、经济性，一经推出即引起关注，越来越多的企业牵手“合不合”开展专业合作。

你是狮子、水牛、孔雀，还是蜜蜂、无尾熊、猫头鹰，或者是其他类型? 扫描下面的二维码，立即在线体验合不合云端人才评鉴系统，认识不一样的自我。

企业测评二维码　　　　个人测评二维码

第三节　情绪与压力调适报表举例

人生犹如一道口感丰富、层次鲜明的料理，其味道能否恰到好处，取决于对食材本质的了解与香料的搭配，“情绪与压力调适报表”可为人生调些味道，让我们好好品尝这道佳肴，发现个中滋味!

一、情绪与压力调适报表概述

性格与先天遗传和后天成长环境有关，影响我们生活的方方面面，许多研究显示性格会影响心理与生理的反应。比如，性格大大咧咧的人，不因细节而耿耿于怀；对于细腻谨慎的人来说，任务的丝毫差错都会深深影响其自我评价；有些人尤为多愁善感，对环境的变化非常敏感；有些人抱着无限的好奇心去体验这个世界，一粒沙、一股风的流动，都牵动着他的心；也有人豁达开朗，无忧无虑，任由物换星移，依旧面不改色。

“一样米养百样人”，不同的人面对相同的事件，有着不同的想法和反应，当人们面对特定的内外在要求，感到难以承受，或觉得自己的能力、资源和特定要求有差距时，就会产生压力。压力是一种生命的香料，太多太少都会失了味，影响人际关系、家庭互动、工作质量，甚至身心健康。适度的压力能够帮助我们面对挑战、发挥潜力，而工作压力太大或太小都会降低效率，若长期处于高压下则更易造成身体和心灵的损耗。

《孙子·谋攻篇》曰：“知彼知己，百战不殆。”然而，你了解自己吗？情绪与压力调适报表能够帮助你洞察自我，提醒你在触及情绪与压力界线前先踩刹车，当遇到压力源时可判断如何调适状态，觉察自己情绪不好后，找到对的方式放松心情，让自己化逆为顺，做个乐观自信的人。

二、内在压力源解析原理

生活环境中不可避免有来自工作、人际关系、家庭、成就等不同方面的压力，压力的强度与性格有关，因此面对压力的第一步就是认识自己，然后才能对症下药。

人格14心座将每个人的内在性格以14种动物做比拟，并以曲线图来呈现各种性格之间的关系与变化。人才赋能系统利用人工智能分析个体的人格特质，协助探索影响其内在压力源的因子，如图7-8所示。

你的人格主型：秃鹰

你的人格辅型：猎犬，猫，黑豹

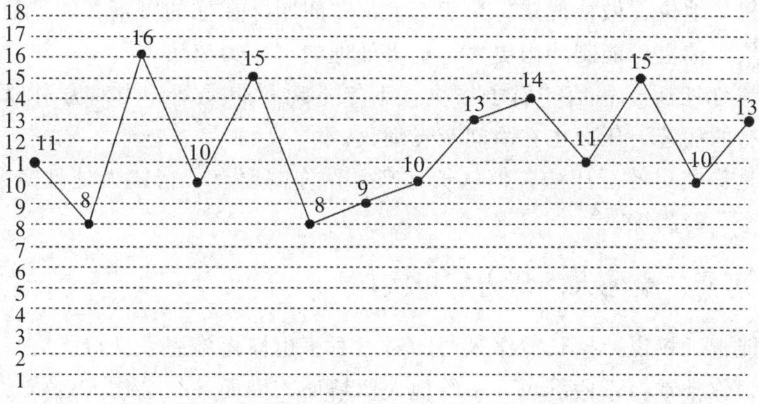

水牛	孔雀	秃鹰	白兔	猎犬	绵羊	狮子	变色龙	猫头鹰	黑豹	无尾熊	猫	蜜蜂	骆驼
11	8	16	10	15	8	9	10	13	14	11	15	10	13

图7-8　人格特质分析举例

以图7-8中的人格特质分析为例，可以得出关于内在压力的具体解析内容。

三、内在压力来源解析实例

你的个性强硬，当你认定一个目标、认可一个想法时，几乎不会为外在环境中的人和事物所轻易动摇。如果诞生在乱世，你是一个如假包换的枭雄或是霸王。你生性好强，适合在“弱肉强食”的年代开拓出自己的一片天地。

你追求权势和名利的雄心壮志，几乎无人可及，这也常常让你不顾艰难险阻，向着目标勇往直前。竞争，尤其是激烈的权势、利益的争夺战，常常让你热血沸腾、生气勃勃。因此，如果你这个“生活战将”，在工作、事业的你争我夺中，失去了战场、丧失了竞争力，或是受到重大挫败，这些就会成为你生命里最无法忍受的压力源。

同时，你是一个善于运筹帷幄的人。将所有可用之才纳为己用，是你的成功之法。你懂得笼络人心，吸引人才。因此，如果有一天你失败了，你的亲信、工作伙伴都离开了你，对你而言，那真是锥心刺骨、无法承受的痛苦。

还有，你只允许他人听命于你，除非对方的能力、才华比你强。当你必须屈居于人、听命于人时，这也是你的一个很大的内在压力源。

四、内在压力缓解解析实例

你是一个“输人不输阵”、非常坚持自我的强硬派。

你面对艰难险阻时，通常会“咬紧牙根，硬撑到底”，有“打落牙齿和血吞”的英雄气概。适合你的舒压法往往是：力求东山再起，让所有人都刮目相看。这时，坐拥权势地位、傲视群雄，让所有人都“屈服”在你的脚下，就是最好的舒压方法。当然，你也可能制造出更大、更难处理的“压力核爆弹”。

同时，你还属于相信“君子报仇，十年不晚”的类型。当对方对你俯首称臣时，你所有的痛苦、压力也在瞬间灰飞烟灭。

以上是你惯用的舒压法，但从长远来看，你需要有“得饶人处且饶人”“退一步海阔天空”的胸襟。

五、可能带给他人的压力解析实例

你可能善于权谋，擅长笼络人心，对人对事也懂得施恩，慷慨大方，但对有求于你的人，你常常会不假辞色，不给他人留情面，因而往往会伤人自尊，影响他人情绪而不自知。

你是一个一心想成大器的人，如果有些人和事阻碍了你的上升之路，你往往会不惜“牺牲他人成就自己”，因而常常会给他人造成有形或无形的损失和压力。

还有，你习惯于让大家都顺从你的指挥，当偶尔有反对意见或质疑声音时，尽管你会控制情绪，但你“不怒而威”的气势会让周围的人感觉透不过气。当你毫无保留地发泄情绪时，对周围的人所造成的心理负担更别提有多沉重了。

六、如何克服弱点、展现优点解析实例

你意志坚定，拥有极强的生存竞争力，这往往使你在事业上功成名就，但有时你未免过于专横跋扈，从而对你与他人之间的亲密关系产生负面影响。你可以尝试以下练习，让你周围的人更舒服自在地与你相处：

（1）离开工作场所与岗位后，请抛开领导、老板、老大的架子与心态，提醒自己你的工作伙伴、朋友、家人的地位与你平等，必须尊重他人的感受和想法，收起平日颐指气使的气焰。

（2）认识到每个人都拥有自己独特的个性和特质，学会包容他人不同的想法、做法、需求，以及他们偶尔的无心之过。

（3）不要老是要求他人一定要按照你的模式做事，偶尔也听听家人或是工作伙伴的意见，聆听他们的感受与需求，采纳他们的想法、做法。

（4）你在舒适、熟悉的环境中往往无法好好控制自己的情绪、压力，因此需要学习一些有效、正面且适合你的舒压方法。

（5）当他人向你诉苦、叙述难以突破的困境时，请克制自己不要做出"我做得到，你为什么做不到"这样的单向训话，请试着倾听，了解他们的心情、困惑、感受，不要急着提出解决方案，尤其是面对你的家人与朋友时，更要懂得倾听，听见他们的心声和需求。

七、最佳压力调适法解析实例

面对压力，我们习惯用学到的方法来应对，但是你用对方法了吗？用对方法，适度调节压力，可以让我们与压力和平共处，在了解它、接受它、适应它的过程中，让它成为生命中层次丰富的香料。

1.压力缓解方法解析实例

你用非常危险且不正确的压力缓解方法来面对生活里的种种困扰，如果你持续用这些方法来面对压力，你的生理健康和心理健康将会受到影响，也将危及你生命中所爱的人，带给他们伤害。你急需寻找专业人员来辅导你找出最适合你的压力缓解方法。

2.面对压力的形态解析实例

生理型的压力缓解方法，即从事肢体方面的活动，例如游泳、慢跑、攀岩、打球、跳舞等，或是心理型的压力缓解方法，即从事可以转移自己心思的活动，例如绘画、写作、看电影、听音乐、阅读喜爱的书等，对你而言，都非常适用。

第四节　人格14心座各项性格描述

一、主型：水牛型

优点：忠诚、勤俭、力求完美。

缺点：墨守成规，缺少浪漫情怀。

职业：各行各业的中坚分子。

最佳拍档：孔雀型、绵羊型、蜜蜂型。

成功因素：努力不懈、追求完美、坚持到底。

压力来源：对自我定位和工作质量产生怀疑。

1.主宰领域：工作

主宰领域是“工作”，并不表示水牛型的人除了工作之外，其他如人际交往、情绪、人生哲学等领域都缺乏或是对其不在乎，这是基于质性研究庞大的数据库所整理、归纳出的常模：水牛型的人非常在乎自己工作的完美度。这里说的“工作”是指自己的分内事，如家庭主妇的家务、学生的课业等，而不只局限于上班族的工作。通常，典型的水牛型几乎会将工作质量与自我评估、自我概念画上等号，因此，对自己的工作表现与要求都会设定一个自我期许的标准。这个标准就与合不合人格测试里水牛型的得分息息相关。

测试结果里的水牛型的分数越低，代表水牛型的特质越少，对工作的质量要求越低，也可能缺乏工作时处理细节问题所需的耐心；反之，水牛型的分数越高，代表水牛型的特质越明显，针对自己的工作表现、工作质量所制定的标准也越高，有时会忍不住将自己的高标准甚至是完美主义套用在他人身上，给自己或是身边相处、共事的人带来一些意想不到的困扰，可以说是拥有说不通、劝不听、拉不动，“固执己见”却被自己完美解释为“择善固执”的“牛脾气”。

2.人际关系

水牛型的人非常注重所处的社会制度及其道德规范，并将这些规范作为自己的行事准则，绝不会做出离经叛道、违背社会规范的事。水牛型的人十分重视自己的家人及人际关系，不仅是一个理想的伴侣，也能和朋友建立良好且长久的友谊。负责、顾家且对婚姻忠诚的水牛型，是很理想的结婚对象。虽然他不善于分享感受或表达情感，但只要对方不强求他说些风花雪月、罗曼蒂克的甜言蜜语，他也是一个颇能接受柔情蜜意、珍惜人与人之间的真情挚意之人。

同样地，水牛型的人对待朋友或是工作伙伴虽然拙于言辞，不懂得说些好听的场面话，但在他们最需要帮助的时刻，只要他能力所及，都会义无反顾地伸出援手，助朋友一臂之力。

3.工作

工作一向是水牛型的人的生活重心。他对工作质量的要求极高，不仅十分注重细节，而且工作态度认真、负责、有条理，从不虎头蛇尾。在公司里，他是老板眼中理想且忠诚的员工。在学校里，他是最能博取老师欢心的好学生。如果她是家庭主妇的话，她的家中必定整理得井然有序。永远闲不下来的水牛型，就算在休闲的时间里，也会想办法做一些事情，来使自己保持忙碌。对于自己的退休生活，他们倾向于做有目标的规划。

水牛型的人愿意在工作上付出比别人多的时间和精力，他对公司忠诚、对上司敬重，往往是工作岗位上最尽忠职守的人，因此在许多职业中自然而然是不可或缺的中坚分子，甚至位居要津。

水牛型的主管具有注重细节的倾向，这虽然能使他维持良好的工作质量，但也可能因此而误了大事，因为他总是要巨细无遗地全盘了解事情的来龙去脉后才能做出决策，这使他在面临重大抉择时往往犹豫不定，无法顾全大局。

4.职业生涯

水牛型的人较务实，喜欢眼见为凭，擅长处理技术上的细节，医药、数理、商业、会计、法律、工程及计算机程序研究等，只要是有关技术方面或专业研究方面的职业都很适合他。此外，由于水牛型的人在分类归档及处理细节上的能力远胜于顾全大局的才能，因此他适合担任行政首长、高级主管的助理，或者从事各种研究工作。

二、主型：孔雀型

优点：活泼开朗、乐观向上。

缺点：缺乏独立生活能力。

职业：演艺、广告、艺术创作。

最佳拍档：水牛型、绵羊型、蜜蜂型。

成功因素：丰富的创造力、敏锐的感受力、说服力。

压力来源：人际关系破裂、必须亲自处理日常琐碎事务。

1.主宰领域：人际关系和情绪

孔雀型的主宰领域是“人际关系”和“情绪”，并不是说孔雀型一定不在乎工作或是其他领域的表现，这是基于质性研究庞大的数据库所整理、归纳出的常模：孔雀型的人生常常是绕着“人际关系”运转的，而人际关系的发展也牵动着其情绪的高低起伏。人际关系是孔雀型的人最在乎、最用心经营的一个领域，但人际关系里的风吹草动也牵动着他们在其他方面的运作、发展。

在合不合的测试结果中，孔雀型分数的高低只是表明孔雀个性成分的多少和强弱，并没有所谓优劣之分。如果孔雀型测试结果是零分，也只代表没有孔雀型的人格特质，测试对象无须惊慌或是自我怀疑。孔雀型的分数越高，代表孔雀型的人格特质越明显、强烈，也越需要在人际互动中寻求肯定与认同。当孔雀型的特质过于强烈时，他人的一个点赞或无意的言辞举动，也往往能引得他心神动摇。有时，他会为赢得自己所需的赞美而太过注重“外在美”；有时，他会为了虚无的美丽幻想而遭遇挫折。

2.人际关系

孔雀型的人总是期盼在社交场合成为众人注目的焦点，他就像一只孔雀一般，昂首展示着绚丽的羽毛，令人赞叹不已。他对别人情绪的变化具有极高的敏感度，能够经由对方的言谈、语调及肢体语言了解对方的感受。在建立人际关系的初期，他总是能让人留下深刻的印象，因为他知道如何展现自我的魅力，引发他人的热情。

孔雀型的人期待在他的人际关系中随时保持某种程度的惊奇与心动的感觉。对一个孔雀型特质较强烈的人而言，当一段感情趋于稳定时，就会失去新鲜感和兴奋感，但若能好好安排两人的生活，交友广泛，并有着丰富多彩的休闲娱乐，让生活不乏欢乐的话，即可继续维持与对方的感情热度。

孔雀型的人际关系都是始于电光石火般的吸引力，所以一开始，他和任何一种人格类型都有可能产生恋情，但若期待感情长久，就必须找到一个能够与之相互平衡的人格类型。孔雀型的人常需要借由别人的眼光来认定自我价值，他对自我的概念着眼于在别人面前所呈现的外在形象，因此非常注重礼仪及穿着。然而，这种完全受外界看法左右的人格特质，显然缺乏自我评估及情绪上的稳定性，一旦得不到别人的关注和赞美，他会立即对自我的能力及魅力产生怀疑。从心所欲、跟着情绪走的孔雀型，对于挫折的容忍度极低，因此，愈是极端的孔雀型，在经济及情绪上的困扰也愈加明显。

3.工作

孔雀型的人喜欢富有变化、可以发挥天马行空般的想象力，并且能够让他突显自我的重要性及影响力的工作环境。由于他缺乏规划、执行及评估方面的能力，往往难以将自己的构想付诸实施，因此无法在要求具备上述能力的工作环境中生存。

4.职业生涯

一般而言，孔雀型的人适合从事既能使他本身的人格特质发挥到极致又能影响到很多人的职业，如广播、艺术、广告、公关、营销或演艺工作等。孔雀型的主管具有很强的说服力，他知道如何掌握人际关系及运用个人魅力来领导部属，使部属乐意付出努力，并对他及公司产生向心力，但他需要一位水牛型的助理或秘书，来帮他处理一些工作上的细节，如确定所有行程是否正确无误，工作是否能贯彻执行等。

三、主型：秃鹰型

优点：勇于实践、追求理想。

缺点：牺牲他人权益以成就自我。

职业：政经界高级主管。

最佳拍档：白兔型、绵羊型、蜜蜂型。

成功因素：野心勃勃、坚毅排除万难。

压力来源：丧失权势、竞争失败、工作失去竞争力和挑战性。

1.主宰领域：工作和人际关系

水牛型的人借由工作的完美度来肯定自己，与自我评估画上等号，孔雀型的人追求在人际互动间展现自我魅力、赢得掌声，以得到自我认同，而对秃鹰型的人来说，工作和人际关系是他追求终极的功成名就、呼风唤雨、叱咤风云、登峰造极的方法与手段。秃鹰型的人在工作与人际互动中，深谙官场、商界的策略和手段，知道如何掌控、利用他人，以维持与拓展自己的权势、财富，实现最终目标。

在合不合人格测试的结果中，秃鹰型的分数越低代表人格综合特质里秃鹰型的成分越少，这时不需惊慌或是自我怀疑；秃鹰型的分数越高则代表秃鹰型特质越明显，面对自己所在乎的竞争时，会积极出击、坚决果断，不轻易言败。如果秃鹰型的分数过高，就会有输不得、不愿输的激进倾向，为追求自己的终极目标，有时甚至会抵挡不住权势、财富的诱惑，而不择手段。因此，秃鹰型的人是人格十四心座里最容易成功的，但是在追求名利的过程中很容易被金钱与权势迷惑，误入“钱关”“权关”的陷阱。

2.人际关系

秃鹰型的人肢体语言丰富，善于运用肢体及行动来表达思想与感觉。他并不在乎别人的看法与感受，对自己的亲密关系感到安心时，也可能变得非常浪漫。他同时拥有极佳的自制力，纵使激昂的情绪在心中翻腾，面对强烈的成功欲望，他也会极力克制自己，避免任何外在或内在的因素阻挠他往事业的巅峰迈进。因此，他善于掩饰自己激动的情绪、压抑想寻求短暂享乐的冲动。一般而言，秃鹰型的人工于心计，不会使用暴力与人正面冲突，或出现太过情绪化的言行表现，除非被极度地挑衅或遇到无法突破的难关，他才会呈现盛怒的一面。

3.工作

秃鹰型的人追逐权势的欲望会充分展现在工作上。他们积极进取，具有领导者特质，很容易成为位高权重、引人注目且深具影响力的公众人物，因此会让人有处处可见的错觉。政坛及商场更是他崭露头角的绝佳舞台。此外，秃鹰型的人具有越挫越勇的特质，越是处在艰苦的环境和危机中，越不易被击倒。

4.职业生涯

秃鹰型的人必须寻求一个有权力架构可以让他往上爬升的环境，如政府机关、军队或大公司等。这样对他来说才有足够的空间一展长才。秃鹰型的主管不仅有远见、有效率、精力充沛，而且能准确地规划短期、中期及长期目标。他愿意承担重大责任，能够依事情的轻重缓急来做合理的处置，不会因为事务繁忙或遇到重大危机就惊慌失措，但他往往会因为过度重视结果与效率而忽略他人的感受，甚至毫不留情面地责备或惩罚员工。秃鹰型主管会吸收且重用自己的亲信，甚至唆使他们使用一些不法手段来获取成功，因此，若其中有亲信出面告发他，则很容易爆出惊人的内幕丑闻。

四、主型：白兔型

优点：温柔纯洁、谦和待人。

缺点：画地自限、缺乏突破求新的意念。

职业：小型家族企业的一分子。

最佳拍档：狮子型、孔雀型、水牛型。

成功因素：专注工作，能够维系人际关系，和团队成员和谐共处。

压力来源：面对不熟悉的人和事物，以及面对人际冲突和批判。

1. 主宰领域：人际关系和情绪

虽然白兔型和孔雀型的主宰领域都是人际关系和情绪，但他们的个性却像月亮与太阳，区别很大。孔雀型的人像光辉灿烂的太阳，不论身处陌生或熟悉的环境，面对不同的人群，都像冬日的暖阳，照得人心里热乎乎的；白兔型的人像是天上的那轮明月，他的光芒清清亮亮，永远不会灼伤人、抢夺他人的光彩。

孔雀型的人通常偏爱寻求人际关系里的赞美、掌声与众星捧月的感觉，不甘于幕后的默默无闻。白兔型的人恰恰相反，他们心思敏感细腻、害羞内向、小心谨慎，在乎人际互动里的肯定、认同，但排斥、害怕成为目光的焦点，偏爱扮演幕后的隐形推手。

孔雀型的人偏爱追求多姿多彩、变幻新奇的生活，而白兔型的人安于自己熟悉的舒适圈，不爱追逐新奇冒险。面对人们注目的眼光，孔雀型的人如鱼得水、乐在其中，而白兔型的人会局促不安、如坐针毡。

虽然孔雀型的人和白兔型的人在人际关系方面存在很大的差异，但他们的情绪一样会因人们的赞美、认同、评论……波动起伏。

在合不合人格测试的结果中，白兔型分数越低或是零分，代表个性里的白兔特质越少甚至没有，这说明你是一个坚定自己所思所想、言行举止的人，不会因他人眼光、言论而轻易退缩。白兔型的分数越高，则代表白兔型的特质越明显，行事风格越谨慎小心，待人处事越谦和温良，也越容易因他人的认可、批评而影响行事准则和情绪。白兔型的分数达到最高的人，则会逃避陌生的人、事、物或突发事件，极力避免冒险、不可预知的因素，而据守在自己小小的舒适圈里，过着与世无争的小日子。

2. 人际关系

白兔型的人对家庭及婚姻忠诚，能在单纯、稳定且规律的家居生活里甘之如饴、乐在其中，与家人的互动也显得自在与温馨。由于面对陌生人会产生不自在感，白兔型的人在建立人际关系上经常裹足不前，对初识者大多持保留态度，使得友谊很难有机会进一步发展，人际关系显得比较淡薄。此外，较极端的白兔型在陌生人面前会因为缺乏信心、深怕自己毫无吸引力而常制造假象，以讨人喜欢的模样出现，做出一反平日的举动。白兔型的人需要一个既顾家又擅长社交、懂生活情趣的伴侣，因此水牛型加狮子型或是水牛型加孔雀型的混合型是白兔型最佳的选择。此外，在所有的人格类型中，黑豹型是最不适合白兔型的。

3. 工作

白兔型的人非常在意别人对他的看法，因此在工作上会很努力地寻求表现，积极融入所处的工作环境。他不但能专注于自己分内的工作，保持良好的工作质量，而且是一个非常稳重、值得信赖的人。当他付出努力而被升迁，或积极接受较具挑战性的任务时，往往是出于期待获得上司、同事的赞赏与鼓励，并非想要掌控权势。白兔型的人适合在小公司或大公司的小部门里工作，只接触少数的人或一些熟悉的面孔。若工作环境充满家庭式的温馨，他甚至可以安于一成不变、枯燥乏味的工作。对于极端的白兔型来说，哪怕只是打个电话和客户联络一下，也是一件苦差事。

4.职业生涯

白兔型的人最好找一份工作内容明确、了解别人对他的期待、和外界的接触不多，或是与他人的往来有模式可循，并且无须额外交际应酬的工作。例如，医生、会计师、计算机程序设计师等工作，都颇适合他。

五、主型：猎犬型

优点：独立自主、警觉性强。

缺点：理想主义、不易信赖他人。

职业：学者、律师、记者、调查员。

最佳拍档：绵羊型、白兔型、蜜蜂型。

成功因素：在人际交往中有敏锐的观察力、不易受骗。

压力来源：失去对人际关系的掌控权、遭对方唱反调。

1.主宰领域：人际关系

人是群居的动物，只有少数人偏爱离群索居的生活形态。因此，人格十四心座中主宰领域为“人际关系”的人格类型比较多。猎犬型的人际关系可分成两个不同的层面：其一，他在人际交往或互动中需保有自己的自主权和独立性；其二，他在人际交往中，尤其是面对初识的人，通常会抱持“防人之心不可无”的心态。因此，他在与人交往时，通常要经过漫长的往来和长期观察，得到日常事件的印证，才可能将对方纳入自己亲密的生活圈里，但即使双方已成为熟识老友，个性偏极端的猎犬型也不会轻易将自己的隐私和弱点暴露在对方眼前。

在合不合人格测试结果中，猎犬型的分数越低或是零分，代表猎犬型的特质越少或者没有，也代表你在与人相处时常抱持“人性本善”、不设防的态度。这种待人处世的态度，让你在生活中常缺乏应有的危机感和警觉性，也容易被有心人士利用，未来需多加谨慎，防范重蹈覆辙。猎犬型的分数越高，代表猎犬型的人格特质越明显，在人际交往中越需要自主和掌控权，也会奉行“路遥知马力，日久见人心”的行事准则。当猎犬型的人格特质过于强烈时，脑内的“警报系统”就会过于敏锐，可能会有反应过度的情景出现，这时与人相处就可能出现“草木皆兵、风声鹤唳”的现象，给自己和他人带来困扰。

2.人际关系

猎犬型的人在人际关系中遵循的原则是“防人之心不可无”，他处处提防别人图谋不轨，或质疑对方与他交往的动机，不轻信任何人。即使面对一位熟识的朋友，仍会有所保留，不轻易将自己的弱点暴露在对方面前。因此，他总是会在屡次观察、评估每个人之后，才能决定是否跟他进一步往来。愈是极端的猎犬型，防人之心愈强烈，也愈会对别人的言谈吹毛求疵，经常误解对方的用心，许多人际关系上的困扰也因此产生。

猎犬型的人具有洞察他人潜在动机的能力，当他发现掌权者有滥用权力、恃强欺弱等情形，或察觉到社会上一些不为人知的黑暗面时，便会燃起打击恶势力的正义感。猎犬型的人大体而言，是一个稳重、可信赖，且可满足另一半在经济及情感上的需求的伴侣，而他需要的是一位百依百顺、不会在人际关系上带给他任何威胁的对象。

3.工作

猎犬型的人工作态度认真严谨，若能跟上司相处融洽，以他的能力大可在工作上获得极高的成就，但他凡事都想拥有掌控权，因而不太愿意为别人工作。因此，猎犬型的特质愈明显，愈不适合在某个组织中做事，因为他常会与上司起冲突。除非与其他的人格类型相平衡，否则猎犬型的人更倾向自立门户，自己当老板。

4.职业生涯

由于拥有犀利的辩才和极敏锐的观察力，猎犬型的人适合从事社会评论家、律师、调查员、记者、研究员等工作。

六、主型：绵羊型

优点：温和纯良、善体人意。

缺点：缺乏自我意识。

职业：护理、教师、社工、服务业。

最佳拍档：水牛型、猎犬型、狮子型。

成功因素：认真做好分内工作，是团队里良好的配合者和追随者。

压力来源：必须面对人际关系里的冲突，尤其是友谊与情感的破裂。

1.主宰领域：人际关系

绵羊型的人非常在乎自己生命里相处相伴的人们，他们在绵羊型生命中的分量像同心圆般一圈圈向外扩散。最核心，也是最珍贵、最难以割舍的是家人，第二圈是无所不谈、同甘共苦的亲密朋友，再往外是工作伙伴，如此一圈圈向外扩展，亲疏远近、重要性和分量均不同。

在合不合人格测试结果中，绵羊型分数很低或是零分，并不代表你不爱家人、朋友，而是你在生活或生命里的许多重大决定，较不容易受到家人、朋友的喜恶和意见的左右。当你处于团队中时，如果团队成员的想法、做法与你的原则或是风格相悖，你也不会轻易妥协。

绵羊型的分数越高，则表明绵羊型的人格特质越明显，越在乎周围人们的喜怒哀乐，越倚重他们的建议、想法，越在乎人与人之间的和睦、互助，越愿意配合团队的运作目标与模式，做一个和顺的配合者与追随者。当绵羊型的人格特质过于强烈时，除了非常在乎身边亲友们的想法、意见之外，常会为相处和谐、避免冲突而轻易放弃自己的主张、原则，甚至为所爱的家人付出自己所有的才能、精力，将所有企盼放在最亲密的一群人身上，而荒废自己的才华、潜能。

2.人际关系

绵羊型的人生活的意义在于为身边的人付出，并满足他们的愿望，唯有和谐的家庭关系，才能够使他觉得人生圆满。他通常愿意做出较多的牺牲去维持一段感情，并且不会要求对方同等付出。此外，他非常尊重且信任在家中和公司里掌权的人。因此，与绵羊型的人在一起，可以避免权力斗争，只要不侵犯他最终的原则，他会是一个非常好的朋友或伴侣。只要伴侣不会过分利用他的关怀，而且不完全忽略他的需求，他通常会把婚姻维持下去。

细心、体贴且乐于付出的绵羊型，几乎可与任何一种人格类型的人相处。当然，并非所有的人都适合他。人际交往中的亲密感与和谐关系，是绵羊型的生活重心。尽管他随时都会将自己定位于“小我”，但这未必是因为缺乏信心或是感情特别脆弱。只要处于一种健全、相互尊重和关怀的人际关系中，绵羊型的人也可以展现自己开朗与活跃的一面。

3.工作

绵羊型的人是勤奋的工作者。在工作上，他愿意遵循指示、乐于服务他人及与他人合作，是老板眼里忠心耿耿的员工。当他的工作步入轨道后，上司不时的鼓励与赞美将是他努力工作的原动力。

4.职业生涯

绵羊型的人适合从事护理、社会工作等服务人群的职业。

七、主型：狮子型

优点：知己知彼、百折不挠。

缺点：以自我为中心。

职业：行行出状元。

最佳拍档：绵羊型、白兔型、蜜蜂型。

成功因素：自身的领导统御能力、锲而不舍的精神。

压力来源：能力被贬抑、轻视。

1.主宰领域：自我

“自我”通常包含了所有关于“我”这个名词的认知，例如自己或他人对自己的感觉、看法、期待、评估，自我的价值、社会地位等。

狮子型的主宰领域是“自我”，并不表示狮子型的人除了“自我”之外，对人际关系、工作、情绪等都不在乎，这是基于质性研究庞大的数据库所整理、归纳出来的常模：狮子型的人非常在乎自我定位、自我期许、自我实践……这些“自我”的发展。

狮子型的人通常对自己信心满满，充满理想抱负，期许自己的生命璀璨辉煌，不甘于庸碌、平凡，期盼自己能留下足以让他人传颂的传奇。狮子型的人通常很清楚自己的优势，懂得知人善任，来拓展自己的事业、人际关系，以攀升至生命巅峰。他的追求和实践往往能将自己推向成功，但他往往难以认知或接受自己的缺点，这也成为他生命里隐隐存在的绊脚石。

在合不合人格测试结果中，狮子型的分数很低或是零分，代表你对自己缺乏明确的生命蓝图和理想目标，对自己的能力也缺乏该有的自信和了解，你担心自己是“痴人说梦”，重新检视自己可以发展的能力和领域是你需努力的方向。狮子型的分数越高，代表你具有的狮子型的人格特质越明显，常能为自己描绘出美梦成真的理想蓝图，拥有足够的自信去奋勇攀登成功的山峰。当狮子型的分数过高，狮子型的人格偏向极端时，会过度高估自我能力、听不进忠言，而导致错估形势，种下失败的成因。

2.人际关系

狮子型的人非常有魅力且相当受欢迎。他很清楚如何赢取别人的欢心，且喜欢沉浸在那种被爱、被别人需要的感觉中，但他有时候因为太过自我或太专注于自己事业上的成功，当他自己觉得愉快时，误认为他的伴侣也同样能感受到这种心情，而往往忽略了伴侣的需求，且不太可能为对方牺牲自己的事业。狮子型的人能够成为非常顾家且乐于奉献的伴侣，但不会经常在言语上向伴侣表达爱意，因此，另一半需要对自我深具信心。

3.工作

狮子型的人拥有许多令人羡慕的优点，如外向、有进取心、充满活力、能随时掌握新信息等，这些优点让他在工作上总是有十分优异的表现。此外，他做事有目标、有计划，能分辨轻重缓急，并具有洞察全局的能力及果决的判断力，充分展现出领导者所应具备的种种条件。狮子型的人天生的政治敏感度，使他在组织中能很快了解整个权力架构，并迅速建立其同盟。在与人相处时，狮子型的人随时都展现着自己的影响力与号召力，并运用这样的魅力使自己迈向成功。遇见对自己有益的人时，狮子型的人会表现出合作、妥协且敬重的一面。为了得到下属的忠诚与信赖，他从不吝啬金钱上的奖励与口头上的赞赏，这也就是人人乐于与他共事的主要原因。

4.职业生涯

狮子型的人适合从事企业家、政治家、演艺人员、新闻主播等须独当一面且能影响众人的职业。

八、主型：变色龙型

优点：乐于接受新知识。

缺点：情绪为生活的主宰。

职业：演艺、艺术创作。

最佳拍档：黑豹型、孔雀型、变色龙型。

成功因素：才华横溢、具有原创力。

压力来源：只能从事一成不变的刻板工作、人际关系破裂。

1.主宰领域：人际关系、情绪和自我控制

变色龙型在人格十四心座里，是主宰领域最多、最特殊的类型。在某个层面而言，变色龙型与孔雀型有许多相似的地方。例如，他们都比较感性、多情，身处人群里很容易被感动，而产生心动的感觉；他们的情绪常常因周围人们的掌声、赞美或是飞短流长而起伏波动。

变色龙型和孔雀型也有许多不同的地方，例如，孔雀型非常爱美，注重外在形象，当恋情受挫时，往往会顾及形象，为给彼此留下一个美好的回忆，而遵循好聚好散的恋爱守则。变色龙型往往没有这层顾虑，有时会为挽回逝去的恋情而上演一哭、二闹、三上吊的恐怖戏码。孔雀型爱上一个人以后，会变得慷慨大方，不会计较谁付出得多、谁付出得少，而变色龙型是一个爱情精算师，不论对方需不需要、是否心甘情愿，只要自己付出了，也要对方做出同等付出，一点折扣都不肯给。孔雀型会对自己心爱的人撒娇，也会机灵地识时务，脾气变化有迹可循，而变色龙型的脾气通常是来无影去无踪，变幻莫测，没有规律可循，让人摸不着头脑。

在合不合人格测试结果中，变色龙型的分数越低，表示你的情绪掌控越稳定，越不会受到外在环境里的风吹草动的影响，也表示你的自我掌控力越好。变色龙型的分数为零并不表示你是一个没有个性或脾气的人，你只是不随意乱发脾气，将气出在无辜的人身上。变色龙型的分数越高，则代表变色龙型的人格特质越明显，除了感性与容易情绪化外，也容易被周围的风吹草动影响自己的判断。

当变色龙型的分数倾向极端时，你的自我控制力会越来越弱。换句话说，一个人的自我控制力与变色龙型的分数成反比，分数越低，自我控制力越高，分数升高时，自我控制力逐渐下降，直至成为自己情绪的奴隶，被自己的情绪拖着跑，难以充当自己生命的主人。

2.人际关系

变色龙型的人常会发生一见钟情式的恋情，他崇尚电光石火般的激情。爱情是他生命的全部，其热烈和投入的程度是其他人格类型所无法匹敌的。因此，变色龙型的人的恋情绝对轰轰烈烈、缠绵悱恻且爱恨交集，与他携手同行的岁月，不管多么短暂，保证是对方一生永难忘怀的经历。他遇到自己的梦中情人时，旋即展开强烈的追求攻势，无时无刻不挂念着对方，想知道对方的一举一动，而一旦对方要求保有一点自我的空间，不希望彼此常腻在一起，或表现出招架不住他的积极、热情的追求方式时，他会觉得深深被伤害，甚至恼羞成怒，进而采取激烈的表达方式或行动来回应。他期盼自己在感情上付出多少，对方也以同等的强度来回应，否则一切都会被他视为背叛行为。

3.工作

变色龙型的人大多数具有原创力并且才华横溢。他通常有极大的热忱去从事自己的工作，但需要很多的赞扬和肯定，才能维持他对工作的追求和原动力。如果老板能适时地给予肯定，他会是个勤奋的好员工，可是一旦他觉得没有得到应有的重视和肯定，对工作的热忱也会急骤消失，甚至产生厌倦感。太过情绪化是他的致命伤之一，在办公室常会与同事产生嫌隙和冲突，这不仅成为他个人的困扰，也会影响到所有工作伙伴间的情谊和工作效率。所以，这也是他在一家公司无法久待的原因之一。除非他是一个天才型的艺术家、文学家或是演艺人员，大家对他抱有“天才就该如此”的想法，才能包容他那阴晴莫测的情绪，否则他在工作和人际关系上的路途会相当坎坷。

4.职业生涯

对于变色龙型的人而言，艺术创作是最能发挥他的才华和原创力的领域，尤其是演艺界的工作，能让他借由变化多端的角色扮演满足对新奇、刺激及多样人生的追求。他的情绪也可以在“人生如戏、戏如人生”之中得到适当的宣泄，以求得心灵上短暂的平和。

九、主型：猫头鹰型

优点：观察透彻、思路清晰。

缺点：无法融入团队生活。

职业：不需要人际沟通和应酬的创作或研究工作。

最佳拍档：水牛型、蜜蜂型。

成功因素：头脑冷静、思路清晰、能享受寂寞。

压力来源：过多、过频繁的人际接触，没有自我独立的空间。

1.主宰领域：自我和情绪

在“情绪”方面，孔雀、白兔和变色龙型的共同特质是，得分越高，说明情绪越容易受到外在的人、事、物的影响。猫头鹰型却刚好相反，得分越高，说明越能够平稳、冷静地面对迎面而来的压力和干扰。

在“自我”方面，与狮子型追求、实践自我理想的特质不同，猫头鹰型只是单纯地喜欢、享受自己能够独处的时间，沉浸在不受干扰的自我空间，与自己对话，拥抱孤独。

在合不合人格测试结果中，猫头鹰型的分数很低或是零分，代表你喜欢时时刻刻泡在人群里，难以享受清净时光与环境，也难以静下心来与自己的内在对话。如果你属于这类人，可能需要加强培养自己静下心来独处的能力，养成能沉淀自己的思绪、心情的习惯。猫头鹰型的分数越高，代表猫头鹰型的特质越明显，越能享受独处的时光，越需要清静无扰的空间来沉淀自己的思绪，也越能在自己的小世界里感到轻松自在。当猫头鹰型的分数达到极致时，表明你非常享受独行侠的生活。

猫头鹰型的人不一定排斥人群，也不一定无法在人群里进行正常的人际互动或交际应酬，而是当他与人互动频繁时，需要同等的独处时间来恢复精力和理清思绪。

2.人际关系

猫头鹰型的人不会因为别人对他缺乏了解，没有给予他足够的关怀，或没有知心朋友可以谈心，而觉得生活乏味或对自我产生怀疑。总是独来独往的他喜欢沉浸在自己的思维天地中，不在乎心灵世界无人分享，也不爱主动与人打交道，这种独行侠的生活是他的最爱。他之所以不喜欢处在纷扰的人群中，并不全然是因为恐惧社交，或刻意地想逃离人群，只是唯有在独处时他才能真正感觉到自我与喜悦。由于他的情绪平稳，不需要别人给予赞赏或与别人分享感受，且可以将外界的干扰降到最低，所以他本身的思绪较清晰，也可能比一般人更富有想象力或创造力。因此，具有天赋的猫头鹰型通常能够成为诗人、文学家或艺术家等，创造出超凡脱俗的经典之作。

3.工作

对某些老板来说，猫头鹰型的人可称得上非常理想的员工，因为他能忍受一成不变且枯燥乏味的工作，不但不会在上班时间和同事聊天和处理私事，也少有抱怨、反弹的情绪表现，甚至不需要老板给予过多的关注。但是，唯有在能够独立作业的工作中，他才能充分展现自己的能力，因为他缺乏交际能力，在接受与人合作或小组共同进行的任务时，工作效率必定大打折扣。

4.职业生涯

猫头鹰型的人较适合从事可独立作业且无须交际应酬的职业。例如，艺术创作、科学研究、操作机器等相关的工作，他都能够胜任。

十、主型：黑豹型

优点：勇于尝试、突破陈规。

缺点：冲动、自制力差。

职业：投资、广告、记者、特技人员。

最佳拍档：水牛、孔雀、绵羊三者的混合型。

成功因素：勇于接受肢体、感官的挑战与刺激。

压力来源：被外在环境规范束缚，无法自主从事肢体挑战、冒险的活动。

1.主宰领域：自我和自我控制

在“自我”方面，狮子型的人自信满满地追求自己的理想，写下璀璨辉煌的生命传奇，猫头鹰型的人只是企求在生活中拥有能够清静无扰的空间和时光，黑豹型的人却是不停地追求、挑战肢体活动的极限，享受挑战过程中的刺激、快感，一般人避之唯恐不及的冒险活动，对他们而言，就像生命所必需的食物、水和空气。

在“自我控制”方面，与变色龙型的人一样，分数越高，表明自我控制能力越差，常常会因一时冲动而做出让自己后悔莫及、让他人伤心落泪的错事。

在合不合人格测试结果中，黑豹型的分数很低甚至是零分，表明你是一个不喜欢或是排斥从事肢体冒险的人，那些一般人趋之若鹜的冒险体验完全不是你的菜。你可能错失一些不同的生活体验，但生命依旧在平安喜乐的轨道上奔驰，没有造成太大缺憾。黑豹型的分数越高，代表黑豹型人格特质越明显，越享受、追求生活中不同的体验和乐趣，勇于追寻不同的人生经历，过着丰富多彩的生活。

极端、强烈的黑豹型，很多是社会大众常说的“大好或大坏、英雄或狗熊”的一群人，区别这两种人的关键是：是否拥有良好、正确的道德观和价值观。

2.人际关系

黑豹型的人通常十分热爱刺激的肢体活动。他认为生活就是享乐，可以任由自己去寻找那些波澜壮阔的人生体验。他对于肢体挑战及感官刺激的需求，以及从中所获得的快乐，就好像一般人对于安定生活的追求与满足。他未来的人生走向是好是坏，要看他用何种方式去满足对挑战与刺激的需求。黑豹型的人有着明确的自我，不认为有必要去满足别的需求，或需要有个亲密的伴侣来成为他生活的重心。他们行为（不管好坏）的出发点，纯粹是自身寻求挑战的特性使然，并非怀抱着任何崇高的理想或目标的使命感。

黑豹型的人不需要任何人给予支持与鼓励来肯定自己，他只活在眼前，靠着瞬间的冲动行事，不但不会考虑行为的后果，也不会对过去的所作所为有所反省或悔过。由于黑豹型的人爱冒险，且对生活毫无规划，因此对金钱不会谨慎地经营。他将赌博、花大钱、高风险的投资，甚至将大把的钞票送给别人，视为一种刺激且富有权势的象征，并认为这才是生活，所以经济上会有大起大落的情形出现。黑豹型的人既是一个浪漫、令人心动的情人，也是一个令人难忘的玩伴，但对他来说，人际关系的亲疏取决于对方能带给他多少刺激和快乐。只有在觉得某个人还算有趣或对他有利的情况下，他才会想要维持住这种关系。

3.工作

黑豹型的人选择工作的首要原则是，必须时时刻刻充满挑战。如果工作能满足他所渴求的挑战性，他会是一个合群、敬业的好员工。一旦他无法从工作中获得持续性的挑战，不管事业多么成功，能累积多少财富，也无法阻止他寻求新挑战的欲望。

4.职业生涯

天天都有变化或需要随时想些新点子，以及在短时间内就必须完成的工作，最适合黑豹型的人。例如，记者、广告或业务员等，每天都有完成任务的压力，若每件需要处理的事情都有很大的差异，他更能够乐在其中。此外，警察、战地记者、特技人员、滑雪或赛车运动员等，这种随时都处于紧张刺激中的职业，简直就是他的最爱。

十一、主型：无尾熊型

优点：悠闲自在、懂得享受人生。

缺点：不愿为成功付出巨大辛劳。

职业：公务人员、朝九晚五的上班族。

最佳拍档：绵羊型、蜜蜂型。

成功因素：兴趣与工作结合。

压力来源：被强迫做不感兴趣的事情，认为权益被剥削、被不公平对待。

1.主宰领域：自我

黑豹型的“自我”，在于追求肢体的冒险、体能的极致；狮子型人的“自我”，让他鞭策自己更上一层楼；猫头鹰型的“自我”，是追求能与自己心灵对话的时间、空间；而无尾熊型的“自我”，则是在追求自我权益与义务之间巧妙地平衡，在工作之余追求自己的嗜好，享受悠闲自在的生活，不用“为五斗米折腰”。无尾熊型的人，虽然在职场上懂得为人处世、敦厚随和，但是工作中该有的认真严谨、坚毅耐心的精神有待加强，尤其当工作可能影响他的休闲娱乐或是让他觉得过于劳心劳力时，他就会使出拖延策略或是敷衍了事来蒙混过关。因此，如果交给无尾熊型的人超负荷的职责，他常会用虎头蛇尾、虚与委蛇的态度来虚应故事、浑水摸鱼。

在合不合人格测试结果中，无尾熊型的分数很低甚至是零分，只代表你拥有很少的无尾熊型特质，并不代表你无法或是难以享受生活，而是当你面对工作时，常会坚持到底，不会因悠闲娱乐而分心。

无尾熊型的分数越高，代表无尾熊型的人格特质越明显，面对分内的工作时，越是在乎权益与义务之间、付出与回馈之间巧妙的平衡，即使是自己非做不可的事或应该负责的事，也常会“挑三拣四”或者在“要做”与“不甘心做”之间纠结，从而耽误工作，也连带影响未来职业生涯的发展。当无尾熊型的人格特质趋向极端时，他往往只有在从事自己感兴趣或是专长的领域的工作时才愿意投注心力，尽心完成。

2.人际关系

对无尾熊型的人来说，人生最大的乐趣莫过于无后顾之忧地享受个人的兴趣爱好，因为他的生活哲学是只要把“该做”的事做了，就有绝对的权利去追求任何“想做”的事。他不容许别人侵犯自己的独立性及自主权，若谁想要剥夺他的快乐，他就不惜和谁翻脸。无尾熊型的人大多以家庭为重，个性随和、平易近人，在团体中也很受欢迎。他喜欢甚至需要有个人随时来照顾他，因此他通常很乐意与他人建立良好且亲密的人际关系。可是，他有时会防范别人占他的便宜，或担心老板对他要求太多。一旦怀疑对方心怀不轨，他就会毫不犹豫地回绝对方的要求，以确保自己不吃亏，且继续保持自己的生活方式。虽然无尾熊型的人永远优先考虑自我，但只要他的伴侣愿意全心全意地付出、迎合他的要求，他也能够证实自己是一个相当忠诚、负责任，且充满关怀的伴侣。他往往会要求别人先付出，然后他才甘愿做适度的回馈。

3.工作

无尾熊型的人工作的目的只是获得经济上的稳定，或是有能力追求个人的爱好，甚至纯粹只是在工作上获得乐趣，因此他常会在工作与休闲生活之间陷入两难的困扰。无尾熊型的人与同事通常能够融洽相处，在工作岗位上也能坚守本分，但公私分明的他，下了班随即会把工作抛在脑后，不会把没做完的工作带回家，也不愿忍气吞声地多做自己工作职责外的事去讨好别人或是老板。在任何一个行业中，通常很难在主管层见到无尾熊型的踪影。一方面，对无尾熊型的人来说，位高权重并不具吸引力；另一方面，他通常不是具有创意或是能启发员工的管理人才。他会给自己保留时间和精力去从事他真正感兴趣的事。

4.职业生涯

无尾熊型的人几乎可以胜任各种职业，只要上司交代给他的工作未超出他所愿意付出的界限，他基本可以接受。

十二、主型：猫型

优点：不受制于传统、世俗的思考模式。

缺点：脱离现实、特立独行。

职业：医药、科学研究、自由创作。

最佳拍档：绵羊型、蜜蜂型。

成功因素：全心全意追逐心灵、知识上的成长。

压力来源：必须屈就或是调适自己的信念，来顺应社会期待、世俗观念。

1.主宰领域：自我与人生哲学

猫型是14种人格类型中唯一由人生哲学所主宰的类型。也就是说，基于IQ的高低，猫型的人可能成为推动人类进步、名垂青史的伟人，也可能成为令人嗤之以鼻、融不进世界的怪人。虽然猫型人的主宰领域还有一个是“自我”，但并不表示猫型的人除了自我之外，对人际关系、情绪等领域都缺乏或是不在乎，这是基于质性研究庞大的数据库所整理、归纳出的常模：猫型人的“人生哲学”常让他们很在乎自己的想法，思考大家认为不重要或者奇奇怪怪的问题，例如：我是谁？我从哪里来？宇宙是如何开始的？“时间”是什么？灵魂是否存在？他们也不太在乎其他人用怎样的态度来看待他的疑问，对猫型人而言，有几个思想频率相近的知己已经足矣。

狮子型的“自我”，在于追求自我成就的顶峰；猫头鹰型的“自我”，在于寻求自我清净的时间、空间；黑豹型的“自我”，在于追逐突破体能的极限；无尾熊型的“自我”，在于追求权益与义务间的巧妙平衡，而猫型的“自我”，在于努力追求思维、知识甚至心灵层次的超越与突破。

在合不合性格测试的结果中，猫型的分数越低，代表猫型的特质越少，你常能安于传统的思维模式和现有的知识领域，对新奇、新潮的知识缺乏足够的好奇心。

猫型的分数越高，代表猫型的特质越明显，好奇心、求知欲越强烈，越愿意花时间和精力去钻研新时代的新知识，以及突破传统的思维框架。当猫型的人格特质趋向极端时，IQ的高低就是一个关键因素，它将主宰猫型人是成为某个领域特立独行的佼佼者或领航者，为世界开拓出一个全新的窗口，还是成为痴人说梦、幻想满天飞的怪人。“天才”与“白痴”之间只有IQ这一线之隔。

2.人际关系

猫型人通常有着丰富的想象力和创造力，他的思考模式不会受到所处的文化背景、社会规范的限制。对于无法解释的事物，他会设法用自己的想法与信念去追求合理的答案，因此旁人会觉得他充满着好奇心。有些猫型人会质疑既有的思维框架或挑战传统的思考模式，而有些猫型人只是坚持自己的信念与想法，不轻易认同社会大众的论点。猫型人较特立独行，事实证明，正是因为他们不轻易苟同大众所认定的观念，勇于向传统挑战，他们往往能给世界带来新的潮流或观念，也能给人类带来突破性的革新进步。猫型人有自己的想法及生活方式，且不依赖别人的肯定，因此他们不会一心想建立亲密的人际关系，而是颇能安于有限的人际往来。猫型人不会主动去适应他人，因此需要一个能够完全接纳、照顾他，不想改造他，甚至能帮助他去适应社会的伴侣。

3.工作

猫型人寻找适合自己的工作时必须考虑以下两点：其一，能否找到一个可以容纳自己的环境；其二，自己能改变多少以适应这个环境。对于前者，若他本身是一个很有天分的艺术家，则别人可能较愿意迁就他。对于后者，他越能适应环境，则越能在现实社会中谋生。猫型人在工作上通常没有太大的野心，别人可能追求的是权势与名利，而他只想实现自我的信念。因此，猫型人的成功往往来源于他本身的天赋和全心全意投入自己所热爱的兴趣，而非求取功名的欲望。

4.职业生涯

对于猫型人而言，经济上稳定或是工作内容有固定模式的工作并不是他想要的。他希望从事的是能够实现自己的信念、不被要求去遵循种种规章或标准的工作。因此，猫型人所从事的工作最好和个人的兴趣爱好有关。若在文学、艺术或音乐方面有天分的话，大可以朝这些方向发展，因为一般人较能接受这种人的特立独行。除此之外，医学或科学研究工作能给予他产生独特看法的空间，使他获得开创历史的契机。若本身天分不够高，则可以从事一些单调且要求不多的工作，这样他可以拥有足够的时间和自由的空间使自己的心灵得以天马行空般地遨游。

十三、主型：蜜蜂型

优点：乐于助人、纯良无邪。

缺点：无防人之心、不知争取自我权益。

职业：医护人员、教师、社工。

最佳拍档：是众人心目中最理想的伴侣。

成功因素：乐于无私付出、甘于服务人群。

压力来源：被呵护、照顾，不再被需要，付出未受到认同与肯定。

1.主宰领域：人际关系

每个人格类型的“人际关系”所代表的含义都有所不同，其中绵羊型的“人际关系”与蜜蜂型的最接近，例如，他们都珍惜、体贴自己身边的人，愿意为所爱的人付出，不喜欢在人际交往中引起冲突和纠纷，温柔体贴、热情奉献。这两个人格典型最大的差异在于：绵羊型的爱像同心圆般有亲疏远近的分别，而蜜蜂型的爱是遍及所有需要协助、关怀的人。蜜蜂型的人往往能把自己的小爱化成慈悲为怀、热爱众生、无私的大爱。这是基于质性研究庞大的数据库所整理、归纳出的常模：蜜蜂型的人对生命的热爱、珍惜与关怀程度，是其他人格典型无法比拟的。

在合不合性格测试的结果中，蜜蜂型的分数很低甚至是零分，并不表示你是一个缺乏爱心、没有奉献精神的人，而只代表你蜜蜂型的特质很少，在付出、奉献时，通常会衡量自己的能力、坚持自己的底线，懂得保护自己的权益，不会做出超出自己能力范围的付出。

蜜蜂型的分数越高，代表蜜蜂型的特质越明显，越具有“人饥己饥、人溺己溺”的大爱精神，愿意为帮助、关怀他人而付出自己的时间、精力、金钱，贡献自己的专业能力，只希望世界因一人的付出变得更美好。当蜜蜂型的分数趋向极致时，有时因忍不住“闻声救苦”的冲动，会牺牲自我权益来满足他人需求，若被用心不良之人欺骗利用，则容易发生人财两失的憾事。

2.人际关系

蜜蜂型的人勤勉、精力充沛、朝气蓬勃，并有着助人的原动力，只为别人着想，很少考虑到自己的利益，即使为别人付出再多，他也无怨无悔。虽然他不喜欢成为众人瞩目的焦点，也不夸耀自己的付出，但他仍需要大家对他的所作所为给予肯定。倘若别人把他的付出全都视为理所当然，他会觉得不受重视而闷闷不乐。蜜蜂型的人乐于付出，不管对方是何种人格类型，他都能与其融洽相处，是一个忠诚的好伴侣。蜜蜂型的人，内心世界通常是平和自然的，尤其是在带给别人快乐或满足别人的需求时更是如此。只要身边有其他人，他总是会先替对方着想，往往忽略自己的权益。唯有在独处时，他才能放松身心，享受全然属于自我的时光。

3.工作

蜜蜂型的人是老板眼中的理想员工，因为他能容忍琐碎、艰苦、一成不变的工作，且能很快地适应各种环境和状况。他不会有追逐财富和名利的野心。对他而言，成功的定义在于能够为他人服务、满足他人的需要。蜜蜂型的人在工作上不会只考虑自身的利益，若部门中有升迁的机会，他甚至会将机会让给其他更需要的同事。纵使有着很高的天赋和能力，他仍能安于基层服务工作。

4.职业生涯

蜜蜂型的人应寻求一个能够满足他人需求的职业，如医护人员、社工、教师等，或者从事公益慈善事业；避免从事让自己成为公众人物的职业，如需要演讲或成为大众注意焦点的工作。

十四、主型：骆驼型

优点：实事求是、一步一个脚印。

缺点：消极、悲观。

职业：秘书、会计师、公务人员、研究人员。

最佳拍档：绵羊型、蜜蜂型。

成功因素：刻苦耐劳、能适应任何困苦环境。

压力来源：被要求凡事往好的方向去想。

1.主宰领域：工作与情绪

水牛型的人可以借由对工作的肯定获得对自我的肯定，秃鹰型的人能在工作上满足自己对权势与财富的追求，而骆驼型的人单纯将工作视为谋生工具。也就是说，骆驼型的人工作只是为了生存而已。虽然骆驼型的人的主宰领域还包含“情绪”，但并不表示骆驼型的人会因为情绪影响工作，骆驼型的分数越高，他的情绪就越趋向务实、负面。

基于质性研究庞大的数据库所整理、归纳出的常模是：骆驼型的人纵使情绪消极、悲观，依旧可以保持理智、勤奋不懈、任劳任怨地完成工作。这里说的“工作”是指自己分内的事，如家庭主妇的家务、学生的课业，而不只局限在上班族的工作。典型的骆驼型几乎可以胜任所有工作类型，如果混合其他人格特质的话，他可以扩大工作范围。骆驼型的人不但严于律己，而且苛以待人，对自己和他人的要求极高。这个标准就与骆驼型分数的高低息息相关。

在合不合性格测试的结果中，骆驼型的分数很低或是零分，只代表骆驼型的特质很少，甚至没有，你平日观察、评估事务，通常会带着玫瑰色的眼镜看世界，不管闯过多少大风大浪、渡过多少大江大海，还是能抱着乐观的态度看世界。

骆驼型的分数越高，代表骆驼型的特质越明显，行事风格越倾向务实、传统、保守，不愿意冒风险，想稳稳地守住眼前的稳定踏实的生活，不轻易尝试新事物、追逐新潮流，以避免衣食无忧、平安无事的生活会平地起波澜，发生不好的后果。也因为这样的性格，骆驼型的人往往会错失追逐人生乐趣及拓展生活经验的机会。当骆驼型的分数达到极致时，他的人生观通常会由务实转变成容易看见事件负面或黑暗面的悲观主义，除了容易让自己的人生落入故步自封的境地外，也会局限自己的家人向外发展的脚步，他们负面、悲观的情绪不但会消磨自己的斗志，也会给亲友带来无形的心理压力。

2.人际关系

骆驼型的人是现实主义者，对于尚未了解的事实真相不会存有一丝的妄想。在他们的价值观里，人生原本就是充满苦难的，即使处在顺境中，他依旧对自己悲观的态度有所坚持，但这并不代表他对人生感到不满意，有时候反而颇能安于自己的想法，坦然地接受人生的不完美。

3.工作

骆驼型的人将工作视为唯一的生存之道，也就是把工作与人生画上等号。因此，他并不期待从工作中获得任何乐趣，有时候甚至觉得工作是一种磨难。他往往只会埋首于自己分内的工作，就算工作量再大，他也会默默承受，对未来缺乏明确的规划与强烈的上进心。然而，纵使有如此消极的人生观，因为刻苦耐劳、勤奋不懈、任劳任怨等特质，他也可能成为一个稳重、值得信赖的人，为家庭和整个社会做出不可磨灭的贡献。

4.职业生涯

骆驼型的人刻苦耐劳，几乎可以从事任何一种工作。骆驼型的特质非常显著的人，比较适合在政府机关工作。倘若混合其他人格特质，则可以扩展他的职业范围，如律师、推销员、具创意性或经常要应酬的工作。

复习要点

主要概念

人才赋能系统（TPES）　人格14心座　内在压力源

复习思考题

1.人工智能时代人才管理与发展面临哪些新机遇？
2.人才赋能系统的内涵与理论基础是什么？
3.人格14心座的原理与优势是什么？
4.人才赋能系统的适用领域是什么？
5.人才赋能系统如何在管理中进行应用？
6.如何理解情绪与压力调适报表？
7.如何理解人格14心座各项性格描述？

在线测试

工作压力测量　　工作压力量表　　工作满意度量表

附录　某公司EAP实施方案

一、面向公司全员的EAP实施方案

EAP可以分为内部实施和外部实施，出于成本与项目的长期性考虑，公司可以采取两者相结合的方式。相关的部门有人力资源部、安全环保质量部。按照本文的设计，由人力资源部作为发起部门，安全环保质量部作为支持部门，两个部门分别有一位专人负责该项目。为了使实施能够真正收到成效，在公司总部15个部门中，每个部门都要提供一位EAP协调员（兼职），协助整个项目的实施工作。在得到部门经理同意的情况下，协调员为此项目需要付出10%的工作时间。同时，由人力资源部联系提供心理咨询与心理治疗服务的公司，与之签订合同，由其按照公司要求提供咨询服务。

（一）改进组织沟通

1.头脑风暴

提高员工对企业管理的参与程度，包括参与企业决策、企业制度的制定，特别是在制定与他们息息相关的决策时，跨部门组织员工参加头脑风暴会议。同时，通过员工信件、海报等使员工充分获得各种信息（市场信息、政策信息、企业决策信息、领导意图、职业信息、角色职责以及相关的社会信息）。在拟订新制度草案时，在公共场合如餐厅设置宣传板，员工可以匿名在上面签署自己的意见（正面、负面或者中性的），最终在新制度生效前公布员工支持率。

2.对话日

将每个月的最后一个周五的下午设置为人力资源部对话日，任何员工可以预约人力资源部员工关系经理，就工作中的任何问题发表自己的看法，同时设置意见箱和内部网留言板，由员工关系工作人员定期收集意见和反馈信息。

（二）特色培训和奖励计划

员工可以自愿报名加入到以下培训或者计划中，人力资源部联系培训师和专门机构上门提供专业服务：

（1）食品营养培训。

（2）女员工个人形象与美容培训。

（3）职业生涯规划培训。

（4）满勤奖励：如果员工当季度未出现突然旷工情况，则付其全勤奖励，金额为每季度800元人民币。

（5）子女教育保险：员工子女为学龄前儿童的，为其购买教育保险直至18岁，员工子女为学龄儿童的，每月发放金额相当的教育补贴。

（6）租房补贴：向需要租房的非本地员工提供月基本工资的10%作为租房补贴。

（7）健康奖励计划：员工如果1年之内没有请过病假，则获得一笔奖金，为2 500元人民币。

（8）健身俱乐部会员计划。

（9）音乐：在午餐休息时间播放轻柔背景音乐，并鼓励员工午餐后散步，接触阳光。

（10）设置咖啡角：免费提供咖啡与各类茶叶。

（11）休闲日：将每周四定为休闲日，鼓励员工当天穿便装与休闲鞋，并在下班后安排各类体育俱乐部的活动，如羽毛球、乒乓球、游泳、足球、篮球等。

（12）生日祝福：在员工生日当天，为其发送电子贺卡、预订小蛋糕。

（13）弹性工作时间：为哺乳期女性员工设计两种工作时间安排供其选择：（8:30am—2:30pm）×5或者（8:30am—11:30am，14:30pm—17:30pm）×5。

（三）紧急资助基金与“家庭友好”计划

1.紧急资助基金

为了减轻突发事件给员工带来的经济压力，公司设立一项基金，仅供员工个人或家庭出现紧急状况需要财政资助时借取，借取的金额从员工下一次颁发的年终奖金里扣除。可以动用基金的紧急状况包括：（1）员工本人或家属因急症住院；（2）员工家属突然失业；（3）员工卷入法律纠纷，需要经济上的支持；（4）员工突然需要搬家或者修缮住宅；（5）单亲父亲或母亲员工需要支付孩子大额教育费用；（6）其他经部门经理和人力资源经理批准的特殊状况。

2.“家庭友好”计划

根据普华永道的全球毕业生调查，工作/生活平衡是毕业生追求的最基本的职业目标之一，同时他们认为有选择的工作时间是实现该目标的一个关键因素。“家庭友好”计划就是实现工作/生活平衡的一项重要对策，包括：

（1）由公司付费的儿童看护、老年护理服务。

（2）提供“家长会”假（带薪）：每年每位有子女的员工的请假额度为4小时。

(3) 提供社区责任假（带薪）：员工为了参加社区活动，在申请的基础上，每年可以请假4小时。

(4) 延期休假：当年年假未休完的可以延至下一年的3月31日，过期作废；有子女、老人需要照料的员工，在申请的基础上，当年未休完的年假可以延至下一年的6月30日。

考虑到员工隐私的保密性和服务的专业性，某些不方便由公司内部咨询解决的专业领域的问题，应该由人力资源部联系相应的服务机构提供咨询服务，每位员工获得6次面谈咨询的机会以及24小时电话随时咨询的服务，公司统一支付以下费用：(1) 心理咨询——心理医生的费用；(2) 法律咨询——律师事务所的费用；(3) 财务咨询——会计师事务所或者银行理财咨询部的费用。

二、面向管理人员的EAP实施方案

(一) 管理人员目标合同制

在公司进行的大大小小的管理优化项目中，管理人员都会担任某个角色，按照合同承担任务，有利而明确的合同条款有助于提高管理人员对项目过程的控制能力，对要达成的目标明确努力的方向，进而避免在项目实施过程中因为任务不明、责任不清而陷入互相推诿的境地，减轻管理人员的时间压力与情景压力。

(二) 面向管理人员的压力管理技巧培训

定制面向管理人员的培训课程，强化他们应对压力的管理技巧，主要包括：

1. 自我纾解压力的技巧

(1) 为工作确定优先级别。对工作进行评估并分为“今天必须做”、“本周以内做”以及“当我有时间才做”三类。

(2) 当达到工作负荷的临界点时，学会说“不”。对你的上级解释你理解这项工作非常重要，然后描述目前正从事的具体优先等级的工作。如果他坚持必须完成新任务，就问一下在新任务完成以前应该把什么工作放在一边。

(3) 镇定地面对你与上级或任何角色的冲突。解释他们的要求正在将你拉向相反方向。请求会见所涉及的所有当事人以澄清这件事。不要摆出一种责备的、防卫的姿态，只具体描述将你拉向相反方向的那些要求引起的问题。

(4) 如果你感到对你的工作期望或评价标准是不清晰的（角色意义不明确），就告诉你的上级或合作者。告诉他们你对于一些涉及具体工作的事情并不明确，并且你希望有机会同他们一起讨论这些问题。

(5) 同你的上级讨论枯燥或缺乏挑战性的感觉。另外，不要有抱怨的态度。解释你喜欢富有挑战性的工作并希望有机会参加其他类型的活动。

(6) 每天寻找放松的时间。每天早晨和下午关门5分钟，抬起你的脚深度放松，让你的思路离开你的工作。利用愉快的思想或想象力使你的头脑清醒。不时离开办公室换一换景色或头脑。此外，与减轻压力有关的其他因素包括保持正常的饮食、进行适当的锻炼并在生活中达到一种全面的平衡等。

2.管理他人的技术

(1) 评价下属的能力、需求和自然倾向并尝试为其分配与这些因素相匹配的工作数量和类型。

(2) 当下属圆满完成任务时，增强其工作的挑战性，并在合适时授权。

(3) 对下属的工作进行排序并解释原因，以便他们有必要的时间和资源去完成附加的工作。

(4) 清晰地解释权力、责任和工作期望的具体范围。与下属进行双向沟通。

(5) 采用一种适当的领导风格。

(6) 对下属有效的工作成绩予以奖赏。

(7) 开发下属的能力并讨论他们工作中存在的问题，扮演辅导员的角色。

三、面向技术研究人员的EAP实施方案

(一) 职业生涯辅导

为了帮助技术研究人员做好自己的职业规划，公司组织职业生涯辅导，并向工程师们倡导“技术发展阶梯”的观念，组织工程师参加相关技术认证考试，收集技术培训需求，对于不同的技术等级设立不同的技术培训项目，帮助技术人员在某个方向上不断发展。宣传公司技术人员等级评定体系，并将单一的技术人员晋升通道分成多个通道，将双轨职业晋升制变成多轨职业晋升制，为技术人员的职业发展提供更大的空间，保持技术发展阶梯的通畅性。

(二) 工程师“下午茶”

培训团队负责预订一间大会议室，在每周三下午3：00—5：00举办针对技术人员的下午茶活动，提供茶点与业内期刊，播放视频（如业内技术发展最新动态）。所有工程师都可以申请参加，没有名额限制。促进各技术部门工程师之间的交流，同时塑造学习型组织，尽可能满足员工的心理需求，让员工感到在这个组织中可以通过学习来减少后顾之忧。

主要参考文献

[1] 李中斌. 了解和教育好孩子：理论与实操 [J]. 新教师，2022 (2).

[2] 李中斌，涂满章，张启明，等. 人工智能时代人才赋能系统构建理论与应用探析 [J]. 中国劳动关系学院学报，2019 (4).

[3] 毛德成，刘艳，李悦. 人工智能对现代企业管理的影响 [J]. 长沙大学学报，2019 (1).

[4] 涂满章. 数字化时代人才管理新思维 [M]. 北京：企业管理出版社，2019.

[5] 李中斌，涂满章，黄美娇. 人工智能时代精准人才管理探析 [J]. 中国劳动关系学院学报，2018 (5).

[6] 邓雅林，蒋吉胜. 人工智能时代的企业人事管理变革 [J]. 企业改革与管理，2018 (12).

[7] 李中斌，涂满章，赵聪. 人工智能时代下精准职业生涯规划探析 [J]. 价值工程，2018 (31).

[8] 马乔. 人工智能语境下人力资源招聘工作的变革 [J]. 秘书，2018 (4).

[9] 肖兴政，冉景亮，龙承春. 人工智能对人力资源管理的影响研究 [J]. 四川理工学院学报 (社会科学版)，2018 (6).

[10] 李香，黄冬群. 人工智能视域下对企业人力资源发展的思考 [J]. 农村经济与科技，2018 (11).

[11] 赵娅. 基于胜任力模型的知识型员工压力管理机制设计 [J]. 企业经济，2012 (8).

[12] 刘文硕. 刍议高校学生干部的情绪管理 [J]. 新余学院学报，2012 (3).

[13] 章大庆. 关于员工情绪管理的思考 [J]. 人力资源管理，2012 (2).

[14] 曾艳. 从“富士康事件”看员工情绪管理 [J]. 人力资源管理，

2012 (2).

[15] 张喜凤. 浅议企业员工压力管理的有效方式 [J]. 人力资源管理, 2012 (6).

[16] 李焰, 于文宏. 压力管理实务 [M]. 北京: 机械工业出版社, 2012.

[17] 汪有胜, 徐俐霞. 商业银行员工压力管理刍议 [J]. 青海金融, 2012 (6).

[18] 沈为林. 如何增强企业管理人员的压力管理 [J]. 价值工程, 2012 (1).

[19] 马向真, 王章莹. 论情绪管理的概念界定 [J]. 东南大学学报 (哲学社会科学版), 2012 (4).

[20] 汤新建. 打造一流的企业团队需要搞好情绪管理 [J]. 企业报道, 2011 (15).

[21] 朱佳欣. 人力资源中的员工情绪管理 [J]. 企业改革与管理, 2011 (12).

[22] 杨涛, 张万军. 员工情绪管理在企业建设中的作用 [J]. 企业管理, 2011 (18).

[23] 吴新炎, 李芙蓉. 论压力管理的生理学和心理学机制 [J]. 经济研究导刊, 2011 (12).

[24] 吴玲. 企业员工的工作压力与管理研究 [J]. 中国商贸, 2011 (33).

[25] 耿祥礼. 企业员工压力管理的策略探析 [J]. 经济师, 2011 (4).

[26] 周敏, 李明生. 工程项目管理的人力资源压力管理体系模型 [J]. 企业家天地 (理论版), 2011 (3).

[27] 朱少英, 凌文辁, 陆俊丞. 企业压力管理过程模型构建研究 [J]. 云南社会科学, 2011 (2).

[28] 李芙蓉, 吴新炎. 论员工压力的组织因素和压力管理的策略 [J]. 中外企业家, 2011 (3).

[29] 殷建平, 鄢尚军, 王波. 新生代农民工的压力管理模型研究 [J]. 商业研究, 2011 (6).

[30] 张卫东, 张大同. 现代企业员工压力管理及对策研究 [J]. 经营管理者, 2010 (10).

[31] 赵勇. 企业员工压力及压力管理 [J]. 企业研究, 2010 (22).

[32] 陈玲, 顾力刚. 我国工作压力研究的现状与展望 [J]. 职业与健康, 2010 (10).

[33] 李佳欣. 民营企业员工压力管理及应对策略研究 [J]. 管理开发, 2010 (2).

[34] 徐敏. 论企业压力管理与员工效率 [J]. 才智, 2010 (3).

[35] 裴华. 煤炭企业员工压力管理研究 [D]. 北京: 中国矿业大学, 2010.

[36] 竺培梁, 卢家楣. 中国当代青少年情感能力现状调查研究 [J]. 心理科

学，2010（6）.

［37］王丽霞．“情绪管理”内涵的探讨［J］．社会心理科学，2010（25）.

［38］刘卫．加强员工情绪管理增强企业发展动力［J］．重庆科技学院学报（社会科学版），2010（7）.

［39］李江雪．大学生情绪管理与辅导［M］．北京：北京师范大学出版社，2010.

［40］高非．情绪控制术［M］．北京：北京理工大学出版社，2010.

［41］黄冰瑜．基于计算动词的情绪模型初探［D］．厦门：厦门大学，2010.

［42］孙恩泽．企业情绪管理的意义和途径［J］．山西财经大学学报，2009（2）.

［43］张剑．员工情绪与管理［M］．北京：清华大学出版社，2009.

［44］华君．情绪管理：职场减压完全手册［M］．北京：长征出版社，2009.

［45］李慧，冉晓丽．员工的工作压力管理［J］．人才资源开发，2009（5）.

［46］谢弗尔．压力管理心理学［M］．方双虎，等译．4版．北京：中国人民大学出版社，2009.

［47］刘朝阳．企业情绪管理现状及对策初探［J］．企业技术开发，2008（4）.

［48］乔建中．当今情绪研究视角中的阿诺德情绪理论［J］．心理科学进展，2008（2）.

［49］邬荣平．运用合理情绪理论［J］．心理科学进展，2008（2）.

［50］刘朝阳．企业情绪管理现状及对策初探［J］．企业技术开发，2008（27）.

［51］曾仕强．情绪管理［M］．厦门：鹭江出版社，2008.

［52］西华德．压力管理策略：健康和幸福之道［M］．许燕，等译．5版．北京：中国轻工业出版社，2008.

［53］帕尔默，库珀．如何应对压力［M］．孙冰洁，张婧莹，译．大连：东北财经大学出版社，2007.

［54］靳娟．工作压力管理［M］．北京：人民邮电出版社，2007.

［55］ANG T，姜旭平．我的压力管理课堂［M］．上海：上海交通大学出版社，2007.

［56］程志超，刘丽丹．IT业员工工作压力因素分析［J］．北京航空航天大学学报，2006（2）.

［57］郃启扬．减压阀职场压力调适［M］．北京：社会科学文献出版社，2006.

［58］江历明．企业员工工作压力管理研究［J］．福建论坛，2006（12）.

［59］袁宗金．儿童情绪管理的意义和策略［J］．外国中小学教育，2005（1）.

［60］孟昭兰．情绪心理学［M］．北京：北京大学出版社，2005.

［61］何茂荣．给情绪找个好去处［J］．企业研究，2005（1）.

［62］CREERT L.心理调适实用途径［M］. 张清芳，译. 北京：北京大学出版社，2004.

［63］钱纳，霍普. 情绪管理［M］. 徐海欧，译. 北京：经济管理出版社，2004.

［64］任文举. 企业员工压力管理探索［J］. 兰州商学院学报，2004（6）.

［65］田宝，郭德俊. 情绪心理与调节［M］. 北京：人民武警出版社，2003.

［66］格里格，等. 心理学与生活［M］. 王垒，等译. 北京：人民邮电出版社，2003.

［67］乔建中. 情绪研究：理论与方法［M］. 南京：南京师范大学出版社，2003.

［68］BOLTON S，BOYD C.Trolley dolly or skilled emotion manager? Moving on from Hochschild's managed heart［J］. Work，Employment and Society，2003，17（2）：289-308.

［69］哈格里夫斯. 压力管理［M］. 刘子正，译. 北京：中国社会科学出版社，2001.

［70］罗宾斯. 组织行为学［M］. 孙健敏，李原，译. 北京：中国人民大学出版社，1997.